세페이드

통합과학

개정판

정답과 해설

무한상상

*** 세페이드**

변광성은 지구에서 은하까지의 거리를 재는 기준별이며
우주의 등대라고 불린다.

세페이드

CEPHEID

통합 과학

정답 및 해설

Ⅰ 물질과 규칙성

1. 물질의 규칙성과 결합

01. 우주 초기의 원소

개념체크 10 ~ 14 쪽

01. 빅뱅 (대폭발) 우주론 **02.** ㄱ - ㄷ - ㄴ - ㄹ
03. 3 : 1 **04.** 우주 배경 복사
05. (1) 흡수 스펙트럼 (2) 방출 스펙트럼 (3) 연속 스펙트럼 **06.** ㉠, ㉡
07. 수소, 헬륨 **08.** ㉠ 7 : 1 ㉡ 3 : 1
09. 빅뱅 (대폭발) 우주론

02. 답 ㄱ - ㄷ - ㄴ - ㄹ
해설 빅뱅 → ㄱ. 쿼크, 전자 생성 → ㄷ. 양성자(수소 원자핵), 중성자 생성 → ㄴ. 헬륨 원자핵 생성(빅뱅 후 3분) → ㄹ. 수소 원자, 헬륨 원자 생성(빅뱅 후 38년)

03. 답 3 : 1
해설 빅뱅 이후 약 3분이 지났을 때 양성자(수소 원자핵) 2개와 중성자 2개가 결합하여 헬륨 원자핵이 만들어졌다.
우주 전체의 양성자와 중성자의 개수비가 약 7 : 1 이었으므로 수소 원자핵과 헬륨 원자핵의 개수비는 12 : 1이 된다. 이때 헬륨 원자핵의 질량은 수소 원자핵의 4배이므로, 수소 원자핵과 헬륨 원자핵의 질량비는 약 3 : 1이 된다.

04. 답 우주 배경 복사
해설 펜지어스와 윌슨이 최초로 관측하여 발견한 우주 배경 복사는 빅뱅 우주론의 증거가 되었다.

05. 답 (1) 흡수 스펙트럼 (2) 방출 스펙트럼 (3) 연속 스펙트럼
해설 (1) 연속 스펙트럼을 만드는 빛이 저온의 기체에 일부 흡수되어 연속 스펙트럼에 검은 선이 나타나는 스펙트럼을 흡수 스펙트럼이라고 한다. 흡수선의 위치는 저온의 기체를 이루는 원소의 종류에 따라 달라진다.
(2) 방출 스펙트럼은 고온의 기체에서 나오는 빛을 분산시켰을 때 특정한 파장의 빛이 방출되어 나타나는 스펙트럼으로 방출선의 위치는 고온의 기체를 이루는 원소의 종류에 따라 달라진다.
→ 원소는 온도가 높을 때는 특정 파장의 빛을 방출하고, 온도가 낮을 때는 같은 파장의 빛을 흡수한다.
(3) 전 파장에 걸쳐 연속적으로 나타나는 스펙트럼을 연속 스펙트럼이라고 한다.

08. 답 ㉠ 7 : 1 ㉡ 3 : 1
해설 양성자와 중성자가 생성된 시기에는 양성자와 중성자가 서로 변환되어 개수가 비슷했다. → 개수비 약 1 : 1
㉠ 우주의 온도가 낮아짐에 따라 불안정한 중성자는 양성자로 붕괴하였지만 양성자는 중성자로 붕괴하지 못하여 중성자에 비해 양성자의 개수가 많아졌다. → 개수비 약 7 : 1
㉡ 양성자는 그 자체로 수소 원자핵이 되었고, 양성자 2개와 중성자 2개가 결합하여 헬륨 원자핵이 생성되었다.
→ 개수비 = 12 : 1 → 질량비 = 1 × 12개 : 4 × 1개 = 3 : 1

+ 탐구 15 쪽

탐구문제 **1.** 답 수소, 헬륨, 나트륨
해설 스펙트럼 상에서 수소, 헬륨, 나트륨 각각의 방출선이 나타나는 위치가 햇빛의 스펙트럼에 나타나는 흡수선의 위치와 일치한다. 이것은 태양으로부터 나온 빛이 태양의 대기를 지나면서 그 곳에 존재하는 각 원소에 의해 빛이 흡수되었기 때문이다.

탐구문제 **2.** 답 수소, 칼슘
해설 스펙트럼에서 수소, 칼슘의 방출선이 나타나는 위치가 미지의 별의 스펙트럼에 나타나는 흡수선의 위치와 일치한다.

탐구문제 **3.** 답 원자마다 전자 궤도의 에너지 준위와 그 에너지 간격이 다르기 때문
해설 원자핵 주위를 돌고 있는 전자가 전자 궤도 사이를 전이할 때 에너지 준위 차에 해당하는 빛을 흡수하거나 방출한다.

탐구문제 **4.** 답 원소마다 스펙트럼이 나타나는 흡수선과 방출선의 위치와 폭이 다르다(같은 원소일 경우 흡수선과 방출선이 나타나는 위치가 같다). 따라서 별의 스펙트럼을 분석하면 별을 구성하는 원소의 종류와 질량비 등을 알 수 있다.

꼭 짚기! 16 쪽

1. ① **2.** ④ **3.** ①

1. 답 ①
해설

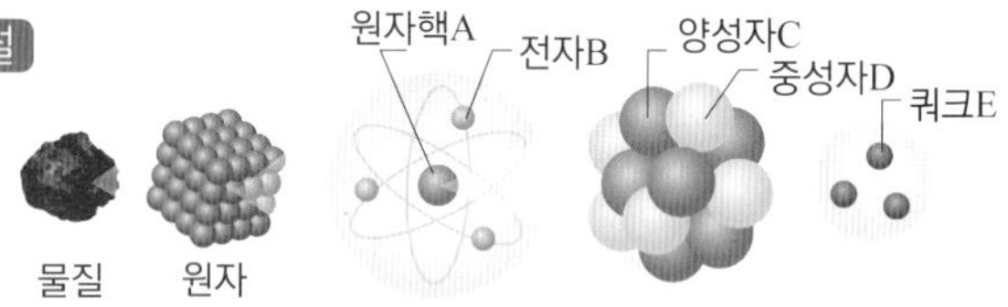

ㄱ. 수소와 헬륨 원자는 빅뱅 이후 38만년이 지났을 때 생성되었다.
바른 풀이 ㄴ. 기본 입자인 전자(B)와 쿼크(E)는 빅뱅 직후에 생성되었으며, 원자핵(A)은 양성자와 중성자(C, D)가 생성된 후, 이들이 융합하여 생성되었다.
ㄷ. 수소 원자핵은 1개의 양성자로 이루어져 있다. 2개의 양성자와 2개의 중성자가 결합하여 생성된 것은 헬륨 원자핵이다.

2. 답 ④
해설 ㄱ. 빅뱅 이후 우주는 계속 팽창하고 있으므로 우주 온도는 내려가고, 밀도는 감소했다.
ㄷ. 빅뱅이 일어난 직후에는 매우 높은 온도로 인하여 물질이 만들어질 수 없었으나 이후 급격한 팽창으로 온도가 낮아지면서 쿼

크와 전자를 포함한 기본 입자들이 처음으로 만들어졌다.

바른 풀이 ㄴ. 양성자와 중성자의 생성 초기에 우주의 온도가 매우 높았기 때문에 중성자와 양성자는 서로 변환될 수 있었다. 그래서 생성 초기에는 양성자와 중성자의 개수비가 1 : 1 로 유지될 수 있었다. 이후 우주가 팽창하여 우주의 온도가 낮아지면서 불안정한 중성자는 양성자로 붕괴하였으나, 양성자는 중성자로 변환하기 어려워졌고, 이후 양성자와 중성자의 개수비는 약 7 : 1 로 유지되었다.

3. 답 ①

해설 ㄱ. 같은 원소의 흡수 스펙트럼과 방출 스펙트럼 상의 선의 개수나 간격은 같다.

바른 풀이 ㄴ. (가)는 고온의 수소 기체가 에너지를 방출하고 안정한 상태로 되는 과정에서 나오는 선스펙트럼인 방출 스펙트럼이고, (나)는 저온의 수소 기체가 특정 파장의 빛을 흡수한 선스펙트럼인 흡수 스펙트럼이다.

ㄷ. 별빛이 저온의 성간 물질을 통과하면 특정 파장의 빛이 흡수되어 (나)와 같이 흡수 선이 생기는 흡수 스펙트럼이 생성된다.

스스로 실력 높이기

17 ~ 21 쪽

01. ④	02. ③	03. ⑤	04. ②	05. ③
06. ⑤	07. ④	08. ①	09. ①	10. ②
11. ④	12. ②	13. ①	14. ②	15. ①
16. ⑤	17. ③	18. ⑤	19. ⑤	
20 ~ 23. 해설 참조		24. ⑤		

01. 답 ④

바른 풀이 ④ 빅뱅 우주론과 정상 우주론 모두 우주는 팽창하여 크기가 커진다는 이론이다.

해설 빅뱅 우주론에서는 빅뱅 이후 우주가 계속 팽창하여 우주의 온도가 낮아졌으며 이 과정에서 생성된 은하들은 우주의 팽창으로 점차 서로 멀어지므로 우주의 밀도는 점점 감소하고, 우주의 모습도 점점 달라진다고 설명한다.

1946년 호일, 골드 등이 제안한 정상 우주론에서는 우주가 팽창하는 동안 은하 사이의 공간에 계속 새로운 물질과 은하가 생성되어 우주의 전체적인 밀도는 일정하게 유지되며, 우주는 영원히 같은 모습을 유지한다고 설명한다.

02. 답 ③

해설 그림은 가모프의 빅뱅 우주론을 나타낸 것이다.

ㄷ. 현재 관측되는 온도 3 K에 해당하는 마이크로파 우주 배경 복사는 빅뱅 우주론을 지지하는 증거이다.

바른 풀이 ㄱ. 주어진 그림은 빅뱅 이후 우주가 팽창하면서 은하 사이의 거리가 멀어지고 있는 가모프의 빅뱅 우주론을 나타낸 것이다.

ㄴ. 빅뱅 우주론에 의하면 우주가 팽창하며 부피는 증가하고 새로운 물질은 생성되지 않아 질량은 일정하므로 우주의 밀도는 계속 감소한다.

03. 답 ⑤

해설 우주가 계속 더 크게 팽창하므로 온도는 낮아지고, 새로운 물질은 생성되지 않으므로 밀도는 감소한다.

04. 답 ②

바른 풀이 ② 원자가 형성된 이후 우주는 투명하게 되었으나 빛을 내거나 반사하는 물체가 없었기 때문에 우주는 암흑 상태가 되었다.

해설 ① 원자가 형성되어 전자가 원자에 속하게 되면서 자유롭게 운동하지 못하게 되자 빛은 산란되지 않고 공간으로 퍼져나가 우주는 투명하게 되었고 어두워졌다.

③ 투명한 우주가 되면서 공간으로 퍼져나간 빛이 현재 우주 배경 복사로 관측된다.

④ 우주의 온도가 3,000 K로 냉각되었을 때 전자와 원자핵이 결합할 수 있게 되어 전기적으로 중성인 원자가 형성되었다.

⑤ 우주의 온도가 3,000 K보다 높았을 때 우주는 고에너지 상태에서 자유롭게 움직이는 전자와 양성자, 중성자가 뒤섞인 플라스마 상태였다. 따라서 빛이 각 입자에 부딪치면서 산란하여 주위 공간으로 흩어져 우주는 뿌연 상태였다.

05. 답 ③

해설 ③ 기본 입자인 쿼크와 전자는 빅뱅 직후 가장 먼저 생성되었으며 더이상 분해할 수 없는 물질의 기본 단위이다.

바른 풀이 ① 원자핵과 전자로 이루어진 원자는 전자 수와 양성자 수가 같아 전기적으로 중성을 띤다.

② 우주의 온도가 약 3,000 K로 냉각되었을 때 생성된 입자는 원자이다.

④ 양성자와 중성자는 쿼크 3개가 결합하여 생성되었다.

⑤ 헬륨 원자핵은 빅뱅으로부터 약 3분 후 양성자 2개와 중성자 2개가 결합하여 생성되었다.

06. 답 ⑤

해설 (가)는 양성자 1개, 전자 1개로 이루어진 수소 원자, (나)는 (양성자 2개 + 중성자 2개)의 원자핵과 전자 2개로 이루어진 헬륨 원자이다.

ㄱ. 수소 원자핵은 쿼크 3개가 결합하여 생성된 양성자 1개로 이루어져 있다.

ㄴ. 양성자와 중성자의 질량은 거의 비슷하고, 전자의 질량은 매우 작으므로 원자의 질량은 원자핵의 질량과 거의 같다. 따라서 (가)는 양성자 1개, (나)는 양성자 2개, 중성자 2개로 이루어져 있으므로 원자의 질량은 (나)가 (가)의 4배이다.

ㄷ. 원자는 빅뱅 후 약 38만년이 되었을 때 우주의 온도가 3,000 K 정도로 낮아지면서 원자핵과 전자가 결합할 수 있게 되면서 생성되었다.

07. 답 ④

해설 빅뱅 초기 기본 입자인 쿼크(A)와 전자가 생성되었다. → 쿼크끼리의 강한 상호 작용으로 결합하여 양성자(B)와 중성자(C)가 생성되었다. 빅뱅 후 약 3분이 되었을 때 양성자 2개와 중성자 2개가 결합하여 헬륨 원자핵(D)이 생성되었다. 빅뱅 후 38년이 되었을 때 헬륨의 원자핵은 전자와 결합하여 헬륨 원자

(E)가 되었다.

바른 풀이 ① A는 기본 입자인 쿼크이다.
② 같은 원자라도 중성자(C)가 달라지면 질량이 다른 동위 원소가 된다.
③ 원자의 종류에 따라 양성자(B)의 수가 다르다. 따라서 B는 원자의 종류를 결정한다.
⑤ 헬륨 원자핵(D)과 전자 2개가 결합하여 헬륨 원자(E)가 되었다.

08. 답 ①

해설 ㄱ. 현재 양성자는 14개, 중성자는 2개 이고, 양성자 2개와 중성자 2개가 결합하여 헬륨 원자핵 1개를 생성하므로 수소 원자핵(양성자)과 헬륨 원자핵의 개수비는 12 : 1이 되고, 헬륨 원자핵의 질량이 수소 원자핵의 4배이므로, 수소 원자핵과 헬륨 원자핵의 질량비는 약 3 : 1이 된다. 우주 초기나 현재나 우주를 구성하는 수소 원자핵과 헬륨 원자핵의 질량비는 3 : 1로 일정하며 이는 우주 초기에 생성된 물질이 더 이상 생성되지 않고 유지되며 팽창해 왔다는 빅뱅 우주론의 근거가 된다.

바른 풀이 ㄴ. 헬륨 원자핵 1개가 생성되면, 수소 원자핵(양성자)는 12개, 헬륨 원자핵은 1개로 개수비는 12 : 1이다.
ㄷ. 양성자와 중성자의 형성 초기에는 우주의 온도는 매우 높아 양성자와 중성자가 서로 변환되는 과정이 빈번하여 개수비가 약 1 : 1 이었다. 하지만 우주가 팽창하면서 우주 온도가 낮아지자 양성자가 중성자로 되는 변환이 일어나기 어려워지면서 양성자와 중성자의 개수비는 7 : 1 로 유지되어 왔다.

09. 답 ①

해설 ㄱ. (A)는 양성자 1개와 중성자 1개가 결합한 중수소 원자핵, (B)는 양성자 1개, 중성자 2개가 결합한 삼중 수소 원자핵으로 중성자수는 다르지만, 양성자 수가 같은 동위 원소이다.

바른 풀이 ㄴ. (B)는 삼중 수소 원자핵으로 양성자 수가 1개이므로 수소의 동위 원소이며, 질량수는 3이다.
ㄷ. (C)와 전자 2개가 결합하면 헬륨 원자가 생성되며, 전자수와 양성자수가 같으므로 전기적으로 중성을 띤다.

10. 답 ②

해설 ② 빅뱅 이후 약 38만년이 되었을 때(우주의 온도 3,000K) 원자핵과 전자가 결합할 수 있게 되어 중성 원자가 만들어지면서 우주 공간으로 퍼져 나간 빛이 우주 배경 복사이며, 현재 우주 공간 전체에서 균일하게 관측된다.

바른 풀이 ① 펜지어스와 윌슨은 통신 실험을 하던 중 우주의 모든 방향에서 동일한 세기로 관측되는 전파(마이크로파) 신호를 발견하였다. 이것은 빅뱅 우주론에서 예상한 우주 배경 복사였다. 이것은 온도 약 3 K인 물체에서 복사 방출되는 마이크로파의 파장과 일치하였다.
③ 빅뱅 이후 약 3분이 되었을 때는 양성자 2개와 중성자 2개가 결합하여 헬륨 원자핵을 형성하였다.
④ 약 3 K의 흑체(이상적인 복사체)에서 나오는 복사파인 마이크로파의 파장과 일치한다.
⑤ 빅뱅 후 38만년이 되었을 때 원자핵과 전자가 결합하여 원자가 생성되었을 때 우주 공간으로 퍼져 나간 빛이 현재 관측되는 것이다.

11. 답 ④

해설 ㄴ. (가)는 원자 형성 이전에 빛이 전자, 양성자, 원자핵과 부딪치면서 산란되어 우주가 뿌옇고 밝은 시기이며, (나)는 원자 형성 이후 빛이 산란되지 않아 우주가 투명하고, 어두운 시기를 나타낸다.
ㄷ. (나)는 빅뱅이 일어나고 약 38만년 후, 우주의 온도가 약 3,000 K로 낮아지면서 전자와 원자핵이 결합하여 원자가 형성된 시기이다. 이 시기에 빛이 산란되지 않고 우주 전역으로 퍼져나갔으며, 이 빛이 현재 우주 배경 복사로 관측된다.

바른 풀이 ㄱ. (가) 시기는 (나) 시기보다 우주의 온도가 높았다.

12. 답 ②

해설 ㄴ. B 시기인 빅뱅이 일어나고 38만 년 후에 우주 온도가 3,000K 정도로 낮아지면서 원자가 생성되었고 전자나 양성자에 의한 빛의 산란이 일어나지 않게 되면서 우주는 투명해지고 어두워졌다.

바른 풀이 ㄱ. 우주 배경 복사는 빅뱅이 일어나고 약 38만 년 후인 B 시기에 우주가 투명해졌고, 빛이 전 우주로 퍼져나가면서 시작되었다.
ㄷ. 빅뱅 직후 양성자와 중성자의 개수비는 1 : 1 이었다가 온도가 내려가면서 중성자가 양성자로 붕괴되어 양성자와 중성자의 개수비가 7 : 1 로 유지되어서 현재에 이르렀다.

13. 답 ①

해설 ㄱ. 빛이 우주로 퍼져 나갈 때는 원자가 생성되는 빅뱅 후 30만년이 지났을 때이며, 수소와 헬륨의 질량비가 3 : 1 이었다.

바른 풀이 ㄴ. 현재 우주의 모든 방향에서 지구에 도달하는 우주 배경 복사는 3 K 흑체의 복사와 같은 마이크로파이다.
ㄷ. 빅뱅 후 3분 후에 헬륨 원자핵이 생성되며, 빅뱅 후 30만년 후에 원자가 생성되면서 우주로 빛이 퍼져나간 빛이 현재 우주 배경 복사로 관측된다.

14. 답 ②

해설 ㄴ. 빅뱅 후 30만 년이 지났을 때 우주의 온도가 3000 K가 되었고, 원자가 생성될 수 있었으며, 빛이 우주로 퍼져나갈 수 있었다. 그 후 우주의 온도는 계속 냉각되었고, 빠져나간 빛의 파장은 점점 길어져 마이크로파의 파장만큼 길어졌다.

바른 풀이 ㄱ. 빅뱅 후 우주로 빠져 나간 빛의 파장은 현재 관측되는 우주 배경 복사파보다 파장이 훨씬 짧다.
ㄷ. 현재 관측되는 우주 배경 복사의 파장은 3 K(-270 ℃) 흑체에서 방출되는 복사파의 파장과 거의 같다.

15. 답 ①

해설 화합물의 선 스펙트럼에는 각 성분 원소의 선 스펙트럼이 모두 포함되어 나타난다. 따라서 물질 D, E에 공통으로 포함된 원소는 같은 위치에 나타나는 선을 확인할 수 있는 원소 A이다. 원소 B의 스펙트럼은 물질 E에는 포함되어 있으나 물질 D에는 포함되지 않는다. 원소 C의 스펙트럼은 물질 D에는 포함되나 물질 E에는 포함되어 있지 않다.

16. 답 ⑤

해설

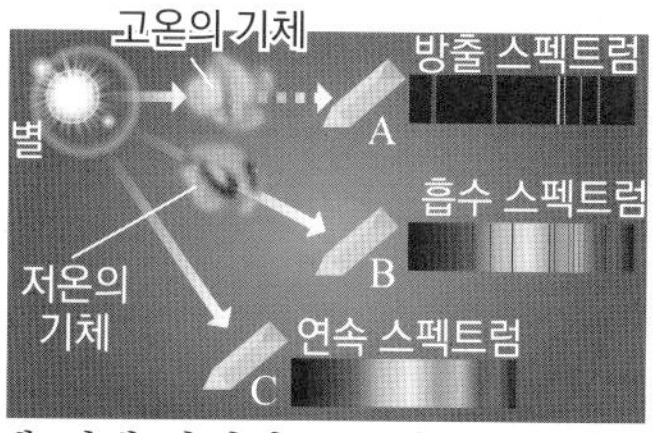

ㄱ. 고온의 별에 의해 가열된 고온의 기체(성운)의 스펙트럼은 방출 스펙트럼이다.
ㄴ. 별빛이 저온의 기체를 통과하면 특정 파장의 빛이 흡수된다.
ㄷ. 백열등에서 방출되는 빛을 분광기나 프리즘에 통과시키면 색의 띠가 연속적으로 나타나는 연속 스펙트럼을 관찰할 수 있다.

17. 답 ③

해설 ㄷ. 별의 스펙트럼을 원소의 스펙트럼과 비교하면 별을 구성하는 원소의 종류에 따라 선 스펙트럼이 다르게 나타나기 때문에 원소의 종류를 알 수 있다.
ㄹ. 별빛 스펙트럼의 흡수선 굵기는 별을 구성하는 원소의 밀도에 비례한다. 따라서 각 흡수선의 선폭(두께)을 비교하면 원소의 질량비를 알 수 있다.
바른 풀이 ㄱ, ㄴ. 스펙트럼 분석을 통해 별의 크기와 지구와 별까지의 거리는 알 수 없다.

18. 답 ⑤

해설 ㄱ. (가)와 같이 전자가 바깥 궤도로 전이할수록 에너지 준위가 커지므로 에너지를 흡수해야 한다. 이때 흡수 스펙트럼이 나타난다.
ㄷ. (나)는 전자가 높은 에너지 준위에서 낮은 에너지 준위로 이동하는 것이므로 에너지를 빛의 형태로 방출해야 한다.
바른 풀이 ㄴ. 원자핵에서 먼, 바깥 궤도일수록 에너지 준위는 높다.

19. 답 ⑤

바른 풀이 ⑤ 빅뱅 직후 양성자와 중성자의 생성 초기에는 양성자와 중성자의 개수비가 1 : 1 로 유지되다가 우주의 온도가 낮아져 불안정한 중성자가 양성자로 붕괴하되, 양성자가 중성자로는 변환되지 못하면서 양성자와 중성자의 개수비는 7 : 1로 유지되어, 빅뱅 이후 3분이 지났을 때 만들어지는 수소 원자핵과 헬륨의 원자핵의 질량비는 3 : 1로 유지되었다.
해설 ①② 현재 수소 원자와 헬륨 원자의 질량비는 3 : 1 이고, 이것은 원자핵의 질량비와 같다. 질량수가 1 인 수소 원자핵과 질량수가 4인 헬륨 원자핵의 개수비는 12 : 1 이 된다.
③ 현재 우주에서 수소와 헬륨이 각각 74%, 24% 를 차지한다. 전체 우주 구성 물질 질량의 98 % 가 수소와 헬륨이다.
④ 우주를 구성하고 있는 천체의 스펙트럼을 분석하면 구성하고 있는 원소를 알아낼 수 있고, 선 스펙트럼 각 흡수선의 선폭을 비교하면 원소의 질량비를 알 수 있다. 실제 우주에서 수소와 헬륨의 분포와 질량비는 각종 천체의 스펙트럼을 분석을 통하여 알게 되었다.

20. 답 빅뱅 우주론을 지지하는 증거는 ① 우주 배경 복사와 ② 수소와 헬륨의 질량비가 3 : 1 인 것이다.
① 빅뱅 우주론에 따르면 우주 온도가 약 3,000 K일 때 퍼져나간 빛이 우주가 팽창함에 따라 파장이 길어져 현재 약 3 K의 물체(흑체)의 복사에 해당하는 우주 배경 복사로 관측될 것이라고 예상하였다. 예상대로 펜지어스와 윌슨이 우주의 모든 방향에서 같은 세기로 관측되는 마이크로파 신호를 관측하였고, 온도 약 3 K 인 물체에서 방출되는 에너지의 파장과 일치하였다.
② 빅뱅으로부터 약 3분 후 형성된 수소 원자핵과 헬륨 원자핵의 질량비는 약 3 : 1 이다. 이후 물질이 생성되지 않으므로 이 비율이 그대로 유지되어야 한다. 현재 별빛의 스펙트럼을 관측하여 분석한 결과 우주 전역에 존재하는 수소와 헬륨의 실제 질량비가 3 : 1 임을 알아냈다.

21. 답 수소 원자핵은 양성자 자체이고, 헬륨의 원자핵은 중성자 2개와 양성자 2개가 융합한 것이므로 수소 원자핵의 질량비와 헬륨 원자핵의 질량비는 12 : 4 = 3 : 1 이 된다.
해설 생성 초기에 양성자 수와 중성자 수는 거의 같았다. 이후 우주가 계속 팽창하여 온도가 점점 낮아지면서 중성자가 양성자로 변환되기보다 양성자가 에너지를 흡수하여 중성자로 변환이 되기가 더 어려워졌다. 따라서 양성자 수가 중성자 수보다 많아지게 되었고, 개수비는 그림처럼 약 7 : 1이 되었다.

22. 답 빅뱅 이후 약 38만 년이 지났을 때 우주의 온도가 약 3,000 K 정도로 낮아져서 원자핵과 전자가 결합할 수 있게 되어 원자가 생성되었다. 그 결과 우주 공간을 운동하는 입자 수가 감소하였고, 빛이 산란되지 않아 우주 공간으로 퍼져 나가서 현재 마이크로파 우주 배경 복사로 관측된다. 이때 우주는 투명하지만 산란시키는 물질이 없었으므로 어두운 우주 상태가 되었다.

23. 답 헬륨 원자핵보다 더 무거운 원소의 핵융합은 헬륨 원자핵이 생성될 때보다 더 높은 온도에서 일어날 수 있다. 그러나 헬륨 원자핵이 생성된 이후 우주가 팽창함에 따라 우주의 온도가 더 낮아졌기 때문에 헬륨보다 무거운 원자핵이 생성될 수 없었다.

24. 답 ⑤

해설 ㄱ. 흡수 스펙트럼이 나타나는 것으로 보아 태양이 방출한 빛이 대기를 통과할 때 대기를 구성하는 원자가 빛을 흡수하는 고 있으므로 대기는 태양보다 상대적으로 온도가 낮은 상태라고 할 수 있다.
ㄷ. 나타난 선스펙트럼의 형태를 각각의 원소의 스펙트럼과 비교하면 태양의 대기를 이루는 원소의 종류를 알 수 있다.
바른 풀이 ㄴ. 500 여개의 검은 흡수선은 한 가지 원소의 스펙트럼 형태가 아니므로 태양의 대기는 한 종류의 원소로 이루어져 있지 않다.

02. 별의 진화와 원소의 생성

개념체크

22 ~ 25 쪽

01. ㉠ 산소 ㉡ 헬륨 **02.** (1) O (2) X (3) O
03. ㉠ 철 ㉡ 초신성 **04.** (1) X (2) X
05. ㄷ → ㄱ → ㄴ **06.** 큰, 핵, 작은, 맨틀

01. 답 ㉠ 산소 ㉡ 헬륨
해설 우주의 전체 원소 중 수소와 헬륨이 차지하는 질량 비율이 98%이다.

02. 답 (1) O (2) X (3) O
해설 (1) 원시별은 중력에 의해 수축하면서 밀도와 압력이 커지고 중심 온도가 상승한다.
(3) 질량이 태양과 같은 별은 중심부의 수소가 모두 소모된 후 헬륨 핵융합 반응이 일어나는 적색 거성으로 진화한다.
바른 풀이 (2) 주계열성에서 일어나는 핵융합 반응은 수소를 재료로 하는 수소 핵융합 반응이고 헬륨이 생성된다.

03. 답 ㉠ 철 ㉡ 초신성
해설 별의 내부에서 핵융합에 의해 생성될 수 있는 가장 무거운 원소는 철이다. 철은 매우 안정한 원소이기 때문에 별의 압력과 온도로는 더이상 핵융합이 일어나지 않기 때문이다. 철보다 무거운 원소는 초신성에서 발생하는 막대한 에너지로 인해 생성된다.

04. 답 (1) X (2) X
바른 풀이 (1) 지구형 행성은 목성형 행성에 비해 태양과 가까운 곳(온도가 높은 곳)에서 생성되었기 때문에 무거운 원소가 많이 남아 평균 밀도가 높다.
(2) 태양계 성운은 회전하면서 중력에 의해 물질이 수축하여 태양과 행성을 형성하였다.

05. 답 ㄷ → ㄱ → ㄴ
해설 미행성이 서로 충돌하면서 합쳐져 원시 지구가 생성되었고, 크기와 질량이 점차 증가하였다.(ㄷ) → 원시 지구의 표면에 열, CO_2와 수증기의 온실 효과 등으로 지표의 온도가 높아져 마그마의 바다가 생성되었다.(ㄱ) → 미행성의 충돌이 줄어들면서 지표가 냉각되어 원시 지각이 형성되었고, 이후 원시 대기 중 수증기가 비를 이루어 내려 원시 바다가 만들어졌다.(ㄴ)

06. 답 큰, 핵, 작은, 맨틀
해설 지구의 형성 과정 중 마그마의 바다에서 철, 니켈 등의 무거운 물질들은 중심부로 모여 핵을 형성하였고, 규소, 산소 등의 가벼운 암석질 물질들은 위로 떠올라 맨틀을 이루면서 층상 구조가 형성되었다.

+ 강의

26 쪽

Q1. 답 (1) 헬륨 (2) 철 (3) ㉠ 적색 거성 ㉡ 백색 왜성
해설 (1) 적색 거성의 내부에서는 헬륨 핵융합 반응까지 일어난다. 네온 핵융합 반응은 초거성의 내부에서 일어나는 반응이다.
(2) 별의 질량이 태양보다 매우 클 때 내부에서 생성되는 가장 무거운 원소는 안정한 철이다.
(3) 별의 질량이 태양과 비슷할 때 진화 과정은 주계열성 → 적색 거성 → 행성상 성운, 백색 왜성이다.

Q2. 답 (1) 초신성 (2) 초거성 (3) 주계열성
해설 (1) 철보다 무거운 금, 우라늄 등이 생성되는 단계는 급격히 수축하다가 대규모로 폭발하여 매우 높은 온도로 올라가는 초신성이다.
(2) 별의 중심핵에서 철이 생성되는 단계는 규소 핵융합 반응이 일어나는 초거성이다.
(3) 주 에너지원이 수소 핵융합 반응에 의한 에너지인 단계는 주계열성이다.

꼭 짚기!

27 ~ 28 쪽

1. (1) ④ (2) ④ **2.** ④ **3.** ④ **4.** ③

1. 답 (1) ④ (2) ④
해설 (1) 우주에서 74%의 질량비를 차지하는 원소 A는 수소이고, 24%를 차지하는 원소 B는 헬륨이다. 지구에서 35%로 가장 질량비가 높은 원소 C는 철이고, 그 다음 30%로 높은 원소 D는 산소이다. 사람을 이루는 원소 중 질량비가 65%로 가장 높은 원소 E는 산소이다.
(2) ㄱ. 우주에 가장 많은 원소는 74%를 차지하는 수소이다.
ㄴ. 사람의 몸은 대부분 물(H_2O)로 구성되어 있기 때문에 산소가 65%로 가장 질량비가 크다.
바른 풀이 (2) ㄷ. 지구를 대부분 이루는 원소인 철(35%)와 산소(30%), 규소(15%) 등은 별이 탄생한 후의 별 내부의 핵융합 반응에 의해 만들어졌다.

2. 답 ④
해설 ㄱ. B는 행성상 성운의 전단계이므로 적색 거성이고, 헬륨 핵융합 반응이 일어나 탄소, 산소까지 만들어진다.
ㄴ. (나)는 초거성과 초신성 폭발 과정을 거치므로 질량이 태양보다 큰 별의 진화 과정이다.
ㄹ. A 단계는 주계열성 단계로, 주계열성 중심부에서 수소 핵융합 반응이 일어나 에너지를 방출한다.
바른 풀이 ㄷ. (가) 과정은 태양과 비슷한 질량을 가진 별의 진화 과정으로 헬륨 핵융합 반응까지만 일어나 탄소, 산소가 만들어지므로 철보다 무거운 원소는 만들어지지 않는다.

3. 답 ④
바른 풀이 ④ 태양과 행성이 같은 원시 원반에서 형성되었기 때문에 태양의 자전 방향과 행성의 공전 방향이 같다.

해설 ① (가)에서 태양계 성운의 밀도 균형이 무너져 수축하기 시작함으로써 태양계가 형성되기 시작하였다.
② (나)에서 납작한 원반 모양으로 회전하면서 중심에 원시 태양이 형성되었다.
③ (다)에서 원반의 큰 고리와 미행성체가 많이 형성되었고, 이 미행성체들이 서로 충돌하고 성장하여 원시 행성이 되었다.
⑤ 태양의 가까운 위치에는 밀도가 크고 무거운 원소로 이루어진 지구형 행성이, 태양의 먼 위치에는 밀도가 작고 가벼운 원소로 이루어진 목성형 행성이 형성되었다.

4. 답 ③
바른 풀이 ③ 지표의 마그마 바다가 냉각되어 원시 지각이 먼저 형성된 후에 수증기가 응결되어 내린 빗물이 고여 원시 바다가 형성되었으므로 (나)가 원시 지각, (다)가 원시 바다의 형성이다.
해설 ① (가)는 미행성체의 충돌에 의해 지구 온도가 높아지면서 마그마 바다가 형성되는 과정이다.
② 원시 바다에서는 태양으로부터 오는 유해한 자외선을 차단할 수 있었고, 수분이 공급되어 최초의 생명체가 탄생할 수 있었다.
④ 미행성체와의 충돌과 병합으로 원시 지구의 크기와 질량은 점점 커졌다.
⑤ 내부 층상 구조가 형성될 때 무거운 원소는 중력의 영향으로 지구의 중심부로 가라앉아 핵을 형성하였고, 가벼운 암석질 물질은 위로 떠올라 맨틀을 이루었다.

스스로 실력 높이기

29 ~ 33 쪽

01. (1) X (2) X (3) O　**02.** ②　**03.** ④
04. ②　**05.** ㄴ, ㄷ　**06.** ⑤　**07.** ③
08. (1) X (2) X (3) O　**09.** ⑤　**10.** ①
11. (마)→(가)→(나)→(다)　**12.** ④
13. (1) X (2) O (3) O　**14.** ⑤　**15.** ⑤
16. ②　**17.** ③　**18.** (다)-(가)-(라)-(나)
19. 〈해설 참조〉　**20.** (1) O (2) X (3) O
21. (다) → (라) → (나) → (가)　**22.** ㄱ, ㄴ
23. ①　**24.** ②　**25.** ⑤

01. 답 (1) X (2) X (3) O
해설 (3) 우주를 구성하는 여러 종류의 원소들 중 수소와 헬륨은 빅뱅 직후에 형성되었지만 산소, 탄소, 철, 우라늄 등 다른 대부분 원소들은 별이 생성되어 진화하는 과정에서의 핵융합 반응과 초신성 폭발로 인해 형성되었다.
바른 풀이 (1) 지구 구성 원소 중 가장 많은 원소는 철이다.
(2) 사람의 몸은 대부분 물로 이루어져 있기 때문에 수소와 산소가 가장 많으며, 가장 많은 원소는 산소(O)이다.

02. 답 ②
해설 (가)의 지구를 이루는 원소 중 30%를 차지하며 철 다음으로 많은 원소 A는 산소이고, 그 다음으로 15%를 차지하는 원소 B는 규소이다. (나)의 사람을 이루는 원소 중 13.5%를 차지하며 산소 다음으로 많은 원소 C는 탄소이다.

03. 답 ④
해설 ㄱ. 성간 물질이 중력에 의해 서로 뭉쳐서 별이 탄생하므로 밀도가 커서 중력이 크게 작용하고, 온도가 낮아 물질의 운동이 활발하지 않을 때 잘 뭉쳐질 수 있다.
ㄷ. 원시별 중심의 온도가 1000만 K 이상이 되면 수소 핵융합 반응이 일어나 빛을 방출할 수 있게 되면서 주계열성이 된다.
바른 풀이 ㄴ. 미행성체는 원시별에서 먼 바깥에서 성간 물질이 뭉쳐져 생성된다. 미행성체가 서로 충돌하고 성장하면서 주계열성 주위를 도는 행성이 된다.

04. 답 ②
해설 ② 중심부 온도가 1000만 K 이상이어야 수소 핵융합 반응이 일어날 수 있다.
바른 풀이 ① 주계열성은 별의 내부 압력과 중력이 평행을 이루어 별의 크기가 일정하게 유지된다.
③ 주계열성은 수소를 핵융합 반응에 사용하여 에너지를 만드므로 핵의 수소 양이 점차 줄어든다.
④ 주계열성은 별의 일생의 대부분에 해당한다.
⑤ 주계열성은 중력 수축에 의한 에너지가 아니라 핵융합 반응에 의한 에너지가 외부에 빛에너지의 형태로 방출된다.

05. 답 ㄴ, ㄷ
해설 ㄴ. 핵융합 반응은 상대적으로 가벼운 원자핵 몇 개가 융합하여 에너지를 발생시키면서 더 무거운 원자핵이 생성되는 과정이다.
ㄷ. 핵융합 반응이 일어나면 반응 후의 원자핵 질량의 합이 반응 전의 원자핵 질량의 합보다 작아진다. 이것을 질량 결손이라고 하는데 결손된 질량에 해당하는 에너지를 방출하게 된다.
바른 풀이 ㄱ. 주계열성의 중심부에서는 수소 핵융합 반응이 일어나서 헬륨이 생성된다.

06. 답 ⑤
해설 그림은 적색 거성 단계로 주계열성 중심부에서 수소가 고갈되면 핵융합 반응이 멈춰지는데, 이때 중력에 의해 헬륨 중심부가 수축하면서 열이 발생하면서 중심부 바깥의 수소층이 가열되어 수소 핵융합 반응이 일어나서 내부 압력이 증가하여 별이 팽창하면서 표면 온도가 낮아지는 적색 거성이 된다.
⑤ 질량이 큰 별일수록 수축에 의해 발생하는 중력 수축 에너지가 커지므로 중심부의 온도가 더 높다.
바른 풀이 ① 주계열성에서 적색 거성 단계로 진화할 때 별의 중심핵이 수축하면서 온도는 높아진다.
② 중심부에서 수소 핵융합 반응이 멈춰진 상태이므로 중심부는 헬륨으로 이루어지며, 중력에 의해 수축한다.
③ 헬륨핵이 수축하면서 온도가 올라가 핵의 외곽에서는 수소 핵융합 반응이 일어난다.
④ 주계열성에서 수소 핵융합 반응이 끝났을 때, 중심핵은 수축하고 중심핵 외곽의 에서 수소 핵융합 반응이 일어나 내부 압력이 커져서 별 외곽이 팽창하여 별의 크기가 커진다.

07. 답 ③

해설 별의 진화 과정이 백색 왜성으로 끝나므로 태양과 비슷한 질량을 가진 별의 진화 과정이다.

ㄷ. A에서 B로 진화할 때 별이 수축하면서 중심부 온도가 1000만 K 이상으로 높아진다.

바른 풀이 ㄱ. (가)는 적색 거성이다.

ㄴ. D 백색왜성은 작고 밀도가 큰, 주로 탄소로 이루어진 청백색의 별로, 내부에서는 핵융합 반응이 일어나지 않는다.

08. 답 (1) X (2) X (3) O

해설 (1) A의 수소 원자핵 4개의 질량 총합은 B의 헬륨 원자핵 1개의 질량보다 크다. 핵융합 반응이 일어날 때 감소한 질량(질량 결손)이 에너지로 전환된다.

(2) 원시별은 중심부의 온도와 압력이 충분히 높지 않아 수소 핵융합 반응이 일어나지 않고, 중력 수축 에너지에 의해 중심부의 온도가 1000만 K 이상이 되면 수소 핵융합 반응이 일어나면서 주계열성으로 진화한다.

바른 풀이 (3) 현재의 태양은 주계열성이고, 태양 중심부에서의 수소 핵융합 반응으로 막대한 에너지가 방출되고 있다.

09. 답 ⑤

해설 원시별은 중력에 의해 계속 수축하는 단계로 내부 압력에 의한 힘(B)이 중력(A)보다 작다. 중력 수축 에너지에 의해 중심부의 온도가 계속 상승한다. 주계열성은 수소 핵융합 반응이 일어나는 단계로 중력(A)과 핵융합 반응에 의한 내부 압력에 의한 힘(B)이 같아 별의 크기가 일정하게 유지된다.

10. 답 ①

해설 ㄱ. 별의 중심부에서 핵융합 반응이 일어나지 않을 때는 중심부 바로 바깥 물질의 핵융합 반응의 산물이 중심부에 채워져 있을 때이다. 중심핵은 이때 중력에 의한 수축이 시작된다. 따라서 A는 헬륨 핵융합 반응의 산물로 탄소(C)이고, B는 규소 핵융합 반응의 산물로 철(Fe)이다.

바른 풀이 ㄴ. A는 탄소이며, 헬륨 핵융합 반응의 산물이다.

ㄷ. B(철)보다 무거운 원소는 초신성 폭발 때 만들어진다.

11. 답 (마) → (가) → (나) → (다)

해설 질량이 태양보다 매우 큰 별의 진화 과정은 (마) 주계열성 → (가) 초거성 → (나) 초신성 → (다) 블랙홀이다. 이때 (나) 초신성은 초거성의 바깥 부분이 팽창하여 폭발하면서 이루어지고, (다) 블랙홀은 초거성의 중심부가 중력에 의해 수축하면서 만들어지는 단계이다.

바른 풀이 (라) 적색 거성, (바) 백색 왜성과 행성상 성운은 질량이 태양과 비슷한 별의 진화 과정에 해당한다.

12. 답 ④

해설 ㄷ. 주계열성 단계에서 별은 중력과 내부 압력에 의한 팽창력이 서로 평형을 이루어 크기가 일정하게 유지된다.

바른 풀이 ㄱ. A는 내부 압력에 의한 팽창력, B는 중력이다.

ㄴ. 주계열성이 적색 거성으로 진화할 때 A가 B보다 커져서 별의 크기가 커진다.

13. 답 (1) X (2) O (3) O

해설 (2) 원시별은 아직 중심부의 온도가 낮아 핵융합 반응이 일어나지 못하고, 중력 수축 에너지에 의해 빛을 낸다.

(3) 원시별의 중심부 온도가 계속해서 올라가서 1000만 K 이상이 되어 핵융합 반응이 일어나게 되면 주계열성이 된다.

바른 풀이 (1) 성운의 밀도가 불균일하게 형성된 곳에서 밀도가 높은 쪽으로 중력 수축이 시작되어 별이 탄생한다.

14. 답 ⑤

해설 ㄱ. 원시별이 중력으로 인해 수축하다 중심부의 온도가 1000만 K 이상이 되어 수소 핵융합 반응이 일어나면 주계열성이 되고, 별의 크기가 일정하게 유지되는 것이므로 (나)의 반지름이 (다)보다 크다.

ㄴ. 성운이 중력 수축이 일어나면서 물질의 위치 에너지가 감소하는데 이때 중력 수축 에너지가 열의 형태로 발생하여 원시별의 중심부의 온도가 점차 상승하게 된다.

ㄷ. 원시별에서 중력 수축이 일어나면서 온도가 높아지다가 중심부에서 수소 핵융합 반응이 일어나면 주계열성이 된다.

15. 답 ⑤

해설 ㄱ. 성운이 수축하고 회전하면서 (가)의 원반 모양을 한 태양계 성운의 중심부에는 밀도가 커지고 온도가 높아져 원시 태양이 형성된다.

ㄴ. (나)에서 원시 태양과 가까운 쪽은 온도가 높아 가벼운 기체들이 이탈하여 무거운 원소들이 많이 분포하였고, 원시 태양에서 먼 쪽은 온도가 비교적 낮아 가벼운 기체들이 많이 남아 있을 수 있었다.

ㄷ. (가) → (나) 과정에서 중심부의 온도가 높아지다가 빛을 내기 시작하면서 원시 태양이 형성되었다.

16. 답 ②

해설 ㄱ. 평균 밀도가 높고 태양에 가까운 A 집단은 지구형 행성이고, 평균 밀도가 낮고 태양에서 먼 B 집단은 목성형 행성이다.

ㄹ. B 목성형 행성은 생성시킨 미행성체는 녹는 점이 낮은 물, 메테인, 암모니아의 고체 물질이나 얼음으로 둘러싸인 금속, 암석 티끌 등의 고체 물질로 만들어졌다.

바른 풀이 ㄴ. A 지구형 행성은 B 목성형 행성보다 태양에 가까워 고온의 환경에서 형성되었다.

ㄷ. B 목성형 행성은 주로 수소나 헬륨 등의 가벼운 기체로 이루어졌으며, A는 무거운 물질을 끌어들여 규산염 등의 무거운 물질로 구성되었다.

17. 답 ③

해설 ③ 태양계 성운이 천천히 수축하며 회전하면서 중심부에 원시 태양이 형성되고, 회전이 빨라지면서 납작한 원시 원반이 형성되었다.

바른 풀이 ① 미행성체가 서로 충돌하여 형성된 것은 원시 행성이다.

② 원시 태양이 먼저 형성된 후 원시 행성이 형성되었다.

④ 성운이 수축하는 과정에서 회전이 점차 빨라지면서 납작한

원시 원반이 형성되었다.
⑤ 원시 태양과 원시 행성은 같은 태양계 성운에서 형성되어 생성 시기가 크게 차이나지 않는다.

18. 답 (다)-(가)-(라)-(나)

해설 ⓐ 초신성 폭발로 태양계 성운이 생성되었다.(다) 성운 내부에서 밀도가 큰 부분의 중력이 크게 작용하여 회전하면서 수축하기 시작하였고,
ⓑ 그 중심부에서는 온도가 높아지고 밀도가 커져서 원시 태양이 형성되고, 원시 태양의 바깥 쪽에는 납작한 원반 모양 성운(원시 원반)이 형성되었다.(가)
ⓒ 원시 태양의 중심부는 중력 수축으로 온도가 높아졌고, 원시 원반은 회전하는 동안 큰 고리가 여러 개 만들어져 각 고리에서는 가스와 먼지가 뭉치면서 수많은 미행성체가 형성되었다.(라)
ⓓ 원시 태양의 중심부에서 수소 핵융합 반응이 시작되면서 태양이 되었고, 미행성체들이 충돌하고 합쳐지면서 원시 행성이 되고(나) 성장하여 행성이 되어 태양계가 완성되었다.

19. 답 초신성 폭발로 인해 방출되었던 무거운 물질이 태양계 성운에 포함되어 있었기 때문에 그로부터 생성된 태양의 대기에도 무거운 물질이 포함되었다. 태양에서 방출된 빛이 상대적으로 온도가 낮은 태양의 대기를 통과하며 특정 파장의 빛이 흡수 되었으므로 스펙트럼에는 헬륨보다 무거운 원소들의 흡수선이 나타날 수 있었다.

20. 답 (1) O (2) X (3) O

해설 (1) 마그마 바다가 형성되었을 때 철, 니켈 등의 무거운 물질은 지구 중심으로 가라앉아 핵을 형성하고 규소, 산소 등의 가벼운 물질은 위로 떠올라 맨틀을 형성하여 층상 구조가 만들어졌다.
(3) 지구 탄생 초기에는 화산 활동이 활발하여 대기 중에 수소, 이산화 탄소, 질소, 수증기 등이 풍부하였다.
바른 풀이 (2) 원시 바다가 형성된 후 대기 중의 이산화 탄소가 바다에 녹아 대기 중 이산화 탄소 양이 감소하였다.

21. 답 (다) → (라) → (나) → (가)

해설 지구의 형성 과정의 순서는 (다) 미행성체 충돌 → (라) 마그마 바다의 형성 → (나) 핵과 맨틀의 분리 → (가) 원시 지각 형성이다.

22. 답 ㄱ, ㄴ

해설 ㄱ. 지구의 핵에 철이 많이 포함되어 있어서 지구 전체를 이루는 원소 중 가장 많은 것은 철이다.
ㄴ. 지각을 구성하는 원소 중 가장 많은 것은 산소이고 그 다음이 규소이다.
바른 풀이 ㄷ. 지구 탄생 초기 미행성체의 지속적인 충돌에 의해 지구의 온도가 올라가 마그마가 생성되고 화산 활동이 빈번하여 이산화 탄소, 질소, 수소, 수증기가 다량 발생하였다. 이중 수소 등 가벼운 기체는 우주로 날아가고, 질소, 이산화 탄소와 같은 무거운 기체들이 남아 대기를 이루었다. 이중 이산화 탄소는 원시 바다가 형성되면서 녹아들어가 석회암이 되는 등 대기에서의 양이 점차 감소하였다.

23. 답 ①

해설 ㄱ. 마그마 바다가 식어 원시 지각이 형성된 후, 그 위에 비가 내려 낮은 곳에 고여서 원시 바다가 형성되었다.
바른 풀이 ㄴ. (나) 미행성체 충돌로 인하여 발생한 열과 수많은 화산활동에 의해 분출된 이산화 탄소와 수증기로 인한 온실 효과로 지표의 온도가 높아져 마그마 바다 형성되었다.
(다) 마그마 바다가 형성된 후 철, 니켈 등의 무거운 성분이 지구 중심부로 가라앉아 핵을 형성하고, 규소, 산소 등의 가벼운 물질은 위로 떠올라 맨틀을 이루는 등 층상 구조가 형성되었다.
(가) 미행성의 충돌이 줄어들면서 지표의 온도가 낮아져 지표면이 굳어 원시 지각이 형성되었다.
(나) → (다) → (가) 순으로 일어났다.
ㄷ. (다)에서 철, 니켈과 같은 무거운 물질이 중심부로 모여 핵을 형성하였고, 규소, 산소와 같은 가벼운 물질은 위로 떠올라 맨틀을 형성하였다.

24. 답 ②

해설 (가)는 지구 내부 층상 구조의 형성 과정이고, (나)는 원시 지각과 원시 바다의 형성 과정이다.
ㄴ. (나)에서 미행성의 충돌이 줄어들면서 지표의 온도가 내려가 굳어 원시 지각이 먼저 형성된 후 지각의 낮은 곳에 빗물이 모이면서 원시 바다가 형성되었다.
바른 풀이 ㄱ. (가)에서 핵을 이루는 물질은 철, 니켈 등의 무거운 물질이다. 규소, 산소 등의 가벼운 물질은 위로 떠올라 맨틀을 형성하였다.
ㄷ. (가) → (나) 과정에서 지구의 표면 온도가 내려감으로써 원시 지각이 형성될 수 있었다.

25. 답 ⑤

해설 ㄱ. 원시 바다가 형성된 후 광합성을 하는 생물들의 출현으로 대기 중의 산소의 양이 증가하였다.
ㄴ. 지구 탄생 초기 미행성체와의 충돌 과정에서 화산 활동이 빈번하였고, 수소, 이산화 탄소, 수증기, 질소 등의 기체가 발생하였다.
ㄷ. 마그마의 바다가 형성된 후 무거운 물질인 철과 니켈이 가라앉아 핵을 형성하였고, 상대적으로 가벼운 물질인 규소, 산소 등이 위로 떠올라 맨틀을 형성하였다.

03. 원소들의 주기성

개념체크

37 쪽

01. 주기율표 **02.** Na, Fe, Mg

03. (1) O (2) O (3) X (4) X

04. (1) 할 (2) 알 (3) 알 (4) 할 (5) 할

05. 원자핵, 전자 껍질, 낮고, 높다.

06. (1) 11 (2) 1

01. 답 주기율표

해설 성질이 비슷한 원소가 주기적으로 나타나도록 원소들을 배열한 표를 주기율표라고 한다.

02. 답 Na, Fe, Mg

해설 주기율표에서 왼쪽과 가운데에 위치하고 있는 Na, Fe, Mg은 금속 원소이고, 오른쪽에 위치하고 있는 F, Ne, Si는 비금속 원소이다. Fe, Ni, Mn 등은 전이 원소로 금속에 속한다.

03. 답 (1) O (2) O (3) X (4) X

해설 (1) 주기율표에서 원소들은 원자 번호 순으로 배열되어 있다.
(2) 주기율표는 1 ~ 7주기, 1 ~ 18족으로 이루어져 있다.

바른 풀이 (3) 같은 족에서 주기가 커질수록 전자 껍질 수가 증가한다.
(4) 왼쪽과 가운데 부분에는 금속 원소가, 오른쪽 부분에는 비금속 원소가 위치한다.

04. 답 (1) 할 (2) 알 (3) 알 (4) 할 (5) 할

해설 (1) 원자가 전자 수가 7개인 원소는 할로젠 원소이다.
(2) 상대적으로 밀도가 작고, 칼로 쉽게 잘리는 원소는 알칼리 금속이다.
(3) 알칼리 금속은 물에 녹아 염기성을 띤다.
(4) 할로젠 원소는 실온에서 2개의 원자가 결합하여 2원자 분자로 존재한다.
(5) 할로젠 원소는 17족으로 원자가 전자가 7개이어서 원자가 전자가 1개인 수소나 1족 금속과 잘 반응한다.

05. 답 원자핵, 전자 껍질, 낮, 높

해설 전자는 (원자핵) 주위의 특정한 에너지 준위의 궤도를 따라 운동하는데, 이 궤도를 (전자 껍질)이라고 한다. 원자핵에 가까울수록 에너지 준위가 (낮고), 원자핵에서 멀수록 에너지 준위가 (높다). 바닥 상태 전자 배치는 에너지 준위가 낮은 안쪽 전자 껍질부터 전자가 차례로 채워진다.

06. 답 (1) 11 (2) 1

해설 (1) 원자 번호는 양성자 수와 같고, 중성 원자의 전자 수와 같다. 나트륨의 양성자 수, 전자 수가 11이므로 원자 번호는 11이다.
(2) 원자가 전자는 원자의 가장 바깥 껍질에서 반응에 참여하는 전자이므로 나트륨의 원자가 전자 수는 1 이다.

+ 탐구

38 쪽

탐구문제 **1.** 답 리튬(Li) < 나트륨(Na) < 칼륨(K)

해설 금속을 잘랐을 때 단면의 변화와 물과의 반응을 보았을 때 Li보다는 Na이, Na보다는 K이 더 빠르고 격렬하게 반응하므로 반응성은 Li < Na < K임을 알 수 있다.

탐구문제 **2.** 답 알칼리 금속은 공기 중의 산소, 물과 잘 반응한다. 공기 중의 산소와 반응하면 표면에서 금속이 아닌 새로운 물질인 산화 금속이 생성되어 금속의 성질인 광택을 잃게 된다.

탐구문제 **3.** 답 염기성

해설 금속과 물이 반응하는 과정에서 수산화 이온(OH^-)이 형성되어 수용액은 염기성이 된다.

+ 강의

39 쪽

Q1. 답

원소	헬륨(He)	리튬(Li)	산소(O)	마그네슘(Mg)	염소(Cl)
원자 번호	2	3	8	12	17
양성자 수	2	3	8	12	17
전자 수	2	3	8	12	17
원자 모형					
주기	1	2	2	3	3
족	18	1	16	2	17
원자가 전자 수	0	1	6	2	7

Q2. 답

주기 \ 족	1	2	13	14	15	16	17	18
1	H (1)							He (0)
2	Li (1)	Be (2)	B (3)	C (4)	N (5)	O (6)	F (7)	Ne (0)
3	Na (1)	Mg (2)	Al (3)	Si (4)	P (5)	S (6)	Cl (7)	Ar (0)
4	K (1)	Ca (2)						

꼭 짚기!

40 쪽

1. ④ 2. ④

1. 답 ④

해설 A는 H(수소), B는 O(산소), C는 Na(나트륨), D는 P(인), E

는 Cl(염소)이다. (가)는 비금속 원소로 이루어져 있고, 실온에서 황록색을 띠는 기체이므로 Cl_2이고, (가)를 이루는 원소는 E(Cl)이다. (나)는 비금속 원소이고, 원소의 원자가 전자 수가 1개이므로 (나)를 이루는 원소는 H(수소)이다.

2. **답** ④

바른 풀이 A는 전자가 8개인 O(산소)이고, B는 전자가 9개인 F(플루오린), C는 전자가 11개인 Na(나트륨), D는 전자가 12개인 Mg(마그네슘)이다.

④ C와 D는 전자 껍질 수가 3개이므로 3주기 원소이다.

해설 ① A 산소는 원자가 전자가 6개이고, 16족 원소이다.

② B 플루오린은 할로젠 원소로 2원자 분자로 존재하고, 실온에서 기체 상태로 존재한다.

③ C 나트륨은 원자가 전자가 1개이고 전자 껍질 수가 3개이므로 3주기 1족 원소인 알칼리 금속이다.

⑤ 원자가 전자 수는 A가 6개, B가 7개, C가 1개, D가 2개이므로 총 합은 16개이다.

스스로 실력 높이기

41 ~ 45 쪽

01. ③	02. ②	03. ④	04. ④	05. ③
06. ④	07. ⑤	08. ⑤	09. ④	10. ②
11. ①	12. ③	13. ③	14. ⑤	15. ③
16. ①	17. E (Cl)		18. ④	19. ①
20. ④	21. ③	22. ③	23. ⑤	24. ③
25. ②	26. ③	27. 해설 참조		

01. **답** ③

바른 풀이 ③ 1족 원소 중 H(수소)는 비금속 원소이므로 알칼리 금속이 아니다.

해설 ①, ② 주기율표의 가로줄을 주기라 하며, 1 ~ 7 주기로 구성되어 있고, 세로줄은 족이라 하며, 1 ~ 18족으로 구성되어 있다.

④ 18족 원소들은 가장 바깥 껍질에 8개의 전자를 모두 채운다. (단, He(헬륨)은 첫 번째 껍질에 전자 2개를 모두 채운다.)

⑤ 같은 족 원소들은 원자가 전자 수가 같아 화학적 성질이 비슷하다.

02. **답** ②

해설 ㄷ. 모즐리는 X선 연구를 통해 원자핵의 양성자 수를 결정하는 법을 알아내고, 원소들을 원자 번호 순으로 배열함으로써 주기적 성질이 원자 번호와 관련 있다는 사실을 알아내었다.

바른 풀이 ㄱ. 되베라이너는 화학적 성질이 비슷한 3개의 원소를 묶어 세 쌍 원소라고 하였다.

ㄴ. 멘델레예프는 63족의 원소들을 원자 번호가 아닌 원자량 순으로 나열하여 최초의 주기율표를 만들었다.

03. **답** ④

바른 풀이 ④ 원자 번호가 크면 반드시 원자량이 커지는 것은 아니다. K(칼륨)은 Ar(아르곤)보다 원자 번호가 크지만 질량수는 작다.

해설 ①, ②, ③ 원소는 더 이상 더 간단한 다른 물질로 분해되지 않는, 물질을 구성하는 기본적인 요소로 물질의 종류에 비해 적으며, 현재까지 약 110여 종이 발견되었다.

⑤ 원소들이 서로 화학 결합하여 수많은 화합물을 구성할 수 있다.

04. **답** ④

해설 ㄱ. 금속성이 큰 원소는 주기율표에서 왼쪽과 가운데에 위치하고, 양이온이 되기 쉬운 원소일수록 금속성이 크다. 따라서 Li, Na, K은 금속성이 크다.

ㄷ. O와 S은 16족 원소로 원자가 전자 수가 6개로 같아서 화학적 성질이 비슷하다.

바른 풀이 ㄴ. He(헬륨)은 비금속 원소이지만 반응을 하지 않기 때문에 비금속성을 판단하지 않는다. 비금속성이 가장 큰 원소는 F(플루오린)이다.

05. **답** ③

해설 열과 전기의 전도성이 없고, 음이온이 되기 쉬우며, 주기율표의 오른쪽에 위치하는 원소는 18족 비활성 기체를 제외한 비금속 원소 황(S)이다. 수소(H)는 비금속 원소이나 원자가 전자가 1개이어서 1족으로 분류하였다. 나트륨(Na)과 철(Fe)은 금속 원소이다.

06. **답** ④

바른 풀이 ④ 금속은 최외각 전자가 1~3개 이므로 전자를 얻기 보다는 전자를 잃고 양이온이 되기 쉽다.

해설 ① 금속은 외부에서 힘을 가하면 부서지지 않고 길게 늘어나거나(연성) 얇게 펴진다.(전성)

② 금속은 열과 전기가 잘 통한다.

③ 금속은 대부분 특유의 광택이 있다.

⑤ 금속은 실온에서 대부분 고체 상태로 존재한다.

07. **답** ⑤

해설 ㄴ. (나)는 금속 원소이고, (라)는 비금속 원소이므로 (나)는 (라)보다 전자를 잃기 쉽다.

ㄷ. (다)는 준금속으로 금속 원소와 비금속 원소의 중간 성질을 갖는다.

바른 풀이 ㄱ. (가)는 H(수소)이므로 비금속 원소이지만 예외적으로 전자를 잃어 양이온이 되기 쉽다.

08. **답** ⑤

해설 ㄱ. 금속 원소는 열과 전기 전도성이 있는 구리(Cu)와 철(Fe) 2 가지이다.

ㄴ. 산소(O)와 염소(Cl)는 열과 전기 전도성이 없으므로 비금속 원소이다.

ㄷ. 구리(Cu)는 전기 전도성이 우수하여 전선에 이용된다.

09. **답** ④

해설 ㄱ. 양성자 수와 원자 번호는 같으므로 원자 번호는 12이다.

ㄷ. 원자 번호 12인 원소는 Mg(마그네슘)이고, 최외각 전자가 2개인 금속 원소이므로 전자를 잃어 양이온이 되기 쉽다.

바른 풀이 ㄴ. Mg(마그네슘)은 전자 껍질 수가 3개, 원자가 전자가 2개이므로 3주기 2족 원소이다.

10. 답 ②
해설 같은 족 원소끼리는 원자가 전자 수가 같아 화학적 성질이 비슷하다. 전자 껍질 수는 같은 주기 원소끼리 같고, 양성자 수와 중성자 수는 원소마다 다르다.

11. 답 ①
바른 풀이 ① 할로젠 원소는 산소보다 수소와 더 잘 반응하여 HF, HCl, HBr, HI 등을 생성한다. 공기 중의 산소와 잘 반응하는 것은 알칼리 금속이다.
해설 ②, ③ 할로젠 원소는 주기율표에서 17족에 해당하는 원소인 플루오린(F), 염소(Cl), 브로민(Br), 아이오딘(I) 등이 있다.
④ 플루오린(F), 염소(Cl), 브로민(Br), 아이오딘(I)은 수소와 반응하여 HF, HCl, HBr, HI 등을 생성한다.
⑤ 할로젠 원자 2개가 결합하여 2원자 분자 F_2, Cl_2, Br_2, I_2로 존재한다.

12. 답 ③
바른 풀이 Li(리튬), Na(나트륨), K(칼륨), Rb(루비듐)은 1족 원소이고, 알칼리 금속이다.
③ 알칼리 금속은 다른 금속에 비해 밀도가 작고, 칼로 쉽게 잘릴 정도로 무르다.
해설 ①, ② 주기율표에서 수소(H)를 제외한 1족 원소는 알칼리 금속이다.
④, ⑤ 알칼리 금속은 반응성이 크기 때문에 물, 산소와 잘 반응한다. 따라서 물, 산소와의 접촉을 막기 위해 석유나 액체 파라핀 속에 넣어 보관한다.

13. 답 ③
해설 ㄱ. 물과의 반응에서 기체를 더 빠르게 발생시키는 칼륨이 나트륨보다 반응성이 크다.
ㄴ. 알칼리 금속은 물과 반응하였을 때 수산화 이온(OH^-)이 생성되어 수용액의 액성이 염기성이므로 수용액의 색 변화는 (가)와 (나) 모두 '무색 → 붉은색'이다.
바른 풀이 ㄷ. 알칼리 금속이 물과 반응하면 수소 기체(H_2)가 생성된다.

14. 답 ⑤
바른 풀이 리튬, 나트륨, 칼륨 등의 알칼리 금속은 특유의 광택이 있으며, 공기 중에 놓았을 때 표면에서 산소와 결합하여 금속 산화물을 만들며 광택이 사라진다. 반응성이 가장 큰 칼륨의 광택이 가장 빨리 사라진다.
해설 ①, ②, ③, ④ 알칼리 금속은 물러서 칼로 잘 잘라지며, 칼로 자른 순간 단면은 아직 산화물이 생성되지 않아 광택이 있으나 공기 중의 산소와 반응하여 점차 광택이 사라진다.

15. 답 ③
해설 ㄱ. 브로민의 녹는점은 -7.2 ℃, 끓는점은 58.8 ℃ 이므로, 실온(25 ℃)에서 브로민(Br_2)는 액체 상태이다.
ㄷ. 할로젠 원소 물질들은 수소, 금속과 잘 반응한다.
바른 풀이 ㄴ. 나트륨과 반응하는 정도로 반응성을 비교할 수 있다. 반응성은 플루오린(F_2) 〉 염소(Cl_2) 〉 브로민(Br_2) 순으로 크다.

16. 답 ①
해설 ㄱ. A는 원자가 전자 수가 7인 할로젠 원소 F(플루오르), B는 원자가 전자 수가 1 인 알칼리 금속 Na(나트륨)이다.
바른 풀이 ㄴ. A는 비금속 원소, B는 금속 원소이다.
ㄷ. A는 17족 원소, B는 1족 원소이다.

17. 답 E (Cl)
해설 비금속 원소는 주기율표의 왼쪽에 위치한다. 18족 원소는 제외한다. 따라서 C와 E 중 하나이며, 모두 금속과 잘 반응하지만 물의 소독이나 표백제로 사용되는 것은 E 염소이다.

18. 답 ④
해설 ㄴ. C(플루오린 F)와 E(염소 Cl) 모두 할로젠 원소이나 C(F)가 비금속성이 더 크고, 전자를 잡아당기는 경향이 더 강해 금속과의 반응성이 E(Cl) 보다 더 크다.
ㄷ. 알칼리 금속인 D(Na)는 할로젠 원소인 E(Cl)와 격렬히 반응하면서 열과 빛을 낸다.
바른 풀이 ㄱ. B(Li)는 물과 반응하여 염기성 수용액을 만들고 수소 기체를 발생시키지만 A는 수소(H)이므로 물과 반응하지 않는다.

19. 답 ①
해설 A는 플루오린(F), B는 칼륨(K), C는 아이오딘(I)이 각각 이용되는 예이다.
ㄱ. A(플루오린 F)와 C(아이오딘 I) 모두 할로젠 원소이므로 금속, 수소와 잘 반응한다.
바른 풀이 ㄴ. B는 1족 알칼리 금속이고, C는 17족 할로젠 원소이다.
ㄷ. A(플루오린 F)와 B 칼륨(K)은 격렬하게 반응한다.

20. 답 ④
바른 풀이 ④ 원자핵과 가장 가까운 전자껍질에는 최대 2개의 전자가 배치된다.
해설 ① 중성 원자를 구성하는 양성자 수와 전자 수는 같다.
② 같은 족 원소는 같은 원자가 전자 수를 가진다.
③ 같은 주기 원소는 전자가 배치되어 있는 전자 껍질 수가 같다.
⑤ 원자에서 전자는 특정한 에너지 준위의 궤도에서 존재하고, 원자핵으로부터 멀어질수록 에너지 준위가 커진다.

21. 답 ③
해설 ㄷ. 원소 D는 17족 할로젠 원소로 F 플루오린이다. 원자가 전자가 7개로 외부에서 전자를 1개 가져와 음이온이 되기 쉽다.
바른 풀이 ㄱ. C는 베릴륨(Be)으로 가벼운 금속, E는 나트륨(Na)으로 가볍고 무른 금속이나, A는 수소이며 비금속이다.
ㄴ. B는 He으로 비활성 기체이며, 비금속이지만 비금속성 비교를 하지 않는다. 비금속성이 가장 큰 원소는 D 플루오린이다.

22. 답 ③

해설 상온, 상압에서 고체 상태이며, 양이온이 되기 쉬운 것은 금속 원소이다. 주기율표의 왼쪽에 위치하며 중성 원자의 전자 껍질 수가 2개인 것은 C 베릴륨(Be)이다.

23. 답 ⑤
해설 ㄴ. 원자 껍질에 가장 가까운 전자 껍질에 전자가 있을 때 에너지 준위가 가장 작으며, 바닥 상태이다.
ㄷ. 전자는 에너지 준위 A의 에너지를 가지거나, B의 에너지를 가질 수 있고, 그 사이의 에너지는 가질 수 없다.
바른 풀이 ㄱ. 전자 껍질의 에너지 준위는 원자핵에서 멀어질수록 커지며, 최대값은 0 이다. 따라서 원자핵에 가까운 전자 껍질일수록 에너지 준위는 작다.

24. 답 ③
해설 ㄷ. 원자 번호가 11~17번이면 전자 껍질이 3개인 3주기 원소이다.
바른 풀이 ㄱ. 3주기에서 X는 원자 번호에 따라늘어나고 있으므로 원자가 전자 수이다.
ㄴ. 3주기에서 Y는 원자 번호에 따라 변하지 않으므로 전자 껍질 수이다.

25. 답 ②
바른 풀이 ② B(Li 리튬), C(O 산소), D(F 플루오린)는 같은 주기 원소이므로 화학적 성질이 비슷하지 않다. 화학적 성질이 비슷한 원소는 같은 족에 배치되어 원자가 전자 수가 같은 원소들이다.
해설 ① A는 1주기 원소 He이므로 전자 껍질 수는 1개이고, 최외각 전자 수는 2개이다.
③ D(플루오린)와 F(염소)는 같은 족 원소이므로 원자가 전자 수가 같다.
④ E(나트륨)와 F(염소)는 같은 주기 원소이므로 전자가 배치되어 있는 전자 껍질 수가 같다.
⑤ A ~ F 중 원자 번호가 가장 큰 원소는 양성자 수와 전자 수가 가장 큰 F(염소 Cl)이다.

26. 답 ③
해설 ㄱ. X(리튬)와 Y(나트륨)는 알칼리 금속으로 원자가 전자 수가 1개로 같아 화학적 성질이 비슷하다.
ㄴ. Y와 Z(아르곤)는 전자 껍질 수가 같으므로 같은 주기 원소이다.
바른 풀이 ㄷ. Z는 18족 원소이므로 화학 반응에 참여하는 전자가 없으므로 최외각 전자 수는 8개이지만 원자가 전자 수는 0이다. 따라서 Z는 원자가 전자 수가 가장 작다.

27. 답 원자가 전자는 반응에 참여하여 원소의 화학적 성질을 결정한다. 원자 번호가 증가함에 따라 원소의 화학적 성질을 결정하는 원자가 전자 수가 주기적으로 같아지기 때문에 원소들이 주기성을 나타낸다.

04. 화학 결합과 물질의 생성

개념체크

49 쪽

01. (1) O (2) O (3) X (4) X (5) O
02. (1) 비활성 기체 (2) 금속, 비금속
(3) 공유 결합 물질 (4) 규산염 광물
03. 수소, 포도당

01. 답 (1) O (2) O (3) X (4) X (5) O
해설 (1) 이온 결합 물질은 외부에서 힘을 가하면 이온 층이 밀리면서 같은 전하를 띠는 이온 사이의 반발력으로 인해 쉽게 쪼개지거나 부서지기 쉽다.
(2) 공유 결합 물질은 일반적으로 일정한 개수의 원자가 서로 결합한 분자로 이루어져 있어 분자성 물질이라고도 한다. (예외 있음)
(5) 물 분자는 1개의 O(산소)와 2개의 H(수소)가 결합하여 2개의 공유 전자쌍으로 결합하고 있다.

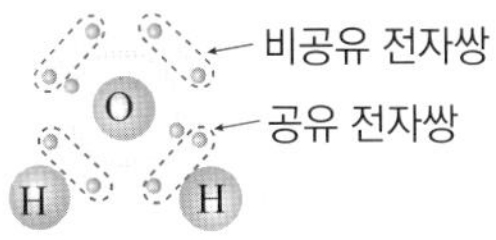

바른 풀이 (3) 이온 결합 물질은 고체 상태에서 전류가 흐르지 않고, 액체, 수용액 상태에서 전류가 흐른다.
(4) Mg과 O이 안정한 이온의 형태는 Mg^{2+}, O^{2-} 이므로 1 : 1의 개수 비로 이온 결합한다.

02. 답 (1) 비활성 기체 (2) 금속, 비금속 (3) 공유 결합 물질 (4) 규산염 광물
해설 (1) 비활성 기체는 18족 원소로 안정한 전자 배치를 이루기 때문에 다른 원자와 화학 결합을 하지 않는다.
(2) 이온 결합은 금속 양이온과 비금속 음이온의 정전기적 인력에 의해 형성된다.
(3) 공유 결합 물질의 녹는점과 끓는점은 비교적 낮아 실온에서 대부분 액체나 기체 상태이다.
(4) 지각을 구성하는 규산염 광물은 규산 이온이 다른 원소나 이온과 결합한 물질이다.

03. 답 수소, 포도당
해설 염화 나트륨(NaCl)은 이온 결합 물질이므로 수용액에서 전류가 흐르고, 염화 수소(HCl)는 공유 결합 물질이지만 수용액에서 이온 상태로 존재하므로 전류가 흐른다. 수소(H_2)와 포도당($C_6H_{12}O_6$)은 공유 결합 물질로 수용액에서 분자 상태로 존재하기 때문에 전류가 흐르지 않는다.

+ 강의

50 쪽

Q1. 답 (1) O (2) X (3) O
해설 (1) Na^+은 Na(나트륨)이 전자 1개를 잃어 Ne(네온)과 같은

전자 배치를 하고, F^-은 F(플루오린)이 전자 1개를 얻어 Ne(네온)과 같은 전자 배치를 한다. 따라서 두 이온의 전자 배치는 서로 같다.
(3) Al은 원자가 전자 수가 3이므로 3개의 전자를 잃어 Al^{3+}이 된다. Cl는 원자가 전자 수가 7이므로 1개의 전자를 얻어 Cl^-이 된다. Al^{3+}과 Cl^-은 1 : 3의 개수비로 결합하여 화학식은 $AlCl_3$이다.
바른 풀이 (2) Li^+은 Li(리튬)이 전자 1개를 잃어 He(헬륨)과 같은 전자 배치를 하고, Na^+은 Na(나트륨)이 전자 1개를 잃어 Ne(네온)과 같은 전자 배치를 한다. 따라서 전자 배치가 같지 않다.

Q2. **답** (1) LiCl (2) Li_2O (3) MgF_2 (4) MgO
해설 (1) Li은 원자가 전자 수가 1이므로 1개의 전자를 잃어 Li^+이 된다. Cl는 원자가 전자 수가 7이므로 1개의 전자를 얻어 Cl^-이 된다. Li^+과 Cl^-은 1 : 1의 개수비로 결합하여 화학식은 LiCl이다.
(2) Li은 원자가 전자 수가 1이므로 1개의 전자를 잃어 Li^+이 된다. O는 원자가 전자 수가 6이므로 2개의 전자를 얻어 O^{2-}이 된다. Li^+과 O^{2-}은 2 : 1의 개수비로 결합하여 화학식은 Li_2O이다.
(3) Mg은 원자가 전자 수가 2이므로 2개의 전자를 잃어 Mg^{2+}이 된다. F는 원자가 전자 수가 7이므로 1개의 전자를 얻어 F^-이 된다. Mg^{2+}과 F^-은 1 : 2의 개수비로 결합하여 화학식은 MgF_2이다.
(4) Mg은 원자가 전자 수가 2이므로 2개의 전자를 잃어 Mg^{2+}이 된다. O는 원자가 전자 수가 6이므로 2개의 전자를 얻어 O^{2-}이 된다. Mg^{2+}과 O^{2-}은 1 : 1의 개수비로 결합하여 화학식은 MgO이다.

꼭 짚기!

51 쪽

1. ② **2.** ③

1. **답** ②
해설 ㄴ. B는 전자 2개를 얻어 안정한 전자 배치를 가지고, D는 전자 1개를 잃어 안정한 전자 배치를 가지므로 B와 D가 안정한 이온이 되면 C와 같은 전자 배치를 갖는다.
바른 풀이 ㄱ. A는 전자 1개를 잃고, B는 전자 2개를 얻어 2 : 1로 결합하므로 A와 B가 결합한 화합물의 화학식은 A_2B이다.
ㄷ. C는 18족 원소인 비활성 기체이므로 다른 원자와 화학 결합하지 않는다.

2. **답** ③
해설 ㄱ. (가)는 이온 결합 물질이고 전류를 흘려주면 이온이 이동하므로 수용액 상태에서 전류가 흐른다.
ㄴ. (나)는 공유 결합 물질이고, 전류를 흘려주어도 입자의 이동이 없고, 수용액에서 분자로 존재한다.
바른 풀이 ㄷ. (가) 이온 결합 물질은 액체 상태에서 전류가 흐르고, (나) 공유 결합 물질은 액체 상태에서 전류가 흐르지 않는다.

스스로 실력 높이기

52 ~ 55 쪽

01. ① **02.** 해설 참조 **03.** ③ **04.** ⑤
05. ⑤ **06.** ③ **07.** ① **08.** ② **09.** ⑤
10 ③ **11.** ④ **12.** ③ **13.** ③ **14.** ⑤
15. ④ **16.** 해설 참조 **17.** ② **18.** ④
19. 해설 참조 **20.** ③ **21.** ②

01. **답** ①
해설 ㄱ. 주어진 원자는 헬륨(He), 네온(Ne), 아르곤(Ar)이고, 18족 비활성 기체이므로 3 가지 원자는 같은 족에 위치한다.
바른 풀이 ㄴ, ㄷ 18족 비활성 기체는 안정한 전자 배치를 이루고 있어 반응성이 매우 작고 다른 원소와 화학 결합을 형성하지 않는다.

02. **답** 원소들이 화학 결합을 하여 18족 원소와 같은 전자 배치를 이루어 안정해지려 하기 때문이다.

03. **답** ③
바른 풀이 A는 H(수소), B는 He(헬륨), C는 Li(리튬), D는 Ne(네온), E는 S(황), F는 Cl(염소)이다.
③ C가 안정한 이온이 되면 전자를 1개 잃어 B와 같은 전자 배치를 가진다.
해설 ① A는 H(수소)이므로 비금속 원소이다.
② B와 D는 18족 원소인 비활성 기체이다.
④, ⑤ E와 F가 가장 안정한 이온이 되면 가장 바깥 껍질에 8개의 전자를 채워 비활성 기체의 전자 배치를 하고, 옥텟 규칙을 만족한다.

04. **답** ⑤
바른 풀이 ⑤ Li의 원자가 전자는 1개이므로 1개의 전자를 잃어 Li^+이 된다. F의 원자가 전자는 7개이므로 1개의 전자를 얻어 F^-이 된다. 따라서 Li과 F은 1 : 1의 개수비로 결합한다.
해설 ①, ②, ③ 이온 결합은 금속 원소의 전자가 비금속 원자로 이동하고, 금속 양이온과 비금속 음이온이 되어 두 이온 사이의 전기적인 인력에 의해 형성된다.
④ 이온 결합 물질의 화학식은 양이온의 전하량 총합과 음이온의 전하량 총합이 같다.

05. **답** ⑤
해설 ㄱ. A는 금속 Mg(마그네슘), B는 비금속 S(황)이므로 A와 B는 이온 결합을 한다.
ㄴ. 금속 A가 전자를 잃고, 비금속 B가 전자를 얻어 이온 결합을 형성하므로 전자는 금속 A에서 비금속 B로 이동한다.
ㄷ. A와 B는 1 : 1의 개수비로 결합하므로 화합물의 화학식은 AB(MgS)이다.

06. **답** ③
해설 리튬은 1족 원소로 원자가 전자가 1개인 원소이다. 따라서 전자 1개를 잃어 양이온이 되기 쉽다. 산소는 16족 원소로 원자가 전자가 6개인 원소이다. 따라서 전자 2개를 얻어 옥텟 규칙을 만족하는 음이온이 되기 쉽다. 화합물의 전하량 총합은 0이 되어야 하므로 리튬과 산소는 2 : 1로 결합하고, 화학식은 Li_2O이 된다.

07. 답 ①

해설 ① (가)는 질소 원자(N)로 이루어진 질소 분자(N_2), (나)는 질소 원자(N)와 수소 원자(H)로 이루어진 암모니아 분자(NH_3)이다.

바른 풀이 ② (가)는 전자쌍을 공유하여 결합하는 공유 결합 물질이므로 구성 입자(원자)가 전하를 띠지 않는다.
③ (나)는 공유 결합 물질이므로 전자쌍을 공유하여 결합이 이루어진다.
④ (다)는 이온 결합 물질이므로 전자를 잃은 양이온과 전자를 얻은 음이온의 정전기적인 인력에 의한 결합을 한다.
⑤ (가)와 (나)는 전자쌍을 공유하여 결합이 이루어지고, (다)는 원자가 전자를 주고받아 결합이 이루어진다.

08. 답 ②

해설 이온 결합은 금속 양이온과 비금속 음이온의 정전기적인 인력에 의해 형성되고, 공유 결합은 비금속 원소끼리 전자를 서로 공유하여 형성되는 결합이다. 따라서 이온 결합하는 두 원소와 공유 결합하는 두 원소가 옳게 짝지어진 것은 ②이다.

바른 풀이 ① 수소와 산소가 결합한 물질은 공유 결합 물질이고, 황과 마그네슘이 결합한 물질은 이온 결합 물질이다.
③ 헬륨은 안정한 18족 원소이므로 다른 원소와 결합하지 않는다. 또한 리튬과 아이오딘의 결합은 이온 결합이다.
④ 철과 산소의 결합은 이온 결합이며, 칼륨과 브로민의 결합도 이온 결합이다.
⑤ 수소와 플루오린의 결합은 공유 결합, 산소와 질소의 결합은 공유 결합이다.

09. 답 ⑤

해설 A는 F(플루오린)이며, 전자 1개를 받아 A^- 가 되었고, 이때 Ne(네온)과 같은 전자 배치를 이룬다. B는 Mg(마그네슘)이며, B^{2+}는 최외각 전자 2개를 잃고 Ne(네온)과 같은 전자 배치를 이룬다. C는 원자 번호 8번인 O(산소)이다.
ㄱ. A는 비금속, B는 금속으로 전자를 주고받아 이온 결합을 한다.
ㄴ. A는 원자가 전자 수가 7개로 가장 많다.
ㄷ. A인 F(플루오린)과 C인 O(산소)는 모두 비금속 원소이며 전자쌍을 공유하여 공유 결합을 형성한다.(OF_2)

10. 답 ③

해설 ㄱ. 나트륨과 염소는 이온 결합을 하며, 결합 과정에서 나트륨에서 염소로 전자가 1개 이동한다.
ㄷ. 나트륨에서 전자 1개가 염소로 이동하여 염화 나트륨이 형성되었으므로 나트륨과 염소는 각각 네온, 아르곤과 같은 전자 배치를 하게 된다.

바른 풀이 ㄴ. 나트륨이 이온이 될 때에는 전자 껍질 수가 1개 줄어들지만, 염소가 이온이 될 때에는 최외각 전자가 8개가 되며 옥텟 규칙을 만족시키지만 전자 껍질 수는 변동이 없다.

11. 답 ④

해설 ㄴ. 산소와 수소는 전자쌍 1개를 공유하고 있으므로 단일 결합을 하고 있다.
ㄷ. 물 분자를 구성하는 산소 원자는 수소 원자와 공유 결합하여 가장 바깥 전자 껍질에 전자 8개를 채워 옥텟 규칙을 만족한다.

바른 풀이 ㄱ. 공유 전자쌍은 두 원자가 공유하고 결합에 참여하는 전자쌍을 말한다. 따라서 공유 전자쌍 수는 2개이다.

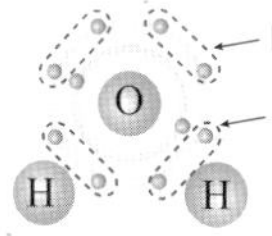

12. 답 ③

해설 A(Mg)가 전자를 2개 잃고, 2개의 B(Cl)가 전자를 각각 1개씩 얻어 A와 B는 1 : 2의 개수비로 이온 결합한다.
ㄱ. A와 B는 1 : 2의 개수비로 이온 결합하므로 화학식은 AB_2이다.
ㄷ. A는 전자 2개를 잃어 비활성 기체와 같은 전자 배치를 하고, B는 전자 1개를 얻어 비활성 기체와 같은 전자 배치를 한다. 전자를 잃거나 얻기 전 전자 껍질 수가 3개로 같으므로 A와 B는 같은 3주기 원소이다.

바른 풀이 ㄴ. 분자는 물질의 고유한 성질을 가지는 가장 작은 입자로 독립적으로 운동하며, 일부 물질을 제외한 대부분의 공유 결합 물질을 분자라고 한다. 이온 결합 물질의 경우 양이온과 음이온이 연속적으로 결합하고 있기 때문에 한 덩어리의 입자로 볼 수 없기 때문에 이온 결합 물질인 AB_2 는 분자가 될 수 없다.

13. 답 ③

해설 ㄱ. A는 원자가 전자가 4개인 탄소(C)이고, B는 원자가 전자가 6개인 산소(O)이다.
ㄷ. A와 B는 서로 전자쌍을 공유하여 비활성 기체와 같은 전자 배치를 이루어 안정하게 된다.

바른 풀이 ㄴ. 비공유 전자쌍은 원자가 전자가 이루는 다른 원자와 공유하지 않는 전자쌍이다. 따라서 분자 AB_2 는 비공유 전자쌍의 수가 B에 두개씩 총 4개이다.

14. 답 ⑤

바른 풀이 A_2는 전자쌍 2개를 공유하고 있는 산소 분자(O_2)이고, B_2는 전자쌍 3개를 공유하고 있는 질소 분자(N_2)이다.
⑤ A의 원자가 전자 수는 6개이고, B의 원자가 전자 수는 5개이므로 원자가 전자 수는 A > B이다.

해설 ① A와 B는 모두 비금속 원소이다.
② A_2는 2개의 전자쌍을 공유하고 있으므로 2중 결합을 하고 있다.
③ B_2는 3개의 전자쌍을 공유하고 있다.
④ A와 B는 공유 결합하여 가장 바깥 전자 껍질의 전자가 8개이므로 옥텟 규칙을 만족한다.

15. 답 ④

해설 공유 결합 물질은 비금속 원자끼리 전자쌍을 공유하여 결합한 물질로, 공유 결합 물질로만 옳게 짝지어진 것은 ④ H_2O, CO_2이다.

바른 풀이 ① KOH은 금속 양이온과 비금속 음이온이 결합하고 있는 이온 결합 물질이다.
② Fe_2O_3은 이온 결합 물질이다.
③ NaF는 이온 결합 물질이다.
⑤ $CaCO_3$과 NaCl은 모두 이온 결합 물질이다.

16. 답 MgO, 마그네슘(Mg)은 원자가 전자가 2개이므로 전자 2개를 잃어 Mg^{2+}이 되고, 산소(O)는 원자가 전자가 6개이므로 2개의 전자를 얻어 O^{2-}이 된다. 두 이온이 정전기적인 인력으로 이온 결합하여 산화 마그네슘(MgO)을 형성한다.

17. 답 ②

해설 ㄴ. A는 수용액에서 양이온과 음이온으로 수화되는 이온 결합 물질, B는 수용액에서 이온화되지 않고, 분자 상태로 녹아있는 공유 결합 물질이다.

바른 풀이 ㄱ. A는 이온 결합 물질이므로 고체 상태에서 전기 전도성이 없다.

ㄷ. A는 수용액 상태에서 전기 전도성이 있지만 B는 분자 상태로 녹아 있기 때문에 수용액 상태에서 전기 전도성이 없다.

18. 답 ④

해설 ④ 설탕은 공유 결합 물질 중 물에 녹을 때 분자 그대로 녹아 전기 전도성이 없는 대표적인 물질로 (나)에서 분자 상태로 존재한다.

바른 풀이 ①, ② 설탕 분자는 공유 결합 물질이므로 비금속 원소끼리 전자쌍을 공유하여 결합하고 있다.

③ (가)는 고체 상태이므로 전극을 꽂고 전원을 연결하여도 전류가 흐르지 않는다.

⑤ (다)에서 설탕 분자는 양쪽 극으로 이동하지 않으므로 설탕은 물에서 전류가 흐르게 할 수 없다.

19. 답 이온 결합 물질인 염화 나트륨($NaCl$)은 고체 상태에서 양이온과 음이온이 규칙적으로 배열되어 강하게 결합하고 있기 때문에 이온들이 이동하기 어렵다. 따라서 전류가 흐르지 않으므로 전기 전도성을 가지지 않는다. 하지만 액체 상태의 경우 이온들이 자유롭게 이동면서 전류를 흐를 수 있게 하므로 전기 전도성을 가진다.

20. 답 ③

해설 ㄱ. A는 Na(나트륨), D는 F(플루오린)이므로 A와 D는 이온 결합으로 화합물 NaF을 형성한다.

ㄴ. B는 O(산소)이고, 원자가 전자 수가 6개이어서 공유 결합 물질인 B_2는 공유 전자쌍 수가 2개(2중 결합)이다.

바른 풀이 ㄷ. C는 H(수소)이므로 C와 D로 이루어진 화합물은 CD(HF)이다. HF는 비금속끼리 전자쌍을 공유하여 결합하고 있는 공유 결합 물질이므로 액체 상태에서 전기 전도성이 없다.

21. 답 ②

해설 ㄴ. (나)는 물 분자(H_2O)이고, 물은 생명체 내에 다양한 화학 반응이 일어나도록 돕는다.

바른 풀이 ㄱ. (가)는 이산화 탄소(CO_2)이므로 대기의 약 0.03%를 구성하고, 21%를 구성하는 물질은 산소(O_2)이다.

ㄷ. (가)와 (나)의 공유 전자쌍 수는 각각 4개, 2개이므로 서로 같지 않다.

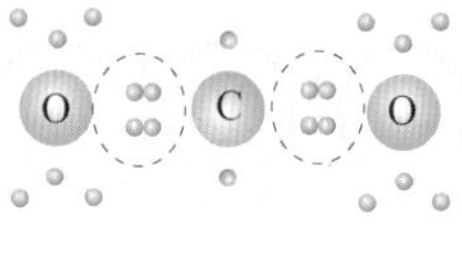

(가) CO_2

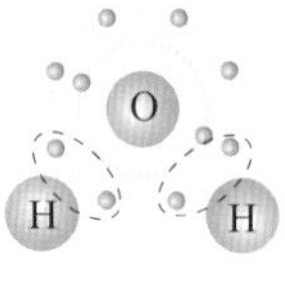

(나) H_2O

단원마무리

56 ~ 61 쪽

01. ⑤	02. ④	03. ①	04. ②	05. ④
06. ④	07. ⑤	08. ③	09. ④	
10. 해설 참조		11. 해설 참조		12. ③
13. 해설 참조		14. ③	15. ②	
16. (가) ㉡ (나) ㉠ (다) ㉢			17. ①	18. ⑤
19. ①	20. 해설 참조		21. ③	22. ①
23. ⑤	24. ④	25. (1) O (2) X (3) O (4) O		
26. ①	27. ②	28. ②		

01. 답 ⑤

해설 ㄱ. 빅뱅 이후 우주가 팽창함에 따라 우주의 부피가 증가하면서 우주의 밀도는 감소하였다.

ㄴ, ㄷ. 우주가 팽창함에 따라 우주의 온도가 낮아지면서 우주 배경 복사의 파장은 길어졌다.

02. 답 ④

해설 ㄷ. 쿼크와 전자 등의 기본 입자가 생성되었다.

→ ㅁ. 쿼크 3개가 결합하여 양성자와 중성자가 생성되었다.

→ ㄹ. 수소 원자핵(양성자)과 중성자가 결합하여 중수소 원자핵이 생성되었다.

→ ㄴ. 중수소 원자핵과 양성자가 결합하여 헬륨-3 원자핵이 생성되었고, 헬륨-3 원자핵과 중성자가 결합하여 헬륨-4 원자핵이 생성되었다.

→ ㄱ. 수소 원자핵과 전자가 결합하여 수소 원자가 생성되었고, 헬륨 원자핵이 전자 2개와 결합하여 헬륨 원자가 생성되었다.

03. 답 ①

바른 풀이 ① 전자와 원자핵이 결합하여 원자가 생성된 것은 빅뱅 이후 약 38만 년이 흘러 우주의 온도가 약 3,000 K이 되었을 때이다.

해설 ③ 빅뱅 직후 기본 입자인 쿼크와 전자가 만들어졌으며, ② 쿼크 3개가 결합하여 양성자와 중성자가 생성되었고, ④, ⑤ 빅뱅 후 약 3분이 되었을 때 양성자와 중성자가 결합하여 헬륨 원자핵(헬륨-4)이 생성되었다.

04. 답 ②

해설 ㄴ. 양성자와 중성자가 처음 생성되었을 때 양성자와 중성자의 개수비는 1 : 1 이었으며, 우주가 팽창함에 따라 우주의 온도가 내려가면서 원자가 만들어질 때에는 양성자와 중성자의 개수비가 약 7 : 1 이 되어 중성자에 대한 양성자의 개수 비가 증가한다.

바른 풀이 ㄱ. 빅뱅 초기 수소, 헬륨, 약간의 리튬이 만들어졌으며, 나머지 원소는 별이 생성된 후 별의 중심부에서 핵융합 반응을 통해 만들어진다.

ㄷ. 빅뱅 후 약 38만 년이 되었을 때 중성 원자가 생성되면서 우주로 퍼져 나간 빛이 파장이 길어져 현재 우주 배경 복사로 관측된다.

05. 답 ④

해설 ㄱ. 헬륨 원자핵은 빅뱅 이후 3분이 되었을 때 양성자(수소 원자핵) 2개와 중성자 2개가 결합하여 생성되었다.
ㄴ. 우주에 분포하는 양성자와 중성자의 개수비는 14 : 2 = 7 : 1이다.
바른 풀이 ㄷ. 빅뱅 이후 3분이 지나 헬륨 원자핵이 만들어졌을 때 우주에 분포하는 수소 원자핵과 헬륨 원자핵의 개수비는 12 : 1이고, 헬륨 원자핵의 질량은 수소 원자핵의 질량의 약 4배이므로, 수소 원자핵과 헬륨 원자핵의 질량비는 3 : 1 이다.

06. 답 ④
해설 ㄱ. COBE 위성이 관측한 우주 배경 복사의 파장에 따른 에너지 분포와 파장에 따른 2.7 K 흑체 복사 에너지 분포 곡선이 일치하는 것으로 보아 현재 우주 배경 복사는 2.7 K 흑체 복사에 해당된다.
ㄴ. 우주 배경 복사는 우주의 모든 방향에서 대체로 고르게 관측된다.
바른 풀이 ㄷ. 가모프가 예측하고 펜지어스와 윌슨이 발견한 우주 배경 복사는 우주의 온도가 약 3,000 K일 때 수소 원자와 헬륨 원자가 만들어지면서 우주로 퍼져나간 빛이다. 이 빛이 우주가 팽창하면서 파장이 길어져 현재 약 2.7 K에 해당하는 마이크로파 복사로 관측되었다.

07. 답 ⑤
해설 ㄱ. 동일한 원소들이 포함된 기체를 통과한 별빛을 각각 분석했으므로 (가)의 방출선이 나타나는 위치와 (나)의 흡수선이 나타나는 위치가 같다. 단, (가)는 방출 스펙트럼으로 고온의 기체이며, (나)는 흡수 스펙트럼으로 저온의 기체이다.
ㄴ. (가)는 방출 스펙트럼으로 전자가 높은 에너지 준위에서 낮은 에너지 준위로 이동하여 빛이 방출될 때 나타난다.
ㄷ. (나)는 흡수 스펙트럼이다. 별빛이 저온의 기체를 통과하면 그 기체를 구성하는 원소에 따라 특정 파장의 빛이 흡수되어 흡수 스펙트럼이 나타난다.

08. 답 ③
해설 ③ 성간 물질이 수축하여 중력 수축 에너지에 의해 중심부의 온도가 높아지는 곳에서 빛을 내는 원시별이 형성된다.
바른 풀이 ① 별은 성운의 밀도가 높고 온도가 낮은 곳에서 형성된다.
② 하나의 성운 내에서 여러 개의 별이 형성될 수 있다.
④ 원시별의 중심 온도가 높아지면서 수소 핵융합 반응이 시작되면 주계열성으로 진화한다.
⑤ 핵융합 반응으로 생성된 에너지는 빛과 열 에너지의 형태로 우주 공간에 방출된다.

09. 답 ④
해설 ㄱ, ㄴ. 행성상 성운과 백색 왜성은 태양과 질량이 비슷한 별의 적색 거성 이후 진화 단계이다.
바른 풀이 ㄷ. 철은 초거성의 중심부에서 생성되는 것으로 행성상 성운과 백색 왜성으로 진화하는 질량이 태양과 비슷한 별에서는 온도와 압력이 충분하지 않아 철이 생성되는 규소 핵융합 반응이 일어나지 않는다.

10. 답 A는 탄소와 산소이다. 주계열성의 수소 핵융합 반응이 멈추면 중심부가 수축하여 온도가 올라가고, 수소층에서 수소 핵융합 반응이 일어나고, 이어 중심부에서는 헬륨 핵융합 반응을 통해 탄소와 산소가 생성되면서 부피가 증가하는 적색 거성 단계이다.

11. 답 철이 생성되는 규소 핵융합 반응이 일어나기 위해서는 매우 높은 온도와 압력이 필요하므로 태양의 10배 이상 질량을 가진 별의 진화 과정 중 초거성 단계에서 철이 만들어질 수 있다. 따라서 이 별의 질량은 태양보다 10배 이상 크며, 초거성 단계이다.

12. 답 ③
해설 (가)는 지구형 행성, (나)는 목성형 행성에 대한 설명이다.
ㄷ. (나)는 태양으로부터의 거리가 (가)보다 더 멀어 가벼운 기체로 형성되었다.
바른 풀이 ㄱ. (가) 질량과 반지름이 비교적 작고 밀도가 큰 행성은 지구형 행성이다.
ㄴ. (가) 지구형 행성이 (나) 목성형 행성보다 밀도가 더 크다.

13. 답 원시 지구에서 마그마의 바다가 형성되었을 때 무거운 철 성분이 중심부로 모여 핵을 이루었고, 가벼운 암석질 물질이 위로 떠올라 맨틀을 이루어 층상 구조를 형성하였기 때문이다.

14. 답 ③
해설 되베라이너(1817년)는 성질이 비슷한 세 쌍의 원소가 존재하며, 이 원소들의 원자량 사이에 일정한 관계가 있다는 것을 알아내었다.
멘델레예프(1869년)는 당시에 알려진 63종의 원소들을 원자량 순으로 배열하면 성질이 비슷한 원소들이 주기적으로 나타나는 것을 발견하였다.
모즐리(1913년)는 원소들의 주기성이 원자량 순이 아니라 원자 번호 순으로 나타난다는 것을 알아내었다.

15. 답 ②
해설 그림은 장주기형 주기율표이며(1~18족이 모두 나타남), A, E, F는 비금속이고, B, C(전이 금속), D는 금속이다.
ㄷ. 원자가 전자 수는 족의 끝자리 수와 같다.(단, 18족은 0) E가 B보다 족의 끝자리 수가 크므로 E의 원소는 B의 원소보다 원자가 전자 수가 크다.
바른 풀이 ㄱ. 금속 원소는 B, C, D이다.
ㄴ. E는 비금속이므로 전자를 얻어 음이온이 되기 쉽다. F는 18족 원소(비활성 기체)이므로 가장 바깥 껍질에 전자 8개를 채워 안정한 상태이다. 따라서 전자를 잃거나 얻지 않는다.

16. 답 (가) ㉡ (나) ㉠ (다) ㉢
해설 (가)는 Li과 Mg이 해당되고, Cl와 O가 해당되지 않으므로 '㉡ 금속 원소인가?' 가 적합하다.
(나)는 Li이 해당되고, Mg이 해당되지 않으므로 '㉠ 알칼리 금속인가?' 가 적합하다.
(다)는 Cl가 해당되고, O가 해당되지 않으므로 '㉢ 원자가 전자 수가 7개인가?' 가 적합하다.

17. 답 ①
해설 (가)는 4주기 17족 원소의 2원자 분자인 Br_2이고, (나)는 5주기 원소의 2원자 분자인 I_2이다.
ㄱ. Br_2은 실온에서 액체, I_2은 실온에서 고체이므로 ㉠은 액체, ㉡은 고체이다.
바른 풀이 ㄴ. 할로젠 원소는 반응성이 매우 커서 금속, 수소와 잘 반응한다. 따라서 ㉢은 '반응 없음'이 아니다.
ㄷ. 표백제의 성분인 할로젠 물질은 염소(Cl_2)이다.
ㄹ. (나) I_2의 원소인 I(아이오딘)은 5주기 원소이다.

18. 답 ⑤
해설 A는 전자가 9개인 F(플루오린), B는 전자가 4개인 Be(베릴륨), C는 전자가 8개인 O(산소)이다.
ㄱ. 금속 원소는 B(베릴륨) 1개이다.
ㄴ. A, B, C는 모두 전자 껍질 수가 2개이므로 2주기 원소이다.
ㄷ. 양성자 수는 전자 수와 같으므로 A가 C보다 크다.

19. 답 ①
해설 원자가 전자 수는 족의 끝자리 수와 같다.(단, 18족은 0)
A는 원자가 전자 수가 6개이므로 16족 원소이고, 이온의 총 전자 수가 10개이므로 Ne(네온)의 전자 배치와 같은 2주기 비금속 원소인 O(산소)이다.
B는 원자가 전자 수가 2개이므로 2족 원소이고, 이온의 총 전자 수가 10개이므로 3주기 금속 원소인 Mg(마그네슘)이다.
C는 원자가 전자 수가 7개이므로 17족 원소이고, 이온의 총 전자 수가 18개이므로 Ar(아르곤)의 전자 배치와 같은 3주기 비금속 원소인 Cl(염소)이다.
D는 원자가 전자 수가 1개이므로 1족 원소이고, 이온의 총 전자 수가 18개이므로 4주기 금속 원소인 K(칼륨)이다.
ㄴ. B와 C는 모두 3주기 원소이다.
바른 풀이 ㄱ. 원자 번호는 O가 8, Mg이 12, Cl가 17, K이 19이므로 원자 번호가 가장 큰 것은 D(K)이다.
ㄷ. B(마그네슘)와 D(칼륨)는 각각 2족, 1족 원소이므로 금속이다. 따라서 실온(25℃)에서 고체 상태이다.

20. 답 알칼리 금속은 반응성이 크기 때문에 물, 산소 등과 쉽게 반응하여 변질된다. 따라서 물이나 산소와 접촉하는 것을 막기 위해 석유나 파라핀 등에 넣어 보관한다.

21. 답 ③
해설 양성자 수는 원자 번호와 같고, 중성 원자의 전자 수와 같다. 따라서 양성자 수가 18인 X는 Ar(아르곤), 양성자 수가 19인 Y는 K(칼륨)이다. 원자 번호가 작은 아르곤이 칼륨보다 무겁다.
ㄱ. 원소 X의 원자 번호는 양성자 수와 같은 18이다.
ㄴ. Y는 4주기 1족 원소인 K(칼륨)이므로 원자가 전자 수는 1이다.
바른 풀이 ㄷ. X는 3주기 18족 원소이고, Y는 4주기 1족 원소이므로 서로 다른 주기이다.

22. 답 ①
해설 ① 이온 결합에서 금속이 잃은 전자 수와 비금속이 얻은 전자 수가 같도록 결합하여 전하량 총합이 0이 된다.
바른 풀이 ② 이온 결합을 형성한 이온의 가장 바깥 껍질에 전자 수가 항상 8개는 아니다. 이온이 되어 He(헬륨)과 같은 전자 배치를 갖는 원소들의 가장 바깥 껍질의 전자 수는 2개이다.
③ 공유 결합은 비금속 원소 사이에서 형성된다.
④ 원자들이 전자를 주고받는 결합은 이온 결합이다.
⑤ 공유 결합 물질의 공유 전자쌍 수와 비공유 전자쌍 수는 결합하는 원자의 종류, 공유 결합의 종류에 따라 다르다.

23. 답 ⑤
해설 X는 원자가 전자가 1개이고, 결합하여 전자쌍 1개를 공유하고 있는 H(수소)이고, Y는 원자가 전자가 4개인 C(탄소), Z는 원자가 전자가 5개인 N(질소)이다. 따라서 주어진 분자는 HCN(시안화 수소)이다.
ㄱ. Y는 X와 단일 결합, Z와 3중 결합을 하고 있으므로 원자가 전자 수가 4개인 탄소(C)이다.
ㄴ. Y와 Z는 전자쌍 3개를 공유하여 3중 결합을 하고 있다.
ㄷ. Z의 원자가 전자 수는 5개이다.

24. 답 ④
해설 물(H_2O)과 메테인(CH_4)의 전자 배치는 다음과 같다.

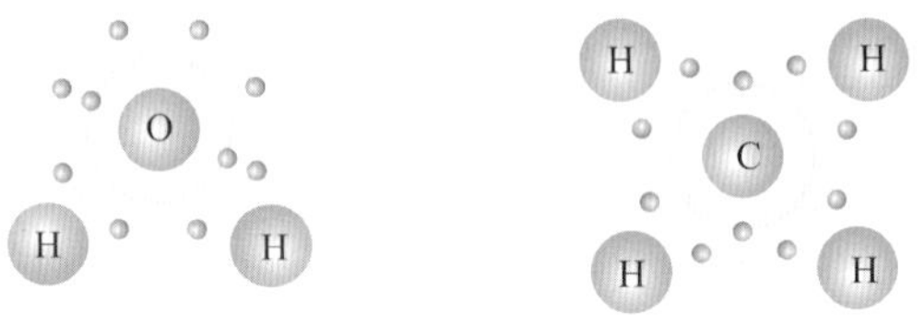

물(H_2O) 메테인(CH_4)

ㄴ. 중심 원자(물 : O, 메테인 : C)의 전자가 배치 되어 있는 전자 껍질의 수는 물과 메테인 모두 2개로 같다.
ㄷ. 중심 원자의 가장 바깥 전자 껍질에 배치되어 있는 전자 수는 물과 메테인 모두 8개로 같다.(옥텟 규칙 만족)
바른 풀이 ㄱ. 공유 전자쌍 수는 메테인이 4개, 물이 2개이다.

25. 답 (1) O (2) X (3) O (4) O
바른 풀이 (2) 고체 상태에서 염화 나트륨은 양이온과 음이온이 규칙적으로 배열되어 있는 덩어리 모양이므로 이온이 이동할 수 없으므로 전기 전도성이 없다.
해설 (1) 산소는 산소 원자(O)가 2개 공유 결합하여 생성된 분자이므로 화학식은 O_2이다.
(3) 염화 나트륨(NaCl)은 이온 결합 물질이므로 수용액에 녹여 전류를 흘려주면 전류가 흐른다.
(4) 산소와 같은 공유 결합 물질은 녹는점, 끓는점이 매우 낮아 실온에서 대부분 기체 상태로 존재하고, 염화 나트륨과 같은 이온 결합 물질은 녹는점, 끓는점이 비교적 높아 실온에서 고체 상태로 존재한다.

26. 답 ①
해설 A는 흑연, B는 수산화 칼륨, C는 에탄올이다.
ㄴ. B는 이온 결합 물질이므로 고체 상태에서 외부 충격에 쉽게 부스러진다.
바른 풀이 ㄱ. A는 공유 결합 물질이지만 C(탄소)가 계속적으로 연결되어 있으므로 분자가 아니고, B는 이온 결합 물질이므로 분자가 아니다.
ㄷ. C는 공유 결합 물질이고, B는 이온 결합 물질이므로 C는 B에 비해 녹는점과 끓는점이 낮다.

27. 답 ②
해설 수용액 상태는 물질이 물에 녹은 상태이고, 액체 상태는 물질이 액화되어 액체가 된 상태이다. HCl(염화 수소)의 경우 공유 결합 물질이므로 액체 상태에서는 전기 전도성이 없고, 수용액 상태에서는 물에 녹아 이온화되기 때문에 전기 전도성이 있다. ($HCl + H_2O \rightarrow H_3O^+ + Cl^-$)

ㄷ. 공유 결합 물질은 액체 상태에서 전기 전도성이 없고, 이온 결합 물질은 액체 상태에서 전기 전도성이 있으므로 두 물질을 분류하는 기준이 될 수 있다.

바른 풀이 ㄱ. 주어진 공유 결합 물질과 이온 결합 물질은 모두 물에 녹는다.

ㄴ. 공유 결합 물질 중 설탕은 수용액에서 분자 상태로 존재하기 때문에 전기 전도성이 없지만 염화 수소는 수용액에서 이온화되기 때문에 전기 전도성이 있다. 따라서 수용액의 전기 전도성의 유무로 공유 결합 물질과 이온 결합 물질을 구분할 수 없다.

28. **답** ②

해설 A는 C(탄소), B는 N(질소), C^{2+}는 Mg^{2+}(마그네슘 이온), D^-는 F^-(플루오린 이온)이다.

ㄷ. CD_2(MgF_2)는 이온 결합 물질이므로 액체 상태에서 전기 전도성이 있다.

바른 풀이 ㄱ. A는 2주기 원소이고, C는 3주기 원소이다.

ㄴ. B_2(N_2)에는 3중 결합이 있다.

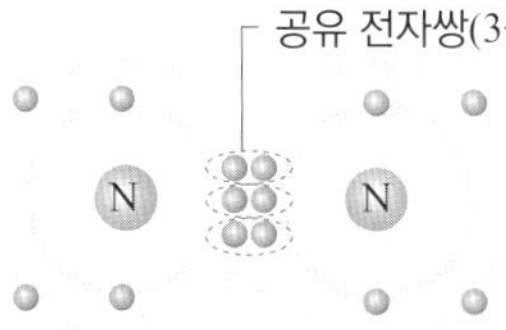

N_2

핵심 요약 1. 물질의 규칙성과 결합 62 ~ 63쪽

01 우주 초기의 원소

❶ 감소 ❷ 감소 ❸ 일정 ❹ 일정
❺ 쿼크 ❻ 흡수 ❼ 방출
❽ 우주 배경 복사 ❾ 3 : 1

02 별의 진화와 원소의 생성

❶ 수소 ❷ 중력 수축 ❸ 주계열성 ❹ 헬륨
❺ 철 ❻ 초신성 ❼ 크다
❽ 원시 지각

03 원소들의 주기성

❶ 원소 ❷ 원자 번호 ❸ 금속 ❹ 비금속
❺ 1족 ❻ 17족 ❼ 8개
❽ 원자가 전자 ❾ 전자 껍질
❿ 원자가 전자

04 화학 결합과 물질의 생성

❶ 18족 ❷ 정전기적 인력 ❸ 없다
❹ 있다 ❺ 분자 ❻ 없다

내신 기출 모의고사 1회

64 ~ 67 쪽

01. ④ **02.** ③ **03.** ④ **04.** ②
05. ④ **06.** ④ **07.** ③ **08.** ③
09. ③ **10.** ⑤ **11.** ③ **12.** ②
13. ④ **14.** ④ **15.** ⑤ **16.** ①
17. ⑤ **18.** ④
19. (가) 1개 (나) 2개 (다) 3개 **20.** ②

01. **답** ④

해설 (가) 빅뱅 우주론과 (나) 정상 우주론의 특징은 다음과 같다.

구분	(가) 빅뱅 우주론 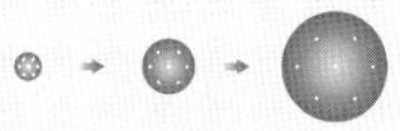	(나) 정상 우주론 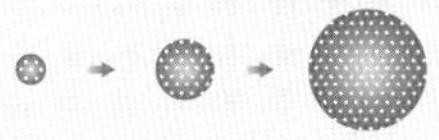
우주 크기	팽창	팽창
우주 질량	일정	증가
우주 밀도	감소	일정
우주 온도	감소	일정

ㄱ. (가) 빅뱅 우주론에서 우주는 팽창하고 있으며, 질량이 일정하여 밀도가 감소한다.

ㄴ. (나) 정상 우주론에서 팽창하고 있는 우주의 밀도는 일정하다.

바른 풀이 ㄷ. 우주 배경 복사는 (가) 빅뱅 우주론의 결정적인 증거가 된다.

02. **답** ③

해설

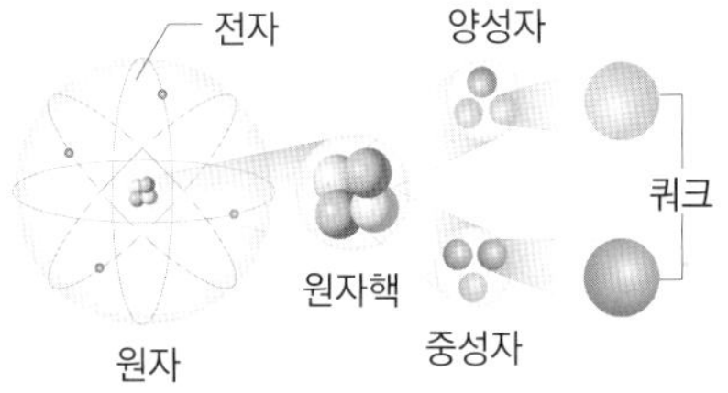

원자는 원자핵과 전자(A)로 이루어져 있고, 원자핵은 양성자(B)와 중성자로, 양성자는 쿼크(C)로 이루어져 있다.

ㄱ. 전자(A)와 쿼크(C)는 물질의 기본 입자이다.

ㄴ. 양성자는 양전하를 띠고, 중성자는 전하를 띠지 않는다. 따라서 양성자와 중성자로 이루어진 원자핵은 양전하를 띤다.

바른 풀이 ㄷ. 기본 입자(전자, 쿼크)는 빅뱅 이후 온도와 밀도가 매우 높은 우주에서 거의 동시에 생성되었다.

03. **답** ④

바른 풀이 (가)는 연속 스펙트럼, 그 외의 스펙트럼은 모두 방출 스펙트럼이다.

④ 별빛이 저온의 성운을 통과하면 저온의 기체가 특정 파장의 빛을 흡수하여 검은 선이 생긴다. → 흡수 스펙트럼

해설 ①, ② 백열등이나 고온의 별에서 방출되는 빛의 스펙트럼은 연속 스펙트럼이다.

③ Na와 Cl 원소의 스펙트럼 방출선이 나타나는 위치와 미지의 물질에서 관찰한 방출선의 위치가 일치하므로 미지의 물질에는 Na, Cl 원소가 포함되어 있음을 알 수 있다.

⑤ 전자가 높은 에너지 준위에서 낮은 에너지 준위로 이동하면 빛을 방출하여 스펙트럼에 방출선이 나타난다.

04. 답 ②

해설 ㄴ. 빅뱅 이후 38만 년이 지나 우주 온도가 3000 K로 식어 운동 에너지가 줄어든 전자와 원자핵이 결합하여 수소와 헬륨 원자가 생성되었다. (나)는 원자가 생성되어 입자와 충돌하는 횟수가 줄어들어 빛이 산란되지 않아 투명한 우주가 된 상태이다. 이 시기에 빠져나간 빛이 현재 우주 배경 복사로 관측된다.

바른 풀이 ㄱ. (가) 시기는 빅뱅 이후 38만년이 되기 전의 우주의 모습으로 빛이 끊임없이 입자와 충돌하면서 산란되어 뿌연 우주 상태로 빛이 잘 통과할 수 없었던 시기이다.

ㄷ. (나) 시기는 우주의 온도가 냉각되어 3000 K에 이른 시기로 (가)보다 온도가 낮다.

05. 답 ④

바른 풀이 ④ 원시별은 핵융합 반응 전의 별의 모습으로 중력 수축 에너지로 수축하면서 내부 온도를 높이고 빛을 방출한다.

해설 ① 별은 성운 내부의 밀도가 크고 온도가 낮은 곳에서 형성된다.

② 하나의 성운 내에서 여러 개의 원시별이 형성될 수 있다.

③ 성간 물질이 많고 온도가 낮은 성운 내부에서 성간 물질이 뭉치고 중력 수축이 일어나 원시별이 생성된다.

⑤ 원시별의 중심 온도가 1000만 K 이상으로 높아지면 별의 중심에서 수소 핵융합 반응이 일어나기 시작하면서 주계열성이 된다.

06. 답 ④

해설 A의 수소 원자핵 4개가 모여 핵융합을 일으키고 에너지를 방출한 후 헬륨 원자핵 1개가 만들어지는 수소 핵융합 반응의 과정이다.

ㄴ. 태양은 중심부에서 수소 핵융합 반응이 일어나는 주계열성이다.

ㄷ. 수소 원자핵 4개의 질량보다 헬륨 원자핵 1개의 질량이 조금 더 작은데, 이 줄어든 질량이 에너지로 전환되어 외부로 방출된다.

바른 풀이 ㄱ. 수소 핵융합 반응의 과정이다.

07. 답 ③

해설 ㄷ. 초신성 폭발의 높은 온도와 압력으로 철보다 무거운 원소가 생성되는데, 별의 생성과 생명체 탄생의 과정에서 이 원소 중 일부는 생명체를 구성하는 원소가 된다.

바른 풀이 ㄱ. 이 별은 태양보다 10배 이상 무거운 별이다. 태양의 진화 단계는 적색 거성 → 행성상 성운, 백색 왜성이다.

ㄴ. 철보다 무거운 원소는 초신성 폭발 과정에서 생성된다.

08. 답 ③

해설 ㄱ. 지구형 행성은 목성형 행성보다 태양으로부터 더 가까운 곳에서 형성되었고, 무거운 원소로 이루어졌기 때문에 평균 밀도가 더 크다.

ㄷ. 원시 태양의 온도에 의해 녹는점이 낮은 물질은 태양에서 멀리 이탈하게 되는데 원시 태양과 멀어질수록 온도가 낮아지므로 녹는점이 더 낮은 물질이 고체로 존재할 수 있게 된다.

바른 풀이 ㄴ. 원시 태양에서 더 멀리 떨어진 목성형 행성은 지구형 행성보다 온도가 낮은 곳에서 형성되었다.

09. 답 ③

해설 ㄱ. 평균 밀도가 크고 태양에서 가까운 A는 지구형 행성, B는 목성형 행성이다.

ㄷ. B 목성형 행성은 A 지구형 행성보다 밀도가 작은 고체 상태의 이산화 탄소, 메테인, 질소 물질로 이루어져 있으나 워낙 부피가 크기 때문에 B 목성형 행성의 질량은 A 지구형 행성보다 크다.

바른 풀이 ㄴ. B 목성형 행성은 녹는점이 낮은 이산화 탄소, 메테인, 질소 물질 등의 가벼운 물질로 이루어졌다.

10. 답 ⑤

해설 ㄱ. (가) 태양계 성운이 수축하면 각 운동량 보존에 의해 회전이 빨라지면서 (나) 원반 모양 성운이 형성되었다.

ㄴ. (나)→(다) 과정에서 중력에 의해 중심부로 수축이 일어나는데, 중력 수축 에너지로 중심부는 온도가 점점 상승한다.

ㄷ. 같은 방향으로 회전하는 성운에 의해 행성과 태양이 생성되었으므로 회전 방향이 모두 같다.

11. 답 ③

해설 ㄱ. (가)→(나) 과정에서 미행성체가 지구와 충돌하며 합쳐지므로 원시 지구의 질량은 증가한다.

ㄴ. 마그마 바다의 상태에서 철, 니켈 등의 무거운 성분이 핵을 이루었으므로 현재 핵을 이루는 원소와 같다.

바른 풀이 ㄷ. 마그마 바다인 상태에서는 물이 액체 상태로 존재할 수 없으므로 바다가 만들어지지 않는다. 지표가 냉각되어 원시 지각이 형성된 이후에 빗물이 고이면서 원시 바다가 만들어진다.

12. 답 ②

해설 ㄴ. 주기율표에서 같은 족 원소는 원자가 전자 수가 같아 화학적 성질이 비슷하다.

ㄷ. 현대의 주기율표는 원자를 원자 번호 순으로 배열하여 성질이 비슷한 원소를 같은 세로줄에 오도록 한 것이다.

바른 풀이 ㄱ. 주기율표의 가로줄을 주기, 세로줄을 족이라고 한다.

ㄹ. 주기율표에서 원자 번호 1 ~ 20번인 원소의 원자가 전자 수는 0 ~ 7까지 존재한다. 18족 원소는 화학 결합을 하지 않기 때문에 원자가 전자 수가 0이다.

13. 답 ④

바른 풀이 ④ D와 E는 같은 주기이지만 같은 족이 아니므로 원자가 전자 수가 같지 않고, 화학적 성질도 다르다.

해설 ① A는 할로젠 원소인 F(플루오린)이고, 수소와 반응하여 할로젠화 수소 HF를 생성한다.

② B는 알칼리 금속 Na(나트륨)이고, C는 할로젠 원소 Cl(염소)이다. B와 C는 서로 격렬하게 반응하여 NaCl(염화 나트륨)을 생성한다.

③ B와 D는 각각 알칼리 금속인 Na(나트륨)과 D는 K(칼륨)이다. 알칼리 금속과 할로젠 원소는 반응성이 매우 커서 공기 중에 산소와 잘 반응한다. 따라서 B와 D는 공기 중에 두면 산소와 반응한다.

⑤ 비금속 원소는 할로젠 원소인 A와 C 두 가지이다.

14. 답 ④

해설 ㄱ. 원자핵은 양성자와 중성자로 이루어져 있고, 전자는 원자핵 주위를 돌고 있다.

ㄴ. 원자는 양전하를 띠는 양성자와 음전하를 띠는 전자의 수가 같아 전기적으로 중성이다.

바른 풀이 ㄷ. 양성자는 양전하를 띠고, 중성자는 전하를 띠지 않는다.

15. 답 ⑤

해설 (가)는 1주기 18족 원소인 He(헬륨), (나)는 2주기 1족 원소인 Li(리튬), (다)는 2주기 17족 원소인 F(플루오린), (라)는 3주기 2족 원소인 Mg(마그네슘), (마)는 3주기 16족 원소인 S(황)이다.

원자 번호 12	원자가 전자 수 1	족 이름 할로젠	원소 기호 He
→ 원자 번호 12인 원소는 Mg(마그네슘)이므로 (라)에 배치할 수 있다.	→ 원자가 전자 수가 1개인 원소는 1족 원소인 Li(리튬)이므로 (나)에 배치할 수 있다.	→ 할로젠은 17족 원소이므로 (다)에 배치할 수 있다.	→ He(헬륨)은 18족 비활성 기체이므로 (가)에 배치할 수 있다.

따라서 배치되지 않는 자리는 3주기 16족인 (마)이다.

16. 답 ①

해설 Na(나트륨)은 반응성이 매우 커서 산소, 물, 할로젠 원소와 잘 반응한다. 나트륨이 물과 반응하면 수소 기체가 발생하고, 수용액은 염기성을 띤다. $Na + 2H_2O \rightarrow 2NaOH + H_2\uparrow$

ㄱ. B의 기체는 수소이다.

바른 풀이 ㄴ. 나트륨이 물과 반응한 수용액은 NaOH(수산화 나트륨) 수용액으로 OH^- (수산화 이온)이 존재하여 염기성이다.

ㄷ. 나트륨은 수용액 속에서 Na^+ 형태로 존재하는데, 물과 반응하는 과정에서 전자를 잃고 산화된다.

17. 답 ⑤

바른 풀이 ⑤ 네온과 아르곤은 가장 바깥 전자 껍질에 전자 8개가 채워져 옥텟 규칙에 만족하지만 헬륨은 가장 바깥 전자 껍질에 전자 2개가 채워져 있다.

해설 ①, ②, ③, ④ 헬륨, 네온, 아르곤은 주기율표에서 18족에 위치한 비활성 기체이다. 비활성 기체는 반응성이 작고, 안정하여 화학 결합을 형성하지 않는다.

18. 답 ④

해설 X는 원자가 전자 수가 0개인 2주기 18족 원소 Ne(네온), Y는 원자가 전자 수가 7개인 2주기 17족 원소 F(플루오린), Z는 원자가 전자 수가 1개인 3주기 1족 원소 Na(나트륨)이다.

ㄴ. Y는 Z와 결합할 때 Z가 전자 1개를 Y에게 주어 이온 결합하므로 Y는 음이온이 된다.

ㄷ. Z는 화학 결합할 때 전자 1개를 잃어 양이온이 되므로 X와 같은 전자 배치를 이룬다.

바른 풀이 ㄱ. X는 가장 바깥 껍질에 8개의 전자를 포함하고 있는 비활성 기체로 안정한 전자 배치를 가진다. 따라서 화학 결합을 하지 않는다.

19. 답 (가) 1개 (나) 2개 (다) 3개

해설 공유 전자쌍은 공유 결합에서 두 원자가 공유하고, 결합에 참여하는 전자쌍이다. 2개의 전자가 한 쌍의 공유 전자쌍이 된다.

(가)는 전자를 1개씩 서로 공유하여 전자쌍 1개이므로 단일 결합을 하고 있는 H_2(수소 분자)이다.

(나)는 전자를 2개씩 서로 공유하여 전자쌍 2개로 2중 결합을 하고 있는 O_2(산소 분자)이다.

(다)는 전자를 3개씩 서로 공유하여 전자쌍 3개로 3중 결합을 하고 있는 N_2(질소 분자)이다.

20. 답 ②

해설 A는 원자가 전자 수가 5이므로 15족 원소인 (다)에 해당한다. C는 D보다 원자가 전자 수가 6개 더 많으므로 C는 17족 원소인 (라)이고, D는 1족 원소인 (가)와 (나) 중 하나이다. B는 금속 원소이므로 (나)에 해당한다. 따라서 D는 (가)에 해당한다.

A는 N(질소), B는 Na(나트륨), C는 F(플루오린), D는 H(수소)이므로 AD_3는 NH_3, BC는 NaF, C_2는 F_2, DC는 HF, D_2는 H_2이고, 이중 액체 상태에서 전기 전도성이 있는 물질은 이온 결합 물질인 BC(NaF)이며, 물에 녹아 이온화 된다.

내신 기출 모의고사 2회

68 ~ 71 쪽

01. ① 02. 해설 참조 03. ⑤
04. ⑤ 05. ② 06. ②
07. (1) X (2) O (3) O (4) X 08. ⑤
09. ① 10. ③ 11. ⑤ 12. ②
13. ③ 14. ⑤ 15. ② 16. ⑤
17. ③ 18. ⑤ 19. ③ 20. ③

01. 답 ①

해설 ㄴ. 그림의 모형은 우주 팽창 과정에서 질량은 일정하고 밀도가감소하는 빅뱅 우주론이다. 빅뱅 이후 38만년이 지났을 때 원자가 생성되면서 우주가 투명해져 우주로 퍼져나간 빛이 현재 마이크로파로 관측되는 것이 우주 배경 복사이다.

바른 풀이 ㄱ. 모형은 빅뱅(대폭발) 우주론에 관한 것이다.
ㄷ. 빅뱅 우주론은 빅뱅 이후 물질이 생성되지 않으므로 우주의 질량은 일정하게 유지되나 부피는 커지는 모형이다.

02. 답 우주의 온도와 밀도는 감소하였다. 그 이유는 우주 전체의 질량이 일정한 상태에서 우주가 팽창하면서 부피가 증가하였기 때문이다.

03. 답 ⑤
해설 ㄱ. 빅뱅 이후 초고온의 우주가 급격히 팽창하면서 우주의 온도는 점차 낮아졌다.
ㄷ. (다) 헬륨 원자핵이 생성된 이후 수소 원자핵과 헬륨 원자핵의 질량 비는 약 3 : 1이 되었다.
ㄹ. 우주 배경 복사는 빅뱅 이후 약 38만 년이 되었을 때 온도가 낮아져 3000 K가 되었을 때 전자와 원자핵의 결합으로 (라) 원자가 생성되면서 우주가 투명해져 우주 전역으로 퍼져나갔다.
바른 풀이 ㄴ. (나) 양성자와 중성자는 빅뱅 후 약 10^{-5}초가 되었을 때 생성되었다. 빅뱅 이후 약 3분이 되었을 때 (다) 헬륨 원자핵이 생성되었다.

04. 답 ⑤
해설 (가) 시기에는 원자가 생성되면서 투명한 우주가 되었다.
ㄴ, ㄷ. 빅뱅 이후 38만 년, 우주의 온도가 3,000 K일 때 원자가 생성되면서 우주 전체에 고르게 퍼져 나간 우주 배경 복사는 우주가 팽창하면서 파장이 길어져 현재 약 3 K에 해당하는 복사파(파장이 긴 전파)로 관측된다.
바른 풀이 ㄱ. 3개의 쿼크가 모여 양성자가와 중성자가 생성된 시기는 빅뱅 후 약 3분이 지났을 때이다.

05. 답 ②
해설 A는 우주의 구성 원소 중 두 번째로 많은 원소이므로 헬륨(He), B는 지구의 구성 원소 중 가장 많은 원소이므로 철(Fe), C는 사람(생명체)의 구성 원소 중 가장 많은 원소이므로 산소(O)이다.
ㄴ. 질량이 태양의 10배 이상인 별은 진화 과정 중 초거성의 핵에서 핵융합 반응이 일어나 B 철까지 형성된다.
바른 풀이 ㄱ. A 헬륨은 가벼운 원소로 빅뱅 초기에 대부분 형성되었다. 초신성은 짧은 시간 동안 매우 높은 압력과 온도를 내어 철보다 무거운 원소를 형성시킨다.
ㄷ. C 산소는 지구의 대기와 해수에도 매우 풍부하게 존재하는 원소이다.

06. 답 ②
해설 A : 고온 고압 조건에서 수소 원자핵 4개가 합쳐져 헬륨 원자핵을 형성하고 에너지를 방출하는 반응은 주계열성에서 일어나는 수소 핵융합 반응에 대한 설명이다.
B : 초신성 폭발 과정에서는 철보다 무거운 원소가 생성된다.
C : 원자핵이 핵융합을 반복하여 철까지 만들어지는 과정은 태양 질량의 10배 이상의 질량을 가진 별에서 일어난다.
ㄴ. 초신성 폭발이 일어날 때의 온도와 압력은 매우 높으므로 B 과정에서 만들어지는 원자핵은 철보다 무거운 원소의 원자핵이다.
바른 풀이 ㄱ. 수소 원자핵 반응 시에는 질량 결손에 의해 에너지가 방출된다.
ㄷ. 철 원자핵까지 만들어지는 핵융합 반응이 일어나는 진화 과정은 초거성 단계로 태양보다 10배 이상 큰 별의 진화 과정이다.

07. 답 (1) X (2) O (3) O (4) X
해설 (2) 원시 태양에서 가까운 A에서는 지구형 행성이 형성되고, 원시 태양에서 먼 B에서는 목성형 행성이 형성된다.
(3) 녹는 점이 낮은 원소는 태양에서 멀리 이탈하므로 A에서는 녹는 점이 높은 원소가, B에서는 녹는 점이 낮은 원소가 원시 행성을 형성한다.
바른 풀이 (1) A에서 가벼운 원소는 태양의 온도에 의해 이탈하여 무거운 원소가 대부분인 행성이 형성된다.
(4) B에서 형성된 원시 행성은 목성형 행성으로, A의 지구형 행성보다 더 가벼운 수소나 헬륨 등의 물질로 이루어졌다.

08. 답 ⑤
해설 (가)는 태양 정도의 질량을 가지 별의 진화 단계인 적색 거성이며, (나)는 태양 질량의 10배 이상인 별의 진화 단계인 초거성이다.
ㄴ. (나)의 중심부의 온도가 (가)보다 훨씬 높아 핵융합 반응에 의해 철까지 만들어졌다.
ㄷ. 철보다 무거운 원소는 (나)의 핵융합 반응이 멈추고 별이 중력에 의해 급격히 수축하다가 폭발하는 초신성 단계에서 생성된다.
바른 풀이 ㄱ. (나) 초거성의 질량은 (가) 적색 거성보다 크다.

09. 답 ①
해설 주계열성은 바깥을 향하는 A 내부 압력에 의한 힘과 중심을 향하는 B 중력이 평형을 이루어 크기가 일정하게 유지된다.
ㄱ. A는 내부 압력에 의한 힘(팽창력)이다.
바른 풀이 ㄴ. 주계열성에서는 A와 B의 크기가 같아 평형을 이룬다.
ㄷ. 주계열성이 다음 단계인 적색 거성이나 초거성으로 진화할 때는 A가 B보다 커져서 부피가 급격히 증가한다.

10. 답 ③
해설 ㄱ. 마그마 바다가 형성되면서 산소, 규소 등의 가벼운 암석 물질은 위로 떠올라 맨틀을 이루며 층상 구조를 형성하였다.
ㄴ. 원시 바다가 형성된 이후 대기 중 이산화 탄소가 바닷물에 녹아 석회암으로 침전되면서 대기 중 이산화 탄소 농도가 감소하였다.
바른 풀이 ㄷ. 원시 지구의 화산 활동에 의해 수소, 이산화 탄소, 질소, 수증기 등이 분출되었으며, 산소는 바다에서 광합성 생물이 출현한 이후 바다에서 대기로 방출되었다.

11. 답 ⑤
바른 풀이 ⑤ 비금속 원소는 대부분 전자를 얻어 음이온이 되기 쉽다.
해설 ① 금속 원소는 대부분 특유의 광택이 있다.
② 주기율표에서 금속 원소는 대부분 왼쪽이나 가운데에 있고, 비금속 원소는 대부분 오른쪽에 있다.
③ 금속 원소는 대부분 전기 전도성이 크고, 비금속 원소는 대부분 전기 전도성이 작다.
④ 수은을 제외한 금속 원소는 실온에서 고체 상태로 존재한다. 수은은 실온에서 액체 상태로 존재한다.

12. 답 ②

해설 (가)는 원자가 전자 수가 1개이고, 비금속 원소이므로 1주기 1족 원소인 H(수소)이다.
(다)는 원자가 전자 수가 1개가 아니고 반응성이 거의 없으므로 3주기 18족 원소로 비활성 기체인 Ar(아르곤)이다.

13. 답 ③

해설 ㄱ. 산소와 염소는 열전도성이 작고, 전기 전도성이 없으며, 녹는점이 낮아 실온(25℃)에서 기체로 존재하는 비금속 원소이다. 원자가 전자가 각각 6개와 7개로 음이온이 되기 쉽다.
ㄷ. 실온(25℃)에서 고체 상태인 원소는 녹는점이 25℃보다 높은 칼슘, 알루미늄 2개이다.
바른 풀이 ㄴ. 알루미늄은 3주기 13족 원소이므로 원자가 전자 수가 3개, 염소는 3주기 17족 원소이므로 원자가 전자 수가 7개이다. 따라서 원자가 전자 수는 염소가 알루미늄보다 많다.

14. 답 ⑤

바른 풀이 ⑤ 할로젠 원소는 반응성이 매우 커서 금속, 수소와 잘 반응한다.
해설 ① 할로젠 원소는 17족 원소로 원자가 전자가 7개이다.
② 실온에서 Br_2 는 액체 상태이다.
③ 할로젠 원소는 화학 반응 시 전자를 1개 받아오는 반응을 하므로 반응성의 크기는 전자 친화도 순서와 같이 $F_2 > Cl_2 > Br_2 > I_2$ 순이다.
④ 실온에서 F_2, Cl_2, Br_2, I_2(분자 형태)로 존재한다.

15. 답 ②

해설 ㄴ. 원자핵으로부터 멀어질수록 에너지 준위가 높아지므로 전자의 에너지 준위는 원자핵에서 가까운 b가 a보다 낮다.
바른 풀이 ㄱ. 원자핵에서 가까운 전자 껍질일수록 에너지 준위가 낮아 안정하다. 따라서 원자핵에서 더 가까운 b가 a보다 안정하다.
ㄷ. 원자에서 전자는 특정한 에너지 준위인 전자 껍질에 존재한다. 따라서 나트륨 원자의 전자는 a와 b의 에너지 준위 사이의 에너지 값을 가질 수 없다.

16. 답 ⑤

바른 풀이 ⑤ Ca은 원자가 전자가 2개이므로 전자 2개를 잃어 Ar(아르곤)과 같은 전자 배치를 갖는다. 따라서 이온은 Ca^{2+}이다.
해설 이온은 원자가 18족 원소와 같은 전자 배치를 이루는 형태이다.
① O는 원자가 전자가 6개이므로 전자 2개를 얻어 Ne(네온)과 같은 전자 배치를 갖는다. 따라서 이온은 O^{2-}이다.
② Cl는 원자가 전자가 7개이므로 전자 1개를 얻어 Ar(아르곤)과 같은 전자 배치를 갖는다. 따라서 이온은 Cl^-이다.
③ Mg은 원자가 전자가 2개이므로 전자 2개를 잃어 Ne(네온)과 같은 전자 배치를 갖는다. 따라서 이온은 Mg^{2+}이다.
④ Al은 원자가 전자가 3개이므로 전자 3개를 잃어 Ne(네온)과 같은 전자 배치를 갖는다. 따라서 이온은 Al^{3+}이다.

17. 답 ③

해설 X와 Y가 이온 결합하여 XY가 될 때 X는 전자를 잃어 양이온이 되고, Y는 전자를 얻어 음이온이 된다. 2개의 Y가 전자쌍을 공유하여 결합할 때 단일 결합을 이루고, 전자 껍질 수가 2개이므로 Y는 원자가 전자 수가 7개인 2주기 17족 원소 F(플루오린)이다. X는 전자를 1개 Y에게 주고 양이온이 되므로 원자가 전자 수가 1개이고 전자 껍질 수가 3개인 3주기 1족 원소인 Na(나트륨)이다.
ㄱ. X는 3주기, Y는 2주기 원소이다.
ㄴ. 원자가 전자 수는 X가 1개, Y가 7개이므로 Y가 X보다 크다.
바른 풀이 ㄷ. XY는 양이온과 음이온의 정전기적 인력에 의한 이온 결합이고, Y_2는 비금속 원소끼리 전자쌍을 공유한 공유 결합이므로 결합의 종류가 다르다.

18. 답 ⑤

해설 수산화 칼륨과 염화 나트륨은 금속 양이온과 비금속 음이온의 정전기적 인력에 의해 결합한 이온 결합 물질이다. 설탕과 포도당은 비금속 원소끼리 전자쌍을 공유하여 결합한 공유 결합 물질이다.
⑤ 이온 결합 물질은 수용액 상태에서 양이온과 음이온으로 이온화되므로 전기 전도성이 있다. 공유 결합 물질 중 설탕과 포도당은 수용액에서 이온화되지 않고 분자 상태로 존재하므로 전기 전도성이 없다. 따라서 '수용액 상태에서 전기 전도성이 있는가?' 가 기준(가)로 적절하다.
바른 풀이 ① 수산화 칼륨, 염화 나트륨, 설탕, 포도당 모두 물에 녹는다.
② 수산화 칼륨과 염화 나트륨은 이온 결합 물질, 설탕과 포도당은 공유 결합 물질이다.
③ 비금속 원소로만 이루어진 물질은 공유 결합 물질이다.
④ 이온 결합 물질, 공유 결합 물질 모두 고체 상태에서 전기 전도성이 없다. (공유 결합 물질 중 흑연 제외)

19. 답 ③

해설 전자는 원자핵에 가까운 전자 껍질부터 차례로 채워진다. 첫 번째 전자 껍질에 최대 2개, 두 번째, 세 번째 전자 껍질에는 최대 8개가 배치된다. 따라서 x는 2, y는 8, z는 8이다.
ㄱ. $x + y + z$는 18이다.
ㄴ. B는 전자 수가 총 11개인 Na(나트륨)이고, C는 전자 수가 총 17개인 Cl(염소)이다. BC(NaCl)는 이온 결합 물질이므로 액체 상태에서 전기 전도성이 있다.
바른 풀이 ㄷ. A는 전자 수가 총 8개인 O(산소)이다. $A_2(O_2)$는 전자쌍 2개를 공유하고 있어 2중 결합을 하고 있고, $C_2(Cl_2)$는 전자쌍 1개를 공유하고 있어 단일 결합을 하고 있다.

20. 답 ③

해설 양성자 수는 원자 번호와 같으므로 A는 마그네슘(Mg) B는 염소(Cl)이다.
ㄱ. 마그네슘의 원자가 전자 2개가 각각 1개씩 염소 원자로 이동하여 화학식은 $AB_2(MgCl_2)$ 이다.
ㄷ. Mg와 Cl은 같은 3주기 원소이다.
바른 풀이 ㄴ. Mg와 Cl은 Mg^+ 와 Cl^- 가 정전기적 인력으로 결합하는 이온 결합을 형성한다.

2. 자연의 구성 물질

01. 지각과 생명체를 구성하는 물질

개념체크 73 쪽

01. 산소　**02.** (1) X (2) X (3) O

01. 답 산소
해설 산소는 수소, 탄소, 규소 등 다른 원소와 쉽게 결합할 수 있기 때문에 지각과 생명체에 공통으로 많이 포함되며, 이로 인해 다양한 물질을 만들 수 있다.

02. 답 (1) X (2) X (3) O
해설 (3) 1개의 규소와 4개의 산소로 이루어진 규산염 사면체를 기본 골격으로 하여 규산염 광물의 규칙적인 결정 구조를 이룬다.
바른 풀이 (1) 규산염 사면체는 전기적 성질이 +4가인 규소 1개와 -2가인 산소 4개가 공유 결합을 하여 전기적으로 음전하를 띤다.
(2) 규산염 사면체끼리 결합할 때 산소를 공유하여 결합한다.

+ 강의 74 쪽

Q1. 답 (1) 독립형 구조 (2) 망상 구조 (3) 판상 구조
해설 (1) 규산염 사면체끼리 산소를 공유하여 결합하지 않고 +2가의 양이온 2개와 결합한 구조는 독립형 구조이다.(감람석)
(2) 규산염 사면체의 산소 4개를 모두 공유하여 입체로 결합한 구조는 망상 구조이다. (석영, 장석)
(3) 규산염 사면체의 산소 3개를 공유하며 얇은 판 모양으로 결합하는 구조는 판상 구조이다. 판상 구조는 광물에 힘을 주었을 때 얇은 판 모양으로 쪼개짐이 일어난다.(흑운모)

Q2. 답 (1) O (2) O (3) X
해설 (1) 휘석은 산소를 양옆으로 공유하여 결합하는 단사슬 구조를 가진 광물이다.
(2) 규산염 사면체는 전기적 성질이 +4가인 규소 1개와 전기적 성질이 -2가인 산소 4개가 결합한 것으로, 전기적 성질이 -4가로 음전하를 띤다.
바른 풀이 (3) 규산염 사면체는 전기적 성질이 -4가이므로 +2가의 양이온 2개와 결합하여야 안정할 수 있다.

꼭 짚기! 75 쪽

1. ③　**2.** ②

1. 답 ③
바른 풀이 ③ (다)는 복사슬 구조로 규산염 사면체가 양쪽 산소를 공유한 단사슬 모양의 구조 2개가 서로 엇갈리게 결합하여 2개의 사슬 모양을 이룬다.
해설 ① (가)는 독립형 구조로 다른 규산염 사면체와 직접 결합하지 않고, 철 마그네슘 이온 등을 사이에 두고 결합한다.
② (나)는 단사슬 구조로 광물이 기둥 모양의 결정을 이룬다.
④ (라)는 판상 구조로 광물에 힘을 주면 얇은 판 모양으로 쪼개진다.
⑤ (마)는 망상 구조로 산소 4개가 모두 공유 결합했기 때문에 안정한 형태로 풍화에 강하다.

2. 답 ②
해설 ㄴ. 탄소 결합 사이에 수소, 산소, 질소, 황 등의 여러 원소가 결합할 수 있다.
ㄷ. 탄소는 원자가 전자가 4개이므로 최대 4개의 원소와 공유 결합을 할 수 있다.
바른 풀이 ㄱ. 탄소는 탄소끼리 단일 결합, 2중 결합, 3중 결합을 할 수 있어 길이와 모양이 다양한 탄소 골격을 형성할 수 있다.
ㄹ. 가지 모양의 결합 방식은 결합 위치가 자유롭게 형성될 수 있다.

스스로 실력 높이기 76 ~ 79 쪽

01. (1) X (2) O (3) X　**02.** ⑤　**03.** ③
04. (1) O (2) X (3) X
05. 규소, 산소, 규산염　**06.** ⑤
07. (1) 판 (2) 4 (3) 감람석
08. 석영　**09.** 장석　**10.** ①
11. ②　**12.** (1) (가) (2) (가) (3) (라)
13. ⑤　**14.** ②　**15.** (1) X (2) X (3) O
16. ①, ③, ⑤　**17.** ④　**18.** ㄴ, ㄷ, ㄹ, ㅁ
18. ⑤　**19.** (1) 단일 (2) 4 (3) 있다
20. ②　**21.** ⑤

01. 답 (1) X (2) O (3) X
해설 (2) 규소 원자는 원자가 전자가 4개이므로 산소 원자 4개와 공유 결합을 할 수 있다.
바른 풀이 (1) 지각을 이루는 암석의 대부분은 산소와 규소로 이루어진 규산염 광물로 이루어져 있다.
(3) 지각을 이루는 규산염 광물은 1개의 규소가 4개의 산소와 공유 결합한 규산염 사면체를 기본 구조로 하여 결합 구조를 이룬다.

02. 답 ⑤
해설 ⑤ A 산소와 B 규소가 결합한 규산염 사면체가 규산염 광물의 기본 구조를 이룬다.
바른 풀이 ① A는 가장 높은 질량비를 가진 원소로 산소에 해당한다.
② B는 규소로 지구 전체 질량비 중 가장 많은 원소는 철이다.
③ C는 알루미늄으로 사람의 몸에 주로 존재하지 않는다.
④ D는 철로 빅뱅이 일어난 후 별 내부의 핵융합 반응으로 만들어졌다.

03. 답 ③

해설 ③ C는 수소(H)이며 사람의 몸에서 주로 물(H_2O)의 형태로 존재한다.

바른 풀이 ① A는 산소에 해당되며, 지구 대기의 21% 를 차지한다.

②, ④, ⑤ B는 탄소(C)이며, 탄소 화합물은 모두 탄소를 기본 골격으로 하여 형성된다. 지구 전체 질량비가 가장 큰 원소는 철이며, 지구의 핵을 이루는 주요 원소는 철과 니켈이다.

04. **답** (1) O (2) X (3) X

해설 (1) 각섬석은 규산염 사면체의 복사슬 구조를 가진 광물로 결정이 기둥 모양이다.

바른 풀이 (2) 석영과 장석 모두 망상 구조를 가진다.

(3) 독립형 구조는 규소 1개와 산소 4개가 공유 결합한 규산염 사면체가 독립적으로 존재하는 구조이다.

05. **답** 규소, 산소, 규산염

해설 규소 1개와 산소 4개가 정사면체 모양으로 전자를 공유하여 결합한 기본 구조를 규산염 사면체라 하며, 지각을 이루는 규산염 광물의 기본 구조이다.

06. **답** ⑤

해설 규산염 사면체끼리 입체적으로 결합한 구조는 망상 구조로 해당하는 광물로는 석영, 장석이 있다.

ㄴ. 같은 규산염 사면체끼리 산소를 공유 결합하면서 다양한 결합 구조를 이룬다.

ㄷ. 망상 구조는기본 구조끼리 산소 4개를 공유하여 강하게 결합되어 있으므로 안정하여 풍화에 강하다.

바른 풀이 ㄱ. 규산염 사면체는 전기적으로 음전하를 띤다.

07. **답** (1) 판 (2) 4 (3) 감람석

해설 (1) 흑운모는 판상 구조를 가진 규산염 광물이다.

(2) 규산염 광물을 이루는 규소의 원자가 전자의 수는 4개로 최대 4개의 원소와 공유 결합할 수 있다.

(3) 규산염 사면체끼리 결합하지 않고 사이에 양이온을 두고 결합하는 독립형 구조 광물은 감람석이다. 휘석은 규산염 사면체 간에 산소 2개를 공유하는 단사슬 구조인 광물이다.

08. **답** 석영

해설 망상 구조를 가지는 규산염 광물에는 석영과 장석이 있는데, 석영은 규소와 산소만으로 이루어져있어 투명하지만 장석은 규소, 산소 외에 알루미늄 등의 양이온도 포함하고 있다.

09. **답** 장석

해설 장석은 석영과 함께 규산염 사면체가 산소 4개를 공유하는 망상 구조를 이루지만, 석영과 달리 규산염 사면체의 규소 일부가 알루미늄 등의 양이온과 결합되어 있어서 투명하지 않고 흰색 또는 옅은 분홍색을 띤다.

10. **답** ①

해설 규산염 사면체가 단사슬 구조를 이루면 광물의 결정이 기둥 모양이 되고, 광물에 힘을 주었을 때 쪼개짐이 나타난다. 단사슬 구조를 가진 규산염 광물은 휘석이다.

11. **답** ②

해설 ㄴ. 그림의 결합 구조는 복사슬 구조로, 대표적인 광물로는 각섬석이 있다.

바른 풀이 ㄱ. 단사슬 구조 2개가 엇갈리게 결합한 복사슬 구조이다.

ㄷ. 복사슬 구조는 규산염 사면체의 산소 2개가 양옆의 규산염 사면체와 공유되어 한 방향으로 길게 연결된 단사슬 구조 2개가 서로 엇갈리게 결합하여 사슬 모양을 이룬 것으로, 규산염 사면체의 4개 산소 모두를 사면체 끼리 공유하지 않는다.

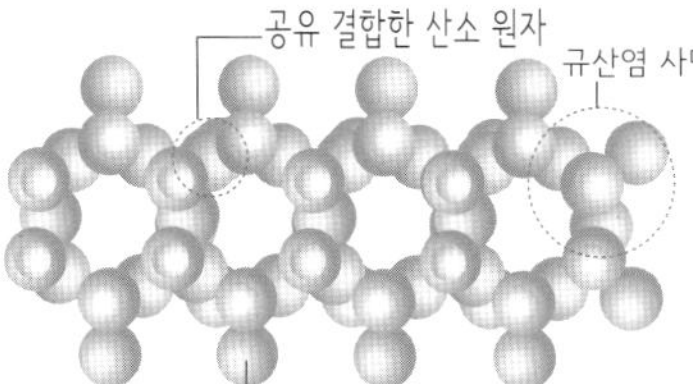

12. **답** (1) (가) (2) (가) (3) (라)

해설 (1) (가)의 독립형 구조는 깨짐이, (나) ~ (라) 구조는 쪼개짐이 나타난다.

(2) 독립적인 규산염 사면체는 -4가의 음전하를 띠는데, 규산염 사면체 간의 공유 결합을 하지 않고 +2가의 양이온 2개와 결합하여 전기적으로 중성이 되는 결합 구조는 (가) 독립형 구조이다.

(3) (가) ~ (라) 중 규산염 사면체 간의 공유하는 산소가 가장 많은 결합 구조는 산소 3개를 공유하여 결합하는 (라) 판상 구조이다.

13. **답** ⑤

해설 ㄴ. (나)의 망상 구조는 규산염 사면체의 산소 4개를 모두 공유 결합하여 3차원 입체 구조를 이룬 것으로 풍화에 가장 강하며, 석영, 장석이 이에 해당한다.

ㄷ. (가)의 흑운모는 얇은 판 모양으로 결합한 규산염 사면체가 층층이 쌓여있는 판상 구조로 결합 시 규산염 사면체의 산소 3개를 서로 공유한다. 힘을 주었을 때 얇은 판 모양으로 쪼개진다.

바른 풀이 ㄱ. (가)의 흑운모는 판상 구조이므로, (나)의 망상 구조로 되어있지 않다.

14. **답** ②

해설 ㄱ. 전자 껍질이 2개이며 원자가 전자가 4개이므로 탄소의 전자 배치이다.

ㄴ. 탄소는 다른 탄소와 연속적으로 결합할 수 있고 단일 결합, 2중 결합, 3중 결합을 할 수 있기 때문에 다양한 길이와 모양의 탄소 골격을 형성할 수 있다.

바른 풀이 ㄷ. 산소와 공유 결합을 하여 기본 구조가 되는 사면체를 이루는 것은 규소(Si)이다.

15. **답** (1) X (2) X (3) O

해설 (3) 탄소 화합물은 다양한 탄소 골격에 수소, 산소, 질소, 황 등의 여러 원소들이 다양한 방식으로 결합할 수 있다.

바른 풀이 (1) 탄소 화합물은 거의 무한대로 연속적으로 결합할 수 있다.

(2) 탄소 화합물은 생명체에서 에너지원으로뿐만 아니라 핵산 등과 같이 생명체를 구성하는 물질로도 이용된다.

16. 답 ①, ③, ⑤

해설 ① 탄소 원자끼리는 원자가 전자를 공유하는 공유 결합이 가능하다.

③ 탄소의 원자가 전자가 4개이기 때문에 최대 4개의 원소와 공유 결합할 수 있다.

⑤ 탄소는 결합 방식이 다양하고 거의 무한대로 연속적 결합을 할 수 있기 때문에 매우 다양한 모양을 만들 수 있다.

바른 풀이 ② 탄소 원자끼리는 단일 결합, 2중 결합, 3중 결합이 모두 가능하다.

④ 탄소 결합 사이로 수소, 산소, 질소 등의 원소들이 결합할 수 있어 다양한 탄소 화합물을 만들 수 있다.

17. 답 ④

해설 ㄱ. (가)는 고리 모양의 구조, (나)는 가지 모양의 구조이다.

ㄷ. 탄소는 결합 방식이 다양하고 연속적으로 결합할 수 있기 때문에 복잡하고 다양한 유기물을 만드는 데 유리하다.

바른 풀이 ㄴ. (나)에서 최소 3개 이상 공유 결합한 탄소들이 있으므로 모두 이중 결합으로 이루어져 있지 않다.

18. 답 ㄴ, ㄷ, ㄹ, ㅁ

해설 ㄴ. 지질, ㄷ. 포도당, ㄹ. 단백질, ㅁ. 탄수화물은 모두 탄소가 연속적으로 결합한 탄소 골격을 중심으로 하여 수소, 산소, 질소 등이 공유 결합하여 형성된 탄소 화합물이다.

바른 풀이 ㄱ. 물은 수소와 산소로 이루어졌고, ㅂ. 무기 염류는 칼슘, 인, 나트륨처럼 탄소로 이루어져 있지 않은 물질이다.

19. 답 (1) 단일 (2) 4 (3) 있다

해설 (1) 탄소 원자는 원자가 전자가 4개라서 최대 4개의 원소와 결합할 수 있는데, 메테인 분자는 수소 4개가 결합하므로 모두 단일 결합으로 연결되어 있다.

(2) 탄소 원자 1개가 수소 원자 4개와 공유 결합했다.

(3) 수소 원자의 자리에 염소 등의 다른 원소가 대신 들어가 다른 탄소 화합물이 만들어질 수 있다.

20. 답 ②

해설 탄소 원자의 원자가 전자 수는 4개 이므로 탄소 원자로부터 4개의 가지가 나오게 된다. 다섯개의 가지가 나온 탄소가 포함되어 있는 ②의 모습은 불가능하다.

21. 답 ⑤

해설 A와 B는 규산염 광물의 기본 구조인 규산염 사면체를 이루고 있으므로 산소 혹은 규소이다.

C는 생명체를 구성하는 물질의 기본 골격을 이루므로 탄소이고, A는 C와 원자가 전자 수가 같으므로 규소이다. 따라서 B는 산소인 것을 알 수 있다.

ㄴ. B는 산소로 지각을 구성하는 원소 중 가장 질량비가 크며, 규소(Si)와 함께 규산염 광물의 기본 구조인 규산염 사면체를 이룬다.

ㄷ. C는 탄소로 서로 연속적으로 결합하여 다양한 길이와 모양의 탄소 골격을 만들 수 있고, 다른 원소와도 결합할 수 있어 생명체를 구성하는 복잡하고 다양한 분자를 만드는 데 유리하다.

바른 풀이 ㄱ. A는 규소이며, 탄소와 원자가 전자 수가 같다.

02. 생명체 구성 물질의 형성

개념체크

82 쪽

01. 곁사슬 **02.** DNA **03.** 포도당

04. 지질 **05.** C, H, O

01. 답 곁사슬

해설 모든 아미노산은 탄소를 중심으로 수소 원자, 아미노기($-NH_2$)와 카복시기($-COOH$), 곁사슬(R)을 가지며, 곁사슬은 아미노산의 종류에 따라 다르다.

02. 답 DNA

해설 DNA는 1개의 디옥시리보스 당, 1개의 인산, 1개의 염기(A, G, C, T 중 하나)가 1 : 1 : 1로 결합된 뉴클레오타이드로 구성된 이중 가닥 구조를 갖는다. DNA와 달리 RNA는 T(티민)대신 U(유라실), 디옥시리보스 대신 리보스 당을 가지며, 당 : 인산 : 염기 = 1 : 1 : 1로 결합된 뉴클레오타이드로 구성된 단일 가닥 구조를 갖는다.

03. 답 포도당

해설 탄수화물의 구성 단위는 포도당이다.

04. 답 지질

해설 지방산과 글리세롤로 구성된 지질은 생명체의 몸을 구성하는 성분 중 하나이고 1g당 9kcal의 열량을 내며, 피하에 저장되어 체온 유지에 중요한 역할을 한다.

05. 답 C, H, O

해설 지질과 탄수화물의 구성 원소는 C, H, O이고 단백질의 구성 원소는 C, H, O, N이며, 핵산의 구성 원소는 C, H, O, N, P이다.

+ 강의

83 쪽

Q1. 답 비슷한 구조의 적은 종류의 단위체가 다양한 조합으로 길게 결합하여 다양한 종류의 고분자 물질을 형성한다.

해설 핵산은 뉴클레오타이드, 단백질은 아미노산이 단위체가 되며, 수많은 단위체가 공유 결합을 통해 길게 연결되어 고분자 물질인 핵산, 단백질이 만들어진다.

Q2. 답 단위체의 수, 종류, 배열 순서에 의해 다양해진다.

해설 핵산은 단위체인 뉴클레오타이드(염기가 서로 다른 4가지)의 수, 종류, 배열 순서에 따라 다양한 유전 정보를 저장하며, 단백질은 20가지의 아미노산의 수, 종류, 배열 순서에 따라 다양한 입체 구조를 가지는 서로 다른 종류의 단백질이 된다.

꼭 짚기! 84쪽

1. ④ **2.** ②

1. 답 ④

해설 ㄱ. 단백질의 구성 단위체인 아미노산은 수소 원자, 아미노기, 카복시기, 곁사슬(R)을 가지므로 ㉠은 아미노기이다.
ㄴ. 펩타이드 결합은 2개의 아미노산 사이의 결합으로 물 분자가 1개 빠지면서 형성되는 공유 결합이다.

바른 풀이 ㄷ. 모든 아미노산은 탄소를 중심으로 수소 원자, 아미노기($-NH_2$)와 카복시기($-COOH$), 곁사슬(R)을 가지며, 곁사슬의 종류에 따라 20종류의 아미노산이 형성된다. 아미노산 1과 아미노산 2는 서로 다른 곁사슬(R_1, R_2)을 가지므로 다른 종류이다.

2. 답 ②

해설 ㄱ. 모식도에 표시되어 있는 염기는 A, C, T이므로 이중 포함되지 않은 ㉠은 G(구아닌)이다.
ㄹ. DNA를 구성하는 두 가닥의 폴리뉴클레오타이드는 염기의 상보결합(A는 T과 C은 G과 수소 결합; 뾰족한 부분끼리, 둥근 부분끼리 서로 맞춰짐)으로 연결되므로 ㉠ = G, ㉡ = C, ㉢ = T, ㉣ = A에 상보적인 염기 서열은 순서대로 C, G, A, T이다.

바른 풀이 DNA를 구성하는 염기는 A, G, C, T이며, RNA를 구성하는 염기는 A, G, C, U이다. 그림은 DNA 한 가닥이다.
ㄴ. DNA를 구성하는 당(㉤)은 디옥시리보스이다.
ㄷ. 염기 T(티민)이 존재하므로 DNA의 2중 가닥(폴리뉴클레오타이드) 중 한 가닥의 폴리뉴클레오타이드를 나타낸 것이다.

스스로 실력 높이기 85~87쪽

01. ①, ⑤ **02.** ④ **03.** (1) O (2) X (3) X
04. ④ **05.** ② **06.** ③
07. ㉠ : 핵산 ㉡ : DNA ㉢ : RNA
08. (1) DNA, RNA (2) 뉴클레오타이드
09. ② **10.** (1) O (2) X (3) O
11. 뉴클레오타이드, DNA, RNA **12.** ④
13. (1) X (2) X (3) O **14.** ②, ④, ⑤
15. (1) X (2) O (3) O
16. (1) O (2) O (3) O (4) X **17.** ⑤
18. 해설 참조 **19.** (가), 해설 참조

01. 답 ①, ⑤

해설 ①, ⑤ 단백질의 구성 단위는 아미노산이며, 두 아미노산은 펩타이드 결합을 한다.

바른 풀이 ② 뉴클레오타이드는 핵산을 구성하는 단위이다.
③ 단백질의 구성 단위인 아미노산은 20종류이다. 핵산의 단위체인 뉴클레오타이드는 염기의 종류(A, G, C, T, U)에 따라 5종류로 나뉜다.
④ DNA(핵산)를 구성하는 두 폴리뉴클레오타이드가 결합할 때 마주보는 두 염기는 상보 결합(수소 결합)한다.

02. 답 ④

해설 ㄱ. 단백질은 에너지원으로 사용된다.(1g 당 4kcal의 열량을 낸다.)
ㄷ. 단백질은 효소와 호르몬의 주성분으로 물질대사를 촉매하고, 생리 기능을 조절한다.
ㄹ. 단백질은 병원균에 대한 면역 기능을 하는 항체의 주성분으로서 병원체로부터 몸을 방어한다.

바른 풀이 ㄴ. 유전 정보는 DNA(핵산)에 저장되며, RNA(핵산)가 DNA의 유전 정보를 전달하여 단백질이 합성된다.

03. 답 (1) O (2) X (3) X

해설 (1) 단백질의 단위체는 아미노산이다.

바른 풀이 (2) 유전 정보는 핵산의 DNA에 저장되어 있으며, 유전 정보에 의해 단백질이 합성된다.
(3) 단백질은 C(탄소), H(수소), O(산소), N(질소)로 구성되어 있으며, S(황)을 포함하는 것도 있다.

04. 답 ④

해설 단백질의 다양한 기능의 입체 구조는 DNA에 저장되어 있는 아미노산의 배열 순서 정보에 의해 결정된다.

05. 답 ②

해설 ㄷ. 두 아미노산은 펩타이드 결합(공유 결합)을 하여 결합하며, 이 과정에서 물(H_2O)이 빠져나온다.

바른 풀이 ㄱ. 두 아미노산은 펩타이드 결합을 한다.
ㄴ. (가)와 (나)는 곁사슬(R)이 다르므로(R_1, R_2) 다른 종류의 아미노산이다.

06. 답 ③

바른 풀이 ③ 단백질은 단위체인 아미노산이 펩타이드 결합으로 길게 연결되어 형성된다. 상보결합은 DNA의 2중 가닥이 서로 연결될 때 각 가닥의 염기쌍에서 나타나는 결합이다.

해설 ① 단백질은 C, H, O, N,(S)를 구성 원소로 가지는 탄소 화합물이다.
② 단백질은 효소와 호르몬의 주성분으로 물질대사를 촉매하며, 생리 기능을 조절한다.(다양한 생명 활동을 담당하는 물질이다.)
④ 생명체를 구성하는 비율이 가장 큰 것은 물이며, 그 다음으로 구성 비율이 큰 것이 단백질이다.
⑤ 단백질은 병원균에 대한 면역 기능을 하는 항체의 주성분으로서 몸을 방어한다.

07. 답 ㉠ : 핵산 ㉡ : DNA ㉢ : RNA

해설 핵산은 핵 속의 산성 물질이라는 뜻으로 종류에는 유전 정보를 저장하고 다음 세대로 전달하는 DNA와 DNA로부터 유전 정보를 전달받아 단백질 합성에 관여하는 RNA가 있다.

08. 답 (1) DNA, RNA (2) 뉴클레오타이드

해설 (1) 핵산의 종류에는 폴리뉴클레오타이드 두 가닥이 꼬여 2중 나선 구조를 가지는 DNA와 폴리뉴클레오타이드 한 가닥으로 구성된 단일 가닥 구조를 가지는 RNA가 있다.
(2) 핵산을 구성하는 단위체는 뉴클레오타이드이다.

09. 답 ②

바른 풀이 DNA를 구성하는 염기는 A, G, C, T이며, RNA를 구성하는 염기는 A, G, C, U이다.

10. 답 (1) O (2) X (3) O

해설 (1) DNA를 구성하는 당은 디옥시리보스이며, RNA를 구성하는 당은 리보스이다.
(3) DNA를 구성하는 염기에는 A, G, C, T이 있으며, RNA를 구성하는 염기에는 A, G, C, U이 있다. DNA에서 A(아데닌)과 상보결합하는 것은 T(타이민)이며, C(사이토신)과 상보결합하는 것은 G(구아닌)이다. RNA에서 A(아데닌)과 상보결합하는 것은 U(우라실)이며, C(사이토신)과 상보결합하는 것은 G(구아닌)이다.

바른 풀이 (2) DNA를 구성하는 뉴클레오타이드는 염기, 당, 인산으로 구성되어 있다.

11. 답 뉴클레오타이드, DNA, RNA

바른 풀이 아미노산은 단백질을 구성하는 단위체이다.

해설 핵산을 구성하는 단위체는 뉴클레오타이드이며, 종류에는 폴리뉴클레오타이드 두 가닥이 꼬여 있는 2중 나선 구조를 가지는 DNA와 폴리뉴클레오타이드 한 가닥으로 구성된 단일 가닥 구조를 가지는 RNA가 있다.

12. 답 ④

해설 ㄴ. DNA에 존재하는 염기는 A, G, C, T 4종류이므로 뉴클레오타이드도 4종류이다.
ㄷ. 뉴클레오타이드의 인산은 다른 뉴클레오타이드의 당과 공유결합하며, 당 - 인산 결합은 긴 사슬 모양의 폴리뉴클레오타이드의 골격이 된다.

바른 풀이 ㄱ. DNA를 구성하는 뉴클레오타이드에는 디옥시리보스라는 당(단당류)이 있으며, RNA를 구성하는 뉴클레오타이드에는 리보스라는 당(단당류)이 있다.

13. 답 (1) X (2) X (3) O

해설 (3) (다) 뉴클레오타이드의 모형에서 ㉠은 인산, ㉡은 당(리보스, 디옥시리보스), ㉢은 염기(A, G, C, T, U)를 나타낸다.

바른 풀이 (가)는 폴리뉴클레오타이드 두 가닥이 꼬여 있는 2중 나선 구조를 가지는 DNA이며, (나)는 폴리뉴클레오타이드 한 가닥으로만 구성되어 단일 가닥 구조를 가지는 RNA이다.
(1) (가) DNA를 구성하는 당은 디옥시리보스이다.
(2) (나) RNA를 구성하는 당은 리보스이다.

14. 답 ②, ④, ⑤

해설 ② (나) RNA는 DNA의 유전 정보를 전달하여 단백질이 합성되도록 한다.
④ 염기 종류에 따라 DNA와 RNA를 구성하는 단위체의 종류가 구분된다. (가) DNA를 구성하는 염기에는 A, G, C, T이 존재하므로 DNA를 구성하는 단위체는 4종류가 있다. (나) RNA를 구성하는 염기에는 A, G, C, U이 존재하므로 RNA를 구성하는 단위체도 4종류가 있다.
⑤ (다)는 인(㉠), 당(㉡), 염기(㉢)가 1 : 1 : 1로 결합되어 있는 뉴클레오타이드이며, (가) DNA와 (나) RNA를 구성하는 단위체이다.

바른 풀이 ① (가) DNA의 기능은 유전 정보의 저장이다. DNA의 유전 정보를 전달하는 역할은 (나) RNA의 기능이다.
③ (나) RNA를 구성하는 염기에는 A, G, C, U이 있다.

15. 답 (1) X (2) O (3) O

해설 (2) 탄수화물과 지질의 구성 원소는 C, H, O 로 같다.
(3) 지질의 종류 중 인지질은 세포막, 핵막 등 생체막을 이루는 주요 구성 성분이다.

바른 풀이 (1) 탄수화물과 단백질은 1g당 4kacl의 열량을 내며, 지질은 1g당 9kcal의 열량을 낸다.

16. 답 (1) O (2) O (3) O (4) X

해설 (1) 탄수화물은 몸을 구성하는 성분이며, 주된 에너지원으로 사용된다.
(2) 지질의 종류에는 중성 지방, 인지질, 스테로이드가 있다.
(3) 지질은 몸을 구성하는 성분으로 에너지원으로 사용되며, 체온 유지에 중요한 역할을 한다.

바른 풀이 (4) DNA와 RNA를 각각 구성하는 당에 해당하는 디옥시리보스와 리보스는 단당류이다.

17. 답 ⑤

바른 풀이 ⑤ 스테로이드는 콜레스테롤이나 성 호르몬의 주성분으로 지질에 속한다.

해설 ①, ②, ③, ④ 탄수화물의 종류에는 단당류, 이당류, 다당류가 있다. 단당류에는 포도당, 디옥시리보스, 리보스 등이 있으며, 이당류에는 엿당(말토스), 설탕(수크로스) 등이 있고, 다당류에는 녹말, 글리코젠, 셀룰로스 등이 있다.

18. 답 단백질은 아미노산이라는 단위체들이 펩타이드 결합으로 연결되어 만들어진다. 이때 아미노산의 배열 순서에 따라 독특한 입체 구조를 가지는 단백질이 만들어지며, 각각 고유한 기능을 나타낸다.

19. 답 (가), DNA는 두 가닥(폴리뉴클레오타이드)에 존재하는 염기가 상보적으로 결합한 구조이므로 A(아데닌)의 개수는 T(티이민)의 개수와 같으며, C(사이토닌)의 개수는 G(구아닌)의 개수와 같다. 따라서 A + G : T + C = 1 : 1이다.

바른 풀이 (가)는 2중 나선 구조의 DNA이며, (나)는 단일 가닥 구조의 RNA이다. (나) RNA를 구성하는 염기는 A, G, C, U이며, 단일 가닥이므로 A, G, C, U의 개수 또는 비율은 알 수 없다.

03. 신소재의 개발과 이용

개념체크

88 ~ 91 쪽

01. (1) ㉠ (2) ㉢ (3) ㉡

02. (1) ㄷ (2) ㄴ (3) ㄹ (4) ㄱ

03. (1) ㉡ (2) ㉢ (3) ㉠

01. 답 (1) ㉠ (2) ㉢ (3) ㉡

해설 (1) 도체는 전기 저항이 작아 전류가 잘 흐르는 물질로 철, 구리, 알루미늄 등이 있다.

(2) 절연체는 전기 저항이 매우 커서 전류가 거의 흐르지 않는 물질로 종이, 유리, 플라스틱 등이 있다.

(3) 도체와 절연체의 중간 정도의 전기 전도성을 가진 물질로 순수 반도체(규소나 저마늄)에 미량의 불순물을 넣어 조건에 따라 전류를 흐를 수 있게 만든 불순물 반도체를 많이 이용한다.

02. 답 (1) ㄷ (2) ㄴ (3) ㄹ (4) ㄱ

해설 (1) 강철보다 강도가 강하고, 전기 전도성이 뛰어나며 휘는 성질이 있는 '꿈의 신소재'인 그래핀의 휘어지는 성질을 이용하여 웨어러블 기기 디스플레이를 만든다.

(2) 반도체는 도체와 부도체의 중간 정도의 전기 전도성을 가진 물질로 발광 다이오드, 태양 전지 등에 이용된다.

(3) 자기 부상 열차는 차량에 탑재한 초전도체 자석의 강력한 자기작용으로 지상에서 완전히 떠오른 상태에서 시속 500㎞의 고속 주행을 한다.

(4) 액정이란 가늘고 긴 분자가 거의 일정한 방향으로 나란히 있는 고체와 액체의 중간 물질로 전압을 걸어주면 액정 분자의 배열이 변하는 성질을 이용하여 다양한 정보 표시 장치와 영상 화면 등에 사용된다.

03. 답 (1) ㉡ (2) ㉢ (3) ㉠

해설 (1) 연잎은 나노 크기의 수많은 작은 돌기가 표면을 덮고 있다. 이 돌기들은 물이 잘 스며들지 않게 하여 미끄러져 떨어지게 한다. 이러한 연잎의 구조를 모방하여 유리에 물이 맺히지 않고 흐르게 만드는 코팅제, 비에 젖지 않는 섬유 등을 만들었다.

(2) 도꼬마리 열매의 가시 끝에는 아주 작은 갈고리가 달려 있어 섬유 등에 붙으면 잘 떨어지지 않는다. 이를 이용한 벨크로 테이프는 한쪽 끝에는 가느다란 실들이 뒤엉켜 있고, 다른 한쪽에는 단단하고 작은 갈고리들이 달린 구조로 되어 있다.

(3) 홍합은 족사라는 접착 단백질을 생산, 분비하여 물속에서도 바위에 단단히 부착되어 있다. 이를 이용한 홍합 접착제는 수중 공사에 이용되고, 인체에 안전하여 의료용 봉합사로도 이용된다.

+ 강의

92 쪽

Q1. 답 LED 광원은 백열등보다 수명이 10~30배 길고, 백열등과는 다르게 열이 발생하지 않으며, 전기 에너지로부터 빛에너지로 전환되는 효율이 90%로 높아 에너지 절감 효과가 매우 큰 장점이 있다. 형광등은 사용할수록 수명이 짧아지면서 불빛이 어두워지지만, LED는 불빛이 처음부터 수명을 다할 때까지 밝기가 거의 일정하게 유지된다. 또한, 제품 크기와 얇기를 형광등이나 백열등보다 다양하게 만들 수 있다. 하지만 아직 초기 비용이 많이 드는 단점이 있다.

Q2. 답 화학 전지는 화학 반응을 일으키는 물질이 없어지면 발전이 끝나 버리지만, 태양 전지는 외부 에너지(태양)가 없어지지 않는 한 계속 발전할 수 있다. 하지만 태양에 없는 밤에는 사용할 수 없고, 설치 공간이 필요해 사용할 수 있는 장소가 제한되어 있다는 단점이 있다.

해설 현재 가장 보편적으로 사용하고 있는 화학 전지 중 하나인 리튬 이온 전지는 작고 가벼우면서도 높은 전압을 낼 수 있으므로 휴대 전화나 노트북 등의 소형, 경량화를 가능하게 해주었다. 충전 후 오래 사용 가능한 장점도 있다. 반면에 폭발 위험성 때문에 높은 출력의 전지를 만들 수 없다.

꼭 짚기!

93 쪽

1. ⑤ **2.** ⑤

1. 답 ⑤

해설 그림은 특정 온도 t 이하에서 초전도 현상을 나타내는 물질인 초전도체의 절대 온도에 따른 전기 저항을 나타낸 것이다.

ㄱ. 초전도체는 온도 t 이하에서 반자성을 띠므로 외부 자기장을 밀어내어 자석 위에 초전도체가 뜨는 마이스너 효과가 나타난다.

ㄷ. 초전도체는 온도 t 이하에서 전기 저항이 0이 되므로, 전류가 흐를 때 전력 손실이 발생하지 않는다.

ㄹ. 초전도체를 이용하여 자기 공명 영상 장치, 입자 가속기, 전력 손실이 없는 송전선 등을 만든다.

바른 풀이 ㄴ. 초전도체는 온도 t 이하에서 전기 저항이 0이 되므로, 센 전류를 흘릴 수 있어 강한 전자석을 만들 수 있다.

2. 답 ⑤

해설 (가)는 그래핀, (나)는 탄소 나노 튜브이다.

ㄱ. 그래핀은 탄소 원자가 2차원 상에서 육각형 모양의 배열을 이루면서 원자 한 층의 두께를 가진 물질이고, 탄소 나노 튜브는 그래핀이 원통 튜브 모양으로 말려 있는 구조로 되어 있는 물질이다. 그래핀과 탄소 나노 튜브 모두 탄소의 배열을 변화시켜 새로운 성질을 갖게 한 신소재이다.

ㄷ. 그래핀은 전기 전도성이 뛰어나 초고속 반도체에 사용된다.

ㄹ. 탄소 나노 튜브와 같은 나노 물질은 기존의 복합 재료보다 적은 양을 첨가해도 강도와 열전도성이 우수하고 가벼운 물체를 만들 수 있다.

바른 풀이 ㄴ. 그래핀과 탄소 나노 튜브 모두 강철보다 강도가 크다.

스스로 실력 높이기

94 ~ 97 쪽

01. ② **02.** (1) ㄱ, ㄴ, ㄹ (2) ㄹ (3) ㄷ
03. ② **04.** ⑤ **05.** ④ **06.** ④
07. (1) ㄷ (2) ㄱ, ㄹ (3) ㄴ, ㅁ **08.** 해설 참조
09. ④ **10.** ② **11.** ④ **12.** ③ **13.** ④
14. ③ **15.** ④ **16.** ⑤ **17.** ④
18. 해설 참조

01. 답 ②

바른 풀이 ② 자연의 생명체를 모방하는 방법을 생체 모방이라고 하며 이를 이용하여 다양한 신소재를 개발한다.

해설 신소재는 기존에 사용하던 소재들의 물리적, 화학적 성질을 변화시켜 새로운 성질을 띠게 만든 물질을 말한다. 신소재는 새로운 물질일 수도 있고 가공 방법을 달리하여 새로운 성질을 띠게 만든 것일 수도 있다.

02. 답 (1) ㄱ, ㄴ, ㄹ (2) ㄹ (3) ㄷ

해설 (1), (2) 초전도체는 특정 온도 이하에서 전기 저항이 0이 되는 현상을 나타내는 신소재로 특정 온도 이하에서 반자성체 성질을 띠게 되는 성질을 이용하는 등 상황에 따라 전기적 성질과 자기적 성질이 모두 이용된다.

03. 답 ②

해설 반도체는 중앙 처리 장치(CPU)와 같은 집적 회로를 만드는 기본 소재가 되며, 불순물 반도체를 이용하여 전류가 흐를 때 빛을 방출하는 발광 다이오드(LED)에 사용된다.

04. 답 ⑤

해설 ⑤ 반도체는 도체와 절연체(부도체)의 중간 정도의 전기 전도성을 가진 물질로, 순수 반도체(규소나 저마늄)에 미량의 불순물(인, 붕소, 비소 등)을 넣어 조건에 따라 전류를 흐를 수 있게 만든 불순물 반도체를 많이 사용한다.

바른 풀이 ① 반도체는 물질의 전기적 성질을 이용한 소재이다.
② 탄소 원자가 2차원 상에서 육각형 모양의 배열을 이루면서 원자 한 층의 두께를 가지는 전도성 물질은 그래핀이다.
③ 전압을 가하면 분자의 배열이 변하는 성질을 가진 액정을 이용하여 액정 디스플레이(LCD)를 만든다.
④ 특정 온도 이하에서 전기 저항이 0이 되는 초전도 현상을 나타내는 소재는 초전도체이다.

05. 답 ④

해설 액정은 전자 계산기나 노트북 등의 화면을 나타내는 영상 표시 장치인 LCD 에 주로 사용된다.
ㄱ. LCD 는 전압을 걸어주면 액정 분자의 배열이 변하는 성질을 이용한다.
ㄴ. 액정은 가늘고 긴 분자가 거의 일정한 방향으로 나란히 있는 고체와 액체의 중간 물질이다.

바른 풀이 ㄷ. 자체에서 빛을 내어 광원이 필요없는 디스플레이는 유기 발광 다이오드(OLED)를 이용한 디스플레이이다. 유기 발광 다이오드는 반도체를 이용한 것이다.

06. 답 ④

해설 p형 반도체와 n형 반도체를 불순물 반도체라고 한다.
ㄱ. 불순물 반도체는 절연체보다 전기 전도성이 좋다.
ㄴ. 원자가 전자가 4개인 규소에 불순물로 원자가 전자가 3개인 원소를 섞으면 양공이 전하 운반자가 되는 p형 반도체가 된다. 반면에 규소에 불순물로 원자가 전자가 5개인 원소를 섞으면 자유 전자가 전하 운반자가 되는 n형 반도체가 된다.

바른 풀이 ㄴ. 태양 전지는 p형 반도체(가)와 n형 반도체(나)를 접합시켜 만든다.

07. 답 (1) ㄷ (2) ㄱ, ㄹ (3) ㄴ, ㅁ

해설 전기 저항이 도체와 부도체의 중간인 물질을 반도체라고 한다.
(1) 압력 감지기(ㄷ)나 온도 감지기는 압력이나 온도의 조건에 따라 전기 저항이 변하는 성질을 이용한다.
(2) 태양 전지(ㄱ)나 적외선 감지기(ㄹ)는 빛을 비추면 전기가 흐르는 성질을 이용한다.
(3) 발광 다이오드(ㄴ)나 레이저의 광원(ㅁ)은 전류가 흐를 때 빛을 방출하는 성질을 이용한다.

08. 답 휴대 전화에는 다양한 신소재가 활용된다. 메모리 칩에 사용되는 반도체, 화면에 사용되는 고강도 플라스틱 필름 등이 있다. 반도체는 소비 전력이 작고, 정보 처리 속도가 빨라야 하며, 고강도 플라스틱 필름은 유연성을 가지면서도 강도는 일반 유리보다 3배 이상 높은 강화 유리와 비슷한 정도가 되어야 하며, 빛 투과율이 높아야 한다.

해설 고강도 플라스틱 필름은 빛 투과율이 90% 대로 높아 휴대전화 화면으로 사용이 가능하다. 유리기판은 표면이 매끄럽고 내열성과 투명성이 높다는 특성 때문에 휴대전화 화면, TV, 컴퓨터 모니터 등 대부분의 디스플레이에 사용되고 있지만 무겁고 깨지기 쉽다는 단점이 있다.
외피는 충격에 강한 신소재로 만들어진다. 현재 주목 받는 세라믹 소재는 높은 온도와 가혹한 환경에서도 잘 견디기 때문에 휴대 전화의 외피뿐만 아니라 자동차, 항공, 의학 산업 등 다양한 용도로 쓰이고 있다. 여기에 기술이 발달함에 따라 다양한 외피용 신소재도 개발되고 있다. 합성 사파이어, 고강도 스테인리스 스틸 테두리, 산화피막처리 알루미늄, 고강도 케블라 섬유 등이 도입되었다.
배터리는 열이 적게 발생하고, 오래 사용할 수 있는 신소재로 만들어진다. 현재 가장 많이 쓰고 있는 리튬 이온 배터리에 주로 쓰이는 전극 소재가 그래핀이다.

09. 답 ④

해설 그림은 마이스너 효과에 의해 자석 위에 떠 있는 초전도체를 나타낸 것이다.
ㄴ. 특정 온도(임계 온도) 이하에서 전기 저항이 0 이 되는 성질이 있는 초전도체 내부에는 자기장이 없어지므로 외부 자기장이 통과하지 못하여 외부 자기장을 밀어내는 힘을 발생시킨다. 이를

마이스너 효과라고 한다.
ㄷ. 초전도체는 전기 저항이 0이 되어 강한 전류가 흐를 수 있으므로 강한 자기장을 얻을 수 있다.

바른 풀이 ㄱ. 초전도체는 물질마다 임계 온도가 다르며, 대부분 물질의 임계 온도는 0℃ 보다 매우 낮은 온도이다.

10. 답 ②

바른 풀이 ② 전자기 센서는 외부 전자기파가 솔레노이드(코일)를 통과하면 솔레노이드에 유도 전류가 흐르는 전자기 유도 현상을 이용한다.

해설 초전도체는 특정 온도 이하에서 전기 저항이 0이 되어, 손실 전력이 없고, 강한 자기장을 만들 수 있는 성질이 있다. 이러한 성질을 이용한 초전도체가 사용된 장치로는 강한 자기장이 필요한 입자 가속기, 자기 부상 열차, 손실 전력이 없는 송전선, 자기 공명 영상(MRI) 장치 등이 있다.

11. 답 ④

해설 주석은 3.7K 이하에서 초전도 현상을 나타내는 물질이다.
ㄱ. 전기 저항이 0이 되는 초전도 현상이 나타나기 시작하는 온도를 임계 온도라고 한다.
ㄴ. 초전도체는 임계 온도 이하에서 외부 자기장을 밀어내는 반자성체가 되며, 이를 마이스너 효과라고 한다.

바른 풀이 ㄷ. 절대 온도 3.7K 은 섭씨 온도로 약 −269.45℃이다. 따라서 상온에서 주석에 전류가 흐를 때 전기 저항이 0이 아니므로 열이 발생한다.

12. 답 ③

해설 ㄷ. 초전도체에 아무리 큰 전류가 흘러도 전기 저항은 0이므로 초전도 현상은 사라지지 않는다.

바른 풀이 ㄱ. 아연은 0.9K 이상에서 온도가 증가할수록 전기 저항이 증가하므로 전기 전도도는 감소한다.
ㄴ. 초전도체는 임계 온도 이하에서 전기 저항이 0이 되는 성질이 있다. 임계 온도는 상온보다 매우 낮은 온도이므로 2가지 합금은 상온에서 초전도 현상을 나타내지 않는다.

13. 답 ④

해설 (가)는 탄소 나노 튜브이다.
ㄱ, ㄴ. 탄소 나노 튜브는 전기 전도성이 뛰어나며, 열전도율이 가장 큰 다이아몬드와 열 전도율이 비슷하다. 또한 가볍고 15%가 변형되어도 끊어지지 않으며, 강도는 강철의 100배 정도이다.

바른 풀이 ㄷ. 탄소 나노 튜브는 얇게 만들 수 있으며, 변형에도 강하다.

14. 답 ③

해설 탄소 원자가 육각형 벌집 모양의 구조를 이루는 물질은 그래핀이다. 그래핀은 투명하면서 유연성이 있어 휘어지는 디스플레이에 이용된다.

바른 풀이 ④ 그래핀이 원통 튜브 모양으로 말려 있는 구조를 이루는 탄소 나노 튜브는 구리보다 열전도성이 높고, 전기 전도성이 뛰어나며, 강철보다 강하다. 이를 이용하여 첨단 현미경의 탐침을 만들고, 금속이나 세라믹과 섞어 강도를 높인 복합 재료 등에도 이용된다.
⑤ 풀러렌은 탄소 원자 60개가 육각형과 오각형으로 결합한 공 모양 구조로 내부에 빈 곳이 있어 금속 원자를 넣거나 의약품을 넣어 운반하는 역할을 할 수 있기 때문에 체내 약물 전달 물질에 이용된다.

15. 답 ④

해설 ㄱ, ㄷ. 나노 기술을 이용한 신소재인 그래핀은 강철보다 강하고, 구리보다 열전도성이 높다. 또한 전기 전도성이 좋아 각종 전자기기에 사용되는 구리보다 전기가 잘 통하기 때문에 차세대 반도체 소재에 이용된다.

바른 풀이 ㄴ. 그래핀은 최고의 열전도성을 자랑하는 다이아몬드보다 2배 이상 열을 잘 전달한다. 따라서 고성능 전자기기가 보다 얇고 작아지면서 발생하는 발열 문제를 해결할 소재로 각광받고 있다.

16. 답 ⑤

해설 연잎 표면의 돌기들은 물이 잘 스며들지 않게 만드는 코팅제 역할을 한다. 이러한 연잎의 구조를 모방하여 물이 맺히지 않고 흐르게 만드는 코팅제, 물만 뿌려도 청소가 가능한 페인트, 물에 젖지 않고 때가 타지 않는 섬유 등을 만들었다.

바른 풀이 ① 전신 수영복은 상어 피부를 모방하여 만들었다.
② 손실 전력이 없는 송전선은 초전도체의 특징을 이용한 것이다.
③ 강도와 복원력이 뛰어난 섬유는 탄소 나노 섬유를 이용한 것이다.
④ 물속에서도 떨어지지 않는 접착제는 홍합의 족사라는 접착 단백질을 모방하여 만들었다.

17. 답 ④

해설 (가) 전신 수영복은 상어 비늘을 모방한 것이다.
(나) 거미줄은 같은 굵기의 강철보다 20배 튼튼하고, 방탄복으로 사용되던 케블라 섬유보다도 4배 강해 방탄복을 만드는 소재로 주목받고 있다.

바른 풀이 (다) 도꼬마리 열매는 미세한 갈고리로 되어 있어 동물에 달라붙어 씨를 퍼뜨리면서 번식을 한다. 이를 이용한 것이 벨크로 테이프이다. 게코 도마뱀의 발바닥은 작은 주름이 덮여 있으며, 이 주름은 다시 솜털로 덮여 있다. 솜털이 나노 빨판으로 되어 있어 게코 도마뱀이 천장에 매달려서 걸을 수 있는 것이다. 유리벽을 수직으로 올라갈 수 있는 스티키봇이라는 로봇과 특수 장갑 등은 이를 모방한 것이다.

18. 답 고르지 않은 표면을 탐사하는 탐사 로봇, 산악 자동차, 이동이 용이하고, 흔들림이 적으며, 소음을 줄인 탱크의 궤도 바퀴에 적용할 수 있다.

단원마무리

98 ~ 101 쪽

01. ③ **02.** ② **03.** 해설 참조 **04.** ①, ②
05. ④ **06.** ③, ④, ⑤ **07.** 판상 구조
08. (1) X (2) O (3) X **09.** ① **10.** ④
11. ①, ②, ③ **12.** ③ **13.** ② **14.** ③
15. ① **16.** ② **17.** ④ **18.** ① **19.** ③
20. ㉠ 마이스너 현상 ㉡ 해설 참조 **21.** ②

01. 답 ③
해설 지각과 생명체를 구성하는 물질 중 가장 질량비가 큰 원소는 산소이다.
바른 풀이 ① 철은 지구 전체의 구성 원소 중 가장 질량비가 크지만, 대부분이 핵에 존재하기 때문에 지각과 생명체에서는 질량비가 크지 않다.

02. 답 ②
해설 (가)에서 가장 큰 질량 비를 차지하는 원소는 철이므로 지구를 이루는 원소를 나타낸 것이고, (나)에서 가장 큰 질량 비를 차지하는 원소는 산소이고 그 다음으로 높은 것이 탄소이므로 사람을 이루는 원소를 나타낸 것이다. (다)에서 가장 큰 질량 비를 차지하는 원소는 산소이고 그 다음으로 큰 것은 규소이므로 지각을 이루는 원소를 나타낸 것이다.
ㄴ. (다)는 산소와 규소가 주요 원소인 지각이므로 규산염 광물이 주로 존재하며, 규산염 사면체를 기본 구조로 가진다.
바른 풀이 ㄱ. (가)는 철이 가장 많은 원소이므로 지구이고, (나)는 산소와 탄소가 주요 원소이므로 사람이다.
ㄷ. 지각에서 가장 큰 질량 비를 차지하는 것은 산소이지만 지구에서 가장 큰 질량 비를 차지하는 것은 철이다.

03. 답 규산염 사면체는 전체적으로 음전하를 띠고 있어 근처의 금속 양전하와 결합하거나 각 사면체의 산소를 다른 규산염 사면체와 공유하여 결합함으로써 다양한 규산염 광물을 형성할 수 있다.

04. 답 ①, ②
해설 ① (가)는 독립형 구조, (나)는 판상 구조이다.
② (나)의 광물은 판상 구조를 하고 있어 힘을 주면 얇은 판 모양으로 쪼개진다.
바른 풀이 ③ (나)는 판상 구조로, 3차원 입체 구조를 이루는 결합 구조는 망상 구조이다.
④ (가)의 독립형 구조는 규산염 사면체의 산소를 다른 규산염 사면체와 공유하여 결합하지 않는다.
⑤ (가)와 (나) 모두 규소 1개에 산소 4개가 공유 결합한 규산염 사면체를 기본 구조로 하며, 규소끼리 직접 공유 결합하지 않는다.

05. 답 ④
해설 ㄱ. (가)는 감람석, (나)는 휘석, (다)는 각섬석, (라)는 흑운모, (마)는 석영 또는 장석의 결합 구조이다.
ㄷ. (라)의 판상 구조는 얇은 판 모양으로의 쪼개짐이, (마)의 망상 구조는 깨짐이 나타난다.
바른 풀이 ㄴ. (나) 단사슬 구조는 규산염 사면체끼리 산소 2개를 공유하여 단일 사슬 모양으로 결합한 구조이다.

06. 답 ③, ④, ⑤
해설 ③ 탄소 원자는 연속적으로 결합하여 복잡한 화합물을 만들 수 있다.
④ 탄소의 원자가 전자가 4개로 최대 4개의 원소와 공유 결합이 가능하며, 탄소끼리는 단일 결합, 2중 결합, 3중 결합까지 가능해 다양한 모양의 탄소 골격을 형성할 수 있다.
⑤ 여러 개의 탄소 원자는 결합 방식이 다양해 다양한 탄소 화합물을 만들 수 있다.
바른 풀이 ① 탄소는 탄소 외에도 수소, 산소, 질소 등 여러 원소가 결합하여 다양한 탄소 화합물을 만들 수 있다.
② 지구의 구성 원소 중 가장 많은 것은 철이고, 지각이나 생명체의 구성 원소 중 가장 많은 것은 산소이다.

07. 답 판상 구조
해설 규산염 사면체가 산소 3개를 공유하여 결합한 구조는 판상 구조이며, 얇은 판이 층층이 쌓인 모습이기 때문에 힘을 주면 얇은 판 모양으로 쪼개짐이 일어난다.

08. 답 (1) X (2) O (3) X
해설 (2) 탄소끼리는 단일 결합 뿐만 아니라 2중 결합, 3중 결합 등 다양한 결합이 가능하여 길이와 모양이 다양한 탄소 골격을 형성할 수 있다.
바른 풀이 (1) 탄소는 원자가 전자가 4개로 최대 4개의 원자와 공유 결합할 수 있다.
(3) 탄소끼리의 공유 결합이 거의 무한대로 이루어질 수 있어 다양한 탄소 골격을 이룰 수 있고 생명체에 필요한 고분자 유기물을 형성하는 데 유리하다.

09. 답 ①
바른 풀이 ① 탄수화물의 구성 단위는 포도당이다. 아미노산은 단백질의 구성 단위이다.
해설 ② 인지질은 지질의 종류 중 하나로서 세포막, 핵막 등 생체막을 이루는 주요 구성 성분이다.
③ 생명체의 구성 물질 중 단백질, 지질, 포도당은 에너지원으로 사용되지만, 무기염류, 핵산은 에너지원으로 사용되지 않는다.
④ DNA는 유전 정보를 저장하는 물질이며, DNA 유전 정보에 의해 단백질이 합성되는 것이다.
⑤ 단백질은 효소와 호르몬의 주성분으로 물질대사를 촉진한다.

10. 답 ④
바른 풀이 ④ 물(H_2O)은 생명체를 구성하는 물질 중 가장 큰 구성 비율을 차지하지만, 탄소를 포함하지 않는다.
해설 ①, ②, ③, ⑤ 지질, 핵산, 포도당(탄수화물의 단위체), 아미노산(단백질의 단위체)은 생명체를 구성하는 대표적인 탄소 화합물이다.

11. 답 ①, ②, ③

해설 ① DNA는 폴리뉴클레오타이드 두 가닥이 꼬여 있는 2중 나선 구조를 갖는 핵산이다. DNA를 구성하는 뉴클레오타이드의 인산은 다른 뉴클레오타이드의 당과 공유 결합하며, 마주 보는 두 폴리뉴클레오타이드의 염기는 수소 결합으로 연결되어 있다.
② 생명체의 구성 물질 중 탄수화물, 지질, 단백질은 에너지원으로 사용되지만 핵산, 무기염류, 물은 에너지원으로 사용되지 않는다.
③ 탄수화물을 구성하는 원소와 지질을 구성하는 원소는 C, H, O이다. 단백질을 구성하는 원소는 C, H, O, N이며, 핵산을 구성하는 원소는 C, H, O, N, P이다.
바른 풀이 ④ 유전 정보는 핵산의 DNA에 저장되며, DNA의 단위체인 뉴클레오타이드의 배열 순서에 따라 다양한 유전 정보가 저장된다. 아미노산은 단백질의 단위체이다. 아미노산의 종류, 배열 순서에 의해 단백질의 기능이 결정된다.
⑤ 단백질의 입체 구조가 열이나 산 · 염기(pH) 등에 의해 변하면 단백질의 기능적 특성도 없어진다.

12. 답 ③

해설 ③ (나)는 탄수화물의 구성 단위인 포도당(6탄당)의 구조이다. 탄수화물은 세포의 주된 에너지원으로 사용된다.
바른 풀이 ① (가)는 탄소 원자에 아미노기, 카복시기, 수소기, 곁사슬이 결합된 아미노산으로서 단백질의 구성 성분이다. 지질의 구성 성분은 글리세롤과 지방산이다.
② 단백질과 탄수화물은 1g 당 4 kcal의 열량을 내며, 지질은 1g 당 9 kcal의 열량을 낸다.
④ (다)는 인산, 염기, 당이 1 : 1 : 1로 결합된 뉴클레오타이드이다. 뉴클레오타이드는 핵산의 단위체(구성 단위)이다.
⑤ (가) 아미노산의 구성 원소는 C, H, O, N이고 (나) 포도당의 구성 원소는 C, H, O이며, (다) 뉴클레오타이드의 구성 원소는 C, H, O, N, P이므로 (가) ~ (다)의 공통 구성 원소는 C, H, O이다.

13. 답 ②

해설 ㄴ. 생명체의 유전 정보를 저장하는 것은 핵산 중 DNA이며, 핵산의 구성 단위는 뉴클레오타이드이다.
ㄹ. 생명체의 주요 에너지원으로 사용되는 (다)는 탄수화물이다. 에너지원으로 사용되는 (가), (다) 중 (가) 지질은 1g 당 9 kcal의 열량을 내며, (다) 탄수화물은 1g 당 4 kcal의 열량을 낸다.
바른 풀이 ㄱ. 지방산과 글리세롤을 구성 단위로 갖는 (가)는 지질이다. 지질의 구성 원소는 C, H, O이다. P은 핵산을 구성하는 원소 중 하나이다.
ㄷ. (가) 지질은 에너지원으로 사용되지만, (나) 핵산은 에너지원으로 사용되지 않는다.

14. 답 ③

해설 ㄱ. (가) 는 유전 정보를 저장하는 DNA이다. DNA는 단위체인 뉴클레오타이드의 배열 순서(염기 서열)에 따라 다양한 유전 정보를 저장한다.
ㄷ. (다) 단백질의 합성 정보는 (가) DNA에 존재하며, RNA에 의해 DNA의 유전 정보가 전달되어 단백질이 합성된다. 단백질은 단위체인 아미노산의 종류와 배열 순서에 따라 접히고 구부러져 입체 구조가 결정되며, 입체 구조에 따라 단백질의 기능이 결정된다.
바른 풀이 ㄴ. (나) 지질은 1g 당 9 kcal의 열량을 내며, 지질을 구성하는 원소는 C, H, O이다.

15. 답 ①

해설 핵산(DNA, RNA)의 단위체는 뉴클레오타이드이며, 단백질의 단위체는 아미노산, 지질의 단위체는 글리세롤과 지방산이다. DNA는 2중 나선 구조이며, RNA는 단일 가닥 구조이다. → (가)는 RNA, (나)는 DNA이다.
단백질의 구성 단위인 아미노산은 펩타이드 결합에 의해 연결된다. → (다)는 단백질, (라)는 지질이다.
ㄱ. (가) RNA는 (나) DNA의 유전 정보를 전달하는 기능을 하므로 (다) 단백질 합성에 관여한다.
ㄷ. (다) 단백질의 합성 정보는 (나) DNA에 존재한다(DNA는 유전 정보를 저장하며, RNA는 DNA의 유전 정보를 전달한다.).
바른 풀이 ㄴ. (나) DNA는 A, G, C, T을 염기로 가지며, A(아데닌)은 T(티민)과 상보결합한다.
ㄹ. (라) 지질은 1g 당 9 kcal의 열량을 낸다.

16. 답 ②

해설 발광 다이오드와 트랜지스터에 이용된 신소재는 반도체이다. 반도체는 중앙 처리 장치(CPU)같은 집적 회로를 만드는 기본 소재가 되며 도체와 부도체의 중간 정도의 전기 전도성을 가진 물질이다.
바른 풀이 ㄱ. LCD 에 사용되는 신소재는 액정이다.
ㄷ. 반도체의 전기 저항은 온도나 압력 등 조건에 따라 달라지지만 절연체보다는 전기 저항이 작고, 도체보다는 크다.

17. 답 ④

해설 ㄱ. 물체 A 는 마이스너 현상이 나타나는 초전도체이다.
ㄷ. 액체 질소의 끓는점이 약 77 K이므로, (나)는 77 K(-196 ℃) 이상의 온도이다. (나)에서 물체 A는 임계 온도 이하에서 초전도 현상이 나타난 상태이므로 물체 A의 초전도 현상이 일어나는 임계 온도는 77K 보다 높다.
바른 풀이 ㄴ. 물체의 온도가 임계 온도보다 높아지면 초전도체의 초전도 현상(전기 저항이 0이 되는 현상)은 사라진다.

18. 답 ①

해설 그래프가 나타내는 물질은 초전도체이며, T_0(K) 이하의 온도(임계 온도)에서 초전도 현상이 나타난다.
ㄱ. 임계 온도 이하에서 강한 전류를 흘려 줘도 전기 저항이 0이므로 강한 전자석을 만들 수 있다.
바른 풀이 ㄴ. 초전도체가 아직 실용화되지 못하고 있는 이유 중 하나는 매우 낮은 온도에서만 초전도 현상이 나타나므로 낮은 온도를 유지하는 데 비용이 많이 들기 때문이다. 고온에서 사용할 수 있는 초전도체가 실용화되면 다양한 분야에서 응용될 것이다.
ㄷ. 초전도체는 임계 온도 이하에서 반자성을 띠므로 외부 자기장을 밀어내어 자석 위에 초전도체가 뜨는 마이스너 효과가 나타난다.

19. 답 ③

해설 (가)는 그래핀, (나)는 탄소 나노 튜브, (다) 는 풀러렌이다.
ㄱ. 그래핀은 빛을 투과시킬 수 있으며, 강도가 높으면서도 휘거나 구부릴 수 있어서 야간 투시용 콘택트 렌즈에 사용된다.
ㄷ. (가)~(다)는 탄소 결합 구조를 변화시킨 신소재이다.

바른 풀이 ㄴ. (다) 풀러렌은 공 모양의 탄소 구조로 내부에 빈 공간이 있어 금속 원자를 넣거나 의약품을 넣어 운반하는 역할을 할 수 있다.

20. 답 ㉠ 마이스너 현상 ㉡ 초전도체는 특정 온도(임계 온도) 이하에서 전기 저항이 0이 되는 초전도 현상을 나타내는 물질로 임계 온도 이하에서 초전도체는 반자성체가 되어 내부의 자기장이 완전히 없어지기 때문에 자석에 뜨는 힘이 발생하여 초전도체 위에 떠 있을 수 있다.

21. 답 ②

바른 풀이 ② 도꼬마리 열매는 바늘 모양의 고리를 이용해 동물에 잘 달라붙는다. 이를 이용한 것이 벨크로 테이프이다.

해설 ① 상어의 피부는 수많은 돌기들이 있어 물과의 저항력을 줄인다. 이를 이용하여 전신 수영복을 만든다.
③ 연잎 표면의 마이크로미터 크기의 봉우리에는 나노미터 크기의 돌기가 있어 물방울이 흘러내린다. 이를 이용하여 비에 젖지 않는 섬유나 물만 뿌려도 청소가 가능한 코팅제 등을 만든다.
④ 홍합의 족사라고 하는 접착 단백질은 바위와 같은 젖은 표면에 잘 달라 붙을 수 있도록 해준다. 이를 이용하여 수중 공사용 접착제나 의료용 생체 접착제를 만든다.
⑤ 게코 도마뱀(도마뱀붙이)은 발바닥에 나 있는 미세 섬모를 이용하여 나무나 벽에 잘 붙어 있는다. 이를 이용하여 게코 테이프, 수직의 벽을 오르는 로봇, 특수 장갑, 의료용 패치 등을 만든다.

핵심 요약 2. 자연의 구성 물질 102 ~ 103 쪽

01 지각과 생명체를 구성하는 물질

❶ 규소 ❷ 산소 ❸ 4
❹ 4 ❺ 정사면체 ❻ 판상
❼ 고리

02 생명체 구성 물질의 형성

❶ 아미노산 ❷ 결사슬 ❸ 펩타이드
❹ 입체 구조 ❺ 1 : 1 : 1 ❻ 4
❼ 폴리뉴클레오타이드 ❽ 인산
❾ 디옥시리보스 ❿ 타이민(T)
⓫ 유라실(U) ⓬ 저장 ⓭ 전달
⓮ 이중(2중) 나선 ⓯ 상보적

03 신소재의 개발과 이용

❶ 액정 ❷ 반도체 ❸ 전기 저항
❹ 마이스너 ❺ 탄소 ❻ 생체 모방

내신 기출 모의고사 1회

104 ~ 107 쪽

01. ②	02. 해설 참조		03. ⑤
04. ③	05. ㉠ 산소 ㉡ 탄소		06. ④
07. ⑤	08. ②	09. ③	10. ④
11. ④	12. ③	13. ②	14. ⑤
15. ②	16. ⑤	17. ①	18. ③
19. ③			

01. 답 ②

해설 ㄴ. (나) 그래프에서 주요 구성 원소로 규소가 있으므로 지각을 구성하는 원소에 대한 그래프이고, (가)가 생명체를 구성하는 원소에 대한 그래프이다.

오답 체크 ㄱ. 생명체를 구성하는 원소에 대한 그래프 (가)에서 산소 다음으로 질량비가 높은 원소 A는 탄소이다.
ㄷ. B는 산소로, 규산염 광물의 기본 구조인 규산염 사면체는 규소 원소를 중심으로 하여 산소가 사면체 모양으로 공유 결합한 구조이다. 따라서 B는 기본 구조의 중심이 되지 않는다.

02. 답 그림의 결합 구조는 규산염 사면체가 산소 3개를 공유 결합하면서 얇은 판 모양으로 결합한 판상 구조의 모양으로, 이 광물에 힘을 주면 얇은 판 모양으로 갈라지는 쪼개짐이 일어난다. 이 광물의 예로는 흑운모가 있다. (판상 구조, 쪼개짐)

해설 규산염 사면체끼리 산소를 공유하는 공유 결합은 규산염 사면체가 다른 양이온과 결합하여 중성이 되는 이온 결합보다 결합력이 강하다. 이로 인해 광물에 힘을 주면 결합력이 강한 곳보다 약한 곳이 먼저 깨어지므로, 산소의 공유 결합으로 이루어진 판상 구조의 모양에 따라 얇은 판 모양으로 쪼개짐이 일어나게 된다.

03. 답 ⑤

해설 ㄱ. ㉠은 규소(Si), ㉡은 산소(O)이다.
ㄴ. 전체 모양은 삼각뿔(사면체) 모양이다.
ㄷ. ㉡ 산소(O)를 2개 공유하면 단사슬 또는 복사슬 구조, 산소 3개를 공유하면 판상 구조, 산소 4개를 모두 공유하면 망상 구조의 규산염 광물이 된다.

04. 답 ③

해설 ③ 탄소 원자는 원자가 전자가 4개인 원소이므로 최대 4개의 원소와 공유 결합을 할 수 있다.

오답 체크 ① 탄소와 탄소 사이에는 2중 결합 뿐만 아니라 단일 결합, 3중 결합도 가능하다.
② 탄소는 산소와 기본 구조를 형성하지 않고 자유롭게 탄소끼리 결합하여 다양한 모양의 탄소 골격을 이룬다. 규소와 산소의 규산염 사면체가 기본 구조인 것은 규산염 광물이다.
④ 탄소 화합물은 생명체에서 몸을 구성하는 역할(단백질) 뿐만 아니라 에너지원(탄수화물, 포도당), 유전 정보 저장(핵산) 등의 역할도 한다.
⑤ 탄소가 다른 탄소와 결합할 때 단일 결합, 2중 결합, 3중 결합 등의 다양한 결합 방식이 가능하고, 사슬, 가지, 고리 모양 등 다양한 탄소 골격을 형성할 수 있으며 연속적으로 결합하여 큰 분자를 만드는 데도 유리하므로 매우 다양한 탄소 화합물을 만들 수 있다.

05. 답 ㉠ 산소, ㉡ 탄소
해설 사람을 구성하는 원소 중 가장 비율이 높은 것은 산소이고, 탄수화물, 단백질, 지질 등의 유기물은 탄소 화합물로서 탄소 골격을 토대로 하여 만들어진다.

06. 답 ④
해설 ㄴ. 탄소 원자의 결합 막대는 공유 전자쌍을 의미하며, 4개의 공유 전자쌍을 만들므로 결합 막대 4개를 연결한다.
ㄷ. 탄소 골격에 수소, 산소, 질소 원자들이 다양하게 결합하여 탄소 화합물 등을 생성한다.
바른 풀이 ㄱ. 탄소의 원자가 전자 수는 4개이다.

07. 답 ⑤
해설 물은 탄소 화합물이 아니므로 C는 물이다. 탄소 화합물인 탄수화물, 단백질 중 효소, 호르몬의 주성분은 단백질이다. 따라서 A는 단백질, B는 탄수화물이다.

08. 답 ②
해설 ㄴ. (B) 단백질의 단위체인 아미노산끼리는 펩타이드 결합(공유 결합)을 한다.
바른 풀이 (A)에는 두 가닥이 나선형으로 꼬여 있으며, A, G, C, T 염기가 존재하므로 DNA이다. (B)에는 여러 종류의 아미노산이 배열되어 있으므로 단백질이다.
ㄱ. (A) DNA의 단위체는 당(디옥시리보스) : 인산 : 염기가 1 : 1 : 1로 구성된 뉴클레오타이드이며, 염기 종류(A, G, C, T)에 따라 4종류의 뉴클레오타이드가 있다. (B) 단백질의 단위체는 아미노산이며, 아미노산은 20여 종류가 있다.
ㄷ. (A) DNA 2중 가닥 각각의 A(아데닌)은 T(타이민)과, 구아닌(G)은 사이토신(C)과 상보적으로 결합하므로 A(아데닌)과 T(티민)의 개수, 구아닌(G)과 사이토신(C)의 개수는 항상 같지만, DNA를 구성하는 2중 나선의 한쪽 가닥을 구성하는 A(아데닌)과 T(타이민)의 개수는 같지 않을 수 있다.

09. 답 ③
바른 풀이 (A)에는 두 가닥이 나선형으로 꼬여 있으며, A, G, C, T 염기가 존재하므로 DNA이다. (B)에는 여러 종류의 아미노산이 배열되어 있으므로 단백질이다.
③ (B) 단백질은 20 종류의 아미노산의 수와 배열 순서에 따라 다양한 종류(수만 개 이상)가 만들어질 수 있다.
해설 ① (A) DNA 2중 나선의 한 가닥(폴리뉴클레오타이드)에 존재하는 염기는 나머지 한 가닥에 존재하는 염기와 상보결합을 하고 있다.
② 핵산(DNA, RNA)의 구성 원소는 C, H, O, N, P이다.
④ (A) DNA를 구성하는 단위체인 뉴클레오타이드는 당 - 인산 결합으로 길게 연결되어 폴리뉴클레오타이드를 형성한다.
⑤ (B) 단백질의 아미노산 배열 순서에 대한 정보는 (A) DNA의 염기 서열에 저장되어 있다.

10. 답 ④
해설 ㄱ, ㄷ. 단백질은 아미노산의 종류와 배열 순서에 따라 입체 구조가 결정되며, 이에 따라 기능이 결정되므로 아미노산의 종류와 수가 같더라도 배열 순서가 다르면 다른 종류의 단백질이 만들어진다.
바른 풀이 ㄴ. 단백질을 구성하는 단위체인 아미노산의 종류와 수가 달라지면 서로 다른 종류의 단백질이 만들어진다.

11. 답 ④
해설 ㄴ. DNA 2중 나선은 두 폴리뉴클레오타이드의 염기가 상보적으로 결합되어 있다.
ㄷ. DNA를 구성하는 염기에는 A, G, C, T이 존재하므로 총 4종류의 뉴클레오타이드가 가능하며, DNA는 4종류의 뉴클레오타이드의 배열 순서에 따라 다양한 유전 정보를 저장한다.
바른 풀이 DNA 2중 나선은 두 가닥의 폴리뉴클레오타이드가 나선형으로 꼬여 있는 2중 구조이다.
ㄱ. 뉴클레오타이드의 당 - 인산 결합은 DNA 2중 나선의 골격을 이룬다.

12. 답 ③
해설 ㄱ, ㄴ. 단백질을 구성하는 단위체는 아미노산이며, A와 B는 두 개의 아미노산이 결합한 모습이다. A와 B가 결합할 때에는 물 분자가 1개 빠지면서 펩타이드 결합을 한다.
바른 풀이 ㄷ. 단백질 X는 8개의 아미노산으로 구성된 사슬 모양이므로 아미노산 사이에는 7개의 펩타이드 결합이 존재한다.

13. 답 ②
해설 ㄴ. 두 아미노산 사이에는 펩타이드 결합이 일어나며, 이때 한 아미노산의 아미노기와 다른 아미노산의 카복시기가 결합할 때 물 한 분자가 빠져나온다.
바른 풀이 ㄱ. 아미노산은 단백질의 단위체이다. 핵산의 단위체는 뉴클레오타이드이다.
ㄷ. 인슐린은 아미노산 21개로 이루어진 가닥과 아미노산 30개로 이루어진 다른 한 가닥이 연결된 단백질 구조이므로 아미노산 21개로 이루어진 폴리펩타이드 가닥에는 20개의 펩타이드 결합이 존재하고, 아미노산 30개로 이루어진 폴리펩타이드 가닥에는 29개의 펩타이드 결합이 존재한다. 따라서 인슐린은 총 49개의 펩타이드 결합으로 이루어진 단백질이다.

14. 답 ⑤
해설 ㄱ. (가)~(다)는 모두 단백질이며, 단위체인 아미노산이 펩타이드 결합하여 만들어진다.
ㄴ. 아미노산의 종류와 배열 순서에 따라 단백질의 입체 구조가 달라지며, 단백질의 기능이 결정된다. 헤모글로빈과 콜라젠은 서로 다른 기능을 하는 단백질이다.
ㄷ. 단백질의 단위체인 아미노산 2개가 서로 결합할 때 물 분자 1개가 빠져나오면서 공유 결합하게 되는데 이때의 결합을 펩타이드 결합이라고 한다.

15. 답 ②
해설 ② 액정은 전압을 가하여 분자 배열을 조절하면 배경 광원에서 나온 빛이 투과하거나 투과하지 않도록 할 수 있다.
바른 풀이 ①, 초전도체는 특정 온도 이하에서 전기 저항이 0이 되므로 많은 전류가 흘러도 열이 발생하지 않아 손실 전력이 0이 되며, 매우 강한 전자석을 만들 수 있다.
③ 탄소 나노 튜브는 그래핀이 원통 튜브 모양으로 말려 있는 구조이고, 탄소 원자가 결합한 공 모양 구조로 되어 있는 것은 풀러렌이다.
④ 반도체는 도체와 절연체의 중간 정도의 전기적 성질을 갖는 물질이다.
⑤ 네오디뮴 자석은 철 원자 사이에 다른 원소를 첨가하여 철 원

자의 자기장 방향이 흐트러지지 않도록 만든 강한 자석으로 열에 의해 자성이 쉽게 약해진다.

16. 답 ⑤

해설 그림은 나노 기술을 이용한 신소재인 그래핀이다. 탄소 원자 간 공유 결합에 의해 평면 구조를 이룬다.
ㄱ. 그래핀은 탄소 원자 간 공유 결합으로 이루어진다.
ㄴ. 유연하고 투명하여 휘는 투명 디스플레이 소재로 이용된다.
ㄷ. 높은 전기 전도성이 있다.

17. 답 ①

해설 ㄱ. 초전도체는 온도가 임계온도 T 보다 낮을 때 전기 저항이 0이 되므로 전류가 흘러도 열이 발생하지 않기 때문에 에너지 손실 없이 강한 전류를 흐르게 할 수 있다.

바른 풀이 ㄴ. 초전도체가 임계 온도 T 이하에서 외부 자기장을 밀어내어 자석이 초전도체 위에 떠 있는 현상을 마이스너 효과라고 한다. 이를 활용한 것이 자기 부상 열차이다.
ㄷ. 하드 디스크의 헤드를 움직이는 장치에 쓰이는 신소재는 네오디뮴 자석이다.

18. 답 ③

해설 (가)는 액정 디스플레이를 사용한 계산기 (나)는 초전도체에 의한 현상 (다)는 그래핀을 이용한 휘어지는 디스플레이를 나타낸 것이다.
ㄱ. (가) 액정의 특징은 전압을 가하여 배경 광원에서 나오는 빛의 세기를 조절하는 것이다.
ㄴ. (나) 초전도체는 임계 온도 이하에서 내부 자기장을 밀어내어 자석 위에서 뜰 수 있다.

바른 풀이 ㄷ. 전기 전도성이 좋은 물질은 열전도성도 좋다. 전기 전도나 열전도 모두 자유 전자의 운동에 의하기 때문이다.
(다) 그래핀은 열전도성과 전기 전도성이 모두 뛰어난 소재이다.

19. 답 ③

해설 ㄱ. 홍합은 접착 단백질을 분비하여 젖은 바위에서도 떨어지지 않고 붙어 있을 수 있다. 이를 이용하여 수중 공사용 접착제나 의료용 생체 접착제를 만든다.
ㄷ. 생명체의 행동이나 구조, 특성을 모방하는 방법을 생체 모방이라고 한다.

바른 풀이 ㄴ. 게코 도마뱀(도마뱀붙이)은 발바닥에 나 있는 미세 섬모를 이용하여 나무나 벽에 잘 붙어 있는다. 이를 이용하여 게코 테이프, 수직의 벽을 오르는 로봇, 특수 장갑, 의료용 패치 등을 만든다.

내신 기출 모의고사 2회

108 ~ 111 쪽

01. ⑤	**02.** (1) X (2) O (3) X		**03.** ④
04. ⑤	**05.** ③	**06.** ③, ⑤	**07.** ②
08. ③	**09.** ②	**10.** ④	**11.** ①
12. ①	**13.** ④	**14.** ⑤	**15.** ⑤
16. ④	**17.** ⑤	**18.** ③	**19.** 해설 참조

01. 답 ⑤

해설 ㄱ. (가)는 질량비가 산소-규소-알루미늄-철 순인 지각의 구성 원소이고, (나)는 질량비가 산소-탄소-수소-질소 순인 사람의 구성 원소이다.
ㄴ. ㉡, ㉢은 모두 산소이다.
ㄷ. ㉤ 규소(Si)와 ㉣ 탄소(C)는 모두 14족 원소이다.

02. 답 (1) X (2) O (3) X

해설 (2) 규산염 사면체는 1개의 규소와 4개의 산소가 정사면체 모양으로 공유 결합한 것으로, 전기적으로 음전하를 띠며 규산염 광물의 기본 골격을 이룬다.

오답 체크 (1) 지각에 가장 많이 존재하는 원소는 산소이다.
(3) 규산염 사면체 간의 결합 구조는 산소의 공유 결합 갯수에 따라 독립형 구조, 단사슬 구조, 복사슬 구조, 판상 구조, 망상 구조 등의 다양한 결합 구조를 가진다.

03. 답 ④

해설 ㄱ, ㄷ. 규산염 사면체끼리 산소 2개를 양쪽으로 공유하여 결합한 단사슬 구조이며 이 광물의 예로는 휘석이 있다.

바른 풀이 ㄴ. 이 광물은 결정이 기둥 모양이며, 힘을 주면 쪼개짐이 일어난다. 깨짐은 독립형(감람석), 망상(석영)구조에서 나타난다.

04. 답 ⑤

해설 ㄴ. 규산염 광물은 규산염 사면체를 기본 골격으로 한다.
ㄷ. B는 망상 구조로 규산염 사면체의 산소 4개 모두 인접한 규산염 사면체와 각각 공유 결합하고 있다.

바른 풀이 ㄱ. A는 단사슬 구조이며 감람석은 독립 (규산염)사면체 구조이다.

05. 답 ③

해설 ③ 고리 모양과 가지 모양 등 다양한 탄소 골격의 형태를 만들어낼 수 있는 것은 다양한 탄소 화합물이 생성될 수 있는 이유가 된다.

오답 체크 ① 다양한 공유 결합을 만들 수 있지만 원소 사이에 일어나는 공유 결합의 이유를 설명해 주지는 못한다.
② 탄소 골격의 형태는 규산염 광물의 생성 이유와 관련이 없다.
④ 탄소 골격의 형태는 생명체의 구성 원소 중 산소의 비율이 높은 것과 관련이 없다.
⑤ 지각을 구성하는 광물 중 특정한 결합 구조를 가지는 광물의 대부분은 규산염 광물로, 탄소 골격의 형태와 관련이 없다.

06. 답 ③, ⑤

해설 ③ 뉴클레오타이드는 핵산의 구성 단위체이며, 당 : 염기 : 인산 = 1 : 1 : 1의 비율로 결합된 탄소 화합물이다.
⑤ 탄수화물의 종류에는 단당류, 이당류, 다당류가 있으며, 단당류에는 리보스, 디옥시리보스, 포도당, 과당, 갈락토스 등이 있다.

바른 풀이 ① DNA는 유전 정보를 저장하는 물질이며, 단백질 합성에 필요한 유전 정보를 전달하는 물질은 RNA이다.

▲ 중성 지방의 구조

② 단백질은 물질대사에서 촉매로 작용하는 효소의 주성분이다.
④ 중성 지방은 1분자의 글리세롤에 3분자의 지방산이 결합하여 형성된 탄소 화합물이다.

07. 답 ②

해설 ㉠ 물과 물이 아닌 것을 구별하는 분류 기준은 ㄱ. 탄소 화합물인가? 이다. 물은 탄소 화합물이 아니다.
㉡ 단백질과 핵산을 구별하는 분류 기준은 ㄷ. 펩타이드 결합이 있는가?이다. 아미노산이 펩타이드 결합을 하여 단백질을 구성한다.
㉢ DNA와 RNA를 구별하는 분류 기준은 ㄹ. 염기로 타이민(T)을 가지고 있는가? 이다. DNA는 염기로 A, G, C, T(타이민)를 가지고, RNA는 염기로 A, G, C, U(유라실)를 가진다.

08. 답 ③

해설 ㄱ, ㄴ. 특성 ㉠ ~ ㉢이 모두 없는 것은 (다) 무기염류이다. 단백질은 에너지원으로 사용되고 아미노산이라는 단위체를 가지며 여러 개의 아미노산은 공유 결합을 하므로 (가)는 단백질이다(㉠, ㉡은 공유 결합 또는 단위체). 뉴클레오타이드라는 단위체를 가지는 핵산(DNA)에는 공유 결합(뉴클레오타이드의 당 - 인산 결합)이 존재하지만, 핵산은 에너지원으로 사용되지는 않으므로 (나)는 핵산(DNA)이다.(㉢은 에너지원)

바른 풀이 ㄷ. (나)는 핵산, ㉢이 에너지원이다.

09. 답 ②

해설 염기 아데닌(A)은 타이민(T)과 상보결합을 하며, 구아닌(G)은 사이토신(C)과 상보결합을 한다. DNA 2중 나선을 구성하는 사이토신(C)의 비율이 32%라면, 사이토신(C)과 상보결합하는 구아닌(G)의 비율도 32%이다. 전체 염기 비율 100%에서 사이토신(C)과 구아닌(G)의 비율을 뺀 36%는 아데닌(A)과 타이민(T)의 비율을 합친 값이므로 아데닌의 비율은 18%이다.

10. 답 ④

해설 DNA를 구성하는 염기에는 A, G, C, T이 존재하며, A은 T과 상보결합을 하며, C은 G과 상보결합을 한다. ㉠ - A C G T T C C A G G T G - ㉡과 상보적으로 결합하는 폴리뉴클레오타이드의 염기 배열 순서는 ㉠ - T G C A A G G T C C A C - ㉡이다.

바른 풀이 U(유라실)은 RNA를 구성하는 염기이다.

11. 답 ①

해설 DNA에 있어 당은 5탄당으로 인산과 공유결합하여 이중 나선 구조의 골격을 형성한다. ㉡, ㉢은 당이며, ㉠은 인산이다. DNA 염기 중 A(아데닌)과 상보결합하는 염기 ㉣은 T(타이민)이다.
ㄱ. ㉠ 인산과 ㉡ 당은 공유 결합한다.

바른 풀이 ㄴ. ㉡, ㉢은 디옥시리보스로 같은 종류의 당이다.
ㄷ. ㉣은 T(타이민)이다. 유라실(U)는 RNA 염기이다.

12. 답 ①

해설 ㉠ 탄수화물의 구성 단위는 포도당이다.
㉡ 구성 원소는 탄소(C), 수소(H), 산소(O)이다.
㉢ 단당류는 리보스, 디옥시리보스, 포도당, 과당 등이 있다.
㉣ 이당류는 단당류가 2개 결합한 것으로 엿당, 설탕, 젖당 등이 있다.

13. 답 ④

해설 ㄴ. 뉴클레오타이드의 인산은 다른 뉴클레오타이드의 당과 공유 결합하여 폴리뉴클레오타이드를 이룬다.
ㄷ. DNA는 폴리 뉴클레오타이드 두 가닥이 꼬여있는 이중 나선 구조를 가진다.

바른 풀이 ㄱ. DNA의 당은 단당류인 디옥시리보스이다. 리보스는 같은 단당류로 RNA의 당이다.

14. 답 ⑤

해설 ㄱ. 신소재 A는 임계 온도 이하에서 초전도 현상을 일으키는 초전도체이다.
ㄴ. (나)는 초전도체가 임계 온도 이하에서 초전도 현상을 일으키는 것이며 이때 초전도체의 전기저 항은 0 이다.
ㄷ. 초전도체는 임계 온도 이하에서 마이스너 효과에 의해 자기장을 밀어내며 자석 위에서 뜬 상태로 유지될 수가 있다.

15. 답 ⑤

해설 순수한 규소나 저마늄에 불순물을 첨가하여 전기 전도성을 증가시킨 소재는 반도체이다. 반도체는 트랜지스터, 발광 다이오드(LED), 다이오드, 집적 회로, 태양 전지, 각종 감지기 등에 사용된다.

바른 풀이 ⑤ LCD 는 액정을 이용한 영상 표시 장치이다.

16. 답 ④

해설 ㄱ. (가)와 (나)는 불순물을 첨가시켜 만든 반도체로 양공과 자유 전자가 존재하여 절연체(부도체)보다 전류가 잘 흐른다.
ㄴ. p형 반도체에서는 양공이, n형 반도체에서는 자유 전자가 전하 운반자가 된다.

바른 풀이 ㄷ. 발광 다이오드(LED)는 (가)와 같은 반도체와 (나)와 같은 반도체를 접합시켜 만든다. ((p-n)접합 다이오드)

17. 답 ⑤

해설 ㄱ. (가)는 탄소 나노 튜브(CNT)로 전기 및 열전도도가 구리보다 크다.
ㄴ. 탄소 나노 튜브는 가벼우며 강도가 매우 커서 이를 이용해 초강력 섬유 등을 만들 수 있다.
ㄷ. 탄소 나노 튜브는 금속이나 세라믹과 섞어 강도를 높인 복합 재료에 사용된다.

18. 답 ③

바른 풀이 ③ 그래핀은 대량 생산이 어렵고, 생산 비용이 많이 든다.

해설 ①, ② (가)는 탄소 원자가 육각형 모양으로 연결되어 평면 구조를 이루고 있는 그래핀이다.
④ 그래핀은 반도체에 비해 전기적 성질을 변화시키기 어렵다. 반면에 반도체보다 전자의 이동 속도가 약 100배 이상 빨라서 초고속 트랜지스터나 고효율의 태양 전지를 만드는데 이용된다.
(나)는 휘는 디스플레이로 (가) 그래핀의 유연성을 이용한 것이다.

19. 답 인공 핵융합 장치에 활용되는 신소재는 '초전도체'이다. 초전도체는 임계 온도 이하에서 전기 저항이 0이 되면 열이 발생하지 않으면서 센 전류를 흘릴 수 있고, 이 센 전류로 강한 자기장을 만든다.

해설 이러한 성질을 이용하여 강한 자기장이 필요한 인공 핵융합 장치와 자기 공명 영상(MRI) 장치를 만드는데 이용한다.

II 시스템과 상호 작용

1. 역학적 시스템

01. 중력과 역학적 시스템

개념체크 114 ~ 116 쪽

01. 해설 참조 **02.** ㉠ 등속 직선 ㉡ 등가속도
03. (1) O (2) O (3) O **04.** 중력

01. 답

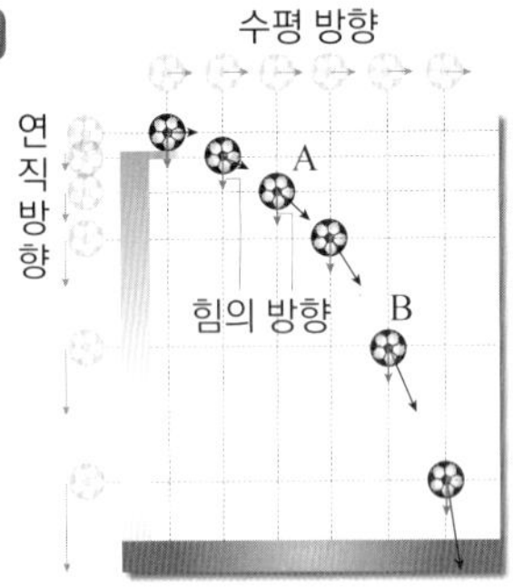

해설 축구공에 작용하는 힘은 중력으로, 모든 순간 연직 아래 방향으로 일정한 크기로 작용한다.

02. 답 ㉠ 등속 직선 ㉡ 등가속도
해설 축구공은 수평 방향으로는 힘이 작용하지 않으므로 등속 직선 운동을 하고, 연직 방향으로는 지구에 의한 중력만 작용하므로 자유 낙하하는 물체와 같이 등가속도 운동을 한다.

03. 답 (1) O (2) O (3) O
해설 (1) 무게는 물체에 작용하는 중력의 크기로, 위치에 따라 그 값이 변한다.
(2) 자유 낙하하는 물체의 가속도는 물체의 질량과 무관하게 $9.8m/s^2$ 으로 모두 같다. 따라서 같은 높이에서 동시에 자유 낙하하는 질량이 다른 두 물체는 지면에 동시에 떨어진다.
(3) 자연에 존재하는 기본적인 힘인 중력은 지구상의 물체에 지구 중심 방향으로 작용하여 물체의 운동 상태를 변화시키는 원인이 된다.

04. 답 중력
해설 (가) 수소, 헬륨에 비해 무겁고 느린 산소, 질소와 같은 기체가 지구 중력에 의해 붙잡혀 대기를 이루었다.
(나) 중력의 영향으로 물은 높은 곳에서 낮은 곳으로 흐른다.
(다) 달이 지구 주위를 공전할 때 달이 받는 힘은 지구가 달을 당기는 중력이다.

+ 탐구 117 쪽

탐구문제 **1.** 답 두 쇠구슬은 동시에 바닥에 떨어진다. 그 이유는 두 쇠구슬은 모두 중력만을 받으며, 연직 방향으로 같은 중력 가속도가 나타나므로 같은 높이에서 출발한 두 쇠구슬은 서로 질량이 다르더라도 바닥에 동시에 떨어진다.

탐구문제 **2.** 답 자유 낙하하는 쇠구슬의 속력은 일정하게 증가한다.
해설 자유 낙하하는 물체는 중력 가속도가 연직 아래 방향으로 일정한 크기($9.8m/s^2$)의 등가속도 운동을 한다.

탐구문제 **3.** 답 수평 방향으로 발사된 쇠구슬의 수평 방향 속력은 일정하게 유지되며, 연직 방향 속력은 일정하게 증가한다.
해설 수평 방향으로 발사된 쇠구슬에는 연직 아래 방향의 중력만이 작용한다. 수평 방향으로 작용하는 힘은 0이므로 속력이 일정하게 유지되며, 연직 방향으로는 일정 크기의 중력에 의해 일정한 크기($9.8m/s^2$)의 가속도가 발생해 속력이 일정하게 증가한다.

꼭 짚기! 118 쪽

1. ④ **2.** (1) ㄱ (2) ③ (3) 2.5

1. 답 ④
해설 ㄱ. 중력 또는 만유 인력은 질량이 있는 모든 물체 사이에 상호 작용하는 힘이다. 같은 크기의 힘을 서로 주고 받으므로 F_1 과 F_2 는 서로 크기가 같고 방향이 반대인 두 힘이다.
ㄷ. 중력의 크기는 두 물체의 질량이 클수록, 두 물체 사이의 거리가 가까울수록 커진다.
바른 풀이 ㄴ. 두 물체 사이의 거리가 r 일 때 $F_1 = F_2 = G\frac{m_1 m_2}{r^2}$ 으로 정의된다. 따라서 m_1 이 커지면 F_1 과 F_2 모두 커진다.

2. 답 (1) ㄱ (2) ③ (3) 2.5
(1) 해설 ㄱ. 공기 중에서는 중력 외에 운동 방향과 반대 방향으로 공기 저항력이 작용한다.
바른 풀이 ㄴ. 진공 중에서는 중력만 작용하므로 물체의 질량에 관계없이 일정한 중력 가속도가 발생하여 속력이 일정하게 증가하여 깃털과 쇠구슬이 동시에 떨어진다.
ㄷ. 공기 중에서는 깃털이 쇠구슬보다 반대 방향의 공기 저항력의 영향을 더 많이 받아서 가속도가 쇠구슬보다 작게 나타나므로 쇠구슬보다 더 늦게 떨어진다.
(2) 해설 ㄱ. 같은 높이에서 동시에 출발한 두 물체는 연직 방향으로 속력 변화가 같으므로 지면에 동시에 도달한다.
ㄴ. 질량이 같은 두 물체 A와 B는 지면에 닿을 때까지 지구에 의한 중력만 연직 아래 방향으로 받으므로 운동하는 동안 물체가 받는 힘의 크기는 같다.
바른 풀이 ㄷ. 지면에 닿는 순간 물체 A의 속력은 물체 B의 연직 방향 속력과 같고, 물체 B의 속력은 연직 방향 속력과 수평 방향 속력의 합이므로 B의 속력이 더 크다.
(3) 해설 수평 방향으로 던진 물체는 수평 방향으로 등속 직선 운동을 한다. 따라서 물체 B 는 수평 방향으로 2초 동안 5m 이동하였으므로, 물체 B를 수평 방향으로 던진 속력 $= \frac{\text{이동 거리}}{\text{시간}} = \frac{5}{2} = 2.5(m/s)$ 이다.

스스로 실력 높이기 119 ~ 123 쪽

01. ④ **02.** ④ **03.** ② **04.** ①
05. ㉠ 9.8 ㉡ 19.6 **06.** (1) O (2) X (3) O
07. (1) 9.8 (2) 가속도, 9.8 m/s^2 (3) 44.1 m
08. ⑤ **09.** (1) A < B < C (2) A = B = C
10. ④ **11.** 5 **12.** ⑤ **13.** ㄴ, ㄹ
14. ④ **15.** ② **16.** ② **17.** ⑤ **18.** ④
19. ⑤ **20.** 해설 참조
21. ㉠ 등속 직선 운동, ㉡ 등가속도 운동
22. 해설 참조

01. 답 ④

해설 ④ 지구는 완벽한 구형이 아닌 약간 납작한 타원체 모양이다. 따라서 지표면에서 중력의 크기는 반지름이 가장 작은 극 지방에서 가장 크고, 반지름이 가장 큰 적도 지방에서 가장 작다.

바른 풀이 ① 중력은 두 물체가 서로 떨어져 있어도 작용하는 힘인 만유인력이다.
② 나무의 질량이 클수록 중력은 크다.
③ 지구가 지구 중심 방향으로 나무를 잡아당기는 힘이 발생한다.
⑤ 지구가 나무를 잡아당기는 힘과 나무가 지구를 잡아당기는 힘은 같다.(상호 작용 ; 작용 반작용)

02. 답 ④

해설 ㄴ. 무게(지구가 잡아당기는 중력)는 질량×중력 가속도이다. 중력 가속도는 같고, 볼링공의 질량(4kg = 4,000g)이 축구공의 질량(400g)의 10배이므로 무게도 10배이다.
ㄷ. 자유 낙하하는 물체의 가속도는 물체의 질량, 크기, 모양에 관계없이 중력 가속도인 9.8m/s^2 으로 모두 같다. 따라서 같은 높이에서 자유 낙하하는 축구공과 볼링공은 지면에 동시에 도달한다.

바른 풀이 ㄱ. 지구가 물체에 작용하는 중력의 크기는 무게(질량 × 중력 가속도)와 같다. 즉, 중력의 크기는 질량에 비례하므로 질량이 더 큰 볼링공에 작용하는 중력의 크기가 더 크다.

03. 답 ②

해설 추는 자유 낙하 운동을 한다. 즉 속력이 1초당 9.8m/s 씩 일정하게 증가하는 운동을 하므로 가장 적절한 그래프는 ② 이다.

04. 답 ①

해설 추는 일정한 힘(중력)을 받아 운동을 하므로 가속도가 일정하고, 속력이 일정하게 증가한다. 따라서 시간에 따른 알짜힘 그래프는 시간축과 나란한 그래프(①)가 된다.

05. 답 ㉠ 9.8 ㉡ 19.6

해설 공기의 저항을 무시할 경우 자유 낙하하는 물체에는 중력만이 작용하므로 물체의 속력은 1초마다 9.8m/s 씩 일정하게 증가한다. 따라서 처음에 정지해 있던 물체의 ㉠ 1초 후 속력은 9.8(m/s), ㉡ 2초 후 물체의 속력은 9.8 × 2 = 19.6(m/s) 이다.

06. 답 (1) O (2) X (3) O

해설 각 구간별 위치와 평균 속력을 나타내면 다음 표와 같다. 위치(s)와 시간(t)의 관계는 $s = \frac{1}{2}gt^2$ 이며 g = 9.8m/s^2이다. 이것은 자유 낙하 운동의 낙하 거리와 시간의 관계와 같으며, 속력은 초당 9.8 m/s 씩 증가한다.

시간(초)	0	1	2	3	4
위치(m)	0	4.9	19.6	44.1	78.4
평균 속력(m/s)	4.9	14.7	24.5	34.3	

(1) 자유 낙하하는 물체에는 일정한 크기의 중력이 작용한다.
(3) 4초 후 물체의 위치는 = $\frac{1}{2}9.8\times4^2 = 78.4$(m) 이다.

바른 풀이 (2) 물체의 속력은 1초 마다 14.7 − 4.9 = 9.8(m/s), 24.5 − 14.7 = 9.8(m/s), … 으로 일정하게 증가하고 있다.

07. 답 (1) 9.8 (2) 가속도, 9.8 m/s^2 (3) 44.1 m

해설 (1) 자유 낙하 물체는 처음 속력이 0이고 1초마다 9.8 m/s 씩 속력이 증가한다. 따라서 v = 9.8 이다.
(2) 기울기는 9.8 m/s^2 이며, 가속도를 의미한다.
(3) 0~3초 간 낙하 거리는 $\frac{1}{2}9.8\times3^2 = 44.1$(m)이며, 이것은 0~3초 사이의 그래프 아래 넓이와 같다.

08. 답 ⑤

해설 ㄴ. 연직 방향의 공의 운동은 1초마다 9.8 m/s 씩 속력이 증가하는 자유 낙하 운동을 한다.
ㄷ. 지면에 닿을 때까지 공에 작용하는 지구에 의한 중력의 크기는 연직 아래 방향으로 일정하다.

바른 풀이 ㄱ. 수평 방향으로는 힘이 작용하지 않는다. 따라서 공의 수평 방향 운동은 등속도 운동이다.

09. 답 (1) A < B < C (2) A = B = C

해설 (1) 지면에 도달하는 시간은 세 물체 모두 같으므로 같은 높이에서 수평 방향의 속력이 커질수록 수평 방향의 이동 거리가 커진다.
(2) 수평으로 던진 물체는 연직 방향으로는 자유 낙하 운동을 하므로 같은 높이에서 자유 낙하하는 물체와 동시에 지면에 도달한다. 즉, 높이가 같을 때 수평 방향으로 서로 다른 속도로 물체를 던지더라도 지면에 도달하는 시간은 모두 같다.

10. 답 ④

해설 ㄱ. A와 B의 가속도는 모두 중력 가속도 g 로 같다.
ㄴ. 동전 A의 운동은 자유 낙하 운동(등가속도 운동)이다.
ㄷ. 수평 방향으로 던진 동전 B는 수평 방향으로는 등속도 운동, 연직 방향으로는 자유 낙하 운동을 한다.

바른 풀이 ㄹ. 수평으로 던진 물체의 연직 방향 운동은 자유 낙하 운동이므로 높이가 같을 때 자유 낙하하는 물체와 낙하 시간이 같다.

11. 답 5

해설 수평 방향으로 던진 공은 수평 방향으로는 속력이 일정한 운동(등속 직선 운동)을 한다. 따라서 수평 방향으로 이동한 거리 s = 속력 × 시간 = 5 × 1 = 5(m) 이다.

12. 답 ⑤

해설 ⑤ 물체 A의 수평 방향 속력에 관계없이 지면에 도달하는 시간은 같다. 그 시간 동안 수평 방향 속력으로 등속 운동하는 것이다. 따라서 수평 방향 속력이 두 배가 되면 수평 방향으로 두 배 만큼 가서 떨어지게 된다.

바른 풀이 ① 연직 방향으로는 자유 낙하 운동을 하므로 낙하 거리가 더 짧은 물체 B가 A보다 지면에 더 빨리 떨어진다.

② 연직 방향 운동은 $9.8 m/s^2$ 의 등가속도 운동이고, 지면에 떨어지는 시간은 물체 A가 더 길기 때문에 지면에 도달한 순간 연직 방향 속력은 A가 B보다 크다.

③ 연직 방향은 자유 낙하 운동이므로 물체 A, B의 지면 도달 시간을 각각 t_A, t_B라 할 때 수평 방향은 속력 v의 등속 운동이므로

$h = \frac{1}{2}gt_A^2 \rightarrow t_A = \sqrt{\frac{2h}{g}}$, $0.5h = \frac{1}{2}gt_B^2 \rightarrow t_B = \sqrt{\frac{h}{g}}$

$s_A = s = vt_A = v\sqrt{\frac{2h}{g}}$, $s_B = vt_B = v\sqrt{\frac{h}{g}} = \frac{s}{\sqrt{2}}$ 이다.

④ 두 물체는 모두 수평 방향으로는 속력이 v 로 일정한 등속 운동을 하므로 두 물체의 수평 방향 속력은 항상 같다.

13. 답 ㄴ, ㄹ

해설 ㄴ, ㄹ. 수평으로 던진 물체는 연직 아래 방향으로 중력만 작용하므로 자유 낙하 운동을 한다. 이때 가속도는 질량에 무관하므로 같은 높이에서 던진 두 물체는 같은 시간에 지면에 도달한다.

바른 풀이 ㄱ. 공 B가 A보다 2배 만큼 떨어진 지점에 떨어졌으므로 같은 시간 동안 2배 만큼 더 먼거리를 수평 방향으로 이동한 것이다. 따라서 수평 방향으로 던진 속력은 B가 A의 2배이다($v_B = 2v_A$).

ㄷ. 중력의 크기는 무게이며, 무게는 질량에 비례한다. 따라서 B의 질량은 A의 2배이므로, 공에 작용하는 중력의 크기는 B가 A의 2배이다.

14. 답 ④

해설 ㄱ. A와 B의 가속도는 중력 가속도이며 $9.8 m/s^2$ 로 크기와 방향이 모두 같다.

ㄷ. A의 속력은 1초 당 9.8m/s씩 일정하게 증가한다.

바른 풀이 ㄴ. 중력은 지구가 잡아당기는 힘으로 지구 중심 방향으로 작용하므로 두 물체 모두 연직 아래 방향으로 같다.

15. 답 ②

해설 ㄴ. A~E 에는 같은 크기의 중력이 지구 중심 방향으로 작용하며, 중력은 질량 × 중력 가속도(=mg)이므로 질량이 같은 각 물체의 가속도는 g로 모두 같다.

바른 풀이 ㄱ. 대포알을 쏜 속력이 가장 큰 것은 E 이다. 대포알은 발사 속도가 커짐에 따라 A→B→C→D→E 로 운동하게 되며 E 의 경우 지면에 떨어지지 않게 된다.

ㄷ. 질량이 모두 같으므로 대포알에 작용하는 중력도 모두 같다.

16. 답 ②

해설 ㄴ. (나)에서 쇠구슬과 깃털은 공기 저항력 없이 자유 낙하 운동하므로 질량에 관계없이 지면에 동시에 도달한다.

바른 풀이 ㄱ. (가)에서 깃털에는 공기 저항력이 쇠구슬보다 더 크게 작용하므로 쇠구슬과 깃털의 가속도 크기는 서로 다르다.

ㄷ. (가)에서는 쇠구슬과 깃털에 모두 공기 저항력이 운동 방향과 반대로 작용하나 (나)에서는 공기 저항력이 작용하지 않는다. 따라서 (가)와 (나)에서 쇠구슬에 각각 작용하는 힘도 서로 다르고, 깃털에 각각 작용하는 힘도 서로 다르다.

17. 답 ⑤

해설 ㄱ. 생명체가 호흡하는 데 필요한 산소는 비교적 무거워서 중력에 이끌려 지구 대기를 구성한다.

ㄴ. 따뜻한 공기(물)와 차가운 공기(물)와의 비중(밀도) 차이에 따라 상대적으로 중력의 차이가 발생하기 때문에 공기와 바닷물의 대류가 일어난다.

ㄷ. 육상에서 살아가는 코끼리와 같은 무거운 동물들은 강한 근육과 단단한 골격으로 중력에 적응하여 몸무게를 지탱한다.

18. 답 ④

해설 무우 : 구름 속에서 성장한 물방울에 중력이 작용하여 비나 눈이 되어 내린다.

상상 : 지구의 중력에 의해 공기가 대기층을 이룬다. 즉, 중력이 대기에 작용하기 때문에 지구의 대기는 대부분 지표에 몰려 있다.

바른 풀이 알알 : 달과 지구 사이에 작용하는 중력이 밀물과 썰물을 일으키는 주된 이유이다. 태양도 밀물과 썰물에 영향을 주지만 달에 비해 지구와의 거리가 멀어 영향력이 작다.

19. 답 ⑤

해설 ㄱ. 뜨거운 공기는 부피가 커서 밀도가 작아 상대적으로 가볍기 때문에 상승하므로 공기의 대류가 일어난다. 중력이 없다면 무겁거나 가벼운 구분이 없어서 뜨거운 공기가 상승하지 못하므로 공기의 대류 현상이 일어나지 않는다.

ㄴ. 사람 귀 속 전정 기관은 중력을 감지하여 평형을 유지한다. 따라서 중력이 없을 경우 평형을 유지하기 어렵다.

ㄹ. 육상 동물은 중력에 적응하기 위해 골격과 근육이 발달하였다. 따라서 중력이 없을 경우 몸의 근육과 뼈가 약해진다.

바른 풀이 ㄷ. 수평 방향으로 던진 물체의 경우 중력이 없을 경우 아무런 힘이 작용하지 않으므로 물체는 계속 등속 직선 운동을 한다.

20. 답 물체에는 운동 방향과 같은 방향으로 일정한 크기의 중력이 작용하므로 속력이 일정하게 빨라진다.

21. 답 ㉠ 등속 직선 운동 ㉡ 등가속도 운동

해설 공기 저항을 무시할 때 물체는 수평 방향으로는 힘이 작용하지 않으므로 등속 직선 운동을 하고, 연직 방향으로는 일정한 크기의 중력이 작용하므로 등가속도 운동을 한다.

22. 답 ① 육상에 사는 동물 중 코끼리나 하마와 같이 무거운 동물들일수록 강한 근육과 단단한 골격을 갖추어 중력에 적응하였다.

② 식물의 뿌리는 중력의 방향인 연직 아래 방향으로 자라며, 식물의 세포벽은 세포의 무게를 지탱하기 위해 두껍게 형성된다.

③ 척추 동물의 귓속에 있는 전정 기관은 중력을 감지하여 몸의 평형을 유지한다.

02. 운동량과 충격량, 안전

개념체크

124 ~ 127 쪽

01. 관성 **02.** ㉠, ㉡, ㉢
03. (1) O (2) O (3) O **04.** 12 **05.** 15
06. 충격량(운동량의 변화량)
07. ㉠ 시간 ㉡ 힘(충격력)의 크기

01. 답 관성
해설 관성이란 원래의 운동 상태나 정지 상태를 계속 유지하려는 성질이다.

02. 답 ㉠, ㉡, ㉢
해설 질량이 클수록 관성이 크다. 따라서 무거운 물체를 움직이거나 정지시킬 때에는 가벼운 물체보다 더 큰 힘이 필요하다.

03. 답 (1) O (2) O (3) O
해설 (1) 운동량의 방향은 물체의 운동 속도의 방향과 같다.
(2) $F = ma$ (힘(N) = 질량(kg) × 가속도(m/s^2))이므로
$1N = 1kg \cdot m/s^2$ 이다. 충격량은 $F \cdot t$ (힘×시간)으로 계산하므로
$1N \cdot s = 1(kg \cdot m/s^2) \cdot s = 1kg \cdot m/s$ 이다.
운동량 변화량이 충격량이므로 단위는 서로 같다.
(3) 충격량은 운동량 변화량과 같다. $F \cdot t = \Delta(mv) = mv - mv_0$

04. 답 12
해설 $p = mv = 2\ kg \times 6\ m/s = 12\ kg \cdot m/s$

05. 답 15
해설 충격량의 크기 $= F \cdot t = 5\ N \times 3\ s = 15\ N \cdot s$

06. 답 충격량(운동량의 변화량)
해설 힘-시간 그래프에서 그래프 아랫 부분의 면적이 나타내는 물리량은 물체가 받은 충격량(운동량의 변화량)과 같다.

07. 답 ㉠ 시간 ㉡ 힘(충격력)의 크기
해설 보호대나 헬멧은 충격량이 같을 때 충돌 시간을 길게 하여 충돌 시 받는 힘(충격력)을 줄이는 원리를 이용한다.

꼭 짚기!

128 쪽

1. ④ **2.** (1) 1 : 2 (2) ①

1. 답 ④
해설 달리던 버스가 갑자기 정지할 때 승객의 몸이 앞쪽으로 쏠리는 것은 운동 상태를 유지하려는 운동 관성 때문이다.
ㄴ. 관성의 크기는 물체의 질량에 비례하며, 관성이 클수록 물체의 운동 상태를 변화시키기 어렵다. 따라서 운동하는 물체의 질량이 클수록 관성이 더 크게 작용하므로 물체를 정지시키기 위해 더 큰 힘이 필요하다.
ㄷ. 자전거 페달을 밟으며 운동 하다가 페달 밟기를 멈춰도 운동 상태를 유지하려는 운동 관성에 의해 자전거는 계속 운동한다.
바른 풀이 ㄱ. 버스가 갑자기 정지하여 승객이 차의 앞쪽으로 쏠리는 것은 운동하고 있던 승객이 계속 운동하려는 운동 관성에 의해 나타나는 현상이다.

2. 답 (1) 1 : 2 (2) ①
(1) 해설 힘-시간 그래프에서 그래프의 시간축과 이루는 넓이는 충격량을 의미한다.
$0 \sim t$ 동안 물체 A가 받은 충격량의 크기 $I_A = \dfrac{Ft}{2}$
$0 \sim t$ 동안 물체 B가 받은 충격량의 크기 $I_B = Ft$
물체 A와 B는 처음에 정지해 있었으므로 시각 t 일 때 운동량 만큼 운동량이 변했고, 운동량 변화량이 충격량 I_A, I_A이다.
∴ 시각 t 일 때 A와 B의 운동량의 크기 비는 충격량의 비와 같다.
$p_A : p_B = I_A : I_B = \dfrac{Ft}{2} : Ft = 1 : 2$ 이다.
(2) 해설 ㄱ. 바닥과 충돌 직전부터 정지할 때까지 두 달걀의 운동량 변화량이 같으므로 충격량도 같다. 힘-시간 그래프에서 그래프가 시간축과 이루는 넓이는 충격량이므로 $S_1 = S_2$ 이다.
바른 풀이 ㄴ. 푹신한 방석에 떨어진 달걀의 충돌 시간이 더 기므로 S_2 는 푹신한 방석에 떨어진 달걀이 받는 충격량, S_1 은 단단한 시멘트에 떨어진 달걀이 받는 충격량이다.
ㄷ. 두 경우 충격량(Ft)은 같고(나중 속도 = 0), 힘이 작용한 시간은 방석에 떨어졌을 때가 시멘트 바닥에 떨어졌을 때보다 길므로 평균 힘(충격력 F)의 크기는 푹신한 방석에 떨어졌을 때가 더 작다.

스스로 실력 높이기

129 ~ 133 쪽

01. (1) O (2) X (3) X **02.** ⑤
03. (1) 충 (2) 운 (3) 운 **04.** ② **05.** ②
06. 10 **07.** 7 **08.** ④ **09.** ③ **10.** ②
11. ② **12.** 5 **13.** ② **14.** ⑤ **15.** ④
16. ④ **17.** (1) ③ (2) ⑤ **18.** ① **19.** ⑤
20. ④ **21.** ① **22.~ 23.** 해설 참조 **24.** ④

01. 답 (1) O (2) X (3) X
해설 (1) 물체의 질량이 클수록 관성이 크다.
바른 풀이 (2) 관성의 크기는 물체의 속력과 관련이 없다. 질량이 같을 경우 관성의 크기는 같다.
(3) 물체에 작용하는 알짜힘이 0이면 정지해 있던 물체는 계속 정지해 있고, 운동하던 물체는 등속 직선 운동을 한다.

02. 답 ⑤
해설 지진계는 관성을 이용한 장치이다.
ㄱ. 자동차 사고가 났을 때 관성에 의해 운전자가 튕겨나가거나 앞 부분에 부딪치는 것을 막기 위해 안전띠를 맨다.
ㄴ. 막대기로 이불을 두드리면 먼지가 멈춰있으려는 정지 관성에 의해 먼지가 이불에서 떨어진다.

ㄹ. 물체의 질량이 클수록 관성이 커서 물체의 운동 상태(속도)를 변화시키기 어렵다.

바른 풀이 ㄷ. 야구공을 방망이로 칠 때 큰 힘으로 칠수록 야구공이 더 멀리 날아가는 현상은 물체에 작용하는 힘을 크게 하여 충격량(운동량의 변화량)을 크게 하는 경우이다.

03. 답 (1) 충 (2) 운 (3) 운

해설 운동량의 크기는 물체의 질량과 속도의 곱(mv)이며, 방향은 물체의 운동 방향(v 방향)과 같다.
충격량 크기는 충돌하는 동안 물체에 작용한 힘과 힘이 작용한 시간의 곱(Ft)이며, 운동량의 변화량과 크기가 같다. 충격량의 방향은 물체에 작용한 힘(F; 충격력)의 방향과 같다.

04. 답 ②

해설 ②, ③ 스쿠터의 운동량 = 150 × 20 = 3,000(kg·m/s)
트럭의 운동량 = 5,000 × 10 = 50,000(kg·m/s)
승용차의 운동량 = 1,000 × 10 = 10,000(kg·m/s) 이므로, 운동량이 가장 큰 것은 트럭이다.

바른 풀이 ①, ④ 스쿠터, 트럭, 승용차는 모두 등속 직선 운동을 하고 있으므로 가속도 = 0, 작용하는 알짜힘의 크기 = 0 이다.
⑤ 물체가 현재의 운동 상태를 유지하려는 성질인 관성은 질량이 클수록 크다. 따라서 질량이 가장 큰 트럭의 관성이 가장 크므로 정지시키기 위해 가장 큰 힘이 필요하다. ($F = ma$ 에서 질량이 가장 큰 트럭을 정지시키는데 가장 큰 힘이 필요하다.)

05. 답 ②

해설 시간기록계의 타점 주기는 $\frac{1}{60}$ 초이므로 A, B 구간의 걸린 시간은 0.1초이다. 따라서 A 구간과 B 구간에서의 속력은
$v_A = \frac{5}{0.1} = 50(\text{cm/s}) = 0.5(\text{m/s})$, $v_B = \frac{4}{0.1} = 40(\text{cm/s}) = 0.4(\text{m/s})$
이므로, 각 구간에서 운동량 p_A, p_B 는
$p_A = 0.5 \times 2 = 1(\text{kg·m/s})$, $p_B = 0.4 \times 2 = 0.8(\text{kg·m/s})$ 이다.

06. 답 10

해설 자유 낙하하는 물체의 2초 후 속력 $v = gt = 10 \times 2 = 20(\text{m/s})$ 이다. 따라서 그 순간 운동량의 크기 $p = mv = 0.5 \times 20 = 10$ (kg·m/s) 이다.

07. 답 7

해설 오른쪽을 + 방향으로 하여, 충격량($F·t$) = 운동량의 변화량 $= m(v - v_0) = 1\times(-2 - 5) = -7$ (N·s) 이다. 즉, 물체가 받은 충격량의 방향은 왼쪽 방향, 그 크기는 7 N·s 이다.

08. 답 ④

해설 힘-시간 그래프에서 시간축 사이의 넓이는 충격량과 같다.
㉠ 0 ~ 3초 동안 물체에 가한 충격량 = 3 × 4 = 12 (N·s) 이다.
물체가 처음에 정지해 있었으므로 충격량(Ft) = 운동량의 변화량 (mv - mv_0)에서 $v_0 = 0$ 이다. 따라서 3초일 때 물체의 속력을 v 라고 하고, 질량은 2kg 이므로 12 = mv = $2v$, v = 6 m/s 이다.
㉡ 0 ~ 4 초 동안 물체에 가한 충격량(Ft) = 그래프의 넓이 = 4 × 4 = 16 (N·s) 이다.

09. 답 ③

해설 충격량 = 힘 × 힘이 작용한 시간 = 20 N × 3 s = 60 N·s

10. 답 ②

해설 물체의 운동 방향과 물체에 가한 충격량의 방향이 반대일 경우 물체에 가한 충격량만큼 물체의 운동량이 감소한다.
힘-시간 그래프에서 그래프의 넓이는 충격량과 같으므로
0 ~ 4 초 동안 물체에 가한 충격량 = 6 × 4 = 24 (N·s) 이다.
따라서 4초일 때 물체의 속력을 v (처음 속력 v_0)라고 하면,
충격량($F·t$) = 운동량의 변화량($mv - mv_0$)
→ $mv = mv_0 - F\Delta t = (3 \times 15) - 24 = 21$ kg·m/s
$21 = 3v$ → $v = 7$ m/s 이다.

11. 답 ②

해설 0초일 때 물체의 운동량 = 3 kg × 15 m/s = 45 kg·m/s
4초일 때 물체의 운동량 = 21 kg·m/s 이다. 물체는 일정한 크기의 힘을 받고 있고, 운동량-시간 그래프에서

$$\text{기울기} = \frac{\text{운동량의 변화량}}{\text{시간}} = \frac{\Delta p}{\Delta t} = \frac{F\Delta t}{\Delta t} = F(\text{힘}) = 6\text{N(일정)이므로}$$

0 ~ 4 초 동안 기울기가 6 으로 일정한 그래프가 된다. 따라서 가장 적절한 그래프는 ② 이다.

12. 답 5

해설 힘-시간 그래프에서 그래프가 가로축과 이루는 넓이는 충격량(운동량 변화량)이다. 4초일 때 물체의 속력을 v 라고 하면,
$\frac{1}{2} \times 5 \times 4 = 2(v - 0)$, $v = 5$ m/s 이다.

13. 답 ②

해설 6 kg 의 물체가 속력이 2 m/s 에서 7 m/s 가 되었으므로 운동량의 변화량 $\Delta p = 6(7 - 2) = 30$ (kg·m/s) 이다.
운동량의 변화량은 충격량 I 와 같고, 힘이 작용하는 시간 t = 3초이므로 평균 힘 F(충격력)은 다음과 같다.

$$\Delta p = F·t \rightarrow F = \frac{\Delta p}{t} = \frac{30}{3} = 10\ (\text{N})$$

14. 답 ⑤

해설 운동량-시간 그래프에서 세로축 값의 변화량 = 운동량 변화량의 크기 = 충격량의 크기이다.

$$\text{그래프의 기울기} = \frac{\text{운동량 변화량}}{\text{시간}} = \frac{\text{충격량}}{\text{시간}} = \frac{Ft}{t} = F\ (\text{평균 힘}$$
(물체에 작용하는 알짜힘의 크기))

ㄱ. 3초일 때 물체의 속력을 v 라고 하면, 그 때의 운동량은 15 이므로 15kg·m/s = 5 kg × v → v = 3m/s
ㄴ. 0 ~ 3 초 동안 물체의 운동량 변화량은 15 kg·m/s 이므로, 물체에 작용한 평균 힘 = $\frac{15\ \text{kg·m/s}}{3\ \text{s}} = 5\ \text{kg·m/s}^2 = 5\ \text{N}$
ㄷ. 0 ~ 6초 동안 운동량의 변화량은 15 kg·m/s 이므로 충격량도 같은 크기를 가진다. 15 kg·m/s = 15 N·s

15. 답 ④

해설 ㄱ. 두 물체가 충돌 시 각각 받는 힘의 크기는 작용 반작용으로 그 크기가 같고, 방향이 반대이다.
ㄴ. 두 물체가 받는 힘의 크기와 힘을 받는 시간(충돌 시간)이 같으므로 충격량(Ft) = 운동량 변화량 $\varDelta(mv)$ 이 서로 같다.
운동량 변화량 $\varDelta(mv) = mv - mv_0 = m(v - v_0)$이 같을 때, 질량($m$)이 작을수록 속도 변화량($v - v_0$)이 크므로 충돌 전후 속도 변화량의 크기는 질량이 작은 A가 B 보다 크다.
바른 풀이 ㄷ. A와 B가 충돌할 때 두 물체가 힘을 받는 시간은 두 물체가 접촉한 시간이므로 각각 같고, 힘의 크기도 각각 같으므로 충격량 = Ft 는 같다.

16. 답 ④
해설 푹신한 방석에 떨어진 달걀 A와 딱딱한 돌 위에 떨어진 달걀 B의 각각의 물리량을 비교한 것은 다음과 같다.

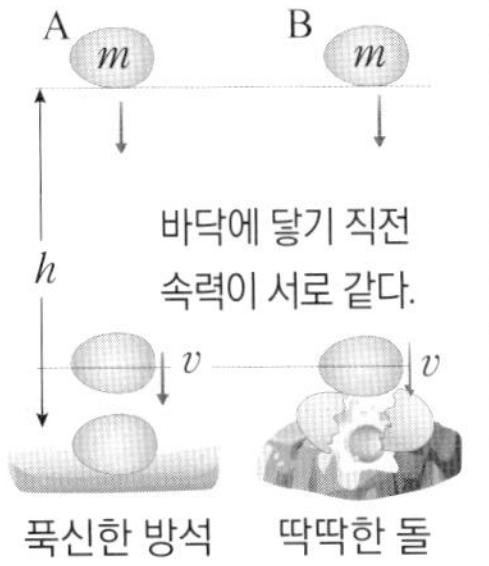

- 바닥에 닿기 직전 속력 : $v_A = v_B$
- 달걀의 나중 속력 : 두 경우 모두 0
- 충돌 과정에서 달걀의 운동량 변화량의 크기 : $\varDelta p_A = \varDelta p_B$
- 충돌 과정에서 달걀이 받은 충격량의 크기 : $F_A t_A = F_B t_B$
- 충돌 과정에서 달걀이 힘을 받는 시간 : $t_A > t_B$,

ㄷ. 달걀 B가 충돌 과정에서 힘을 받는 시간이 짧아 달걀이 받는 평균 힘(충격력)의 크기가 크므로($F_A < F_B$) 달걀이 깨지게 된다.

17. 답 (1) ③ (2) ⑤
해설 (1) 충격량은 운동량의 변화량이고 방향이 있는 양이다.
오른쪽을 (+) 방향으로 하면, 물체가 받은 충격량
$Ft = m(v - v_0) = 2(-5-10) = -30$ N·s(왼쪽)이다.
(2) $Ft = 30$ (크기)이므로, $0.05\,F = 30$, F(평균 힘) = 600 N

18. 답 ①
해설 힘-시간 그래프에서 그래프 아랫 부분 넓이는 벽과 자동차가 충돌하는 동안 자동차가 받는 충격량($F\varDelta t$) = 자동차의 운동량 변화량($mv - mv_0$) 이다.
ㄱ. 자동차 A, B 의 나중 운동량은 모두 0 이므로, 자동차의 충돌 전 운동량의 크기는 자동차가 받은 충격량의 크기와 같다.
자동차 A, B의 질량을 각각 m 이라고 하면, 자동차 A의 운동량 변화량(충격량) = mv_A, 자동차 B의 운동량 변화량(충격량) = mv_B 이고, 두 자동차의 충격량의 비가 1 : 3 이므로($3S_A = S_B$),
$mv_A : mv_B = v_A : v_B = 1 : 3 \rightarrow v_B = 3v_A$ 이다.
바른 풀이 ㄴ. 평균 힘 = $\dfrac{\text{충격량}}{\text{시간}}$ 이므로,
평균 힘의 크기 비 $\overline{F}_A : \overline{F}_B = \dfrac{S_A}{t} : \dfrac{S_B}{2t} = \dfrac{S_A}{t} : \dfrac{3S_A}{2t} = 2 : 3$ 이다.
ㄷ. 정지할 때까지 자동차 A, B의 운동량 변화량(충격량)의 비는 1 : 3 이다.

19. 답 ⑤
해설 ㄱ. 0~4 초 사이에 그래프의 시간축과 이루는 넓이는 충격량(Ft) = 운동량 변화량($mv - mv_0$) 이다. 넓이가 12 N·s 이고, 물체의 나중(4초 때) 운동량을 mv 라고 하면, v_0는 0 이므로 mv = 12 N·s = 12kg·m/s 이다.
ㄴ. 0~1 초 사이에 그래프의 시간축과 이루는 넓이는 3 N·s 이므로 물체에 작용한 충격량의 크기도 3 N·s 이다.
ㄷ. 4초일 때 속도를 v 라고 하면 mv = 12 kg·m/s, v = 6 m/s

20. 답 ④
해설 ㄱ. 3초일 때 질량이 2 kg으로 같은 두 물체의 운동량은 4 kg·m/s 으로 서로 같으므로 mv = 4 kg·m/s, v = 2 m/s 으로 서로 같다.
ㄷ. 5초일 때 질량이 같은 두 물체 A, B의 운동량은 각각 6 kg·m/s, 4 kg·m/s 이므로 A의 속력이 B보다 빠르다.
바른 풀이 ㄴ. 0~5초 동안 물체 A의 운동량은 6 kg·m/s 만큼 변하였고, 물체 B는 변동없다. 따라서 물체 A에 작용한 충격량은 6 N·s 이고 물체 B에 작용한 충격량은 0 이므로, 차이는 6 N·s 이다.

21. 답 ①
해설 도마 체조 선수는 착지할 때 무릎을 굽혀 무릎의 탄성에 의해 착지하는 시간을 길게 하여 바닥으로부터의 충격을 작게 하여 착지 동작을 용이하게 한다.
ㄱ. 무릎을 굽히지 않는 경우 지면과의 충돌 시간이 더 작기 때문에 충격력이 더 크다.
바른 풀이 ㄴ, ㄷ. 체조 선수가 바닥에 닿기 직전에는 무릎을 구부리거나 구부리지 않거나 질량과 속도가 같으므로 운동량이 같으며, 착지하여 정지하면 운동량이 0 이 되므로 무릎을 구부리는 동작과 관계없이 운동량의 변화량(충격량)도 같다.

22. 답 선수가 바닥에 닿아 정지할 때까지 충격량은 바닥과 관계없이 같으나 모래가 깔린 경우 바닥과의 충돌 시간을 길게 하여 선수가 받는 충격력(평균 힘)을 작게 하여 부상을 입지 않게 한다.

23. 답 물체의 질량이 클수록 관성이 크기 때문에 운동 상태(속도)를 변화시키기가 어렵다. 따라서 질량이 큰 기차가 자동차에 비해 멈추기 어렵다.

24. 답 ④
해설 투수가 던진 야구공이 포수 미트에 닿아 속력이 점점 작아지는 동안 야구공의 (㉠ 운동량)의 크기는 점점 작아진다. 포수가 공을 잡아 야구공을 정지시킬 때까지 야구공의 (㉠ 운동량) 변화량은 (㉡ 충격량)과 같다. 이때 포수 미트는 다른 글러브에 비해 두툼한 재질의 글러브를 사용하며, 공을 받을 때 손을 뒤로 빼면서 받는다. 그 이유는 날아오는 야구공을 잡을 때 같은 (㉡ 충격량)을 받더라도 (㉢ 충돌(힘을 받는) 시간)을 길게 하여 손에 전달되는 (㉣ 평균 힘(충격력))의 크기를 줄이기 위해서이다.

단원마무리 134 ~ 137 쪽

01. ④ **02.** ① **03.** ⑤ **04.** ④
05. ㉠ ㄱ ㉡ ㄹ **06.** 45
07. (1) = (2) > (3) < (4) = **08.** 해설 참조
09. ③ **10.** ④ **11.** 1 : 1 **12.** 2 **13.** ②
14. ⑤ **15.** ④ **16.** ②
17. ~ **18.** 해설 참조 **19.** ①

01. 답 ④

해설 ㄱ. 중력은 지구상의 모든 물체에 지속적으로 작용하여 자연 현상에 영향을 주고, 지구의 생명체들은 중력에 적응하여 살아가고 있다.

ㄷ. 중력은 지구와 물체 사이의 거리가 멀수록 작게 작용하므로 지표면에서 높은 곳으로 올라갈수록 작아진다.

바른 풀이 ㄴ. 지구의 중력은 보통 지구가 물체가 당기는 힘을 의미하지만 일반적으로 질량이 있는 모든 물체 사이에 상호 작용하는 힘이다. 작용 반작용 법칙에 의해 지구가 물체를 당기는 힘의 크기는 물체가 지구를 당기는 힘의 크기와 같다.

02. 답 ①

해설 ㄱ. 중력의 크기 = 무게 = 중력 가속도 × 질량 이다. 따라서 질량이 B의 3배인 A에 작용하는 중력의 크기는 B의 3배이다.

바른 풀이 ㄴ. 중력만을 받아 자유 낙하하는 물체는 운동하는 동안 힘이 일정하게 작용한다. 따라서 물체의 가속도는 질량에 상관없이 같다.

ㄷ. 1초 후 물체 A의 속력 $v_1 = gt = 9.8 \times 1 = 9.8(\mathrm{m/s})$ 이고, 3초 후 물체 B의 속력 $v_3 = gt = 9.8 \times 3 = 29.4(\mathrm{m/s})$ 이다. 따라서 $v_3 \neq v_1$ 이다.

03. 답 ⑤

해설 공은 비행기와 마찬가지로 수평 방향으로 100 m/s 로 운동하고 있었으므로 물체를 비행기에서 가만히 놓으면 수평 방향으로 100 m/s 로 던진 물체의 운동과 같아진다. 이때 연직 방향으로는 자유 낙하 운동을 한다.

ㄱ. 공이 낙하한 거리 $h = 20\mathrm{m}$ 이고, 이때 걸린 시간을 t, 중력 가속도 $g = 10(\mathrm{m/s^2})$ 라 하면,

$$h = \frac{1}{2}gt^2 \rightarrow 20 = \frac{1}{2} \times 10 \times t^2, \quad t = 2(\text{초})$$

ㄴ. 공이 이동한 수평 거리 $s = vt = 100 \times 2 = 200(\mathrm{m})$ 이다.

ㄷ. 공은 연직 방향으로는 자유 낙하 운동을 하고, 연직 방향으로 (중력)가속도가 10 m/s^2 이므로 1초당 10 m/s 씩 속력이 빨라진다. 2초 후 공이 지면에 도달하는 순간 공의 연직 방향 속력은 $2 \times 10 = 20(\mathrm{m/s})$ 이다.

04. 답 ④

해설 ㄴ. 대포알 A, B에는 지구 중심 방향으로 중력이 작용하여 같은 지구 중심 방향 가속도(중력 가속도)를 가진다. 가속도는 속도 변화량과 같은 의미이다.

ㄷ. 대포알을 쏜 속력이 클수록 더 멀리 가서 지면에 떨어지므로 지면에 떨어지지 않고 지구 둘레를 원운동하는 대포알 C를 쏜 속력이 가장 크다.

바른 풀이 ㄱ. 대포알 A, B, C 의 질량이 같으므로 운동하는 동안 대포알에 작용하는 중력의 크기는 모두 같다.(지구 중심 방향)

05. 답 ㉠ ㄱ ㉡ ㄹ

해설 ㉠ 수평 방향으로 던진 물체는 수평 방향으로는 힘이 작용하지 않으므로 등속 직선 운동을 한다. 이때 물체가 수평 거리가 30m 인 지점에 떨어졌으므로 물체가 떨어질 때까지 걸린 시간은 3초이다. 따라서 그래프는 3초 동안 속력이 10m/s 로 일정한 ㄱ 이다.

㉡ 물체는 연직 방향으로는 중력이 일정하게 작용하므로 자유 낙하 운동을 한다. 따라서 3초 동안 1초마다 속력이 10m/s 씩 일정하게 증가하는 그래프이므로 ㄹ 이다.

06. 답 45

해설 자유 낙하 운동의 시간에 따른 속력 그래프에서 그래프 아랫 부분의 넓이가 낙하 거리를 의미한다.

$$\therefore h = \frac{1}{2} \times 30 \times 3 = 45(\mathrm{m})$$

또는, 낙하 시간이 3초이므로, $h = \frac{1}{2}gt^2 \rightarrow h = \frac{1}{2}\cdot 10 \cdot 3^2 = 45(\mathrm{m})$

07. 답 (1) = (2) > (3) < (4) =

해설 (1) 두 물체는 연직 방향으로는 질량에 상관없이 같은 높이에서 자유 낙하하는 물체와 같은 운동을 한다. 따라서 두 물체는 동시에 지면에 떨어진다.

(2) 두 물체는 수평 방향으로는 힘이 작용하지 않으므로 지면 도달 시간 만큼 등속 직선 운동을 한다. 이때 수평 방향 이동 거리는 수평 속력에 비례한다(수평 속력×지면 도달시간). 물체 A를 던진 속력이 B의 2배이므로 지면에 도달할 때까지 수평 방향으로 이동한 거리도 A가 B의 2배이다.

(3) 중력의 크기는 물체의 질량에 비례한다. 따라서 운동하는 동안 물체에 작용하는 중력의 크기는 질량이 A의 2배인 B가 더 크다.

(4) 같은 높이에서 동시에 떨어진 두 물체의 연직 방향 속력은 질량에 관계없이 매순간 같다.

08. 답 지구는 생성 초기에 온도가 매우 높아서 액체 상태의 마그마 바다를 이루었고, 상대적으로 무거운(밀도가 큰) 철, 니켈 성분은 중력을 크게 받아 지구 맨 밑으로 가라앉아 핵을 이루었고, 상대적으로 가벼운(밀도가 작은) 산소, 규소 성분은 중력을 작게 받아 위로 떠서 지구 바깥 구조인 맨틀과 지각을 이루게 되었다.

09. 답 ③

해설 ③ 관성이란 물체가 원래의 운동 상태를 유지하려고 하는 성질이다. 즉, 정지해 있던 물체는 정지 상태를, 운동하던 물체는 운동하던 방향과 속력을 계속 유지하려고 한다.

바른 풀이 ① 정지한 물체에는 정지 상태를 유지하려는 관성이 있다.

② 관성의 크기는 질량이 클수록 크다.

④ 운동하던 물체에 작용하는 알짜힘이 0이면, 물체는 등속 직선 운동을 한다.

⑤ 야구공을 포수가 받을 때 글러브를 뒤로 빼게 되면 힘을 받는 시간이 길어져서 포수 미트에 작용하는 충격력을 줄여준다.

10. 답 ④

해설 ㄱ. 삽으로 흙을 파서 던지면 흙은 계속 움직이려고 하기 때문에 삽을 멈춰도 멀리 날아간다(운동 관성).

ㄷ. 선풍기의 전원을 꺼도 회전하던 선풍기 날개는 계속 움직이려고 하기 때문에 바로 멈추지 않는다(운동 관성).

바른 풀이 ㄴ. 나무 도막을 쌓아놓고 가운데를 갑자기 치면 다른 나무 도막은 계속 정지해 있으려 하기 때문에 가운데 나무 도막만 빠져 나간다(정지 관성).

11. 답 1 : 1

해설 자유 낙하하는 물체는 질량에 관계없이 1초마다 9.8 m/s 만큼 속력이 일정하게 증가한다.

2초 만에 지면에 도달한 물체 A가 지면에 충돌하기 직전 속력은 9.8 × 2 = 19.6m/s 이고, 5초 만에 지면에 도달한 물체 B가 지면에 충돌하기 직전 속력은 9.8 × 5 = 49m/s 이다. 두 물체는 지면과 충돌 후 정지하므로 물체 A와 B의 충돌 직전에서 멈추는 동안 운동량의 변화량은 각각 다음과 같다.

$\Delta p_A = 5\ kg \times 19.6\ m/s = 98\ (kg \cdot m/s)$

$\Delta p_B = 2\ kg \times 49\ m/s = 98\ (kg \cdot m/s)$

충격량은 운동량의 변화량과 같으므로, 물체 A와 B가 지면에 의해 받은 충격량의 비 $I_A : I_B = 98 : 98 = 1 : 1$ 이다.

12. 답 2

해설 충격량은 운동량 변화량과 같다. 물체의 질량 $m = 50\ g = 0.05kg$, 처음 속력 $v_0 = 0$, 나중 속력 $v = 40m/s$ 이므로,

운동량 변화량(충격량) 크기 Δp

$= m(v - v_0) = 0.05(40 - 0) = 2\ (N \cdot s)$

13. 답 ②

해설 물체의 운동 방향과 물체에 가한 충격량의 방향이 같을 때 물체에 가한 충격량만큼 물체의 운동량이 증가한다.

힘-시간 그래프에서 시간축과의 넓이는 물체가 받은 충격량이다.

∴ 0 ~ 6 초 동안 물체에 작용한 충격량 = 18 (N·s)

6초일 때 물체의 속력 v, 처음 속력 v_0 라고 하면

충격량 = 운동량의 변화량($mv - mv_0$)

→ $mv = mv_0$ + 물체에 작용한 충격량

$= (2 \times 5) + 18 = 28\ (kg \cdot m/s)$

∴ $2v = 28$ → $v = 14\ m/s$ 이다.

14. 답 ⑤

해설 ㄱ. 물체가 벽과 충돌할 때 물체가 받은 충격량은 물체의 운동량 변화량이다. 오른쪽 방향을 (+)로 할 때, 물체가 받은 충격량은 왼쪽 방향이므로 $-4mv$ 라고 할 수 있다. 튀어나온 속력을 v' 이라고 하면, $-4mv = mv' - 3mv$ → $v' = -v$ 이고, 속력은 방향에 무관한 빠르기이므로 튀어나온 속력은 v 이다.

ㄴ. 평균 힘(크기) $= \frac{충격량}{시간} = \frac{4mv}{0.1} = 40mv$

ㄷ. 물체가 벽과 충돌할 때 물체가 벽에 가한 충격량($4mv$)은 물체가 받은 충격량($-4mv$)과 크기는 같고, 방향은 반대이다.

15. 답 ④

해설 ㄱ. 힘-시간 그래프에서 시간축과의 넓이는 충격량(운동량의 변화량)이다. 따라서 0 ~ 5초 동안 물체가 받은 충격량

$I(0 \sim 5초) = \frac{5 \times 4}{2} = 10\ (N \cdot s)$

ㄷ. 처음 운동량은 6 kg·m/s 이다. 5초일 때 물체의 운동량 = 처음 운동량 + (0~5초 동안 받은 충격량) = 16 kg·m/s

바른 풀이 ㄴ. 0 ~ 3초 동안 물체가 받은 충격량은 시간축과의 면적 = 6 (N·s) 이고, 3초일 때 물체의 속력을 v_3 라고 하면(처음 속력 3 m/s),

$6 = m(v_3 - v_0) = 2(v_3 - 3)$ → $v_3 = 6\ m/s$

5초일 때 물체의 속력을 v_5 이라고 하면,

$10 = 2(v_5 - 3)$ → $v_5 = 8\ m/s$ (v_3의 두 배가 아니다.)

16. 답 ②

바른 풀이 ② 두 경우 모두 바닥에 닿기 직전 속력이 같고, 유리컵은 바닥에 닿아 정지하므로 운동량의 변화량(충격량)이 같다.

해설 A의 경우(시멘트 바닥에 떨어지는 경우) 충돌 시간이 짧고, 유리컵이 받는 평균 힘의 크기가 더 크다.

B의 경우(폭신한 스펀지에 떨어지는 경우) 충돌 시간이 더 길고, 유리컵이 받는 평균 힘의 크기가 더 작다.

① 힘-시간 그래프에서 그래프 아래 면적은 충격량을 의미하므로 그래프의 면적은 같다.

③, ④, ⑤ 충격량이 같더라도 힘을 받는 시간이 짧을수록 물체가 받는 힘의 크기가 커진다. 시멘트 바닥에 떨어뜨린 유리컵(A)이 받는 평균 힘이 스펀지에 떨어뜨렸을 때보다 더 크므로 유리컵이 더 깨지기 쉽다.

17. 답 ① 이불을 털면 먼지가 이불에서 떨어져 나간다.

② 버스가 급출발하면 승객들의 몸은 버스 뒤쪽으로 쏠린다.

③ 유리컵 위에 동전이 놓인 카드를 놓은 후 카드를 갑자기 치우면 동전이 컵 속으로 떨어진다.

18. 답 두 경우 자동차가 받은 충격량은 같으나 힘이 작용한 시간이 더 짧은 자동차 B가 받는 평균 힘의 크기가 자동차 A보다 크기 때문에 더 크게 파손된다.

해설 질량이 같은 자동차가 같은 속도로 움직이다 정지하였으므로 자동차 A, B의 운동량 변화량은 같다. 운동량 변화량은 충격량과 같으므로 자동차 A와 B가 받은 충격량의 크기도 서로 같다. 충격량의 크기가 같을 때 힘이 작용하는 시간이 길면 자동차에 작용하는 평균 힘(충격력)의 크기가 작다. 자동차 B가 힘을 받는 시간이 짧기 때문에 자동차가 받는 평균 힘의 크기가 자동차 A보다 크게 나타나고 더 크게 파손된다.

19. 답 ①

해설 ㄱ. 사람 A와 B는 작용반작용에 의해 100N의 힘을 반대 방향으로 주고 받으며, 힘이 작용한 시간도 같으므로 같은 충격량을 주고 받는다. 이때 충격량의 크기= $Ft = 100 \times 5 = 500N \cdot s$이다.

바른 풀이 ㄴ. 둘 다 정지했었으므로 처음 운동량은 0 이고, 같은 충격량을 주고 받았으므로 5초 후 운동량의 크기는 서로 같다.

ㄷ. (배+사람 B)의 운동량 변화량(충격량)이 500 kg·m/s이고, 처음 운동량이 0 이므로 충격량 = 나중 운동량이다.

∴ $100v = 500$, $v = 5m/s$

핵심 요약 1. 역학적 시스템 138 쪽

01 중력과 역학적 시스템

❶ 연직 방향 ❷ 무게 ❸ 등가속도
❹ 일정 ❺ 0 ❻ 중력

02 운동량과 충격량, 안전

❶ 질량 ❷ 운동량 ❸ 충격량
❹ kg·m/s, N·s ❺ 충격량 ❻ 충격량
❼ 충돌 시간

내신 기출 모의고사 1회

139 ~ 141 쪽

01. ④ **02.** ⑤ **03.** ③ **04.** ④
05. ④ **06.** 해설 참조 **07.** ④
08. 해설 참조 **09.** ④
10. (1) 6 (2) 8 (3) 7 **11.** ③
12. 해설 참조 **13.** ⑤ **14.** ③ **15.** ④

01. 답 ④

바른 풀이 ④ 중력의 크기를 무게라고 하며, 질량(kg)×중력 가속도(9.8 m/s^2)이고, 단위는 N(뉴턴)이다.

해설 ①, ② 중력이란 질량이 있는 물체 사이에 작용하는 힘으로 지구가 물체에 작용하는 중력의 방향은 지구 중심 방향이고, 질량이 클수록 중력이 크게 작용한다.
③ 중력은 지구 시스템과 생명 시스템에서 일어나는 다양한 현상에 영향을 미치는 필수적인 역할을 한다.
⑤ 중력의 크기는 지구 중심으로부터의 거리가 가까울수록 커지므로 장소에 따라 달라진다.

02. 답 ⑤

해설 ㄱ. 지구가 물체를 잡아당기는 중력의 크기는 질량에 비례하므로 질량이 10배 큰 볼링공에 작용하는 중력의 크기는 축구공의 10배이다.
ㄴ. 질량을 가진 모든 물체 사이에는 서로 잡아당기는 힘이 작용한다. 볼링공과 축구공 사이에도 중력(만유인력)이 작용한다.
ㄷ. 공기의 저항을 무시할 때 같은 높이에서 자유 낙하한 두 물체는 질량에 관계없이 가속도가 9.8 m/s^2 으로 같으므로 지면에 동시에 도달한다.

03. 답 ③

해설 중력 가속도를 10 m/s^2이라 할 때, 물체 A와 B는 중력만을 받아 운동을 하므로, 물체의 질량과 무관하게 1초 동안 10m/s 씩 속력이 일정하게 증가한다. 따라서 A가 낙하한 순간부터 6초 후 물체 A의 속력은 60m/s 이고, B가 낙하한 순간부터 4초 후, 물체 B의 속력은 40m/s 이다. 따라서 물체 A의 속력은 물체 B의 1.5배 이다.

04. 답 ④

해설 공기 중에서 물체가 낙하할 때에는 물체에는 운동 방향과 반대 방향으로 공기 저항력이 작용한다.
ㄴ. (나)는 진공 중이므로 공기 저항력이 발생하지 않는다. 쇠구슬과 깃털은 질량이 같으므로 작용하는 중력의 크기는 서로 같다.
ㄷ. (나)는 진공 중이므로 같은 높이에서 자유 낙하한 쇠구슬과 깃털의 가속도는 9.8 m/s^2 으로 같으므로 바닥에 동시에 도달한다.

바른 풀이 ㄱ. 공기 중에서는 공기 저항력이 운동 방향(중력 방향)과 반대 방향으로 작용하므로 공기 저항력을 크게 받는 깃털에 작용하는 힘(알짜힘 ; 합력)의 크기가 쇠구슬보다 작다.

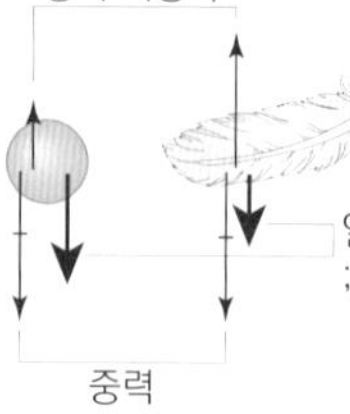

05. 답 ④

해설 ㄱ. 자유 낙하하는 물체의 속력은 시간에 비례하므로, $v_1 : v_2 = 2gt : 3gt = 2 : 3$ 이다.

ㄷ. $0 \sim t$ 동안 물체가 낙하한 거리 $h_1 = \frac{1}{2}gt^2$

$0 \sim 3t$ 동안 물체가 낙하한 거리 $h_3 = \frac{1}{2}g(3t)^2 = \frac{9}{2}gt^2$

→ $t \sim 3t$ 동안 물체가 낙하한 거리 $h_3 - h_1 = 4gt^2$ 이고,

$v = gt$ → $t = \frac{v}{g}$ 이므로, $h_3 - h_1 = 4gt^2 = \frac{4v^2}{g}$ 이다.

바른 풀이 ㄴ. 자유 낙하하는 물체의 속력-시간 그래프에서 그래프의 기울기는 물체의 질량에 무관하게 중력 가속도를 의미한다. 따라서 물체의 질량이 커져도 기울기는 변하지 않는다.

06. 답

(1) h 보다 더 높은 곳에서 떨어뜨린다. : 높이 h 가 클수록 지면에 도달할 때까지 걸린 시간(t)이 길어진다. 수평 방향 속력 v 는 일정하게 유지되므로 물체의 수평 도달 거리 $s = vt$ 가 증가한다. (v 일정, t 증가)
(2) 속력 v를 크게 한다. : v 가 클수록 물체가 떠 있는 시간 동안 수평 방향으로 더 빠른 속력으로 등속 운동하므로 수평 방향으로 이동하는 거리 $s = vt$ 가 증가한다. (v 증가, t 일정)

해설 물체를 수평 방향 속도 v 로 던질 때 수평 방향으로는 등속 운동하여 수평 방향 이동 거리 $s = vt$ 는 걸린 시간에 비례한다. 지면 도달 시간 t 는 그 높이에서의 자유 낙하 시간이다. 이 경우 질량 m은 물체의 운동과 무관하다.

07. 답 ④

해설 ㄱ. 물체 A, B의 수평 방향 속도가 같으므로 같은 시간 동안 두 물체의 수평 방향 이동 거리는 같다. 따라서 물체 B가 지면에 닿는 순간 물체 A와 충돌한다.
ㄴ. 물체 B는 수평 방향의 속도 외에 연직 방향의 속도도 가지므로 수평 방향의 속도만 가지는 물체 A의 속력은 물체 B의 속력보다 작다.

바른 풀이 ㄷ. 운동 중에 물체 A에 작용하는 힘은 중력과 수직항력(지면이 물체 A에 작용함)으로 서로 방향이 반대이고 크기가 같으므로 물체 A에 작용하는 알짜힘은 0이다. B에 작용하는 힘은

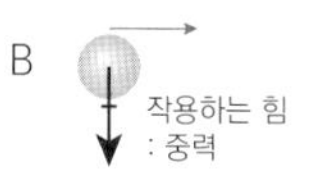

연직 아래 방향의 중력이다. 그러므로 물체 B에 작용하는 힘이 물체 A에 작용하는 힘보다 크다.

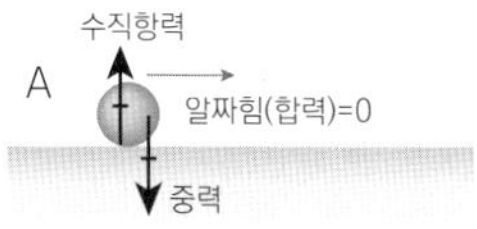

08. 답 물체 A는 연직 방향으로 중력에 의해 자유 낙하 운동한다. 수평 방향으로는 등속 운동한다. 물체 B는 자유 낙하 운동한다. 처음 높이가 같을 경우 수평으로 던진 속력에 관계없이 물체 A, B는 같은 시간에 같은 높이에 도달한다. 따라서 A가 수평 방향으로 등속 운동하여 B 지점에 도달하는 순간 충돌하는 것이다.

09. 답 ④

해설 관성이란 원래의 운동 상태를 유지하려는 성질이다.

ㄱ. 후추통을 흔들면 후추 가루가 운동 상태를 유지하며 후추통(갑자기 정지)의 구멍을 통해 나오게 된다.

ㄷ. 물체의 질량이 클수록 관성이 커서 물체의 운동 상태를 변화시키기 어렵다. 따라서 큰 배들의 경우 외항에서 시동을 끈 상태에서 미리 속도를 줄여 정지하며, 이때 작은 예인선들이 배 옆으로 붙어서 배를 내항으로 끌고 들어오게 된다. 그 이유는 배의 크기가 클수록 정지하기 어려워 예상하는 위치를 벗어나 부두와 충돌할 가능성이 커지게 되기 때문이다.

바른 풀이 ㄴ. 범퍼가 쉽게 변형되도록 만든 것은 차가 다른 물체와 충돌하는 동안 차가 받는 충격량의 크기는 변동시킬 수 없으나 충돌 시간을 길게 하여 차가 받는 충격력의 크기를 줄여 운전자가 받는 사고를 방지하기 위해서이다.

10. 답 (1) 6 (2) 8 (3) 7

해설 힘-시간 그래프에서 그래프의 시간축과의 넓이는 충격량과 같고, 물체는 처음 정지해 있었으므로, 0 ~ 2 초 동안 받은 충격량은 2초일 때 물체의 운동량과 같다.

$$\therefore 2\ \text{kg} \times 3\ \text{m/s} = 6\ (\text{kg·m/s})$$

(2) 2 ~ 4초 동안 물체가 받은 충격량은 2 ~ 4초 동안 그려진 그래프의 시간축과의 넓이와 같다.

$$\therefore \frac{1}{2} \times (3+5) \times 2 = 8\ (\text{N·s})$$

(3) 0~4초 동안 물체가 받은 충격량은 그래프의 시간축과의 넓이인 14 N·s 이다. 이것은 4초 동안의 운동량의 변화량이고 처음 운동량은 0 이므로, 4초일 때 운동량이 14 N·s (kg·m/s) 가 된다.

∴ (4초일 때 물체의 속력 : v) 14 = mv = $2v$ → v = 7 m/s

11. 답 ③

해설 물체의 운동을 각 구간 별로 나누면 다음과 같다.

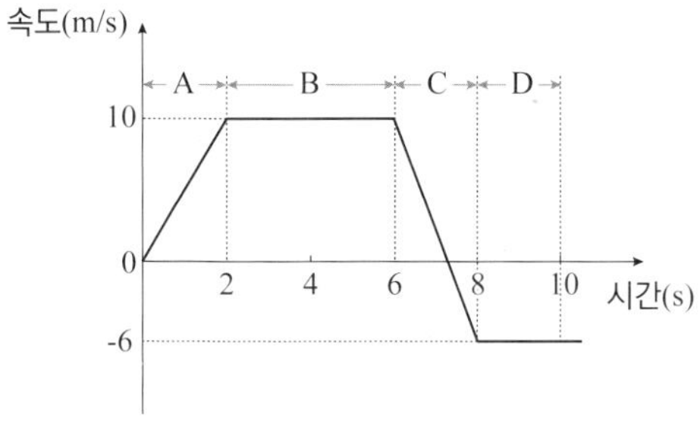

(A) : (0 ~ 2초) 정지해 있던 물체에 일정한 힘이 가해져 속력이 0 → 10 m/s로 증가하는 구간

(B) : (2 ~ 6초) 물체에 힘이 작용하지 않아 10m/s 의 일정한 속력으로 앞 방향으로 직선 운동하는 구간

(C) : (6 ~ 8초) 물체에 뒤 방향으로 일정한 힘이 작용하여 속력이 감소하다가 운동 방향이 뒤 방향으로 바뀌는 구간

(D) : (8 ~ 10초) 물체에 힘이 작용하지 않아 뒤 방향으로 6m/s 의 일정한 속력으로 직선 운동하는 구간

ㄱ. 속력이 가장 빠른 10m/s 일 때 운동량이 최대이므로, 운동량의 최댓값은 2 kg × 10 m/s = 20 kg·m/s 이다.

ㄴ. 물체가 받는 평균 힘(충격력) = $\dfrac{\text{운동량 변화량}}{\text{힘을 받는 시간}}$ 이다.

0 ~ 2 초 구간에서 평균 힘의 크기 = $\left|\dfrac{2(10-0)}{2}\right|$ = 10 N

6 ~ 8 초 구간에서 평균 힘의 크기 = $\left|\dfrac{2(-6-10)}{2}\right|$ = 16N

따라서 평균 힘의 크기 비 = 10 : 16 = 5 : 8 이다.

바른 풀이 ㄷ. 2~6초, 8~10초 구간에서는 힘이 작용하지 않는다.

12. 답 운동량-시간 그래프에서 그래프의 기울기는 물체가 받은 힘(충격력)이다. 물체는 운동 중 - 10 N(연직 위 방향 : +)의 일정한 중력을 받는다. 처음 운동량은 (가) 5 kg·m/s, (나) 10 kg·m/s 이다.

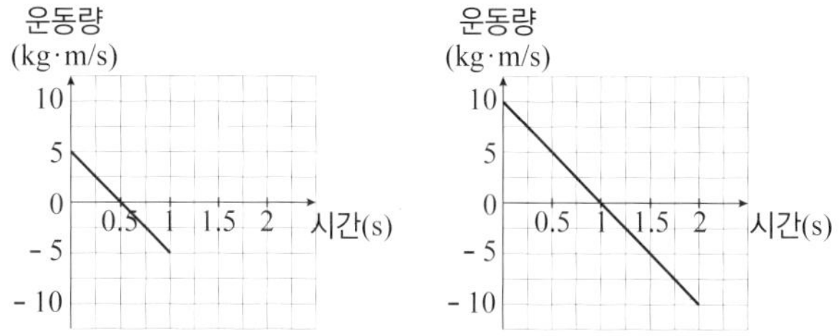

해설 물체는 연직 아래 방향의 중력만을 받아 운동하므로 연직 위로 던져 올린 물체의 속력은 중력 가속도(10m/s^2)만큼 속력이 일정하게 감소하는 운동을 하고, 최고 지점에 도달하면 속력이 0이 된다. 이후 자유 낙하 운동을 하며, 던져 올린 위치에 되돌아오는 속력은 출발 속력과 같다.

출발 ~ 최고 지점 도달 시간 : (가) 0.5초, (나) 1초

최고 지점 ~ 던져 올린 위치까지 걸린 시간 : (가) 0.5초, (나) 1초

출발 위치에 되돌아온 순간 야구공의 속력 : (가) 5m/s, (나) 10m/s

출발 위치에 되돌아온 순간 야구공의 운동량 :

(가) −5 × 1 = −5 kg·m/s (나) −10 × 1 = −10kg·m/s

13. 답 ⑤

해설 손에 닿기 직전 야구공의 운동량 크기

(가) 5 kg·m/s (나) 10 kg·m/s

정지한 후 야구공의 운동량 (가) = (나) = 0

공의 운동량 변화량 크기 = 공의 충격량 크기 = 손의 충격량 크기

= (가) 5kg·m/s = 5 N·s, (나) 10kg·m/s = 10 N·s

ㄴ. 손이 야구공으로부터 받은 충격량의 크기는 (나)가 (가)의 2배이고, 힘-시간 그래프에서 그래프 아랫부분의 넓이는 충격량이므로 B는 A의 2배이다.

ㄷ. 야구공이 손에 닿는 순간부터 정지할 때까지 손이 받은 평균 힘(충격력)의 크기 비는

$$F(\text{가}) : F(\text{나}) = \frac{5}{2t} : \frac{10}{3t} = 15 : 20 = 3 : 4$$

바른 풀이 ㄱ. 운동량 변화량은 (나)가 (가)의 2배이다.

14. 답 ③

해설 차가 벽에 충돌할 때 작용 반작용으로 벽과 차가 받는 충격량($I = Ft$) 크기는 서로 같다.

ㄱ. 범퍼는 충돌 시간(t)을 늘린다.

ㄴ. 에어백은 탄성이 있어서 인체 모형이 받는 충돌 시간을 늘린다.

바른 풀이 ㄷ. 안전띠는 인체 모형을 좌석에 고정시켜 밖으로 운전대에 충돌한다거나 튀어나가거나 하는 사고를 방지한다.

15. 답 ④

바른 풀이 무한 : 동일한 총이므로 같은 충격력(F)을 작용하지만 총신이 길면 시간(t)이 길어지므로 총알이 받는 충격량($I = Ft$)이 커지고, 운동량이 더 크게 변화하므로 총신을 떠나는 총알의 운동량이 커진다.

해설 상상, 알탐 : 총신이 길수록 총알에 힘이 작용하는 시간이 길어지므로 충격량이 커지기 때문에 총알의 속력이 더 커지고, 총알이 더 멀리 나간다.

내신 기출 모의고사 2회

142 ~ 145 쪽

01. ①	**02.** ⑤	**03.** ①	**04.** ⑤
05. ③	**06.** ①	**07.** ㉠ 3 ㉡ 49	
08. ㄴ, ㄷ, ㄹ		**09.** ⑤	**10.** ⑤
11. ④	**12.** ④	**13.** ②	**14.** 1 : 3 : 5
15. ④	**16.** ③	**17.** ①	**18.** 해설 참조

01. 답 ①

해설 ㄱ. A와 B 사이에 작용하는 힘은 만유인력(중력)으로 작용 반작용에 의해 서로 같은 크기의 힘을 반대 방향으로 주고받는다.

바른 풀이 ㄴ. m_1만 커지는 경우 질량의 곱에 비례하는 만유 인력(중력)의 크기가 커지고, 같은 힘을 주고 받으므로 F_1, F_1의 크기는 모두 커지며, 크기는 같다.

ㄷ. 서로 접촉하는 경우에도 만유인력(중력)은 작용한다. 이때 두 물체 사이의 거리는 무게 중심 사이의 거리이다.

02. 답 ⑤

해설 ㄱ. 식물은 중력이 작용하는 방향으로 뿌리를 내린다.

ㄴ. 중력에 의해 아래로 흐르는 물과 아래로 이동하는 빙하는 오랜 기간에 걸쳐 흐르면서 지표를 변화시킨다.

ㄷ. 사람은 전정 기관에서 중력을 감지하여 몸의 평형을 유지한다.

03. 답 ①

해설 자유 낙하하는 추에 작용하는 힘은 연직 아래 방향의 중력으로 물체의 속력에 무관하게 같으며, (질량×중력 가속도)의 크기를 가진다.

04. 답 ⑤

해설 ㄱ. 공기의 저항이 없으므로 두 물체의 속력 증가율은 같고 동시에 지면에 떨어지므로 지면에 닿을 때의 속력은 서로 같다.

ㄴ. 중력만 받아 지면으로 떨어지는 물체의 속력은 질량과 상관없이 1초에 약 9.8m/s 씩 증가한다. 따라서 1초 후 A와 B의 속력은 9.8m/s 로 같다.

ㄷ. 질량과 무관하게 같은 높이에서 동시에 자유 낙하하는 두 물체는 지면에 동시에 떨어진다. 즉, 같은 시간 동안 같은 거리를 이동한다.

05. 답 ③

해설 동전 A는 자가 갑자기 치워지면서 자유 낙하하고, B는 자에 의해 수평으로 운동하면서 수평으로 던져진 운동을 한다.

ㄱ. 동전 A의 속력은 1초에 약 9.8m/s 씩 일정하게 증가한다.

ㄴ. 동전 B는 수평 방향으로 던져졌으므로 수평 방향의 속력은 일정하게 유지된다.

바른 풀이 ㄷ. 동전 A, B의 연직 방향 운동은 같으므로 질량에 관계 없이 동시에 지면에 떨어진다.

06. 답 ①

해설 ㄱ. 자유 낙하하는 공과 수평 방향으로 던진 공은 모두 연직 방향으로 중력만 받아 운동하므로 같은 시간 동안 같은 거리만큼 낙하한다. 따라서 지면에 동시에 도달한다.

바른 풀이 ㄴ. 공 A, B의 연직 방향 운동은 자유 낙하 운동으로 같다. 연직 방향으로 속력이 일정하게 증가하는 운동을 한다.

ㄷ. 공 A, B 모두 연직 아래 방향의 중력이 작용한다. 따라서 공 A의 운동 방향과 힘의 방향는 같지만, 공 B는 포물선 운동을 하므로 운동 방향과 힘의 방향이 같지 않다.

07. 답 ㉠ 3 ㉡ 49

해설 ㉠ 수평 방향으로 던진 물체는 수평 방향으로는 힘을 받지 않으므로 등속 운동을 한다. 따라서 5초 후 속력은 처음 던진 속력과 같은 3(m/s) 이다.

㉡ 수평 방향으로 던진 물체는 연직 아래 방향으로는 일정한 크기의 중력을 받아 등가속도 운동을 한다. 따라서 1초마다 9.8 m/s 씩 속력이 증가하므로 5초 후 물체의 속력은 5 × 9.8 = 49(m/s) 이다.

08. 답 ㄴ, ㄷ, ㄹ

해설 ㄴ. 중력의 영향으로 대기는 지표면에서 높아질수록 희박해지므로 높은 산에 올라갈수록 산소 부족 현상이 나타난다.

ㄷ. 달과 지구 사이에 작용하는 중력과 지구와 바닷물 사이에 작용하는 중력이 밀물과 썰물 현상을 일으킨다.

ㄹ. 지구 주위를 돌고 있는 인공 위성에도 운동 방향과 수직한 방향으로 중력이 작용한다.

바른 풀이 ㄱ. 물이 증발하는 것은 열에너지 때문이다.

09. 답 ⑤

해설 ㄱ. A와 B는 모두 연직 아래 방향으로 같은 크기의 중력을 받아서 속력이 증가하는 운동을 한다.

ㄴ. A와 B의 연직 방향의 운동은 자유 낙하 운동으로 같으므로, 연직 방향으로 떨어진 거리는 서로 같다. 따라서 B가 높이 h인 p 점을 지나는 순간 A도 높이 h인 지점을 지난다.

ㄷ. B가 운동하는 모든 시간 동안 수평 방향의 속력은 v로 일정하다. 수평면에 도달한 순간에도 수평 방향의 속력은 v이다.

10. 답 ⑤

해설 ⑤ 아래쪽 실을 갑자기 당겼을 때, 추는 정지한 상태를 그대로 유지하려는 관성(정지 관성)을 가지므로 추는 끌려가지 않으려 하고, 추 아래와 손 사이의 실이 끊어지는 것이다. 이때 추의 질량이 클수록 더 큰 관성이 나타나므로 추 아래쪽 실이 쉽게 끊어진다.

바른 풀이 ② 추 아래를 당기면 추 위쪽 실에도 힘이 작용한다.

11. 답 ④

해설 ㄱ. 두 유리컵은 같은 높이를 낙하하였으므로 바닥에 충돌 직전 속력은 서로 같다. 질량도 같으므로 두 유리컵이 바닥에 충돌 직전 운동량은 서로 같다.

ㄴ. 두 유리컵은 모두 나중 속력 = 0이 되어 정지하므로 운동량의 변화량이 서로 같다. 따라서 충격량(($I = Ft$))도 서로 같다.

바른 풀이 ㄷ. 그래프에서처럼 시멘트 바닥인 경우 충돌 시간(t)이 이불에 비해 짧으므로 시멘트 바닥이 받은 충격력(F)이 더 크다. 따라서 시멘트 바닥에 떨어진 유리컵이 깨지는 것이다.

12. 답 ④

해설 오른쪽을 (+)로 하고 물체의 운동량의 변화량을 구한다. 물체와 벽은 상호 작용한다.

물체의 충돌 후 운동량은 2×(-10) = -20(kg·m/s)

물체의 충돌 전 운동량은 2×(20) = 40(kg·m/s)

벽이 물체에 가한 운동량 변화량(충격량) = -20 -40 = -60 (N·s)

크기 : 60 (N·s)

물체가 벽에 가한 충격량 = 60 (N·s)

ㄴ. 접촉 시간 동안 충격력(F)에 의해 충격량을 주고받는다.

60 = F×0.02, F(평균 힘 ; 충격력) = 3000 N

ㄷ. 물체가 벽에 가한 충격량 = 60 (N·s)

바른 풀이 ㄱ. 벽이 물체에 가한 충격량의 크기는 60 (N·s)이다.

13. 답 ②

해설 야구공의 질량 m 은 150g = 0.15 kg 이고, 야구공의 속력 v 은 144km/h = $\frac{144{,}000\text{m}}{60 \times 60\text{s}}$ = 40m/s 이므로 야구공의 던진 직후 운동량의 크기 $p = mv$ = 0.15 × 40 = 6 (kg·m/s)

공은 정지 상태에서 던져졌으므로

충격량 = 운동량 변화량 = 6 - 0 = 6 (kg·m/s = N·s)

14. 답 1 : 3 : 5

해설 각 물체가 벽에 충돌한 후 정지할 때까지 받는 충격량의 크기는 힘과 충돌 시간의 곱이다. 각각의 충격량의 크기는

A : $2F \times t = 2Ft$, B : $3F \times 2t = 6Ft$, C : $5F \times 2t = 10Ft$

이다. 충격량의 크기는 운동량 변화량과 같고 나중 운동량은 모두 0이므로 각 물체가 받은 충격량이 물체가 충돌 전 운동량과 같다. 각 물체의 질량은 m 이라고 하면,

$mv_A : mv_B : mv_C = 2Ft : 6Ft : 10Ft$

$\rightarrow v_A : v_B : v_C = 2 : 6 : 10 = 1 : 3 : 5$

15. 답 ④

해설 운동량의 변화량이 충격량이다. 0~2 초 동안 물체의 운동량이 0 → 10 kg·m/s 으로 변하였으므로 충격량 크기는 10 N·s이고, 2~6 초 동안 운동량이 10 kg·m/s→ 0으로 변하였으므로 충격량 크기는 10 N·s이다.

ㄴ. 2~6 초 동안 충격량의 크기는 10(kg·m/s = N·s)이다.

ㄷ. 0~2 초 : 충격량 크기는 10 N·s이다.

10 = 물체가 받은 힘(충격력) × 시간(2초), 물체가 받은 힘= 5N

2~6 초 : 10 = 물체가 받은 힘× 4초, 물체가 받은 힘= 2.5N

바른 풀이 ㄱ. 0~2 초 동안 물체가 받은 충격량 크기는 10 N·s이다.

16. 답 ③

해설 물체는 벽에 충돌한 후 반대 방향의 운동량을 가지게 되었다. 처음 운동량은 그래프에서 20 kg·m/s이고, 물체의 속력이 5 m/s이므로 질량은 4kg 이다.

ㄱ. 충돌 후 물체의 운동량은 -10 kg·m/s이고, 질량은 4kg이므로, -10 = $4v$, v = -2.5 m/s(충돌 후 속력 2.5 m/s)이다. 충돌 전 물체의 속력이 5 m/s였으므로 충돌 전 물체의 속력은 충돌 후의 2배이다.

ㄴ. 물체의 질량은 4 kg이다.

바른 풀이 충돌 시 물체의 운동량 변화인 충격량 만큼 물체는 벽에 충격량을 가한다.

충돌 시 물체의 충격량 = -10 - 20 = -30 N·s(크기 30 N·s)

17. 답 ①

바른 풀이 ① 안전띠는 자동차가 사고가 났을 때 탑승자가 관성에 의해 앞으로 튀어나가는 것을 막아주기 위해 착용하는 안전 장치이다.

해설 ⑤ 번지점프를 할 때 줄이 늘어나면 힘을 받는 시간이 길어져 사람이 받는 힘의 크기(충격력)가 작아진다.

18. 답 피겨 스케이팅 선수가 얼음판에 힘을 가해 점프하기 전 무릎을 굽히는 것은 힘(선수가 얼음판에 작용하는 힘은 일정)이 작용하는 시간을 길게 하여 충격량을 증가시키기 위해서이다. 충격량이 커지면 운동량 변화량도 커지므로 더 빠른 속력으로 높이 점프할 수 있다. 착지할 때에는 지면에 착지하는 동안 무릎을 굽힘으로써 힘이 작용하는 시간을 길게 하여 선수가 받는 충격력을 줄여 부상을 방지한다.

2. 지구 시스템

01. 지구 시스템의 구성

개념체크 149 쪽

01. 기권, 지권, 수권, 생물권, 외권
02. (1) X (2) X (3) O
03. ①, ③, ④
04. (1) 지권 (2) 기권 (3) 외권

01. 답 기권, 지권, 수권, 생물권, 외권
해설 지구 시스템의 구성 요소 5가지는 기권, 지권, 수권, 생물권, 외권이다.

02. 답 (1) X (2) X (3) O
해설 (3) 기권은 높이에 따른 기온 변화를 기준으로 층을 구분하여 지표에서부터 대류권(높이 올라갈수록 기온이 하강), 성층권(높이 올라갈수록 기온이 상승), 중간권(높이 올라갈수록 기온이 하강), 열권(높이 올라갈수록 기온이 상승)으로 구분된다.
바른 풀이 (1) 생물권은 미생물을 포함하여 지구에 살고 있는 모든 생물을 말하므로, 지권과 수권에 뿐만 아니라 기권에도 생물권이 분포하여 영향을 미친다.
(2) 지권은 지각, 맨틀, 외핵, 내핵의 층상 구조를 이루고 있는데, 이 중 맨틀은 고체 상태이지만 유동성이 있어 대류가 일어나며, 외핵은 액체 상태로 철과 니켈의 대류가 일어나 지구 자기장을 형성한다.

03. 답 ①, ③, ④
해설 ① 공기 중의 수증기(기권)가 응결하여 비가 내리는(수권) 강수 현상은 기권과 수권의 상호 작용에 해당한다.
③ 맨틀의 대류에 의해 지각의 판이 이동하는 판의 이동은 지권 내에서의 상호 작용에 해당한다.
④ 식물(생물권)이 광합성을 통해 공기 중(기권)에 산소를 공급하는 것은 기권과 생물권의 상호 작용에 해당한다.
바른 풀이 ② 바다의 수증기(수권)가 증발하여 태풍(기권)을 발생시키는 것은 수권과 기권의 상호 작용에 해당한다.
⑤ 생물의 유해(생물권)가 땅에 묻혀 화석 연료(지권)가 생성되는 것은 지권과 생물권의 상호 작용에 해당한다.

04. 답 (1) 지권 (2) 기권 (3) 외권
해설 (1) 맨틀의 대류로 인해 판의 이동이 일어나 판게아가 분리되면서 각 대륙에서 다양한 생물이 출현할 수 있게 된 것은 지권이 기여하는 원리이다.
(2) 지구에 떨어지는 유성의 대부분이 공기와 마찰을 일으켜 연소됨으로써 지표면에 도달하지 못하는 것은 기권이 기여하는 원리이다.
(3) 적당한 크기의 태양이 적당한 거리에 있어 생물이 살기 알맞은 태양 복사 에너지를 제공하며 액체 상태의 물이 존재할 수 있는 것은 외권이 기여하는 원리이다.

꼭 짚기! 150 쪽

1. ①
2. ④

1. 답 ①
바른 풀이 A 외권과 지구계의 다른 영역 사이에서 유성을 제외한 물질 이동은 거의 일어나지 않지만 태양 복사 에너지를 포함한 에너지의 이동은 일어난다.
해설 A는 외권, B는 기권, C는 생물권, D는 수권, E는 지권이다.
② B 기권은 지구의 중력으로 인해 99%가 지표면으로부터 높이 약 30km 이내에 분포한다.
③ 지구에는 액체 상태인 물이 존재하여 태양계의 행성 중 유일하게 생물권이 존재한다.
④ D 수권의 대부분인 97.5%는 해수의 상태로 존재하며, 육수 중에서는 빙하가 1.72%로 가장 많은 양을 차지한다.
⑤ E 지권은 지구 전체 질량 중에서 가장 큰 질량을 차지한다.

2. 답 ④
해설 A는 지권과 기권의 상호 작용, B는 지권과 수권의 상호 작용, C는 생물권과 수권의 상호 작용을 나타낸 것이다.
ㄱ. 지권의 화산이 폭발하여 기권에 화산재가 유입되고 기온이 낮아지는 것은 지권과 기권의 상호 작용이다.
ㄷ. 수중의 식물이 물속의 이산화 탄소를 사용하여 광합성을 하고, 이로 인해 수중의 이산화 탄소 용해도가 낮아지는 것은 생물권과 수권의 상호 작용이다.
바른 풀이 ㄴ. 저위도에서 수권인 바다의 수증기가 기권에 유입되면서 태풍이 발생하는 것은 기권과 수권의 상호 작용이다.

스스로 실력 높이기 151 ~ 155 쪽

01. (1) X (2) O (3) O
02. ①, ⑤
03. ③
04. ③
05. (1) O (2) X (3) X
06. ②
07. ③
08. (1) O (2) X (3) X
09. ①
10. ③
11. ④
12. ④
13. ⑤
14. ④, ⑤
15. (1) C (2) A (3) B
16. ④
17. ⑤
18. ①
19. ⑤
20. ④
21. ④
22. ③
23. ④
24. ⑤
25. ④

01. 답 (1) X (2) O (3) O
해설 (2) 태양의 중력에 의해 지구가 태양으로부터 멀어지지 않고 일정한 거리를 유지하며 공전할 수 있다.
(3) 지구는 태양과의 거리가 적당하여 지구 표면에 액체 상태의 물이 존재하며, 이로 인해 지구에 생명체가 나타날 수 있었다.
바른 풀이 (1) 태양계에 생명체가 존재하는 행성은 지구 외에는 없다.

02. 답 ①, ⑤

해설 ① 지구는 구성 천체의 중력으로 유지되는 역학적 시스템인 태양계의 구성 요소이다.
⑤ 태양계의 전체 질량 99%를 태양이 차지하며, 이로 인해 태양의 중력 영향력이 가장 커 태양계를 구성하는 천체들은 모두 태양을 중심으로 공전한다.
바른 풀이 ② 수성과 금성은 태양에 너무 가까워서 온도가 높고 수증기로 모두 증발해 버리므로 액체 상태의 물이 존재하지 않는다.
③ 태양의 중력은 크게 변하지 않으므로 행성들의 공전 궤도는 일정하게 유지된다.
④ 지구 시스템은 기권, 지권, 수권, 생물권, 외권으로 이루어져 있다.

03. 답 ③
바른 풀이 ③ 외권에서는 에너지 외에 전하를 띤 입자와 운석 등의 물질이 지권과 수권에 도달하여 영향을 미친다.
해설 ① 생물권은 지권, 수권에 분포하는 생물체 뿐만 아니라, 기권에도 여러 형태로 존재한다.
② 수권은 기권, 지권, 생물권 외에 외권과도 모두 상호 작용한다.
④,⑤ 각 권역은 같은 권역 내에서, 다른 권역과 상호 작용하며 그 과정에서 물질 순환과 에너지 흐름이 지속적으로 일어난다.

04. 답 ③
해설 ③ 수권 중 가장 많은 양을 차지하는 것은 해수(97.5%)이며, 그 다음이 빙하(1.72%)이다.
바른 풀이 ① 태양은 외권에 해당한다.
② 미생물은 생물권에 해당한다.
④ 오존층은 성층권에 존재하여 기권에 포함된다.
⑤ 지각은 지권에 해당한다.

05. 답 (1) O (2) X (3) X
해설 (1) 수권 중 가장 많은 양을 차지하는 것은 해수(97.5%)이다. 빙하는 육수 중 가장 많은 양을 차지하지만 해수에 비하면 매우 적다.(1.72%)
바른 풀이 (2) 지구의 형성 과정 중 지구의 중력에 의해 밀도가 높은 물질이 아래로 가라앉고 밀도가 낮은 물질이 위로 올라가 층상 구조를 형성하였기 때문에 지각에서 중심으로 갈수록 밀도가 높아진다.
(3) 생물권은 지권의 지표면과 지하 얕은 곳 뿐만 아니라 기권, 수권에도 널리 분포한다.

06. 답 ②
바른 풀이 ② B기권은 지표면에서 높이 약 1000 km 까지 대기가 분포하는 권역으로 가장 바깥쪽은 열권이며 오로라가 관측된다.
해설 ① A 외권은 B 기권의 열권에 오로라를 일으킨다.
③ C 생물권은 광합성과 호흡으로 B 기권의 산소와 이산화 탄소 농도를 변화시킨다.
④ D 수권의 97.5% 는 바닷물이다.
⑤ E 지권은 고체 상태의 지각, 맨틀, 내핵과 액체 상태의 외핵을 포함한다.

[07~09]

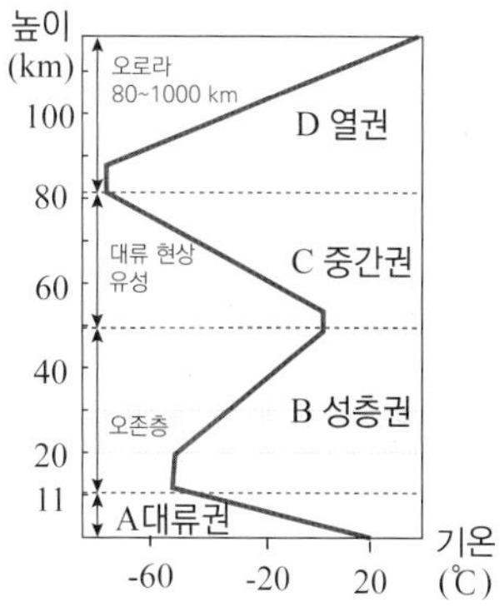

07. 답 ③
해설 C는 중간권으로 높이 올라갈수록 기온이 하강하여 대류가 일어나며, 상부에서 유성이 나타난다.
A는 대류권이고, D는 열권으로 높이 올라갈수록 기온이 상승하여 대류가 일어나지 않으며, 공기가 매우 희박하여 낮과 밤의 기온 차가 매우 크고 고위도에서 오로라가 관측되는 구간이다.

08. 답 (1) O (2) X (3) X
해설 (1) A의 대류권은 높이 올라갈수록 기온이 하강하고 수증기가 존재하여 대류와 기상 현상이 모두 일어난다.
바른 풀이 (2) B의 성층권은 높이 올라갈수록 기온이 상승하여 대류가 일어나지 않고, C의 중간권은 높이 올라갈수록 기온이 하강하여 대류가 일어나므로 B는 C보다 기층이 더 안정하다.
(3) 낮과 밤의 기온 차가 가장 큰 층은 D의 열권으로, 공기가 매우 희박하며 태양 복사 에너지를 직접 흡수하기 때문에 태양 복사 에너지의 유무에 따라 기온 차가 매우 크다.

09. 답 ①
해설 ① A 대류권은 높이 올라갈수록 기온이 하강하여 기층이 가장 불안정하여 공기의 상하 대류가 활발하게 일어난다. 반면 B 성층권은 위로 올라갈수록 기온이 상승하므로 기층이 안정하여 공기의 상하 대류가 잘 일어나지 않는다.
바른 풀이 ② 유성은 주로 D 열권에서 관측된다.
③ 공기의 밀도는 중력에 의해 위로 갈수록 희박하다.
④ B 성층권의 오존층이 태양의 자외선을 주로 흡수한다.
⑤ 대류 현상은 기층이 불안정한 A와 C 에서 활발하다.

10. 답 ③

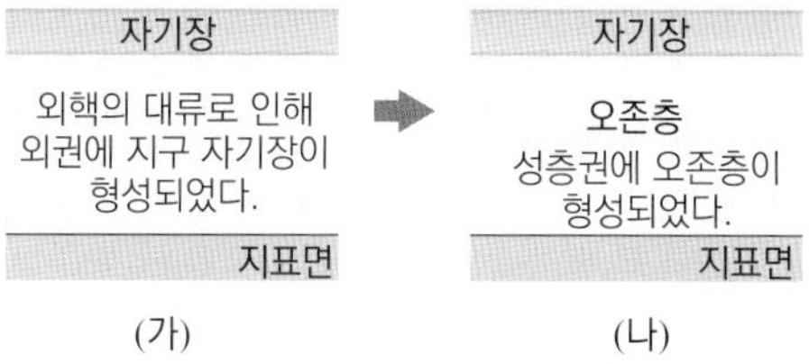

해설 ㄱ. (가) 시기에 지구 자기장이 형성되어 있으므로 태양풍은 차단되었다.
ㄴ. (나) 시기에 오존층이 형성되어 자외선이 지표면에 도달하지 못하게 막았으므로 그 이후에 육지에서 생물권이 형성되었다.
바른 풀이 ㄷ. (나)에서 오존층의 오존이 태양의 자외선을 흡수함으로써 기온을 상승시키므로 (가) 시기보다 (나) 시기에서 기권의 연직 온도가 더 복잡했다.

11. 답 ④

해설

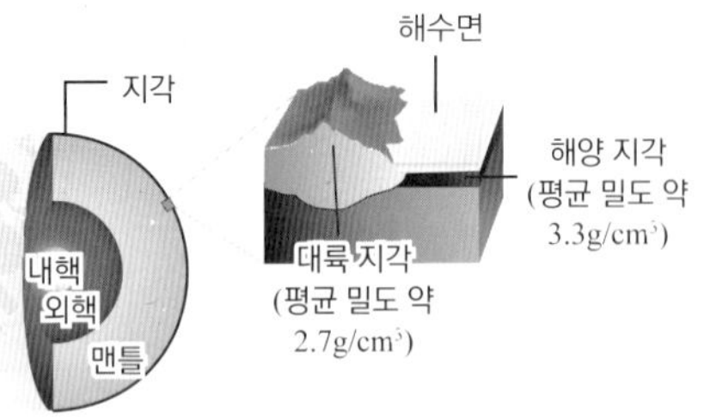

A는 내핵, B는 외핵, C는 맨틀, D는 대륙 지각, E는 해양 지각이다.
ㄱ. A 내핵은 고체 상태이고, B 외핵은 액체 상태이다.
ㄴ. C 맨틀은 지권 전체 부피의 약 80%를 차지하며, 고체 상태이지만 유동성이 있어 대류가 일어난다.
바른 풀이 ㄷ. D 대륙 지각은 화강암질로 이루어졌으며, 현무암질로 이루어진 E 해양 지각보다 평균 밀도가 더 낮다.

12. 답 ④

해설 A는 내핵, B는 외핵, C는 맨틀, D는 지각이다.
④ D 지각은 지구 생성 시 마그마 바다에서 지구의 층상 구조가 형성될 때 비교적 가벼운 규산염 광물이 위로 떠올라 이루어졌다.
바른 풀이 ① A 내핵은 주로 철과 니켈 등의 무거운 물질로 이루어져 밀도가 크며, 고체 상태이다.
② B 외핵은 주로 철과 니켈 등의 무거운 물질로 이루어졌으며 액체 상태로 대류가 일어나 지구 자기장을 형성한다.
③ C 맨틀은 고체 상태이지만 유동성이 있어 대류가 일어난다.
⑤ D 지각에서 대륙 지각보다 해양 지각의 평균 밀도가 더 크다.

13. 답 ⑤

해설 A는 내핵, B는 외핵, C는 맨틀, D는 지각이다.
ㄱ, ㄷ 지구 내부로 들어갈수록 온도가 높아지고, 밀도는 커진다.
ㄴ. 부피가 가장 큰 부분은 C 맨틀이며, 지권 전체 부피의 약 80%를 차지한다.

14. 답 ④, ⑤

해설 지권을 지각, 맨틀, 외핵, 내핵으로 구분하는 기준은 깊이에 따른 지진파의 속도인데, 이 지진파의 속도는 통과하는 물질의 구성 성분과 상태(고체인지 액체인지)에 따라 달라지므로 물질의 상태와 물질의 구성 성분에 따라 층상 구조가 구분되었다.

15. 답 (1) C (2) A (3) B

해설

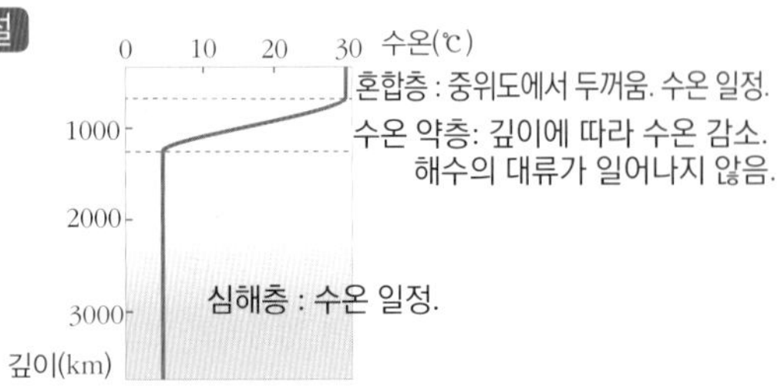

A는 혼합층, B는 수온 약층, C는 심해층이다.
(1) 전체 해수 부피의 약 80%를 차지하는 층은 C 심해층이다. 심해층은 태양 복사 에너지가 도달하지 않아 수온이 매우 낮고 계절이나 위도, 깊이에 따른 수온 변화가 거의 없다.
(2) 바람의 세기가 강해지면 두께가 두꺼워지는 층은 A의 혼합층이다. 혼합층은 태양 복사 에너지를 흡수하여 수온이 높으며, 바람에 의해 혼합되기 때문에 깊이에 따른 수온이 거의 일정한 층이다.
(3) 매우 안정하여 연직 운동이 일어나지 않는 층은 B의 수온 약층이다. 수온 약층은 깊이가 깊어질수록 수온이 급격하게 낮아지며, 연직 운동이 거의 일어나지 않기 때문에 혼합층과 심해층 사이의 물질과 에너지 흐름을 차단한다.

16. 답 ④

해설 ㄱ. 수권의 대부분을 차지하는 것은 해수로 97.5%를 차지한다.
ㄷ. 육지에 있는 물 중 가장 양이 많은 것은 빙하(1.72%)이지만 고체 상태이다. 액체 상태의 물 중 가장 많은 것은 지하수(0.75%)이다.
바른 풀이 ㄴ. 지구 온난화가 진행된다면 빙하가 녹아 해수나 강, 지하수 등 다른 육수의 형태로 바뀔 것이므로 빙하의 비율이 낮아진다.

17. 답 ⑤

해설 생물권은 태양계 행성 중 지구에만 있는 구성 요소로 식물뿌리 등의 풍화 작용으로 지표를 변화시키고, 이산화 탄소 방출로 대기 조성에 영향을 주며, 원시 바다에서 최초의 생명체가 나타났으므로 지구 시스템의 구성 요소 중 가장 나중에 형성되었다.

18. 답 ①

바른 풀이 ① 지구 주위에 달이 있어서 밀물과 썰물이 일어나지만 생명체가 존재할 수 있는 이유로는 옳지 않다.
해설 ② 지구 자기장이 존재하여 외부로부터 유해한 우주선과 태양풍으로부터 지구의 생명체를 보호하였다.
③ 대기의 두께가 적절하여 생물이 숨쉴 수 있는 공간이 제공되었다.
④ 지구가 태양으로부터 적당한 거리만큼 떨어져 있어 지구 표면에 생명 활동에 필수적인 액체 상태의 물이 존재할 수 있었다.
⑤ 태양으로부터 적당한 거리만큼 떨어져 있어 생물이 살 수 있는 만큼의 적당한 태양 복사 에너지를 받을 수 있었다.

19. 답 ⑤

해설 ㄱ. 식물의 뿌리는 바위틈을 파고들어 풍화를 일으켜 지권의 침식작용을 하여 지형을 변화시킨다.
ㄴ. 생물권은 광합성과 호흡으로 대기 중의 이산화 탄소와 산소의 조성을 변화시키고, 수권에 용해되는 이산화 탄소 등의 양을 변화시킨다.
ㄷ. 생물권은 지권, 기권, 수권, 외권 등의 지구 시스템의 구성 요소가 형성된 이후에 가장 늦게 형성되었다.

20. 답 ④

해설 ㄱ. 철과 니켈로 이루어진 액체 상태의 외핵의 대류로 인해 지구 자기장이 형성되었다.
ㄷ. 생물에 유해한 우주선과 태양풍을 차단하여 지구의 생명체를 보호한다.
바른 풀이 ㄴ. 유성체가 지구에 진입할 때 공기와 마찰을 일으켜 타게 되는 것은 기권에 대한 설명으로 지구 자기장은 유성체가 자성을 가지지 않는 한 유성체의 운동에 영향을 주지 않는다.

21. 답 ④

바른 풀이 ④ 지하수에 의해 석회암이 녹아 석회 동굴이 형성되는 것은 수권이 지권과 상호 작용을 하는 것이다.

해설 ① 지권의 화산 폭발에 의한 대기 중의 이산화 탄소 방출은 지권이 기권과 상호 작용을 하는 것이다.

② 식물이 광합성을 통해 대기 중의 이산화 탄소를 소모하고 산소를 방출하는 것은 생물권이 기권과 상호 작용을 하는 것이다.

③ 공기의 흐름인 바람에 의해 바다에 해류가 발생하는 것은 기권이 수권과 상호 작용을 하는 것이다.

⑤ 판의 이동에 의한 지진으로 지진 해일(쓰나미)가 발생하는 것은 지권이 수권과 상호 작용을 하는 것이다.

22. 답 ③

해설 ㄷ. 암석이 풍화, 침식되어 퇴적물을 형성하는 과정(X 과정)에는 기권에서 바람의 풍화 작용, 생물권에서 식물의 뿌리에 의한 풍화 작용, 수권에서 물에 의한 풍화작용이 있다.

바른 풀이 ㄱ. 석회암은 탄산 칼슘으로 구성되어 있어 탄산 칼슘 성분으로 몸의 껍질을 만드는 생물(조개 등)의 사체가 퇴적되어 형성되거나(B 과정) 물에 녹아 있던 탄산 칼슘이 침전되어 형성되지만(C 과정) 공기 중에는 탄산 칼슘 성분이 없으므로 기권과 지권의 상호 작용(A 과정)으로 석회암이 형성되지는 않는다.

ㄴ. 암석이 마그마로 녹는 과정에는 지권인 지구 내부의 온도가 주로 영향을 끼치고, 암석의 수분 포함 여부에 따라 용융점이 달라지므로 수권(C 과정)도 영향을 미치지만 생물권(B 과정)은 영향을 미치지 않는다.

23. 답 ④

해설 (가)는 수권에서 수증기가 증발하여 기권의 태풍을 발생시키는 것이므로 수권이 기권과 상호 작용을 하는 것이고, (나)는 물에 석회암이 녹아 석회 동굴을 형성하는 것이므로 수권이 지권과 상호 작용을 하는 것이다.

24. 답 ⑤

해설 (가) 파도(수권)의 침식 작용으로 해안 절벽(지권)이 형성되는 것은 C에 해당한다.

(나) 서식처(지권)를 제공하여 육상 생물(생물권)이 살아갈 수 있게 하는 것은 B에 해당한다.

(다) 생물이(생물권) 호흡과 광합성을 위해 기체를 공기 중에(기권) 흡수하거나 방출하는 것은 A에 해당한다.

25. 답 ④

해설 ㄱ. 지구 시스템 구성 요소들 간의 상호 작용이 일어날 때에는 에너지의 흐름도 같이 나타난다.

ㄷ. 지구 시스템의 각 구성 요소들은 서로 유기적으로 연결되어 있어서 서로 상호 작용한다. 기권과 지권이 상호 작용할 때 생물권이 유기적으로 연결되어 있어 영향을 미친다.

바른 풀이 ㄴ. 외권은 지구 시스템의 다른 구성 요소에 비해 다른 권과의 물질 이동이 거의 없는 편이다.

02. 지구 시스템의 에너지와 물질 순환

개념체크 157 ~ 158 쪽

01. (1) 조력 (2) 지구 내부 (3) 태양

02. (1) 적어진다 (2) 저위도 (3) 고위도

03. (1) O (2) X (3) X

04. (1) 탄산염 (2) 탄산 이온 (3) 광합성

01. 답 (1) 조력 (2) 지구 내부 (3) 태양

해설 (1) 밀물과 썰물을 일으키는 에너지는 달과 태양이 지구에 작용하는 인력에 의해 생기는 조력 에너지이다. 조력 에너지는 해수면의 높이를 주기적으로 변하게 하여 주변 생태계에 영향을 준다.

(2) 지구 내부의 방사성 원소의 붕괴로 인해 발생한 열에너지는 지구 내부 에너지이다. 지구 내부 에너지는 외핵의 운동을 일으켜 지구 자기장을 형성하고, 맨틀 대류를 일으켜 지진, 화산 활동, 판의 운동 등을 일으킨다.

(3) 지구 시스템의 에너지원 중 가장 많은 양을 차지하는 에너지는 태양 에너지이다. 태양 에너지는 태양의 수소 핵융합 반응에 의해 발생하며, 기상 현상과 해류를 발생시켜 대기와 해수의 순환을 일으킨다. 또한 풍화와 침식 작용을 일으켜 지표의 지형을 변화시키고, 식물의 광합성에 이용되어 생명 활동에 필요한 에너지원으로 이용되기도 하며 화석 연료의 근원이 된다.

02. 답 (1) 적어진다 (2) 저위도 (3) 고위도

해설 지구는 구형이므로 고위도로 갈수록 단위 면적당 받는 태양 복사 에너지양이 적어진다. 따라서 대기와 해수의 순환을 통해 저위도의 남는 에너지를 고위도로 이동시킴으로써 지구는 전체적으로 에너지 평형을 이룬다.

03. 답 (1) O (2) X (3) X

해설 (1) 물의 순환을 일으키는 에너지원은 태양 에너지로, 물이 태양 에너지로 인해 고체, 기체, 액체로 상태가 변하면서 지구 시스템의 각 권을 순환하는 과정에서 에너지도 함께 이동한다.

바른 풀이 (2) 수권의 물이 증발하여 기권의 수증기가 되는 경우는 물이 액체 상태에서 에너지가 더 많은 기체 상태로 바뀌는 것이기 때문에 에너지의 흡수가 일어난다.

(3) 물이 순환하면서 각 권에서 유입된 물의 양과 방출된 물의 양은 같으며, 지구 전체의 물의 양도 일정하게 유지된다. 이를 물수지 평형이라고 한다.

04. 답 (1) 탄산염 (2) 탄산 이온 (3) 광합성

해설 (1) 지권에서 탄소는 석회암의 탄산염과 화석 연료의 형태로 존재한다.

(2) 수권에서 탄소는 탄산 이온(HCO_3^- 또는 CO_3^{2-})의 형태로 존재한다.

(3) 기권의 이산화 탄소는 광합성을 통해 생물권의 탄소 화합물로 이동하면서 태양 에너지를 화학 에너지로 저장한다.

꼭 짚기! 159쪽

1. ② 2. ③ 3. ⑤

1. 답 ②

해설 A는 태양 에너지, B는 조력 에너지, C는 지구 내부 에너지이다.

ㄴ. A 태양 에너지는 식물의 광합성을 통해 화학 에너지로 변환되어 저장되고, 생물의 생존에 필요한 에너지원으로 이용된다.

바른 풀이 ㄱ. 에너지양의 크기는 A 태양 에너지(99.985%) > C 지구 내부 에너지(0.013%) > B 조력 에너지(0.002%)의 순이다.

ㄷ. 태양과 달의 인력에 의한 에너지인 B 조력 에너지가 썰물과 밀물을 일으키고, C 지구 내부 에너지로 인해 일어나는 외핵의 대류가 지구 자기장을 형성한다.

2. 답 ③

해설

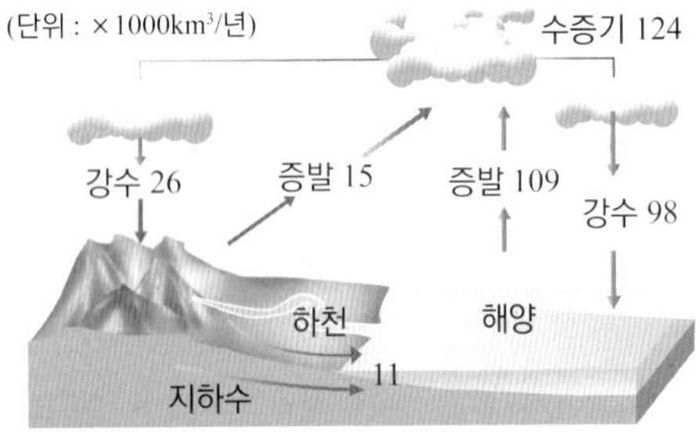

ㄱ. 육지의 강수량은 26단위, 바다의 강수량은 98단위이므로 바다의 강수량이 육지보다 많다.

ㄴ. 물의 순환은 각 권에서 물의 방출량과 유입량이 같은 물수지 평형을 이루므로 육지에 물이 유입된 강수 26단위는 A 과정과 하천이나 지하수로 빠져나간 11단위의 합과 같다. 따라서 A 과정인 육지에서의 증발량은 15단위이다.

바른 풀이 ㄷ. 물의 순환 과정에서 각 권에서 물의 방출량과 유입량이 서로 같고, 지구 전체의 물의 양이 일정하게 유지되는 물수지 평형을 이루므로 지구 전체에서의 총 강수량과 총 증발량은 같다.

3. 답 ⑤

해설 ⑤ D의 화산 활동에 의한 분출은 지권의 탄소가 기권에 이산화 탄소의 형태로 방출되는 것이므로 대기 중의 탄소량(이산화 탄소)을 증가시켜 지구 온난화를 촉진한다.

바른 풀이 ① 지권에서 탄소는 주로 탄산염(석회암)의 형태로 존재한다.

② A의 과정에서 탄소의 이동은 지권의 화석 연료가 연소되어 이산화 탄소의 형태로 기권에 방출되는 것이므로 지권과 기권의 상호 작용에 해당한다.

③ B의 식물의 광합성 과정에서 탄소는 탄소 화합물(유기물)의 형태로 저장된다.

④ C의 이산화 탄소의 용해와 방출 과정은 태양 에너지가 관여하여 일어난다.

스스로 실력 높이기 160 ~ 163쪽

01. (1) 태양 (2) 조력 (3) 지구 내부 **02.** ②
03. ② **04.** ② **05.** (1) X (2) O (3) X
06. (1) 태양 에너지 (2) 26 단위 **07.** ④
08. ② **09.** ④ **10.** ⑤
11. (1) ㉣ (2) ㉢ (3) ㉡ (3) ㉠ **12.** ②
13. ① **14.** ④
15. 화석 연료, 이산화 탄소, 탄산 이온
16. ㄴ, ㄷ, ㄹ **17.** (가) 기권 (나) 지권 (다) 수권
18. 해설 참조 **19.** (1) (가) : 수권, (나) : 기권 (2) A : 석회암, B : 탄소 화합물 **20.** ⑤

01. 답 (1) 태양 (2) 조력 (3) 지구 내부

해설 (1) 태양 에너지는 태양의 수소 핵융합 반응에 의해 발생한 에너지로, 기상 현상과 해류를 발생시켜 대기와 해수의 순환을 일으키며 풍화와 침식 작용을 일으켜 지표의 지형을 변화시킨다.

(2) 조력 에너지는 달과 태양이 지구에 작용하는 인력에 의해 생기는 에너지로, 밀물과 썰물 현상을 일으켜 해안 지형을 변하게 하며 해수면의 높이를 주기적으로 변하게 하여 해안 주변의 생태계에 영향을 준다.

(3) 지구 내부 에너지는 지구 내부에 있는 방사성 원소의 붕괴로 인해 발생한 열에너지로, 맨틀 대류를 일으켜 거대한 대륙을 움직이게 하는 근원 에너지원이며, 지진 해일이나 화산 활동의 근원 에너지이며, 외핵의 운동을 일으켜 지구 자기장을 형성할 수 있도록 한다.

02. 답 ②

해설

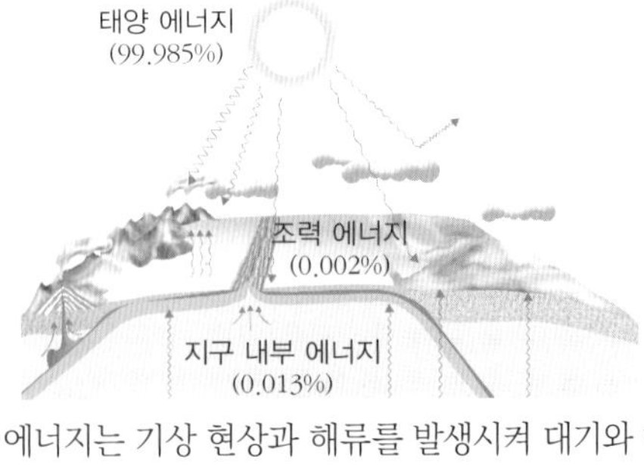

ㄱ. 태양 에너지는 기상 현상과 해류를 발생시켜 대기와 해수의 순환을 일으킨다.

ㄴ. 조력 에너지는 달과 태양의 인력으로 발생하는 에너지이며, 밀물과 썰물을 일으킨다.

바른 풀이 ㄷ. 지구 시스템의 에너지원 중 가장 많은 양을 차지하는 것은 태양 에너지로, 99.985%를 차지한다. 지구 내부 에너지는 0.013%, 조력 에너지는 0.002%만 차지한다.

03. 답 ②

해설 (가) 편서풍에 의해 해류가 발생하는 것은 태양 에너지에 의한 것으로, 대기와 해수의 순환을 일으켜 지구 전체의 에너지 평형을 이루는 데 기여한다.

(나) 지진의 발생은 지구 내부 에너지에 의한 것으로, 맨틀 대류가 일어나게 하여 지진, 화산 활동을 일으키고, 판을 이동시키는 에너지이다.
(다) 밀물과 썰물은 조력 에너지에 의한 것으로, 해수면의 높이가 주기적으로 변하기 때문에 해안 주변의 생태계에 영향을 준다.

04. 답 ②
해설 ② 태양 에너지는 수소 핵융합 반응으로 발생한다.
바른 풀이 ① 지구 시스템의 에너지원 중 가장 많은 양을 차지하는 것은 태양 에너지로, 99.985%를 차지한다. 지구 내부 에너지는 0.013%, 조력 에너지는 0.002%만 차지한다. 따라서 ㉠은 3.46×10^{12} 보다 크다.
③ (가)는 조력 에너지로 밀물과 썰물 현상을 일으킨다.
④ (나)는 지구 내부의 활동(마그마 생성, 화산·지진 활동, 맨틀 대류 등)을 일으킨다. 탄소 순환을 일으키는 주요 에너지원은 태양 에너지이다.
⑤ (다)는 태양 에너지이다.

05. 답 (1) X (2) O (3) X
해설 (2) 대기와 해수의 순환을 통해 저위도 지역의 남는 에너지를 고위도 지역으로 이동시킴으로써 지구 전체는 에너지 평형을 이룬다.
바른 풀이 (1) 태풍은 열에너지를 운반하는 역할을 하여 위도 간 에너지 불균형을 해소하는 데 기여한다.
(3) 지구는 구형이기 때문에 위도에 따라 단위 면적의 지표면에 도달하여 흡수되는 태양 복사 에너지의 양이 다르다. 고위도 지역에서는 태양 복사 에너지 흡수량이 적어 에너지 부족이 일어나고, 저위도 지역에서는 태양 복사 에너지 흡수량이 높아 에너지 과잉이 일어난다.

06. 답 (1) 태양 에너지 (2) 26 단위
해설 (1) 물의 순환을 일으키는 에너지원은 태양 에너지로, 태양 에너지를 흡수하거나 방출하면서 물이 고체, 액체, 기체로 상태가 변하여 지구의 각 권 사이를 순환한다.

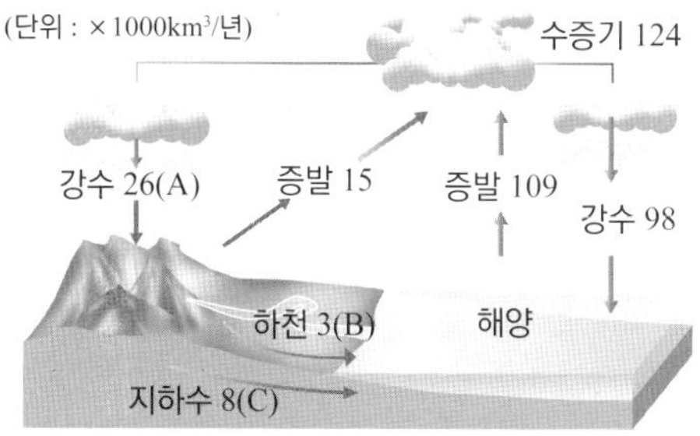

(2) 물수지 평형에 의해 육지에서 물의 유입량과 방출량이 같으므로, 육지의 강수량 A는 하천으로 방출되는 B의 3단위, 지하수로 방출되는 C의 8단위, 증발로 방출되는 15단위의 합과 같다. 즉 A(강수) = 3(B) + 8(C) + 15(증발)이므로 A는 26단위이다.

07. 답 ④
해설 ㄱ. A의 강수 과정을 비롯한 물의 순환은 태양 에너지에 의해 일어난다.
ㄷ. 물의 순환 과정 중에 지권에 강수된 물이 하천이나 지하수의 형태로 지권을 통과하면서 풍화와 침식이 일어나 지표에 변화가 일어난다. 따라서 하천 B와 지하수 C의 물의 이동량이 늘어나면 육지에서 일어나는 지표 변화가 커진다.
바른 풀이 ㄴ. A = B + C + 육지에서의 증발량(15)이다.

08. 답 ②
해설 ㄴ. 대기와 해수의 순환을 통해 저위도 지역의 남는 에너지가 고위도 지역으로 이동하면서 지구의 에너지 평형을 이룬다.
바른 풀이 ㄱ. 수증기는 기체 상태이며, 구름은 작은 물방울 또는 빙정이므로 수증기가 구름이 될 때 에너지를 방출한다.
ㄷ. 물의 순환에 관여하는 에너지는 태양 에너지이다.

09. 답 ④
해설 ㄴ. B에서 수권에 해당하는 해수의 물이 증발하여 기권에 해당하는 대기 중의 수증기가 되었으므로 수권과 기권의 상호 작용에 해당한다.
ㄷ. 지구 온난화가 가속되어 지구의 온도가 올라가면 고체 상태인 빙하의 물이 녹아 액체 상태로 해수에 유입되는 C의 이동량이 증가한다.
바른 풀이 ㄱ. A는 하천에서 해수로 물이 이동하는 물의 순환의 일부분이며, 물의 순환은 태양 에너지가 에너지원으로 작용한다.

10. 답 ⑤
해설 ㄴ, ㄷ.

	유입량($\times 10^3 km^3$)	유출량($\times 10^3 km^3$)
해양	**강수(284) + 육지에서 바다로 유출(36) = 320**	증발(320)
육지	육지에 강수(96)	증발(60) + 바다로 유출(36)
대기	해양에서 증발(320) + 육지에서 증발(60) = 380	해양에 강수(284) + 육지에 강수(96) = 380

ㄹ. 대기에서 유입·유출되는 물의 총량이 순환하는 물의 총량이라고 할 수 있으므로 380,000 km^3 로 일정하다.
바른 풀이 ㄱ. 각 영역에서 유입량과 유출량은 항상 같다. 따라서 A와 B는 같다.

11. 답 (1) ㉣ (2) ㉢ (3) ㉡ (3) ㉠
해설 (1) 기권에 존재하는 탄소의 형태는 생물의 호흡, 화석 연료의 연소 등에 의해 유입된 이산화 탄소이다.
(2) 수권에 존재하는 탄소의 형태는 이산화 탄소가 물에 녹아 있는 형태인 탄산 이온이다.
(3) 지권에 존재하는 탄소의 형태는 수권의 탄산 이온이 침전되어 암석화된 석회암 등의 탄산염이다.
(4) 생물권에 존재하는 탄소의 형태는 광합성에 의해 화학 에너지로 저장된 형태인 포도당 등의 유기물이다.

12. 답 ②
해설 ㄱ. 대기로의 탄소 유입량은 1.6(토양) + 60(식물) + 바다(90) + 5.5(화석 연료) = 157.1 단위이고 대기에서 탄소 방출량은 0.5(토양) + 61.4(식물) + 바다(92) = 153.9 단위이다. 탄소 유입량이 방출량보다 많으므로 대기 중 이산화 탄소 농도가 증가하고 있다.

ㄴ. 식물은 탄소 유입량이 61.4 단위, 탄소 방출량이 60 단위로 유입량이 방출량보다 많으므로 식물을 많이 심으면 대기 중의 탄소를 많이 흡수하여 지구 온난화를 늦추는데 도움이 된다.
바른 풀이 ㄷ. 바다에서 대기로 방출되는 이산화 탄소의 양은 90단위이고 대기에서 바다로 용해되는 이산화 탄소의 양은 92단위이므로 대기에서 바다로 용해되는 이산화 탄소의 양이 더 많다.

13. 답 ①
해설 ㄱ. 지권에 분포하는 탄소는 퇴적암(13.5%)과 탄산염(85.41%), 석유 석탄(0.012%)이고 기권에 분포하는 탄소는 대기(0.01%), 생물권에 분포하는 탄소는 생물체(0.07%), 수권에 분포하는 탄소는 해수(0.07%)이므로 지권에 분포하는 탄소의 양이 가장 많다.
바른 풀이 ㄴ. 기권에서 탄소는 이산화 탄소의 형태로 존재하고 생물권에서 탄소는 유기물로 존재하므로 각각 동일한 형태로 존재하지 않는다.
ㄷ. 화석 연료의 사용량이 증가한다면 지권의 유기물에서 기권의 이산화 탄소로 탄소가 이동하면서 탄소의 형태와 분포가 달라지긴 하나 지구 전체의 탄소량은 변하지 않는다.

14. 답 ④
해설 ④ D 과정은 대기의 이산화 탄소가 해수에 용해되어 탄산 이온(CO_3^{2-})이나, 탄산 수소 이온(HCO_3^-)의 형태로 탄소가 이동하는 과정이다.
바른 풀이 ① A 과정은 지각에서 화산 활동이나 화석 연료의 연소 등으로 이산화 탄소가 대기로 이동하는 과정이다.
② B 과정은 생물의 유해 속의 탄소가 땅에 묻혀 화석 연료가 생성되는 과정에서 지권으로 이동하는 과정이다.
③ C 과정은 식물의 광합성이 아닌 호흡의 과정에서 이산화 탄소가 발생하여 탄소가 대기로 이동하는 과정이다.
⑤ E 과정은 해양의 탄소 포함 물질(조개 껍데기 등)이 해저에 쌓여 석회암이 생성되면서 지각으로 탄소가 이동하는 과정이다.

15. 답 화석 연료, 이산화 탄소, 탄산 이온
해설 탄소는 지구 시스템의 각 권에 다양한 형태로 분포하고 있다. 지권에서 탄소는 대부분 탄산염의 형태로 석회암 내에 포함되어 있거나 유기물의 형태로 화석 연료 내에 포함되어 있다. 기권에서는 이산화 탄소의 형태로 존재하며, 수권에서는 이산화 탄소가 물에 녹아 탄산 이온의 형태로 존재한다.

16. 답 ㄴ, ㄷ, ㄹ
해설 ㄴ. 생물은 살아가는 데 필요한 에너지를 얻기 위해 탄소 화합물인 유기물을 분해하여 화학 에너지를 얻고 이산화 탄소를 대기 중에 방출한다. 따라서 생물의 호흡은 대기 중 탄소가 증가하는 요인이다.
ㄷ. 화산 활동을 통해 지권의 탄산염 광물이 이산화 탄소의 형태로 바뀌어 대기로 방출되므로 대기 중 탄소가 증가하는 요인이다.
ㄹ. 지권에 존재하는 유기물인 화석 연료를 연소시키면 탄소의 형태가 이산화 탄소로 바뀌어 대기 중에 방출되므로 대기 중 탄소가 증가하는 요인이다.
바른 풀이 ㄱ. 식물의 광합성은 대기 중의 이산화 탄소를 흡수하여 태양 에너지를 이용해 유기물로 합성하는 과정이므로 대기 중 탄소가 감소하는 요인이다.

17. 답 (가) 기권 (나) 지권 (다) 수권
해설 생물권에서 생물의 호흡(B)를 통해 탄소가 대기 중에 방출될 때 생물권과 상호 작용이 일어나는 권은 기권이다. 따라서 (가)는 기권이다.
화산 가스 분출(A)을 통해 기권으로 탄소가 이동할 때 기권과 상호 작용이 일어나는 권역은 화산 폭발이 일어나는 지권이다. 따라서 (나)는 지권이다.
석회암 생성(C)을 통해 지권 (나) 으로 탄소가 이동할 때 지권과 상호 작용이 일어나는 권역은 탄산 이온의 침전이 일어나서 탄산염이 만들어지는 수권이다. 따라서 (다)는 수권이다.

18. 답 화석 연료의 사용 증가로 지구 온난화가 진행된다면 지권에서는 탄소의 양이 줄어들고 기권의 탄소의 양이 늘어난다. 그러나 지구 전체에 분포하는 탄소의 총량은 변하지 않는다.
해설 화석 연료인 석유, 석탄 등 유기물의 형태로 탄소는 지권에 분포하는데, 화석 연료를 연소시켜 에너지를 얻으면 유기물에 존재하는 탄소가 이산화 탄소의 형태로 대기 중에 방출된다. 따라서 화석 연료의 사용은 지권에서 기권으로의 탄소 이동이라고 볼 수 있다. 화석 연료의 사용이 늘어난다면 지권에 분포하는 탄소의 양은 줄어들고 기권에 분포하는 탄소의 양은 늘어나겠지만 지구 시스템 내의 권 사이에서 일어나는 이동이므로 지구 전체에 분포하는 탄소의 총량은 변하지 않는다.

19. 답 (1) (가) : 수권, (나) : 기권 (2) A : 석회암, B : 탄소 화합물
해설 (1) (가)는 탄소가 탄산 이온 형태로 존재하므로 수권이다. (나)는 탄소가 이산화 탄소 형태로 존재하므로 기권이다.
(2) A는 지권이고,존재비가 99.93% 인 것으로 보아 석회암(탄산염)이다. B는 생물권에 존재하는 탄소의 형태이므로 탄소 화합물(유기물)이다.

20. 답 ⑤
해설 ㄱ. 질소는 생명체의 몸을 구성하는 단백질의 필수 구성 성분 중 하나이다.
ㄴ. 식물은 기체 형태의 질소를 이용할 수 없으므로 세균에 의해 질산 이온의 형태로 전환된 질소를 흡수하여 이용한다.
ㄷ. 동식물의 배설물이나 사체는 분해자에 의해 분해되어 기권의 질소로 방출된다.

03. 지구 시스템의 지권 변화

개념체크 165 ~ 168 쪽

01. 지구 내부 에너지 **02.** (1) O (2) O (3) X (4) O (5) X **03.** (1) 암석권(판), 연약권 (2) 두껍다 (3) 작다 (4) 맨틀의 대류
04. ㉠ 온도 ㉡ 작아 ㉢ 커
05. (1) D (2) A, B, E (3) C
06. (1) ㄱ, ㅁ (2) ㅂ (3) ㄴ (4) ㄴ, ㄷ, ㄹ

01. 답 지구 내부 에너지
해설 지진과 화산 활동 등 지각 변동은 지구 내부 에너지가 급격히 방출될 때 일어나는 현상으로 화산이 폭발할 때에는 에너지 뿐만 아니라 지구 내부 물질도 같이 방출된다.

02. 답 (1) O (2) O (3) X (4) O (5) X
해설 (1) 변동대는 지진이나 화산 활동과 같은 지각 변동이 활발한 지역을 말한다.
(2) 화산 활동과 지진은 대부분 판 경계에서 판의 상대적인 운동에 의해 발생되기 때문에 대체로 화산대와 지진대는 일치한다.
(4) 전 세계 화산 활동의 약 80 % 가 환태평양 화산대와 지진대에서 일어난다.
바른 풀이 (3) 지진이 발생하는 곳에서 반드시 화산 활동이 일어나는 것은 아니다. 지진대는 화산대보다 광범위한 지역에서 나타난다.
(5) 변동대는 주로 판 경계에서 발생하기 때문에 대륙의 중앙부에는 거의 분포하지 않는다.

03. 답 (1) 암석권(판), 연약권 (2) 두껍다 (3) 작다 (4) 맨틀의 대류
해설 (1) A는 지각과 상부 맨틀의 일부를 포함한 부분으로 암석권에 해당하고, B는 암석권 아래 부분으로 연약권에 해당한다.
(2), (3) 대륙판은 대륙 지각을 포함하고, 해양판은 해양 지각을 포함한다. 대륙 지각은 해양 지각보다 두께가 두껍고 밀도가 작으므로 대륙판은 해양판보다 두께가 두껍고 밀도가 작다.
(4) 판을 이동시키는 원동력은 맨틀의 대류이다.

04. 답 ㉠ 온도 ㉡ 작아 ㉢ 커
해설 판은 맨틀에서 일어나는 대류로 인해 이동한다. 맨틀 상부와 하부의 온도 차이로 대류가 일어나고, 대류를 따라 판이 이동하면서 맨틀 대류의 상승부 판이 멀어지고, 맨틀 대류의 하강부에서 판이 모이면서 지각 변동이 일어난다.

05. 답 (1) D (2) A, B, E (3) C
해설 A는 히말라야 산맥, B는 일본 해구, C는 산안드레아스 단층, D는 대서양 중앙 해령, E는 안데스 산맥이 발달한 판 경계이다.
(1) 발산형 경계는 판과 판이 멀어지는 경계이므로 D에 해당한다.
(2) 수렴형 경계는 판과 판이 서로 가까워지는 경계이므로 A, B, E에 해당한다.
(3) 보존형 경계는 판과 판이 서로 어긋나개 이동하며 스치는 경계이므로 C에 해당한다.

06. 답 (1) ㄱ, ㅁ (2) ㅂ (3) ㄴ (4) ㄴ, ㄷ, ㄹ
해설 (1) 발산형 경계에서 발달하는 지형은 해령과 열곡대이다.
(2) 보존형 경계에서 발달하는 지형은 변환 단층이다.
(3), (4) 수렴형 경계는 대륙판과 대륙판이 충돌하는 경계(충돌형 경계)와 해양판이 대륙판 아래로 섭입하는 경계(섭입형 경계)로 나눌 수 있는데 충돌형 경계에서 발달하는 지형은 습곡 산맥, 섭입형 경계에서 발달하는 지형은 해구, 호상 열도, 습곡 산맥이 있다.

+ 강의 169 쪽

Q1. 답 (가) : D, F (나) : A, B, E
해설 (가)판이 생성되는 곳은 맨틀 대류가 상승하면서 열곡대가 생성되는 발산형 경계이므로 D, F 이다. 맨틀 대류가 하강하는 곳(맨틀 대류 하강부)인 (나)는 판이 모여들면서 가까워지는 수렴형 경계이므로 A, B, E 이다.

꼭 짚기! 170 쪽

1. ③ **2.** ① **3.** ④

1. 답 ③
해설
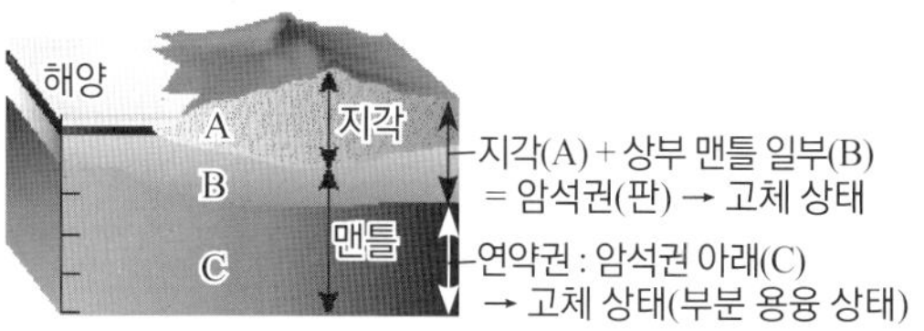

ㄷ. C는 연약권으로 상부와 하부의 온도 차이로 맨틀의 대류가 일어난다.
바른 풀이 ㄱ. 판은 지각(A)과 상부 맨틀의 일부(B)를 포함한다.
ㄴ. 부분적으로 용융되어 유동성이 있어 맨틀의 대류가 일어나는 곳은 연약권인 C이다.

2. 답 ①
바른 풀이 (가)는 수렴형 경계(섭입형)이고, (나)는 발산형 경계이다.
① 변환 단층은 어긋나게 위치한 두 해령 사이에서 해령 방향과 직각 방향으로 판이 각각 이동할 때 서로 반대 방향으로 스치는 두 판의 경계인 보존형 경계에서 발달한다.
해설 ② (가)에서는 해구, 호상 열도, 습곡 산맥이 발달하고 (나)에서는 해령이 발달한다.
③ (가)는 맨틀 대류가 하강하는 수렴형 경계이고, (나)는 맨틀 대류가 상승하는 발산형 경계이다.
④ (가)에서는 천발 ~ 심발 지진, (나)에서는 천발 지진이 활발하게 발생한다.
⑤ (가)에서는 해양 지각이 대륙 지각 밑으로 섭입하여 소멸되고,

(나)에서는 맨틀 대류의 상승에 따른 마그마 발생 및 분출로 화산 활동이 일어나 열곡대를 형성하여 새로운 해양 지각이 생성된다.

3. 답 ④

해설 ㄴ. 화산 활동 시 분출되는 용암이나 용암에 섞여 흐르는 화산 쇄설물은 도로를 파괴하고, 산불이나 산사태를 일으켜 인명이나 재산상 큰 피해를 줄 수 있다.

ㄷ. 화산 기체에 포함된 이산화 황 등의 성분이 빗물에 섞이면 산성을 띠고, 산성비가 내리면 생태계에 피해를 준다.

바른 풀이 ㄱ. 화산재는 칼륨, 나트륨, 인 등을 함유하고 있어 토양을 비옥하게 한다.

스스로 실력 높이기

171 ~ 174 쪽

01. ③ **02.** ③ **03.** 해설 참조 **04.** ③
05. ⑤ **06.** ② **07.** ⑤
08. (가) 수렴형 (나) 발산형 (다) 보존형
09. ③ **10.** ⑤ **11.** ①
12. (1) A-C, C-D, D-F (2) B-C, D-E, 해설 참조
13. ② **14.** ③ **15.** ① **16.** ⑤ **17.** ③
18. ⑤ **19.** ④

01. 답 ③

바른 풀이 ③ 화산대보다 지진대가 더 넓게 분포하며, 지진이 발생하는 곳에서 항상 화산 활동이 일어나는 것은 아니다.

해설 ① 화산 활동과 지진은 지구 내부 에너지가 급격히 방출할 때 지권에서 발생하는 현상이다.

② 전 세계적으로 화산 활동과 지진은 환태평양 지역에서 가장 활발하며, 때문에 '불의 고리'라고 한다.

④ 지진이나 화산 활동과 같은 지각 변동이 자주 일어나는 지역을 변동대라고 한다.

⑤ 전 세계적으로 지진이 자주 일어나는 지역은 대륙 주변부에 좁은 띠 모양으로 분포한다.

02. 답 ③

해설 ㄱ. 지진이 발생하는 곳에서 항상 화산 활동이 일어나는 것은 아니다. (가)에서 지진이 발생한 지점이 (나)에서 화산이 분포하는 지점보다 많으므로 지진은 일어나지만 화산 활동은 일어나지 않는 지역이 있다.

ㄴ. 지진과 화산 활동은 주로 판 경계에서 발생하기 때문에 지진과 화산 활동이 일어나는 지역은 대체로 일치한다.

바른 풀이 ㄷ. 태평양 연안에서는 수렴형 경계가 발달해 있어 지각 변동이 매우 활발하게 일어나고, 대서양 연안에서는 판의 경계가 거의 없기 때문에 지각 변동이 거의 일어나지 않는다.

03. 답 화산 활동이나 지진과 같은 지각 변동은 대부분 판의 경계에서 판의 상대적인 운동에 의해 발생하기 때문에 화산대와 지진대, 판 경계가 대체로 일치한다.

해설 판 구조론에 의하면 지구 표면은 10여 개의 판으로 이루어져 있고, 이 판들은 지구 내부의 맨틀 대류로 인해 서로 다른 방향과 속도로 움직이며 상호 작용한다. 이때 판 경계 부분에서 화산 활동이나 지진과 같은 지각 변동이 활발하게 일어난다.

04. 답 ③

해설 ㄱ. 지진대나 화산대는 대륙 주변에 좁고 긴 띠 모양으로 분포한다.

ㄷ. 지진이나 화산 활동과 같은 지각 변동이 자주 일어나는 지역을 변동대라고 한다.

바른 풀이 ㄴ. 변동대는 대륙 주변부 즉, 판의 경계에 주로 위치한다. 판의 중앙부는 지각 변동이 거의 일어나지 않는다.

05. 답 ⑤

해설 ⑤ 대륙 지각이 해양 지각보다 두껍고 가벼우므로 대륙판이 해양판보다 두껍고 밀도가 작다.

바른 풀이 ① 지구를 덮고 있는 암석권(판)은 여러 조각으로 나누어져 있다. 각 조각 사이는 판의 경계를 이룬다.

② 연약권은 고체 상태이다. 다만 부분적으로 용융되어 있어 유동성이 있다.

③ 판은 약 100 km 두께의 암석권으로, 지각과 맨틀의 최상부를 포함하고 있다.

④ 대륙 지각의 평균 두께는 약 35 km 이고, 해양 지각의 평균 두께는 약 5 km 이다. 따라서 대륙판이 해양판보다 더 두껍다.

06. 답 ②

바른 풀이 ② 암석권 아래에 있는 맨틀 상부의 연약권은 부분적으로 용융되어 있어 유동성이 있고, 연약권에서 일어나는 대류로 판이 이동할 수 있다.

해설 ①, ④, ⑤ 지구 표면은 10 여 개의 크고 작은 판으로 구성되어 있고, 판의 이동 방향과 이동 속도는 판마다 다르므로 판 경계에서 지각 변동이 일어난다.

③ 지각과 상부 맨틀의 일부를 포함한 약 100 km의 단단한 부분을 암석권이라고 하고, 암석권의 조각을 판이라고 한다.

07. 답 ⑤

바른 풀이 ⑤ A(해령)에서는 마그마가 상승하면서 화산 활동이 일어나고, C(해양-대륙 수렴형 경계)에서는 섭입대에서 생성된 마그마가 분출하여 화산 활동이 활발하다. 하지만 B(보존형 경계)에서는 판이 어긋나서 반대로 이동하지만 판이 깊은 곳까지 들어가지 못해 마그마가 생성되지 않으므로 화산 활동이 발생하지 않는다.

해설 ①, ② A는 발산형 경계, B는 보존형 경계, C는 수렴형 경계이다. 따라서 A에서는 해령, B에서는 변환 단층, C에서는 해구, 호상 열도, 습곡산맥이 발달한다.

③ 발산형 경계인 A에서는 새로운 해양 지각이 생성되면서 판이 생성되고, 수렴형 경계인 C에서는 판이 섭입되면서 해양 지각이 소멸된다.

④ A와 B 에서는 천발 지진, C에서는 천발 ~ 심발 지진이 자주 발생한다.

08. 답 (가) 수렴형 (나) 발산형 (다) 보존형

해설 판의 생성이나 소멸이 없는 경계는 보존형 경계이다. 따라서 (다)는 보존형이다. 천발 지진과 심발 지진이 모두 발생하는 경

계는 수렴형 경계이고, 발산형 경계는 천발 지진만 발생한다. 따라서 (가)는 수렴형, (나)는 발산형이다.

09. 답 ③

해설 ㄱ. (가)는 해양판과 해양판이 멀어지는 발산형 경계이므로 해령이 발달한다.
ㄷ. (가)에서는 마그마가 상승하므로 화산 활동과 천발 지진이 활발하게 일어나고, (나)에서는 판이 깊은 곳까지 들어가므로 화산 활동과 천발~심발 지진이 활발하게 일어난다.
바른 풀이 ㄴ. (나)는 밀도가 큰 해양판이 밀도가 작은 대륙판 아래로 섭입하는 수렴형 경계이다.

10. 답 ⑤

해설 ㄱ. A에는 두 대륙판이 충돌하면서 습곡 산맥이 발달하고, B에는 대륙판 아래로 밀도가 큰 해양판이 섭입하면서 깊은 골짜기인 해구가 발달한다.
ㄴ. C는 산안드레아스 단층으로, 변환 단층이 육지로 드러나 있는 곳이다.
ㄷ. B는 해구, D는 해령이 발달한다. 해령에서 새로운 판이 생성되어 해구에서 소멸되므로 해령(D)에서 해구(B)로 갈수록 암석의 나이가 많고 퇴적물의 두께가 두껍다.

11. 답 ①

해설 ㄱ. 동아프리카 열곡대는 대륙판(아프리카판)이 갈라져서 서로 멀어지는 발산형 경계이므로 (가)의 과정에 의해 형성된다.
바른 풀이 ㄴ. (가)에서는 맨틀 물질이 상승하면서 마그마가 생성되어 화산 활동이 활발하지만 (나)에서는 밀도가 비슷한 두 대륙이 서로 충돌하면서 판이 깊은 곳까지 섭입하지 않으므로 마그마가 생성되기 어렵기 때문에 화산 활동이 활발하지 않다.
ㄷ. (가)는 발산형 경계이므로 천발 지진이 발생하고, (나)는 수렴형 경계 중 충돌형 경계이므로 천발 ~ 중발 지진이 발생한다. 지진이 발생하는 평균 깊이는 (나)가 (가)보다 깊다.

12. 답 (1) A-C, C-D, D-F (2) B-C, D-E, 이유: B-C, D-E 구간은 판 경계가 아니고, 인접한 판이 서로 같은 방향으로 이동하므로 지진이 거의 발생하지 않는다.

해설 (1) A-C 구간과 D-F 구간은 해령이나 열곡대가 발달하는 발산형 경계, C-D 구간은 변환 단층이 발달하는 보존형 경계이다. 발산형 경계와 보존형 경계는 천발 지진이 활발하게 일어난다.

13. 답 ②

해설 ㄴ. A 안데스 산맥은 대륙판과 해양판이 충돌하여 형성된 습곡 산맥, B 히말라야 산맥은 대륙판과 대륙판이 충돌하여 형성된 습곡 산맥이다. 두 산맥 모두 맨틀 대류가 하강하는 수렴형 경계이며, 지진 활동이 활발하다.
바른 풀이 ㄱ. A, B 모두 수렴형 경계에 형성된다.
ㄷ. (가)에서는 해구와 습곡 산맥, (나)에서는 습곡 산맥만 발달한다.

14. 답 ③

해설 판과 판이 멀어지는 발산형 경계 지역을 나타내고 있다.
ㄱ. 발산형 경계는 맨틀 대류가 상승하는 지역이므로 이 지역은 화산 활동이 활발하다.
ㄷ. (가) 지역은 발산형 경계에 위치하므로 이 지역에 발달하는 호수의 폭은 장력으로 인해 점차 넓어진다.
바른 풀이 ㄴ. 동아프리카 열곡대는 대륙판과 대륙판이 서로 멀어지면서 양쪽에서 당기는 장력이 작용하므로 정단층이 발달한다.

15. 답 ①

해설 ㄱ. A는 해양판, B는 대륙판에 위치하므로 판의 평균 두께는 A보다 B가 더 두껍다.
바른 풀이 ㄴ. C는 보존형 경계(변환 단층)지역이므로 천발 지진이 발생하지만 화산 활동은 일어나지 않는다.
ㄷ. D는 판 경계의 서쪽에 위치하므로 태평양판에 위치한다.

16. 답 ⑤

해설 ㄱ. 천발~심발 지진이 골고루 일어나고 있으므로 태평양판이 필리핀판 밑으로 섭입하는 수렴형 경계이다.
ㄷ. 섭입대에서 지진이 일어나고, 필리핀 판 쪽으로 갈수록 섭입대의 깊이가 깊어지므로 진원의 깊이도 필리핀판 쪽으로 갈수록 깊어진다.
바른 풀이 ㄴ. 섭입대는 필리핀판 아래이므로 화산활동은 필리핀판 쪽에서 주주로 일어난다.

17. 답 ③

바른 풀이 ③ 지진이 발생하면 건물이나 도로에 균열이 생길 수 있으므로 지진 발생 지점 주변에 댐이나 수로 건설은 피해야 한다.
해설 ①, ②, ④, ⑤ 지진 피해를 줄이기 위해서는 조기 경보 시스템을 구축하고, 건물을 세울 때 내진 설계를 하고, 지진 재해 관리와 복구 시스템을 구축하고, 지진 발생 시 행동 요령을 숙지하여 피해를 최소화 한다.

18. 답 ⑤

해설 ㄱ. 화산 지대에는 지하수가 가열되므로 온천 등이 발달하여 관광 자원으로 이용될 수 있다.
ㄴ. 화산이 폭발하면 지하 깊은 곳에서 생성된 유용한 광물이 지표로 분출되기도 한다.
ㄷ. 퇴적된 화산재에는 인, 칼륨 등이 포함되어 있어 토양에 쌓이면 토양을 비옥하게 만든다.

19. 답 ④

바른 풀이 ④ 해저에서 지진이 발생하면 그 진동으로 지진 해일(쓰나미)이 발생한다. 지진 해일이 해안 지역을 덮치면 큰 인명 및 재산 피해가 발생할 수 있다.
해설 ① 화산재는 항공기의 시야를 흐리게 할 뿐만 아니라 엔진에 들어가 고장을 일으키기도 한다.
② 지진이 발생하면 건물이 붕괴되어 누전이나 합선 등에 의해 화재가 발생할 수 있다.
③ 지진파를 분석하면 석유나 천연가스 등 지하자원이 매장된 지역을 찾을 수 있다.
⑤ 화산 지대에는 지열이 많이 방출되므로 이를 이용하여 난방을 하거나 발전소를 세워 전기를 생산할 수 있다.

단원마무리 175 ~ 179쪽

01. ④ 02. ⑤ 03. 해설 참조 04. ①
05. ④ 06. ② 07. ③ 08. ⑤ 09. ⑤
10. 해설 참조 11. ② 12. ③ 13. ⑤
14. ⑤ 15. (1) X (2) X (3) O 16. ③
17. (가) ㄷ (나) ㄱ (다) ㄴ
18. ㉠ 수렴 ㉡ 큰 ㉢ 작은 ㉣ 해구/호상 열도
㉤ 호상 열도/해구 ㉥ 충돌 ㉦ 습곡 19. ②
20. ⑤ 21. B, 해설 참조 22. ② 23. ⑤

01. 답 ④

해설 ㄱ, ㄷ. 각 구성 요소들은 서로 유기적으로 연결되어 서로 영향을 주고받으면서 시스템을 이루고 있으며 구성 요소들 간의 상호 작용을 통해 물질과 에너지가 이동한다.

바른 풀이 ㄴ. 외권과 지구 시스템의 나머지 요소 사이에서 에너지의 출입은 존재하지만 운석 외의 물질의 이동은 거의 없다.

02. 답 ⑤

해설 ⑤ 지권의 층상 구조 중 가장 큰 부피를 차지하는 것은 맨틀로, 지권 전체 부피의 약 80%를 차지한다.

바른 풀이 ① 지권에서 액체 상태인 것은 외핵 뿐으로, 맨틀과 내핵, 지각은 모두 고체 상태이다.

② 해수의 혼합층은 바람에 의해 혼합되어 깊이에 따른 수온이 거의 일정한 층으로, 바람의 세기가 강할수록 층의 두께가 두꺼워진다.

③ 기권은 높이에 따른 기온 분포를 기준으로 구분한다.

④ 지구 자기장은 지권의 외핵에서 일어나는 철과 니켈의 대류로 인해 형성된다.

03. 답 기권의 층상 구조는 높이에 따른 기온 분포를 기준으로 구분하고 해수의 층상 구조는 깊이에 따른 수온 분포를 기준으로 구분한다.

해설 기권의 층상 구조에서 대류권과 중간권은 높이 올라갈수록 기온이 하강하고, 성층권과 열권은 높이 올라갈수록 기온이 상승한다.

해수의 층상 구조에서 혼합층은 태양 복사 에너지를 흡수하여 수온이 높고, 바람에 의해 혼합되어 깊이에 따른 수온이 거의 일정한 것이 특징이다. 그 아래의 수온 약층은 바람의 영향을 받지 않기 때문에 깊이가 깊어질수록 수온이 급격하게 낮아지며, 심해층은 태양 복사 에너지가 도달하지 않아 수온이 매우 낮고 계절이나 위도, 깊이에 따른 수온 변화가 거의 없다.

04. 답 ①

해설 ㄱ. A층은 중간권 아래에 있는 성층권, B층은 지표면 위에 있는 대류권이다.

바른 풀이 ㄴ. C층은 철과 니켈 등의 무거운 물질로 이루어진 핵으로, 그 중 내핵은 고체이지만 외핵은 액체이다.

ㄷ. 기권은 높이에 따른 온도 변화를 기준으로 층상 구조를 구분하지만 지권은 깊이에 따른 지진파의 속도를 기준으로 구분한다. 이때 지진파의 속도는 통과하는 물질의 성분과 상태에 따라 달라진다.

05. 답 ④

해설

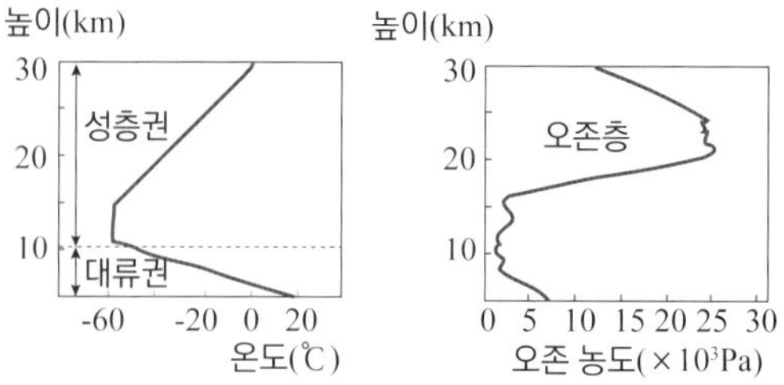

(가) (나)

(가)에서 높이가 올라갈수록 온도가 낮아지는 B는 대류권, 높이가 올라갈수록 온도가 높아지는 A는 성층권이다. 또한 (나)에서 오존 농도가 높게 형성되어 있는 높이 약 20 ~ 30km 구간은 성층권에 존재하는 오존층의 존재를 나타낸다.

ㄴ. 성층권(A)은 높이 올라갈수록 기온이 상승하기 때문에 대류가 일어나지 않지만 대류권(B)은 높이 올라갈수록 기온이 하강하기 때문에 대류가 일어나 공기의 연직 운동이 더 활발하게 나타난다.

ㄷ. 성층권(A)은 오존층이 태양의 자외선을 흡수하여 온도가 높아지는 것이므로 오존층이 파괴된다면 성층권의 평균 온도는 하강할 것이다.

바른 풀이 ㄱ. 오존층은 A 성층권에 존재한다.

06. 답 ②

해설 A는 내핵, B는 외핵, C는 맨틀, D는 지각이다.

ㄷ. 외핵(B)은 철과 니켈로 이루어졌지만 액체 상태이며, 이 외핵의 대류로 인해 지구 자기장이 형성되었다.

바른 풀이 ㄱ. 철과 같은 무거운 물질은 층상 구조의 형성 때 중심으로 가라앉았으므로 지각(D)보다 내핵(A)에서 함량비가 가장 높다.

ㄴ. 맨틀(C)은 고체 상태이지만 유동성이 있어 대류가 일어난다.

07. 답 ③

해설 A는 혼합층, B는 수온 약층, C는 심해층이다.

ㄱ. 혼합층(A)은 태양 복사 에너지를 흡수하여 수온이 높으며, 바람에 의해 혼합되어 깊이에 따른 수온이 거의 일정하다.

ㄷ. 심해층(C)은 태양 복사 에너지가 도달하지 않아 수온이 매우 낮으며 계절이나 위도, 깊이에 따른 수온 변화가 거의 없다.

바른 풀이 ㄴ. 수온 약층(B)은 매우 안정한 층으로 해수의 연직 운동이 일어나기 어려워 혼합층과 심해층 사이의 물질과 에너지 교환을 차단한다.

08. 답 ⑤

해설 ㄱ. 생물권은 지구 시스템의 구성 요소 중 가장 마지막에 형성된 요소로 기권, 지권, 수권이 형성된 후에 형성되었다.

ㄴ. 생물권은 미생물을 포함하여 지구에 살고 있는 모든 생물을 말하므로 기권, 지권, 수권에 모두 걸쳐 분포한다.

ㄷ. 생물권은 광합성과 호흡을 통해 기권과 상호 작용하고, 풍화나 생물의 사체를 분해하는 과정에서 지권과 상호 작용하

며, 물속에 용해된 물질을 흡수하는 등의 과정에서 수권과도 상호 작용한다.

09. 답 ⑤

해설 태풍을 발생시키는 에너지원 A는 태양 에너지이고, 밀물과 썰물을 일으키는 에너지원 B는 조력 에너지이다. 화산 폭발을 일으키는 에너지원 C는 지구 내부 에너지에 해당한다.
ㄱ. 지구 시스템의 에너지원 중 가장 많은 양을 차지하는 (가)는 태양 에너지로, A에 해당한다.
ㄴ. 지권에서 발생하는 에너지인 (나)는 지구 내부 에너지로, C에 해당하며 이로 인해 외핵의 대류가 일어나 지구 자기장이 형성되었다.
ㄷ. (다)는 달과 태양의 인력에 의해 발생하는 조력 에너지로 B에 해당한다.

10. 답 (가) 황사는 지권의 모래나 미세 먼지 등이 기권의 바람에 의해 이동하는 현상이므로 **지권과 기권**의 상호 작용에 해당하며, 바람 등 대기의 순환은 **태양 에너지**를 근원으로 한다.
(나) 태풍은 수권의 열에너지로 인해 기권으로 수증기가 증발하여 발생하는 현상이므로 **기권과 수권**의 상호 작용에 해당하며, 수권의 열에너지는 **태양 에너지**를 근원으로 한다.
(다) 지진 해일은 지권에서 지진이 일어났을 때 그 충격이 수권의 해양에 영향을 끼치면서 발생하는 것으로 **지권과 수권**의 상호 작용에 해당하며, 지진은 **지구 내부 에너지**를 근원으로 발생한다.

11. 답 ②

해설 ㄴ. 물은 각 권 사이를 이동하지만 각 권에서의 유입량과 방출량이 일정하게 유지되므로 지구 전체에서 대기의 물의 양은 일정하게 유지된다.
바른 풀이 ㄱ. A 과정(바다→대기)은 바다에서 대기로 물이 증발하여 이동하는 것이다. 비나 눈은 대기에서 수증기가 응결하여 바다나 육지에 내리는 것이다.
ㄷ. 바다에서 대기로 증발하는 수증기의 양이 대기에서 육지로 강수하는 비나 물의 양보다 더 많다.

12. 답 ③

해설 (가) 식물에 의한 증산 작용은 생물권에서 흡수한 수분이 수증기로 기권인 대기에 방출되는 것이므로 B 과정에 해당한다.
(나) 증발로 인한 댐의 수위 감소는 수권의 물이 증발하여 기권인 대기에 방출되는 것이므로 C 과정에 해당한다.
(다) 육지에 내린 비가 강물에 유입되는 것은 지권에 내려 퍼져 있던 물이 한곳으로 모여 수권에 유입되는 것으로 F 과정에 해당한다.

13. 답 ⑤

해설 A는 물의 증발, B는 구름의 생성을 나타낸다.
ㄱ. A의 증발은 액체인 물이 기체인 수증기로 상태 변화를 일으키는 것으로 에너지를 흡수하는 과정이고, B의 구름 생성과 강수는 기체 상태였던 수증기가 응결되어 액체인 물로 상태 변화를 일으키는 것으로 에너지를 방출하는 과정이다.
ㄴ. 물의 순환을 일으키는 근본 에너지원은 태양 에너지이다.
ㄷ. 물의 순환 과정 중 구름, 강수, 태풍 등의 기상 현상과 풍화와 침식 작용으로 인한 지형 변화가 일어난다.

14. 답 ⑤

해설 ㄴ. A는 기권에서 생물권으로 탄소가 이동하는 과정이므로 예로 식물의 광합성이 있고 B는 생물권에서 기권으로 탄소가 이동하는 과정이므로 예로 생물의 호흡이 있다.
ㄷ. 수온이 낮아지면 이산화 탄소(기체)의 용해도가 증가하므로 해수로 용해되어 유입되는 양이 방출량보다 많아진다.
바른 풀이 ㄱ. 수권에서 탄소는 탄산 이온 상태로 저장된다.

15. 답 (1) X (2) X (3) O

해설 (3) 해수의 수온이 상승하면 이산화 탄소의 용해도가 감소하므로 해수에서 대기로 방출량이 해수로 용해되어 유입되는 양보다 많아진다. 따라서 C 과정이 활발해진다.
바른 풀이 (1) 석회암은 해수에 존재하는 탄산 이온이 침전되어 생성되는 것으로 수권에서 지권으로의 이동에 해당한다. 대기에서 생물체로 탄소가 이동하는 A의 예로는 광합성이 있다.
(2) 대기에서 해수로 이산화 탄소가 용해되는 B 과정이 활발하게 일어날수록 대기 중 이산화 탄소의 양이 줄어들므로 지구 온난화가 늦춰진다.

16. 답 ③

해설 ㄱ. 기권의 이산화 탄소가 생물권으로 유입되어 유기물의 형태로 저장되는 A 과정의 예로는 광합성이 있다.
ㄹ. 생물의 사체가 오랜 시간에 걸쳐 석탄, 석유 등의 화석 연료가 되면 지권에 포함되며 이때 탄소의 존재 형태는 유기물이다.
바른 풀이 ㄴ. 생물이 에너지를 얻기 위해 유기물을 분해하여 이산화 탄소를 대기로 방출하는 호흡 과정에는 탄소 화합물인 유기물 안에 저장된 화학 에너지를 소모하므로 태양 에너지가 필요하지 않다.
ㄷ. C 과정 뿐만 아니라 모든 탄소의 순환 과정인 A ~ D는 지구 시스템 내에서 이루어지는 것으로 지구 시스템의 전체 탄소량은 일정하게 유지된다.

17. 답 (가) ㄷ (나) ㄱ (다) ㄴ

해설 (가)는 해양판이 대륙판 밑으로 섭입하고 있는 수렴형 경계이므로 안데스 산맥이 해당되고, (나)는 대륙판과 대륙판이 충돌하는 수렴형 경계이므로 히말라야 산맥이 해당된다. (다)는 해양판과 해양판이 섭입하는 수렴형 경계로 마리아나 해구가 해당된다.

18. 답 ㉠ 수렴 ㉡ 큰 ㉢ 작은 ㉣ 해구/호상 열도
㉤ 호상 열도/해구 ㉥ 충돌 ㉦ 습곡

해설 (가) ~ (다)는 모두 두 판이 가까워져 충돌하거나 소멸하는 수렴형 경계에 해당한다. 이 중 (가)와 (다)는 밀도가 큰 판이 밀도가 작은 다른 판 밑으로 섭입되는 섭입형 수렴형 경계로 판의 경계를 따라 해구와 호상 열도가(호상 열도와 해구가) 발달하고, 섭입대 위에서 화산 활동이 발생한다. (나)는 대륙판끼리 충돌하는 충돌형 수렴형 경계로 판의 경계에서 습곡 산맥이 형성된다.

19. 답 ②

해설 ㄴ. 동아프리카 열곡대는 대륙판이 양쪽으로 멀어지는 발산형 경계에 해당한다. 발산형 경계에서는 화산 활동, 천발 지진이 주로 발생하고, 중발, 심발 지진은 거의 발생하지 않는다.

바른 풀이 ㄱ. 열곡대는 판이 멀어지면서 지각이 갈라져 생긴 V자 모양의 골짜기가 길게 발달한 지형이다.

ㄷ. 동아프리카 열곡대는 맨틀 대류가 상승하는 곳에서 대륙판이 양쪽으로 멀어지는 발산형 경계에 해당한다.

20. 답 ⑤

해설 ㄱ. (가)와 (라)는 수렴형 경계, (나)는 보존형 경계, (다)는 발산형 경계이다.

ㄴ. (나) 보존형 경계에서는 판의 생성이나 소멸이 일어나지 않는다.

ㄷ. (다)는 두 판이 멀어지는 발산형 경계(해령)이므로 맨틀 대류가 상승하는 곳에 발달한다.

21. 답 B

A는 히말라야 산맥으로, 대륙판과 대륙판이 충돌하는 수렴형 경계이다. (천발 ~ 중발 지진 활발, 화산 활동 거의 없음)

B는 마리아나 해구로, 해양판과 해양판이 만나 밀도가 큰 해양판이 섭입하는 수렴형 경계이다.

(천발 ~ 심발 지진이 나타나고 화산 활동이 활발함)

C는 대륙 중앙부에 위치하므로 판 경계가 아니다.

D는 대서양 중앙 해령으로, 해양판과 해양판이 멀어지는 발산형 경계이다. (천발 지진, 화산 활동이 활발함)

E는 변환 단층이다. (천발 지진 활발, 화산 활동 거의 없음)

천발 ~ 심발 지진이 활발하고, 화산 활동이 활발한 (라)는 B 마리아나 해구에 해당된다.

22. 답 ②

해설 수렴형 경계에서는 섭입대를 따라 지진이 발생한다. 해구에서는 천발 지진이 발생하고, 대륙 쪽으로 갈수록 지진 발생 지점의 깊이가 깊어져 심발 지진이 발생한다. 따라서 A와 C에 가까운 곳에 각각 해구가 있다.

ㄴ. C는 천발 화산 활동이고, D는 섭입대가 깊게 형성되어 천발~심발 화산 활동이므로 D에서 화산 활동이 더 활발하다.

바른 풀이 ㄱ. A에서는 천발 지진이 발생하고 B에서는 천발~심발 지진이 발생하므로 해구는 A에 가까운 곳에 있다.

ㄷ. 수평 거리가 같을 때 지진이 발생한 깊이는 (가)가 (나)보다 깊으므로 두 판의 경계면의 평균 기울기는 (가)가 (나)보다 크다.

23. 답 ⑤

해설 ㄱ. 화산 활동에 의해 기권으로 방출된 화산재는 햇빛을 가려 지구의 평균 기온을 낮추기도 한다.

ㄴ. 화산 주변의 지열을 이용하여 난방을 하거나 전기 에너지를 생산할 수 있다.

ㄷ. 화산 활동으로 분출된 화산 가스는 산성비를 내리게 하여 생태계에 피해를 주고, 용암은 마을로 흘러 인명과 재산 피해를 준다. 화산재는 항공기 운항 등에 방해가 된다. 따라서 화산 활동으로 분출된 물질은 사회적, 경제적인 피해를 준다.

핵심 요약 2. 지구 시스템 180 쪽

01 지구 시스템의 구성

❶ 지권 ❷ 심해층 ❸ 외권 ❹ 먹이 그물

02 지구 시스템의 에너지와 물질 순환

❶ 조력 에너지 ❷ 태양 에너지
❸ 에너지 평형 ❹ 물의 순환
❺ 이산화 탄소

03 지구 시스템의 지권 변화

❶ 지구 내부 ❷ 판 경계 ❸ 판
❹ 맨틀의 대류 ❺ 발산형 ❻ 천발 지진
❼ 해령 ❽ 습곡 산맥

내신 기출 모의고사 1회

181 ~ 183 쪽

01. 지구 시스템, 수권 **02.** (1) O (2) X (3) X
03. (1) O (2) X (3) X **04.** ①
05. ⑤ **06.** 지구 내부 에너지
07. (1) 기권 (2) 태양 (3) 기권
08. (1) O (2) O (3) X **09.** ③
10. ④ **11.** ③ **12.** ④ **13.** ③
14. ④ **15.** ③

01. 답 지구 시스템, 수권

해설 지구를 구성하는 여러 요소들이 서로 영향을 주고 받으면서 하나의 시스템을 이루고 있는 것을 지구 시스템이라 하고, 기권, 지권, 수권, 생물권, 외권으로 구성되어 있다.

02. 답 (1) O (2) X (3) X

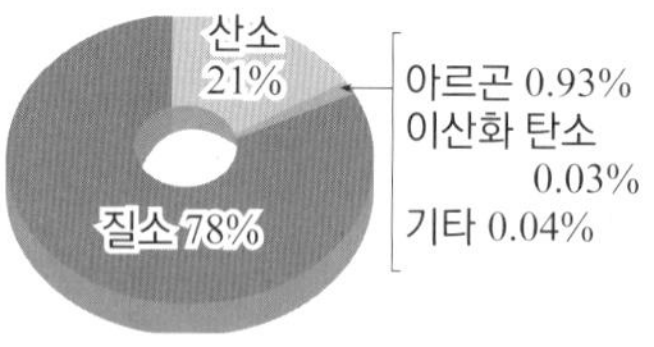

해설 대기의 구성 성분 중 78%로 가장 많은 원소 A는 질소, 21%로 두번째로 많은 원소 B는 산소, 0.03%를 차지하는 원소 C는 이산화 탄소이다.

ㄱ. 대기의 구성 성분 중 가장 많은 A 원소는 질소이다.

바른 풀이 ㄴ. B는 산소이고, 생물권의 광합성에 의해 소비되는 것은 이산화 탄소이다.

ㄷ. C는 이산화 탄소이고, 성층권 내에 높은 밀도로 존재하여 자외선을 흡수하는 것은 오존이다.

03. 답 (1) O (2) X (3) X

해설 (1) 지구 자기장은 유해한 우주선과 태양풍을 차단하여 지구의 생명체를 보호하는 역할을 한다.

바른 풀이 (2) 지구 자기장은 우주선과 태양풍을 차단하지만, 자외선을 차단하지는 못한다.
(3) 외권과 지구 시스템의 나머지 요소들과의 사이에서 에너지의 출입은 일어나지만 운석 외의 물질의 이동은 거의 없다.

04. 답 ①

해설 A는 지각, B는 맨틀, C는 외핵, D는 내핵이다.
ㄱ. B 맨틀은 A~D 층 중에서 부피가 가장 크다.
바른 풀이 ㄴ. C 외핵은 액체 상태로 대류가 일어나는 층이며, D 내핵은 고체 상태이다.
ㄷ. 규산염 광물로 이루어진 층은 A 지각이며, C 외핵은 철과 니켈 등의 무거운 물질로 이루어져 있다.

05. 답 ⑤

해설 위도 30°의 중위도 지역에서는 바람이 강하게 불어 혼합층이 두껍게 발달한다.
ㄱ. A는 혼합층으로 바람이 강하면 해수가 잘 섞이므로 두껍게 발달한다. 중위도 지역에서 가장 두껍다.
ㄴ. B는 수온 약층으로 아래로 갈수록 수온이 낮아지므로 대류가 일어나지 않아 매우 안정한 층이다.
ㄷ. C는 심해층으로 햇빛이 거의 도달하지 않아 수온 변화가 거의 없다.

06. 답 지구 내부 에너지

해설 맨틀 대류에 의해 대륙을 이동시키고 지진과 화산 활동을 일으키는 지구 시스템의 에너지원은 지구 내부 에너지이다.

07. 답 (1) 기권 (2) 태양 (3) 기권

해설 (1) 강수 과정은 기권의 수증기가 응결하여 지권이나 수권으로 물이 이동하는 과정이다.
(2) 물의 순환을 일으키는 근원 에너지는 태양 에너지이고, 조력 에너지는 밀물과 썰물을 일으켜 해안 지형을 변하게 한다.
(3) 바다에서 물이 증발할 때 수권의 물 분자가 열에너지를 흡수하여 기체인 수증기로 상태가 변하고 기권으로 유입되므로, 열에너지는 기권으로 이동한다.

08. 답 (1) O (2) O (3) X

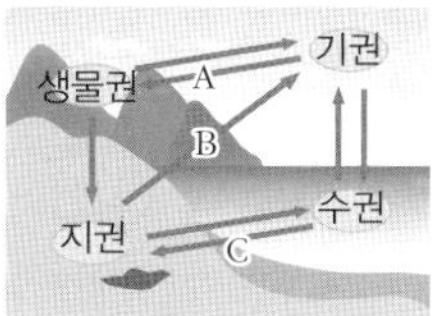

해설 (1) 광합성은 식물이 기권의 이산화 탄소를 흡수하여 유기물의 형태로 저장하는 과정으로 기권에서 생물권으로 탄소가 이동하는 A 과정에 해당한다.
(2) B 과정은 지권에서 탄산염이나 화석 연료의 형태로 존재하는 탄소가 기권의 이산화 탄소로 방출되는 것으로 B 과정이 활발해지면 기권의 이산화 탄소의 양이 늘어나 지구 온난화의 속도가 빨라진다.
바른 풀이 (3) C 과정은 수권의 탄산 이온이 침전되어 무기물인 석회암 등 탄산염의 형태로 지권에 저장되는 것이다. 유기물 형태로 탄소가 지권에 저장되는 것은 화석 연료로, 생물의 사체가 오랜 시간이 지나 형성된 석탄이나 석유 등이 있으며, 생물권과 지권의 상호 작용에 해당한다.

09. 답 ③

바른 풀이 ③ 식물의 광합성은 대기 중의 이산화 탄소와 빛에너지가 식물체 내의 포도당으로 합성되는 것으로 탄소의 대기→생물권 이동에 해당한다.
해설 A는 화산 활동에서의 이산화 탄소, 메테인 등을 포함한 화산 가스가 대기로 방출되는 것이고, B는 동식물이 땅에 묻혀 화석 연료가 생성되는 과정이 해당되며, C는 생물체의 호흡으로 이산화 탄소가 대기 중으로 방출되는 것이 해당되며, D는 대기 중 이산화 탄소가 해수에 용해되는 것이 해당되며, E는 바닷물에 녹아있던 탄산 이온이 침전되어 석회암이 형성되는 과정이 해당된다.

10. 답 ④

해설 화산 활동과 지진이 일어나는 지역인 변동대는 대부분 판의 경계에 위치하므로 화산대와 지진대가 거의 일치한다.

11. 답 ③

해설 A는 해령, B는 해양판과 대륙판의 섭입형 경계, C는 양쪽 판이 같은 방향으로 이동하므로 판의 경계가 아니며, D는 양쪽 판이 반대 방향으로 이동하므로 보존형 경계에 해당한다.
ㄱ. A, B, D 에서는 지진이 발생한다.
ㄴ. B는 밀도가 큰 해양판과 밀도가 작은 대륙판이 충돌하여 해양판이 대륙판 밑으로 섭입하는 경계이다.
바른 풀이 ㄷ. C와 D에서는 모두 판의 연직 운동이 일어나지 않으므로 화산 활동은 일어나지 않는다.

12. 답 ④

해설 ④ 화산 활동에 의해 판의 경계의 대륙판쪽 지표면에는 호상(활 모양) 열도가 만들어지는데 일본이 그러한 예이다.
바른 풀이 ① B에서 A로 갈수록 깊은 곳에서 지진이 일어나는 곳의 지표면이 되므로 B에서 A로 갈수록 심발 지진이 일어난다.
② 위와 같은 지형은 섭입형(수렴형)경계이다.
③ 위와 같은 지형은 밀도가 작은 대륙판과 밀도가 큰 해양판이 만나 이루어진다.
⑤ 우리나라도 판의 경계에 가까운 위치이므로 지진과 화산 활동에 대비해야 한다.

13. 답 ③

해설 (가) 맨틀 대류의 하강부에서는 판이 수렴하면서 해구, 호상 열도, 습곡 산맥이 형성되고, (나) 맨틀 대류의 상승부에서는 열곡대나 해저 산맥인 해령이 생성되어 새로운 지각이 형성되면서 판이 양쪽으로 이동한다.

14. 답 ④

해설 A는 동태평양 해령, B는 페루 - 칠레 해구, C는 대서양 중앙 해령이다. 해령에서 판이 생성되어서 해구쪽으로 이동하다가 해구에서 소멸되므로 지층의 연령은 해구쪽으로 갈수록 많다.
ㄴ. B는 나스카판이 남아메리카판 아래로 섭입하는 경계로 발달한 지형은 페루 - 칠레 해구이다
ㄷ. C는 맨틀 대류가 상승하는 발산형 경계에서 발달하는 해령으

로 천발 지진이 활발하게 발생한다.
바른 풀이 ㄱ. A, C는 맨틀 대류가 상승하는 발산형 경계에서 발달하는 지형이고, B는 맨틀 대류가 하강하는 수렴형 경계에서 발달하는 지형이다. 따라서 A에서는 새로운 판이 생성되어 이동하다가 B에서는 판이 소멸된다.

15. 답 ③
해설 화산 활동은 지구 시스템의 여러 요소에 피해를 줄 뿐만 아니라 사회적, 경제적, 환경적 피해를 준다.
ㄱ. 화산재가 하늘을 뒤덮어 기온이 낮아진 것은 지권의 화산 활동이 기권에 영향을 미친 것이다.
ㄴ. (나)는 화산 활동이 지상 생물과 농작물에 피해를 주었으므로 생물권에 피해를 입힌 사례이다.
바른 풀이 ㄷ. 화산 활동에 의해 화산재가 발생하여 항공기 운항 정지와 식료품 사재기 등의 혼란이 발생한 것은 사회적 피해에 해당되고, 건물이 붕괴되고, 여러 산업 분야에 타격을 준 사례는 경제적 피해에 해당된다.

내신 기출 모의고사 2회

184 ~ 187 쪽

01. ⑤ **02.** ④ **03.** ③ **04.** ④
05. ① **06.** 해설 참조 **07.** ③
08. ① **09.** ② **10.** ①
11. 해설 참조 **12.** ⑤ **13.** ③
14. ④ **15.** ⑤ **16.** ② **17.** ③
18. (1) ㄱ, ㅁ (2) ㄷ (3) ㄱ, ㅁ **19.** ⑤

01. 답 ⑤
해설 ㄱ. (가)의 B층은 성층권으로 오존층이 지구 자외선을 흡수하므로 위로 올라갈수록 기온이 높아진다.
ㄴ. (가)의 C층은 중간권, (나)의 a층은 혼합층으로, 중간권은 높이 올라갈수록 기온이 하강하여 대류가 일어나고 혼합층은 바람에 의해 해수가 혼합되므로 연직 운동이 활발하게 일어난다.
ㄷ. (가)와 (나) 모두 깊이와 높이에 따른 연직 온도 분포를 기준으로 층상 구조를 구분하였다.

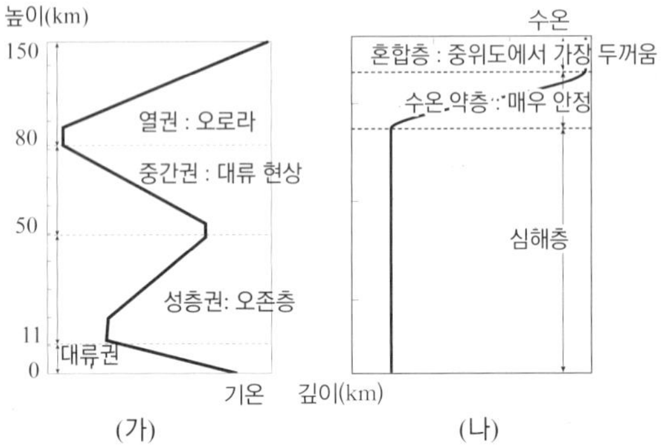

(가) (나)

02. 답 ④
해설 ㄱ. A는 대륙 지각이며 밀도가 약 2.7 g/cm^3, B는 해양 지각이며 밀도가 약 3.3 g/cm^{3}이어서 B의 밀도가 크다.
ㄷ. C 맨틀의 상부는 유동성이 있어 대류가 일어나 판을 이동시킨다.
바른 풀이 ㄴ. A, B, C는 모두 고체 상태이다.

03. 답 ③
해설 ③ 지권의 층상 구조는 지진파의 속도를 기준으로 구분하며, 지진파의 속도는 통과하는 물질의 구성 성분과 상태에 따라 달라진다.
바른 풀이 ① 지권에서 외핵은 액체 상태이다.
② 무거운 물질인 철의 함량비가 가장 높은 곳은 내핵이다. 지각은 비교적 가벼운 규산염 물질로 주로 이루어져 있다.
④ 지권의 변화가 기권에는 화산 활동에 의한 이산화 탄소 농도 변화, 수권에는 지진 해일(쓰나미) 등으로 영향을 미친다.
⑤ 지권은 지각과 지구 내부를 모두 포함하는 영역으로, 지표면에서 깊이 약 6400km까지이다.

04. 답 ④
해설 A는 해수이고, B~D는 육수이다. 육수 중 가장 비율이 큰 형태는 B는 빙하이다. ④가 답이다.

05. 답 ①
해설 B 해역은 A해역보다 표층 수온이 높고 혼합층의 두께가 두껍다.
ㄱ. 일사량이 강하여 표층 수온이 높게 나타난다.
ㄴ. 바람이 강하게 불어 바다의 표층수를 잘 혼합할 수 있으므로 혼합층의 두께가 두껍다.
바른 풀이 ㄷ. 수온 약층의 두께와 ㄹ. 심해층의 기온은 서로 비슷하다.

06. 답 (가)는 수권이 생물권과 상호 작용하는 현상이고, (나)는 기권이 지권과 상호 작용하는 현상이다.
해설 (가)에서 해수의 온도가 상승하는 것은 수권의 변화이고, 이것이 생물권에 해당하는 적조 발생에 영향을 미쳤으므로 수권과 생물권의 상호 작용이다.
(나)에서 사막에 바람이 부는 것은 기권의 변화이고, 이것이 지권에 해당하는 바위에 침식 작용을 일으켜 버섯 바위가 형성되었다.

07. 답 ③
해설 ③ 태양 에너지는 식물이 광합성을 통해 에너지를 흡수하여 지구 생명체의 생명 활동에 사용하는 근원적인 에너지이다.
바른 풀이 ① 판의 운동은 지구 내부 에너지에 의해 일어난다.
② 방사성 원소의 붕괴열은 지구 내부 에너지의 근원이다.
④ 달과 태양의 인력에 의해 발생하는 에너지는 조력 에너지이다.
⑤ 태양 에너지와 지구 내부 에너지, 조력 에너지는 상호 전환되지 않는다.

08. 답 ①
해설 바다에서 물이 증발할 때 액체인 물이 수권에서 열에너지를 얻어 (열에너지가 큰)기체인 수증기로 상태 변화를 일으키는 것이므로 열에너지는 수권에서 기권으로 이동하고, 상승한 수증기가 응결되어 구름이 될 때 기체인 수증기에서 (열에너지가 작은 상태의) 액체인 물로 상태 변화하므로 열에너지가 방출된다.

09. 답 ②

해설 ② 기권으로 유입되는 탄소량 : 90+60+5.5+60=215.5 이고, 기권에서 방출되는 탄소량 : 92+121=213 이므로 기권의 탄소량은 점점 증가하고 있다.

바른 풀이 ① 탄소의 순환은 지구 내 시스템의 각 권 사이에서 일어나는 것이므로 지구 전체의 탄소량은 일정하게 유지된다.
③ 화산 활동이 일어나면 지권의 탄소가 이산화 탄소로 대기 중에 방출되므로 지권의 탄소량은 감소하고 기권의 탄소량이 증가한다.
④ 화석 연료의 사용량이 증가하면 연소 과정에서 기권으로 방출되는 이산화 탄소의 양이 많아지는 것이므로 기권의 탄소량은 증가한다.
⑤ 수온이 상승하면 수권의 기체 용해도 감소로 수권에서 기권으로 방출되는 이산화 탄소의 양이 증가한다.

10. 답 ①

해설 ㄱ. 에너지의 양은 태양 에너지가 대부분(99.99%)이며 그 다음으로는 지구 내부 에너지(0.01%), 조력 에너지(0.002%) 순이다.

바른 풀이 ㄴ. 태양 복사 에너지에 의해 지권의 생태계가 유지된다.
ㄷ. 지진과 화산 활동을 일으키는 에너지는 지구 내부 에너지이다.

11. 답 지구 내부 에너지. 지구 내부 에너지에 의해 외핵의 대류가 일어나 외권에 지구 자기장을 형성하고, 지구 자기장은 태양풍 등 외부에서 오는 유해한 입자들을 막아준다.

12. 답 ⑤

해설 ㄱ. 지권의 화산 활동으로 공기 중 수증기가 늘어나게 되므로 지권이 기권에 영향을 미치는 작용 A에 해당한다.
ㄴ. 생물의 유해가 지권의 석유가 되는 것이므로 생물권이 지권에 영향을 미치는 작용 B에 해당한다.
ㄷ. 수권의 파도가 지권의 바위에 영향을 미치는 것이므로 수권이 지권에 영향을 미치는 작용 C에 해당한다.

13. 답 ③

바른 풀이 ③ 물속 광합성 식물은 물에 녹아있는 이산화 탄소를 흡수하여 포도당을 합성한다. 이것은 탄소가 수권→생물권으로 이동하는 예이므로 C가 아니다.

해설 ① 화산 활동 과정에서 지권의 이산화 탄소가 기권으로 방출된다.(A)
② 식물의 광합성 과정에서 기권의 이산화 탄소가 생물권으로 이동한다.(B)
④ 석회암이 물에 녹는 과정에서 석회암의 탄소가 수권으로 이동한다.(D)
⑤ 수온 상승에 의해 물에 녹아있던 이산화 탄소가 기권으로 이동한다.(E)

14. 답 ④

해설 ㄴ. 식물이 포함하고 있는 질산 이온(NO_3^-)이나 암모늄 이온(NH_4^+)를 동물이 섭취함으로 단백질의 구성 성분이 된다.
ㄷ. 동식물의 배설물이나 사체가 분해자에 의해 분해되는 과정에서 질소 기체(N_2)가 방출되어 기권으로 이동한다.

바른 풀이 ㄱ. 대기 중의 질소 기체는 동식물이 직접 섭취할 수 없으며 질산 이온이나 암모늄 이온 형태로 섭취한다.

15. 답 ⑤

해설 ㄱ. A는 지각과 상부 맨틀의 일부를 포함하는 두께 약 100 km 의 단단한 부분으로 암석권(판)이고, B는 암석권 아래의 깊이 약 100 ~ 400 km 구간인 연약권이다.
ㄴ. B 연약권은 부분적으로 용융되어 있어 유동성이 있으므로 상부와 하부의 온도 차이로 대류가 일어난다.
ㄷ. 해양 지각을 포함하는 해양판은 대륙 지각을 포함하는 대륙판보다 두께가 얇지만 밀도가 크다.

16. 답 ②

해설 A는 판의 생성, 소멸이 일어나는 판의 경계로 화산 활동, 천발~심발 지진이 모두 발생하는 판의 경계는 수렴형 경계이고 발달하는 지형은 해구 , 호상 열도, 습곡 산맥 등이다.
B는 발산형 경계이고 화산 활동, 천발 지진이 발달하며 발달 지형은 열곡대, 해령이 있다.
C는 판의 생성, 소멸이 일어나지 않는 판의 경계로 보존형 경계이며, 화산 활동은 일어나지 않으며 천발 지진이 활발하고, 발달하는 지형은 변환 단층이다.

17. 답 ③

해설 ㄱ. A는 인접한 두 판의 이동 방향이 반대이어서 보존형 경계에 해당되고, B는 인접한 두 판의 이동 방향이 같으므로 판 경계가 아니므로 화산 활동과 지진이 거의 발생하지 않는다.
ㄴ. C는 해령으로 맨틀 물질의 상승에 의해 화산 활동, 천발 지진이 활발하게 발생한다.

바른 풀이 ㄷ. D는 해구이다. 해구는 수렴형 경계에서 발달하는 지형으로 오래된 해양판이 소멸된다.

18. 답 (1) ㄱ, ㅁ (2) ㄷ (3) ㄱ, ㅁ

해설 (1),(3) 해령은 맨틀 대류의 상승부로 판이 생성되는 곳이며 해령의 양쪽 판은 서로 멀어져가므로 발산형 경계에 해당한다. 해령에서는 화산 활동이 활발하게 일어나며, 천발 지진이 발생한다. (A~C, D~F)
(2) C~D 구간은 양쪽 판이 서로 반대 방향으로 운동하므로 보존형 경계이며, 천발 지진이 발생하나 화산 활동은 일어나지 않는다.

19. 답 ⑤

바른 풀이 대륙판과 대륙판 - 발산형 경계인 (가)는 열곡대, 대륙판과 대륙판 - 수렴형 경계인 (나)는 습곡 산맥, 대륙판과 해양판 - 수렴형 경계인 (다)는 해구, 호상 열도, 습곡 산맥, 해양판과 해양판 - 발산형 경계인 (라)는 해령, 해양판과 해양판 - 보존형 경계인 (마)는 변환 단층이 형성된다.
⑤ 대서양 중앙 해령은 해양판끼리 발산하는 발산형 경계이다.

해설 ① 동아프리카 열곡대는 대륙판과 대륙판이 발산하는 경계이다.
② 히말라야 산맥은 대륙판과 대륙판이 수렴하는 경계이다.
③ 일본 해구는 대륙판과 해양판이 수렴하는 경계이다.
④ 동태평양 해령은 해양판과 해양판이 발산하는 경계이다.

3. 생명 시스템

01. 생명 시스템의 기본 단위

개념체크 191 쪽

01. (1) X (2) O **02.** 선택적 투과성
03. 확산 **04.** 삼투

01. 답 (1) X (2) O

바른 풀이 (1) 세포는 생명 시스템을 구성하는 구조적 · 기능적 기본 단위이다.

해설 (2) 세포벽은 식물 세포에만 존재하며, 리보솜과 미토콘드리아는 식물 세포와 동물 세포에 공통으로 존재한다.

02. 답 선택적 투과성

해설 세포막은 물질의 종류에 따라 물질을 투과시키는 정도가 달라 세포를 드나드는 물질 출입을 조절한다. 이와 같은 특성을 세포막의 선택적 투과성이라 한다.

03. 답 확산

해설 기체나 용액 속에 물질 분자들이 분자 운동에 의해 농도가 균일해질 때까지 농도가 높은 쪽에서 농도가 낮은 쪽으로 이동하여 균등하게 분포하는 현상을 확산이라 한다. 에너지가 소비되지 않는다.

04. 답 삼투

해설 세포막과 같은 반투과성 막을 사이에 두고 농도가 낮은 용액에서 농도가 높은 용액으로 용매가 이동하는 현상을 삼투라 한다. 삼투 현상은 일종의 수동 수송이므로 에너지(ATP)가 소비되지 않는다.

+ 탐구 192 쪽

탐구문제 **1.** 답 삼투에 의해 물이 토양에서 식물 뿌리를 통해 식물 세포 안으로 들어가기 때문이다.

해설 오랫동안 식물에 물을 주지 않으면 햇빛에 의한 증산 작용으로 인해 식물체 밖으로 물이 빠져나가게 되므로 식물 세포의 부피가 감소하여 식물은 시들게 된다. 이 식물에 물을 주면 토양에 존재하는 용액의 용질 농도가 낮아지고, 삼투에 의해 물이 토양에서 식물 뿌리를 거쳐 식물 세포 안으로 들어가게 되므로 식물 세포의 부피가 증가하여 식물은 살아나게 된다.

꼭 짚기! 193 쪽

1. (1) ⓞ, ⓩ (2) ⓗ **2.** (1) O_2, CO_2, 호르몬, 지방산, 글리세롤, 에탄올 등 (2) C (3) B **3.** ③

1. 답 (1) ⓞ, ⓩ (2) ⓗ

바른 풀이 ㉠ : 핵 ㉡ : 골지체 ㉢ : 미토콘드리아 ㉣ : 세포막 ㉤ : 리보솜 ㉥ : 소포체 ㉦ : 액포 ㉧ : 엽록체 ㉨ : 세포벽

해설 (1) 동물 세포에는 없고 식물 세포에만 존재하는 세포 소기관은 엽록체와 세포벽이다.

(2) 세포 내 물질 수송의 이동 통로 역할을 하는 ㉥소포체는 리보솜에서 합성된 단백질을 골지체나 세포의 다른 부위로 운반한다.

2. 답 (1) O_2, CO_2, 호르몬, 지방산, 글리세롤, 에탄올 등 (2) C (3) B

해설 (1) A는 인지질 2중층을 직접 통과하는 단순 확산 방법으로서 이동 물질에는 호르몬, 글리세롤, O_2, CO_2, 지방산, 에탄올 등이 있다.

(2) 운반체 단백질에 의한 물질 이동 방법(C)을 통해 이동하는 물질에는 아미노산, 포도당 등이 있다.

(3) 통로 단백질에 의한 물질 이동 방법(B)를 통해 이동하는 물질에는 Na^+, K^+, Cl^- 등이 있다.

3. 답 ③

해설 ㄱ. (나)에서 세포막은 쭈그러들지만, 세포벽에 의해 세포의 형태는 유지되므로 이 모식도는 식물 세포의 농도에 따른 삼투를 나타낸 것이다.

ㄴ. (가)는 세포 밖으로 나가는 물보다 세포 안으로 들어가는 물이 많으므로 용액 ㉠은 저장액이며, (나)는 세포 안으로 들어보는 물보다 세포 밖으로 나가는 물이 많으므로 용액 ㉡은 고장액이다.

바른 풀이 ㄷ. 등장액에서 물의 이동이 일어나지 않는 것처럼 보이는 이유는 세포 안팎으로 출입하는 물의 양이 같기 때문이다.

스스로 실력 높이기 194 ~ 197 쪽

01. (1) X (2) O (3) X **02.** ③
03. (1) 엽록체 (2) 미토콘드리아 (3) 리보솜 (4) 핵 (5) 소포체 (6) 액포 (7) 골지체
04. ② **05.** 리보솜 **06.** ②
07. ㉠ 인지질 ㉡ 막단백질 **08.** ②
09. (1) O (2) O (3) X **10.** (1) X (2) X (3) O
11. ③ **12.** ⑤ **13.** ① **14.** ④
15. ② **16~19.** 해설 참조

01. 답 (1) X (2) O (3) X

해설 (2) 생명 시스템을 구성하는 구조적 · 기능적 기본 단위는 세포이다.

바른 풀이 (1) 동물체의 구성 단계는 세포 → 조직 → 기관 → 기관계 → 개체이며, 식물체의 구성 단계는 세포 → 조직 → 조직계 → 기관 →개체이다.

(3) 단세포 생물은 몸이 한 개의 세포로 이루어진 생물이다. 다세포 생물은 몸이 여러 개의 세포로 이루어진 생물로서 세포마다 고유한 기능을 수행하면서 서로 유기적으로 조직되어 정교한 체제를 이루고 있다.

02. 답 ③

바른 풀이 동물체의 구성 단계 A는 세포, B는 조직, C는 기관, D는 기관계, E는 개체를 나타낸 것이다.

③ 기관은 여러 조직이 모여 고유한 형태와 기능을 나타내는 것이다.

해설 ① 세포는 생명체를 구성하는 기본 단위이다.

② 식물체의 구성 단계는 세포 → 조직 → 조직계 → 기관 → 개체이므로 B 조직은 식물체에도 존재하는 구성 단계이다.

④ 기관계는 식물체에는 없고 동물체에만 존재하는 구성 단계이다.

⑤ 생명 시스템의 마지막 구성 단계 E는 개체이다.

03. 답 (1) 엽록체 (2) 미토콘드리아 (3) 리보솜 (4) 핵 (5) 소포체 (6) 액포 (7) 골지체

해설 (1) 엽록체는 광합성을 통해 포도당을 합성한다.

(2) 미토콘드리아는 세포 호흡을 통해 생명 활동에 필요한 에너지를 생성한다.

(3) 리보솜은 핵으로부터 전달받은 DNA의 유전 정보에 따라 단백질이 합성되는 장소이며, 합성된 단백질은 소포체에 의해 세포의 다른 부위로 운반된다.

(4) 핵은 유전 물질인 DNA를 가지고 있어 유전 현상이 나타나도록 하고, 세포의 생명 활동을 조절하는 중심이 된다.

(5) 소포체는 리보솜에서 합성된 단백질을 골지체 또는 세포의 다른 부위로 이동시키는 통로 역할을 한다.

(6) 액포는 물, 색소, 노폐물 등을 저장하는 장소로서 오래된 식물 세포일수록 크게 발달한다.

(7) 골지체는 소포체에서 전달받은 단백질을 막으로 싸서 세포 밖으로 분비한다.

04. 답 ②

해설 (가) 핵은 유전 물질인 DNA를 가지고 있으며, 세포의 생명 활동을 조절하는 중심이 된다.

(나) 세포막은 세포를 둘러싸고 있는 막으로서 세포의 모양을 유지하고, 세포 안팎으로의 물질 출입을 조절한다.

(다) 미토콘드리아는 산소를 이용하여 포도당을 분해함으로서 세포가 생명 활동을 하는 데 필요한 직접적인 에너지원을 생산한다.

05. 답 리보솜

해설 단백질은 여러 개의 아미노산이 펩타이드 결합으로 연결된다. 단백질이 합성되는 장소는 리보솜이다.

06. 답 ②

바른 풀이 ② 세포 소기관 중 리보솜은 막으로 싸여 있지 않다.

해설 ① 세포벽과 엽록체는 식물 세포에만 존재한다.

③ 막성 세포 소기관 중 핵, 엽록체, 미토콘드리아는 2중막 구조이며, 소포체, 골지체, 액포는 단일막 구조이다.

④ 물, 노폐물, 색소 등을 저장하는 액포는 성숙한(오래된) 식물 세포에서 크게 발달한다.

⑤ 리보솜은 유전 물질(DNA)의 정보를 전달하는 RNA를 이용하여 단백질이 합성되는 장소이다.

07. 답 ㉠ 인지질 ㉡ 막단백질

해설 세포막은 인지질 2중층에 단백질이 파묻혀 있거나 관통하고 있는 구조이다. ㉠은 인지질, ㉡은 막단백질을 나타낸 것이다.

08. 답 ②

해설 ㄱ. 세포막의 인지질 2중층은 유동성이 있어 인지질의 움직임에 따라 막단백질이 인지질층을 떠다닌다.

ㄴ. Na^+, K^+, Cl^-, 포도당, 아미노산 등은 막단백질을 통한 확산(촉진 확산)에 의해 세포막을 통과한다.

바른 풀이 ㄷ. 세포막은 물질을 선택적으로 투과시키는 막으로서 세포막을 출입하는 물질의 종류와 이동 방향을 조절한다.

09. 답 (1) O (2) O (3) X

해설 (1) 세포막은 단순한 반투과성 막이 아니라 물질을 선택적으로 투과시키는 선택적 투과성 막이다.

(2) 인지질의 인산 부분은 친수성이며, 지방산 부분은 소수성이다. 세포막을 구성하는 인지질의 친수성 부분은 각각 세포의 안과 밖을 향하고 소수성 부분은 서로 마주보는 방식으로 2중층을 형성하고 있다.(인지질 이중층)

바른 풀이 (3) 식물 세포의 가장 바깥쪽에는 세포벽이 존재한다. 동물 세포의 가장 바깥쪽에는 세포막이 있다.

10. 답 (1) X (2) X (3) O

해설 (3) 단순 확산의 속도는 세포 안팎의 농도 차에 비례한다.

바른 풀이 (1) 확산은 세포막을 경계로 농도가 낮은 쪽에서 높은 쪽으로 물(용매)이 이동하는 현상이다.

(2) 전하를 띠는 이온이나 포도당, 아미노산, 물 등은 인지질 2중층에 박혀있는 막단백질을 통해 확산된다.(촉진 확산)

11. 답 ③

해설 ㄱ. 단순 확산은 인지질 2중층을 직접 통과하는 확산으로 투과 물질로는 이산화 탄소, 산소, 에탄올, 호르몬, 지방산, 글리세롤 등이 있다. 촉진 확산은 막단백질(통로 단백질, 운반 단백질)을 통해 확산하는 것으로 통로 단백질을 통해 확산하는 투과 물질에는 Na^+, K^+, Cl^- 등 이온이 있으며, 운반 단백질을 통해 확산하는 투과 물질에는 포도당, 아미노산 등이 있다. 따라서 물질 A는 지방산, 물질 B는 Na^+, 물질 C는 포도당이다.

ㄷ. C는 농도가 높은 쪽에서 농도가 낮은 쪽으로 운반 단백질을 통해 촉진 확산한다.

바른 풀이 ㄴ. 확산은 농도가 높은 쪽에서 낮은 쪽으로 세포막을 통해 이동하는 현상으로 에너지는 소비되지 않는다.

12. 답 ⑤

해설 물질 A는 인지질 2중층을 통한 직접 확산 이동을 하며, 물질 B는 막단백질을 통한 촉진 확산 이동을 한다.

ㄱ. 물질 A의 예로는 폐포나 모세혈관에서의 이산화 탄소와 산소의 기체 교환, 에탄올, 호르몬, 지방산, 글리세롤 등이 있다.

ㄴ. 물질 B의 예로는 포도당, 아미노산, 이온 등이 있다.

ㄷ. 물질 A는 인지질 2중층을 통한 직접 확산으로 이동 속도가 세포 안팎의 농도차에 비례한다.

13. 답 ①

해설 ㄱ. 소금물 용액(용매 + 용질)에서 소금은 용질이므로 반투과성 막을 통과하지 못한다.

바른 풀이 삼투는 반투과성 막을 경계로 좌우 두 용액의 농도가 서로 다를 때, 농도가 낮은 용액 쪽에서 농도가 높은 용액 쪽으로 용매(물)가 이동하는 현상이다.

ㄴ, ㄷ. 삼투에 의해 농도가 낮은 용액 쪽에서 농도가 높은 용액 쪽으로 물이 이동하게 되므로 시간이 지남에 따라 반투과성 막을 경계로 양쪽 용액의 농도 차는 작아진다.

14. 답 ④

해설 ㄴ. 세포막은 특정 용질은 통과시키고 특정 용질은 통과시키지 못하는 선택적 투과성 막이다.

ㄷ. 용질은 반투과성 막을 통과할 수 없으며, 농도 차가 존재하는 경우 고농도 용액에서 저농도 용액으로 물(용매)가 이동한다.

바른 풀이 ㄱ. 삼투는 세포막을 사이에 두고 세포막을 통과하지 못하는 용질의 농도가 서로 다를 때, 용질의 농도가 낮은 곳에서 높은 곳으로 물(용매)이 이동하는 현상이다.

15. 답 ②

해설 ㄴ. 원형질 분리는 감자와 같은 식물 세포를 고장액에 넣었을 때 물이 세포 안에서 밖으로 빠져나기 때문에 세포막이 세포벽으로부터 분리되는 현상(원형질 분리)이다.

바른 풀이 삼투는 저농도에서 고농도로 물이 이동하는 현상이다.

ㄱ. 비커 (가)에 넣은 감자 조각의 무게는 감소하였으므로 삼투에 의해 감자 세포 안에서 밖으로 물이 빠져나간 것이다. 그러므로 (가)는 고장액이다. 비커 (나)에 넣은 감자 조각의 무게에는 변화가 없으므로 (나)는 등장액이다. 비커 (다)에 넣은 감자 조각의 무게는 증가하였으므로 삼투에 의해 감자 세포 안으로 물이 들어온 것이다. 그러므로 (다)는 저장액이다.

ㄷ. (나) 등장액에서는 감자 세포 안팎으로 이동하는 물의 양이 동일하기 때문에 감자의 무게 변화량이 없다.

16. 답 폐포와 모세 혈관에서의 O_2와 CO_2의 교환은 고농도에서 저농도로 인지질 2중층을 직접 통과하는 확산(단순 확산)에 의해 일어난다.

해설 기체 교환은 확산 방식으로 세포막을 통해 이루어지며, 농도가 높은 쪽에서 낮은 쪽으로 이동한다.

17. 답 배추를 고장액인 소금물에 담그면 배추의 세포 속 물이 소금물 쪽으로 빠져나가 배추의 부피가 줄어들어 숨이 죽기 때문에 김치 양념이 잘 밴다.

18. 답 단백질을 세포 밖으로 분비하는 세포 소기관은 골지체이므로 막으로 싸인 주머니는 골지체에서 형성된 것이다.

19. 답 과일보다 농도가 높은 꿀 또는 설탕을 이용하여 과일을 절이면 삼투에 의해 과일 속 물이 밖으로 빠져나가게 되므로 과일 안에 살고 있던 대부분의 미생물이 수분을 잃게 되어 죽는다. 따라서 과일을 절이면 미생물 번식을 막을 수 있으므로 오랫동안 보관할 수 있다.

02. 물질 대사와 효소

개념체크 201 쪽

01. (1) O (2) O **02.** 효소
03. 이화 작용, 방출 **04.** 입체 구조, 기질(반응물)

01. 답 (1) O (2) O

해설 (1) 물질대사는 생명 활동을 유지하기 위해 생명체 내에서 일어나는 모든 화학 반응이다.

(2) 활성화 에너지는 화학 반응이 일어나기 위해 필요한 최소한의 에너지이다.

02. 답 효소

해설 효소는 생물체 내에서 활성화 에너지를 감소시켜 물질 대사의 반응 속도를 증가시키는 촉매 역할을 하는 단백질이다.

03. 답 이화 작용, 방출

해설 이화 작용은 큰 분자를 작은 분자로 분해하는 작용이며, 에너지를 방출하므로 발열 반응이라고도 한다.

바른 풀이 물질대사는 동화 작용과 이화 작용으로 구분된다. 동화 작용은 작은 분자를 큰 분자로 합성하는 작용이며, 에너지를 흡수하므로 흡열 반응이라고도 한다.

04. 답 입체 구조, 기질(반응물)

해설 효소는 단백질이 주성분이므로 효소마다 고유한 입체 구조를 가지며, 한 종류의 효소는 입체 구조가 맞는 한 종류의 기질(반응물)하고만 결합하는 기질 특이성을 가진다.

+ 탐구 202 쪽

탐구문제 **1.** 답 기포는 과산화 수소가 분해됨으로써 발생하는 것이므로 감자 즙을 아무리 많이 넣어도 기포의 총량에는 변화가 없다.

해설 감자 즙을 많이 넣으면 효소인 카탈레이스의 양이 많아져 과산화 수소 분해 반응의 속도가 빨라지게 되므로 짧은 시간 안에 기포가 많이 발생할 수 있지만, 발생한 기포의 총량에는 변화가 없다. 즉 기포의 발생 총량은 반응물인 과산화 수소의 양에 비례한다.

꼭 짚기! 203 쪽

1. (1) A : ㉠ B : ㉡ (2) ㉠ : ㄴ, ㄷ ㉡ : ㄱ, ㄹ
2. ㉢, ㉠, ㉡, ㉣

1. 답 (1) A : ㉠ B : ㉡ (2) ㉠ : ㄴ, ㄷ ㉡ : ㄱ, ㄹ

해설 (1) (나)의 A는 반응물이 생성물이 될 때 에너지가 감소(에너지 방출)하므로 이화 작용이고 발열 반응에 해당한다. B는 반응물이 생성물이 될 때 에너지가 증가(에너지 흡수)하므로 동화 작용이고 흡열 반응에 해당한다. 이화 작용은 큰 분자가 작은 분자로 분해되는 반응(㉠)이며, 동화 작용은 작은 분자가 큰 분자로 합성되는 반응(㉡)이다.

(2) ㉠ 큰 분자가 작은 분자로 분해되는 반응은 발열 반응인 이화 작용이며, ㉡ 작은 분자가 큰 분자로 합성되는 반응은 흡열 반응인 동화 작용이다.

2. **답** ㉢, ㉠, ㉡, ㉤

해설 · 효소가 있을 때 활성화 에너지는 ㉢이며, 효소가 없을 때 활성화 에너지는 ㉠이다.

· 효소는 활성화 에너지를 ㉡만큼 감소시킨다.

· ㉤은 반응물의 에너지와 생성물의 에너지 차이로서 효소의 유무에 관계없이 일정하다.

스스로 실력 높이기

204 ~ 207 쪽

01. 화학 반응 **02.** 생체 촉매
03. (1) O (2) O (3) X **04.** B **05.** A **06.** ①
07. ④ **08.** ① **09.** (1) X (2) X (3) O
10. ② **11.** (1) X (2) O (3) X **12.** ⑤ **13.** ②
14. ④ **15.** ①, ②, ⑤ **16.** ②
17. (1) O (2) O (3) O **18.** (1) A (2) D (3) C (4) B
19. (1) X (2) X (3) O **20.** ②, ③, ④
21. 기질 특이성, 효소의 재사용 **22.** 해설 참조

01. **답** 화학 반응

해설 반응물에서 반응물의 원자 간 결합이 끊어진 후 새로운 결합을 형성하여 생성물이 만들어지는 과정을 화학 반응이라고 한다.

02. **답** 생체 촉매

해설 생체 촉매는 생명체 내에서 합성되어 물질대사를 촉진하는 물질로서 효소라고도 한다. 물질대사가 체온 정도의 온도에서 일어날 수 있는 이유는 생체 촉매 때문이다.

03. **답** (1) O (2) O (3) X

해설 (1) 물질대사는 생명체 내에서 일어나기 때문에 낮은 온도에서 화학 반응이 일어날 수 있도록 도와주는 생체 촉매(효소)가 필요하다.

(2) 물질대사에는 동화 작용과 이화 작용이 있다. 동화 작용은 물질을 합성하는 작용이며, 이화 작용은 물질을 분해하는 작용이다. 동화 작용에서는 에너지가 흡수되고 이화 작용에서는 에너지가 방출된다.

바른 풀이 (3) 물질대사 과정에는 반드시 에너지 출입(흡수 또는 방출)이 일어난다.

04. **답** B

해설 B는 반응물이 생성물이 될 때 에너지가 흡수되는 흡열 반응이므로 작은 분자가 큰 분자로 합성되는 동화 작용이다. 동화 작용의 예로는 광합성, 단백질 합성, 녹말 합성 등이 있다.

05. **답** A

해설 A는 반응물이 생성물이 될 때 에너지가 방출되는 발열 반응이므로 큰 분자가 작은 분자로 분해되는 이화 작용이다. 이화 작용의 예로는 세포 호흡, 소화, 간에서 글리코젠 분해 등이 있다.

06. **답** ①

해설 ㄱ. B 동화 작용의 예로는 광합성, 단백질 합성, 녹말 합성 등이 있다.

바른 풀이 ㄴ. 동화 작용은 작은 분자인 반응물을 큰 분자인 생성물로 합성하는 물질대사이다.

ㄷ. 물질대사는 생명 활동을 유지하기 위해 생명체 내에서 일어나는 모든 화학 반응으로서 동화 작용과 이화 작용이 있다. 따라서 동물 세포에서도 동화 작용이 일어난다.

07. **답** ④

해설 ㄴ, ㄷ. 단백질로 구성되어 있으며, 고유한 입체 구조를 갖는 효소는 B 이며, 기질 A는 효소와 반응 후 분해된다. 기질 특이성을 갖기 때문에 B는 반드시 A와 결합하여 반응한다.

바른 풀이 A는 반응물(기질)이며, B는 효소이다.

ㄱ. A 반응물은 반응 후 생성물이 된다. B 효소는 화학 반응에서 반응 속도를 조절하는 역할을 할 뿐 소모되거나 성질이 변하지 않아 반응 후 재사용이 가능하다.

08. **답** ①

바른 풀이 ① 화학 반응이 일어날 때 방출되거나 흡수되는 열량 즉, 반응물과 생성물의 에너지 차이인 반응열은 효소의 유무에 관계없이 일정하다.

해설 ②, ⑤ 효소는 주로 단백질로 구성되어 있으며, 고유한 입체 구조를 갖기 때문에 특정 기질과만 결합한다.

③ 효소는 생물체 내에서 활성화 에너지를 감소시켜 물질 대사의 반응 속도를 증가시키는 촉매 역할을 하는 단백질이다.

④ 효소는 반응이 끝난 후 생성물에서 분리되어도 반응 전과 같은 상태(변형되거나 소모되지 않는다.)이므로 재사용될 수 있다.

09. **답** (1) X (2) X (3) O

해설 (3) 효소는 물질대사와 같은 화학 반응에서 반응 속도를 변화시키는 촉매 역할을 하는 물질로서 반응 전후 변화가 없어 반응 후 다시 반응에 참여할 수 있다.(효소의 재사용)

바른 풀이 (1) 효소는 생명체 내에서 활성화 에너지를 감소시켜 물질대사의 반응 속도를 증가시키는 촉매 역할을 하는 단백질이다.

(2) 효소는 특정 반응물(기질)하고만 결합하여 반응한다(효소의 기질 특이성). 물질대사의 각 단계마다 반응물이 다르므로 이에 작용하는 효소의 종류도 다르다.

10. **답** ②

해설 ㄴ. 특정 효소(C)의 입체 구조와 맞는 특정 기질(B)이 결합하면 효소의 작용에 의해 활성화 에너지가 낮아져 기질이 분해되는 반응이 쉽고 빠르게 일어난다.

바른 풀이 A는 생성물, B는 반응물, C는 효소이다.

ㄱ, ㄷ. 낮은 온도에서 화학 반응의 활성화 에너지를 낮추어 주는 것은 C 효소이다. 효소는 화학 반응을 촉매하는 역할을 할 뿐 소모되거나 성질이 바뀌지 않아 재사용될 수 있다.

11. **답** (1) X (2) O (3) X

해설 (2) 생활 하수, 공장 폐수 속의 오염 물질을 분해하는 효소를 갖는 미생물을 이용하면 오염 물질을 제거할 수 있다.

바른 풀이 (1) 효소의 주성분은 단백질이다.

(3) 활성화 에너지는 효소가 있을 때가 효소가 없을 때보다 낮다.

12. 답 ⑤

해설 ㄱ, ㄷ. ㉡→㉠ 과정에서 기질의 농도가 증가하였고, ㉡에는 아직 결합하지 않은 효소가 있어 반응 속도가 증가하므로 A구간의 모습이다. A 구간에서는 결합하지 않고 있는 효소에 의해 기질의 농도가 증가할수록 생성물의 생성 속도가 증가한다.

ㄴ. B 구간에서는 ㉠과 같이 모든 효소가 기질과 결합하고 있으므로 기질의 농도가 증가해도 초기 반응 속도가 일정하다.

13. 답 ②

해설 ㄷ. 과산화 수소가 감자즙에 들어 있는 카탈레이스에 의해 분해되면 산소가 발생하는데 이 산소는 거름종이의 표면에 달라붙어 거름종이를 수면 위로 떠오르게 한다.

바른 풀이 ㄱ, ㄴ. 감자에 들어있는 효소인 카탈레이스는 과산화수소(H_2O_2)가 물(H_2O)과 산소(O_2)로 분해되는 반응을 촉매하는 역할을 하므로 반응물은 과산화 수소이며, 생성물은 물과 산소이다.

14. 답 ④

해설 ㄴ. 세포 호흡은 생체 촉매인 효소가 관여하여 저온 저압에서 일어날 수 있다. 연소는 촉매 필요없이 고온, 고압에서의 반응이다.

ㄷ. 세포 호흡이 잘 일어나는 온도는 체온 범위인 35~40 ℃ 이고 생체 촉매가 관여하며, 연소는 생체 촉매가 관여하지 않으므로 35~40 ℃ 의 저온에서 일어나지 않는다.

바른 풀이 ㄱ. 세포 호흡과 연소에서 모두 반응물과 생성물이 같으므로 방출되는 에너지의 총량은 같다.

15. 답 ①, ②, ⑤

해설 ① 그래프는 반응물에서 생성물이 될 때 에너지가 감소하였으므로 발열 반응이 일어난 이화 작용이다.

② 효소가 있을 때의 활성화 에너지는 ㉢이다.

⑤ 물질대사에서 화학 반응이 일어날 때 방출 또는 흡수되는 열량인 반응물과 생성물의 에너지 차이는 효소의 유무에 관계 없이 일정(㉤)하며 이를 반응열이라고 한다.

바른 풀이 ③, ④ 효소는 화학 반응에서 활성화 에너지를 낮추는 역할을 하므로 효소가 없을 때의 활성화 에너지는 ㉠이며, 효소가 있을 때의 활성화 에너지는 ㉢이다. 따라서 효소는 활성화 에너지를 ㉡만큼 감소시켰다.

16. 답 ②

해설 A는 반응 물질, B는 효소, C는 생성 물질이다.

ㄴ. 이 화학 반응는 반응 물질이 잘게 나누어지는 이화 작용이며, 발열 반응이다. B 효소는 이 반응에 관여하였다.

바른 풀이 ㄱ. 이 반응은 이화 작용이고 에너지를 방출한다.

ㄷ. A 반응물과 C 생성물의 차이는 방출되는 반응열이다.

17. 답 (1) O (2) O (3) O

해설 (1) 소화제에는 단백질 분해 효소, 지방 분해 효소, 녹말 분해 효소(아밀레이스)가 들어 있어 음식물 속의 단백질, 지방, 녹말을 분해함으로써 소화를 돕는다.

(2) 효소를 이용한 환경 분야에서는 미생물의 효소를 이용하여 식물체의 탄수화물을 분해함으로써 바이오 에탄올과 같은 바이오 연료를 만든다.

(3) 새로운 유전자를 가진 DNA를 만들기 위해서는 DNA를 자르는 효소, DNA를 연결하는 효소가 필요하다.

18. 답 (1) A (2) D (3) C (4) B

해설 (A) 식혜는 엿기름에 들어 있는 녹말 분해 효소인 아밀레이스로 밥 속의 녹말을 엿당으로 분해하여 만든다. -(1)

(D) 배, 키위, 파인애플과 같은 과일에는 단백질 분해 효소가 있어 고기를 연하게 하는 역할을 한다.- (2)

(C) 섬유소 분해 효소를 이용하면 청바지를 탈색할 수 있다.-(3)

(B) 포도당 산화 효소를 이용하면 오줌 속에 포도당이 있는지 알 수 있다.-(4)

19. 답 (1) X (2) X (3) O

해설 (3) 요 검사지는 포도당 산화 효소를 통해 오줌 속에 포도당이 있으면 색이 달라지는 것으로 포도당을 확인하는 것이며, 혈당 측정기는 포도당 산화 효소가 혈액 속 포도당을 산화시키면서 발생하는 전류 세기로 포도당의 양(혈당량)을 측정하는 것이다.

바른 풀이 (1) 감자가 빨리 익는 것은 효소의 작용 때문이 아니라 감자의 표면적이 넓어지기 때문이다.

(2) 효소는 세포 밖에서도 기능하므로 의료, 산업, 환경 등에도 이용되고 있다.

20. 답 ②, ③, ④

해설 ② 효소 치약에는 탄수화물 분해 효소가 포함되어 있으므로 일반 치약보다 양치 효과가 좋다.

③ 발효식품은 미생물이 가지고 있는 효소를 이용하여 만든 식품으로, 예로는 김치, 된장, 치즈, 요구르트 등이 있다.

④ 배, 키위, 파인애플 등의 과일에는 고기를 연하게 하는 단백질 분해 효소가 들어 있어 연육 작용을 한다.

바른 풀이 ① 식중독을 예방하기 위해서는 음식을 끓여 먹어야 하는데 이는 효소를 이용하는 것이 아니라 식중독 균을 살균하기 위한 것이다.

⑤ 옷의 찌든 때의 주성분은 단백질과 지방이므로 효소 세제에는 단백질 분해 효소와 지방 분해 효소를 넣어 만들어야 일반 세제보다 세척력이 강하다.

21. 답 기질 특이성, 효소의 재사용

해설 효소는 생명체 내에서 반응 속도를 증가시키는 촉매 역할을 하는 단백질로서 각 효소마다 고유한 입체 구조를 갖기 때문에 각 효소는 특정 반응물(기질)하고만 결합할 수 있다.(기질 특이성) 또한, 반응에 참여한 효소는 소모되지 않으며 성질이 변하지 않아 또 다른 반응에 참여할 수 있다.(효소의 재사용)

22. 답 소의 생간을 넣은 비커에서는 생간에 있는 효소 카탈레이스에 의해 과산화 수소가 물과 산소로 분해되므로 산소의 발생으로 인한 거품이 발생하며, 익힌 소의 간을 넣은 비커에서는 효소 카탈레이스가 고온에서 변성되므로 거품이 발생하지 않는다.

해설 과산화 수소는 카탈레이스라는 효소에 의해 물과 산소로 분해된다. 소의 간에는 카탈레이스가 존재하므로 과산화 수소가 들어 있는 비커에 소의 생간을 넣으면 과산화 수소가 분해되어 산소가 발생하므로 거품이 발생한다.

효소는 단백질이 주성분이므로 높은 온도에서는 입체 구조가 변하게 되어 촉매 기능을 잃게 된다. 따라서 과산화 수소가 들어있는 비커에 익힌 소의 간을 넣으면 소의 간에 있던 카텔레이스 효소가 익히는 과정에서 그 기능을 잃게 되어 산소 거품이 발생하지 않는다.

03. 세포 내 정보의 흐름

개념체크

212 쪽

01. (1) O (2) X **02.** (1) O (2) X
03. 전사, 번역 **04.** 유전 암호 체계
05. (1) A (2) C (3) B

01. 답 (1) O (2) X

해설 (1) 유전자는 DNA에서 생물의 형질을 결정하는 유전 정보가 저장되어 있는 특정 부위로서 DNA에는 수많은 유전자가 있다.

바른 풀이 (2) DNA는 핵산의 한 종류로서 단백질과 결합한 상태로 핵 속에 있으며, 생명체의 모든 유전 정보가 저장되어 있고 세포 분열이 일어날 때 응축되어 막대 모양의 염색체로 나타난다. RNA는 DNA에 저장되어 있는 유전 정보를 세포질의 리보솜으로 전달하는 역할을 한다.

02. 답 (1) O (2) X

해설 (1) DNA와 RNA에서 하나의 아미노산을 지정하는 유전 암호는 3개의 염기로 이루어져 있다.

바른 풀이 (2) 하나의 아미노산을 지정하는 DNA의 유전 암호는 3염기 조합이며, 하나의 아미노산을 지정하는 RNA의 유전 암호는 코돈이다.

05. 답 (1) A (2) C (3) B

해설 (1) 멜라닌 합성 효소 유전자의 이상으로 멜라닌 합성 효소가 부족하여 멜라닌이 결핍되어 나타나는 유전 질환은 알비노증(A)이다.

(2) 헤모글로빈 유전자의 염기 1개가 바뀌어(헤모글로빈 유전자의 이상) 글루탐산 대신 발린이 만들어져 헤모글로빈의 입체 구조가 변형되어 나타나는 유전 질환은 낫모양 적혈구 빈혈증(C)이다.

(3) 페닐알라닌 분해 유전자의 이상으로 페닐알라닌을 타이로신으로 전환시키는 페닐알라닌 분해 효소가 만들어지지 않아 체내에 페닐알라닌이 축적되어 나타나는 유전 질환은 페닐케톤뇨증(B)이다.

+ 강의

213 쪽

Q1. 답 AUG/GCA/UUG/CAA/CGU/AGA/GGG/AAC/GAU/UGC/UAG/UGG

해설 DNA로부터 전사되는 RNA는 DNA의 염기에 상보적인 염기 서열을 갖는다. (DNA의 염기 A, T, C, G은 각각 RNA의 염기 U, A, G, C과 상보적이다.) 세개씩 짝지으면 코돈이 된다.

Q2. 답 10개

해설 RNA 염기 서열에서 3개의 염기 조합인 1개의 코돈은 유전 암호 해독 틀에 따라 하나의 아미노산을 지정하며, 코돈 UAG는 종결 코돈이므로 지정하는 아미노산이 존재하지 않는다. RNA 염기 서열에 따른 아미노산 배열 순서는 메싸이오닌(개시 코돈) - 알라닌 - 류신 - 글루타민 - 아르지닌 - 아르지닌- 글라이신 - 아스파라진 - 아스파트산 - 시스테인 - (종결 코돈에 의해 번역 종결)이다. 따라서 합성된 단백질의 아미노산 개수는 총 10개이다.

꼭 짚기!

214 쪽

1. ② **2.** ②

1. 답 ②

해설 ㄱ. ㉠은 DNA와 히스톤 단백질로 구성되어 있다.
ㄹ. ㉣은 DNA 염기 서열에서 특정 단백질의 아미노산 서열에 대한 정보를 저장하고 있는 유전자이다. 유전자에 있는 유전 정보에 따라 단백질이 합성되고, 단백질의 작용으로 형질이 발현된다.

바른 풀이 ㉠은 염색체, ㉡은 DNA, ㉢은 히스톤 단백질, ㉣은 유전자이다.
ㄴ. ㉡ DNA는 핵산의 일종이므로 단위체는 뉴클레오타이드이다.
ㄷ. 염색사는 ㉡ DNA와 ㉢ 히스톤 단백질로 구성되어 있으며, 세포 분열이 일어날 때 응축되어 염색체로 나타난다. 단백질을 구성하는 단위체는 아미노산이다.

2. 답 ②

해설 ㄱ, ㄷ. 유전 정보는 핵 속의 DNA에 염기 서열에 저장되어 있다. 핵 속에서 (가) DNA가 (다) RNA로 전사되고, 전사된 RNA는 세포질의 리보솜에서 (나) 폴리펩타이드로 합성된다.

바른 풀이 (가)는 DNA, (나)는 폴리펩타이드, (다)는 RNA이다.
ㄴ. (나) 폴리펩타이드는 리보솜에서 합성되고, (다) RNA는 핵에서 합성된다.
ㄹ. RNA의 염기는 DNA의 염기와 상보적이므로 (다) RNA는 (가) DNA의 가닥 II이 전사된 것이다.

스스로 실력 높이기

215 ~217 쪽

01. ㉠ 형질 ㉡ 유전 **02.** (1) X (2) X (3) O
03. (1) X (2) O (3) O **04.** ㉠, 염색체
05. ㉣, 유전자 **06.** ① **07.** ④ **08.** ③
09. (1) O (2) O (3) X **10.** ①, ③, ④
11. ⑤ **12.** ② **13.** ① **14.** ⑤
15. (1) O (2) O (3) X **16.** (1) X (2) O (3) X
17. ⑤ **18, 19.** 해설 참조

01. 답 ㉠ 형질 ㉡ 유전

해설 눈동자 색, 피부색, 털 색깔, 눈꺼풀 모양 등 생명체가 가지고 있는 고유한 특징을 형질이라고 하며, 부모의 형질이 자손에게 전달되는 현상을 유전이라고 한다.

02. 답 (1) X (2) X (3) O

해설 (3) 단백질은 유전자의 정보에 따라 합성되어 고유한 입체 구조를 가지게 된다.

바른 풀이 (1) 한 분자의 DNA에는 수많은 유전자가 있다.
(2) 유전자의 유전 정보는 DNA의 염기 서열에 저장되어 있다.

03. 답 (1) X (2) O (3) O

해설 (2) 전사에 의해 합성된 RNA의 염기 서열은 전사에 사용된 DNA 가닥의 염기 서열과 상보적이므로 RNA의 염기 서열로부터 DNA의 염기 서열을 알 수 있다.
(3) 아미노산 배열 순서가 저장되어 있는 DNA로부터 복사된 RNA의 염기 서열에는 아미노산 배열 순서가 저장되어 있으므로 코돈(RNA 유전 암호 : 연속된 3개의 염기 조합)에 따라 아미노산 배열 순서가 결정된다.
바른 풀이 (1) 유전 정보가 저장되어 있는 유전자(DNA)는 염색체 형태로 다음 세대(자손)에 전달된다.

04. **답** ㉠, 염색체
해설 핵산의 한 종류로서 세포의 핵 속에 있으며, 생명체의 모든 유전 정보가 저장되어 있는 것은 DNA이다. DNA(㉡)는 히스톤 단백질(㉢)과 결합하여 염색사 형태로 존재하다가 세포가 분열 할 때 응축되어 염색체(㉠)로 나타난다.

05. **답** ㉣, 유전자
해설 유전자는 DNA에서 생물의 형질(단백질의 작용에 의해 나타난다.)을 결정하는 유전 정보가 저장되어 있는 특정 부위이다.

06. **답** ①
해설 ㉠은 염색체, ㉡은 DNA, ㉢은 히스톤 단백질, ㉣은 유전자이다.
ㄱ. ㉠ 염색체는 ㉡ DNA와 ㉢ 히스톤 단백질로 구성된 염색사가 세포 분열 시 응축될 때 나타난다.
바른 풀이 ㄴ. ㉡ DNA를 구성하는 단위체는 뉴클레오타이드이며, ㉢ 히스톤 단백질을 구성하는 단위체는 아미노산이다.
ㄷ. ㉣ 유전자는 DNA 염기 서열에 유전 정보가 저장되어 있는 특정 부위이다.

07. **답** ④
해설 ㄱ. 형질은 생명체가 가지고 있는 고유한 특징으로서 특정 단백질의 작용에 의해 나타난다. 특정 단백질에 대한 정보는 특정 유전자에 저장되어 있으므로 형질은 유전자에 의해 결정된다.
ㄷ. 유전자는 DNA에서 생물의 형질을 결정하는 유전 정보가 저장되어 있는 특정 부위이다.
바른 풀이 ㄴ. DNA의 특정 유전자는 특정 단백질에 대한 유전 정보를 저장하고 있으므로 유전자에 따라 DNA의 염기 서열이 다르다.

08. **답** ③
해설 ㄱ. 눈동자 색을 결정하는 유전자에 의해 멜라닌 합성 효소가 합성된다. 효소의 주성분은 단백질이므로 유전자에는 단백질에 대한 정보가 저장되어 있다는 것을 알 수 있다.
ㄴ. 눈동자 색깔을 결정짓는 유전자의 유전 정보에 따라 멜라닌 합성 효소인 단백질이 합성되고, 이 단백질의 작용으로 멜라닌이 합성됨으로써 눈동자 색깔이 나타난다.
바른 풀이 ㄷ. 눈동자 색을 결정짓는 색소인 멜라닌은 한 종류이며, 그 양이 많고 적음에 따라 눈동자 색이 결정된다.

09. **답** (1) O (2) O (3) X
해설 (1), (2) DNA의 유전 암호(3염기 조합)는 연속된 3개의 염기가 한 조가 되어 하나의 아미노산을 지정하며, RNA의 유전 암호(코돈) 또한 연속된 3개의 염기가 한 조가 되어 하나의 아미노산을 지정한다. DNA의 염기 A, G, C, T은 각각 RNA의 염기 U, C, G, A과 상보적으로 전사된다.
바른 풀이 (3) DNA 염기 서열에 저장된 유전 정보는 핵 속에서 일어나는 전사에 의해 RNA로 전달되며, RNA는 핵 밖으로 나가 세포질의 리보솜에서 일어나는 번역에 의해 단백질로 합성된다. 합성된 단백질의 작용에 의해 형질이 발현된다.

10. **답** ①, ③, ④
해설 ① DNA의 유전 암호는 4종류의 염기 조합(4^3 종류)이며, RNA는 DNA와 상보적으로 전사되어 합성된 것이므로 RNA의 유전 암호인 코돈 역시 염기 A, G, C, U 4종류가 연속된 3개의 조합 즉, 64종류이다.
③, ④ 코돈은 RNA의 유전 암호로서 하나의 코돈은 하나의 아미노산을 지정하는 3개의 염기 조합이다.
바른 풀이 ② 코돈은 RNA의 유전 암호이다. DNA의 유전 암호는 3염기 조합이다.
⑤ 코돈은 총 64종류이며, 아미노산은 20종류이므로 한 종류의 아미노산을 지정하는 코돈은 여러 종류가 있을 수 있다.

11. **답** ⑤
해설 ⑤ (나)는 DNA의 유전 정보를 RNA로 전달하는 전사로서 DNA의 염기 서열과 상보적인 염기 서열로 바뀐다. DNA의 염기 A, G, C, T는 각각 RNA의 염기 U, C, G, A과 상보적이다.
바른 풀이 ① ㉠은 DNA로부터 전사된 RNA이다.
② (다)는 RNA 염기 서열에 따라 아미노산 배열 순서로 바뀌면서 단백질이 합성되는 번역 과정으로서 세포질의 리보솜에서 일어난다.
③ ㉡은 RNA의 염기 서열에 따라 번역된 단백질이다. 단백질의 단위체는 아미노산이다.
④ (가)는 본래의 DNA와 정확하게 같은 DNA 분자를 한 개 더 만드는 DNA 복제로서 세포가 분열하기 전에 일어난다.

12. **답** ②
해설 RNA를 암호화하는 코돈(RNA 유전 암호)은 하나의 아미노산을 지정한다. 따라서 그림에 나타난 아미노산 6개로 구성된 폴리펩타이드가 합성되기까지 번역에 사용된 코돈의 개수는 6개이다.

13. **답** ①
해설 ㄱ, ㄹ. 거의 모든 생명체가 동일한 유전 암호 체계를 갖는다는 것은 공통 조상으로부터 진화하였으며, 유전 암호 체계는 오래전부터 보존되어 왔다는 것을 의미한다.
바른 풀이 ㄴ. 유전 암호 체계는 거의 모든 생명체가 동일하므로 생물종의 고유한 특성이 아니다.
ㄷ. 생명체의 유전 암호 체계는 오래전부터 보존되어 왔기 때문에 동일한 유전 암호 체계를 가지는 것이다.

14. **답** ⑤
해설 ㄱ. 대장균 DNA의 일부를 자르고, 사람의 DNA에서 인슐린 유전자를 꺼내 대장균의 DNA에 끼워 넣기 위해서는 DNA

를 자르고 연결하는 효소가 필요하다.
ㄴ. 재조합 DNA를 대장균에 넣으면 대장균이 증식할 때마다 인슐린 유전자의 전사와 번역이 일어난다.
ㄷ. 세균에서 사람에 이르기까지 거의 모든 생명체의 유전 암호 체계가 동일하므로 사람의 인슐린 유전자를 대장균에서 증식시켜 대량으로 얻을 수 있다.

15. 답 (1) O (2) O (3) X

해설 (1), (2) 헤모글로빈 유전자에서 글루탐산을 암호화하는 DNA 염기 서열(CTT)이 CAT로 바뀌게 되면(헤모글로빈 유전자 이상), 글루탐산 대신 발린이 합성되어 비정상 헤모글로빈이 만들어 지며, 비정상 헤모글로빈 단백질에 의해 적혈구 세포가 낫 모양으로 바뀌어 산소 운반 기능이 떨어지는 낫 모양 적혈구 빈혈증이 나타난다.

바른 풀이 (3) 낫 모양 적혈구 빈혈증은 DNA의 염기 서열 CTT가 CAT로 바뀌어 나타나는 유전 질환이다. 즉, 염기 하나가 바뀌어 발생하는 유전 질환이다.

16. 답 (1) X (2) O (3) X

해설 (2) RNA는 DNA의 염기 서열에 상보적인 염기 서열을 가지므로 DNA 염기 서열이 바뀌면 RNA의 코돈도 바뀐다.

바른 풀이 (1) 염기 서열의 이상이 생긴 유전자는 바뀐 염기 서열에 따라 RNA로 전사되고 단백질로 번역된다.
(3) DNA의 염기가 하나만 바뀌어도 유전자 이상이 발생하여 유전 질환이 생길 수 있다. 예 낫 모양 적혈구 빈혈증

17. 답 ⑤

해설 ㄱ. DNA 염기 서열 중 T이 A으로 바뀌게 됨으로써 코돈 GAA는 글루탐산을 지정하고, 코돈 GUA는 발린을 지정하게 되었다.
ㄴ. 헤모글로빈 유전자에는 헤모글로빈 단백질에 대한 유전 정보가 저장되어 있기 때문에 DNA 염기 서열의 변화로 유전자에 이상이 생기면 단백질에도 이상이 발생할 수 있다.
ㄷ. 아미노산의 종류는 달라졌지만 헤모글로빈을 구성하는 아미노산의 개수에는 변화가 없다.

18. 답 유전 정보가 저장된 DNA의 염기는 A, G, C, T 4종류가 있으며, DNA 유전 정보에 따라 합성되는 단백질을 구성하는 아미노산의 종류는 20가지이므로 하나의 염기로는 아미노산을 지정할 수 없다. 염기 2개가 하나의 아미노산을 지정한다면 4종류의 염기를 통해 16(4^2)개의 아미노산만을 지정할 수 있고, 염기 3개가 하나의 아미노산을 지정한다면 64(4^3)개의 아미노산을 지정할 수 있으므로 20종류의 아미노산을 모두 지정할 수 있다. 따라서 연속된 3개의 염기가 하나의 아미노산을 지정해야 한다.

19. 답 알비노증, 페닐케톤뇨증, 낫 모양 적혈구 빈혈증은 선천적으로 물질대사가 원활하게 일어나지 않아서 나타나는 질환이다. 생명체 내에서 물질대사가 원활하게 일어나기 위해서는 효소(단백질)가 필요하다. 단백질을 합성하는 정보는 DNA의 유전자에 염기 서열로 저장되어 있기 때문에 물질대사에 관여하는 효소 합성에 필요한 유전자에 이상이 발생하면 특정 효소가 만들어질 수 없어 선천성 대사 이상이 나타난다.

단원마무리

218 ~ 223쪽

01. ㉠ 선택적 투과성 ㉡ 확산 ㉢ 삼투
02. ①, ② **03.** ② **04.** ②
05. (1) X (2) O **06.** 해설 참조
07. ③ **08.** ② **09.** ③
10. (1) O (2) X (3) O **11.** ㄴ, ㄷ **12.** ②
13. ①, ③, ④ **14.** ① **15.** ④
16. ② **17.** ② **18.** ② **19.** ③
20. ③ **21.** ⑤ **22.** ②
23. TGCAAGCTAGGCTTATCCGTA **24.** ④
25. ②, ③, ④ **26.** ③, ④, ⑤ **27.** ②

01. 답 ㉠ 선택적 투과성 ㉡ 확산 ㉢ 삼투

해설 · 세포막은 물질의 종류에 따라 투과도가 다른 선택적 투과성을 나타낸다. · 산소(O_2)는 세포막의 인지질 이중층을 통해 농도가 높은 쪽에서 낮은 쪽으로 확산한다(단순 확산). · 동물 세포를 저장액에 넣으면 삼투(저농도에서 고농도로 물이 이동하는 현상)에 의해 물이 세포 안으로 들어간다.

02. 답 ①, ②

해설 ①, ② 세포막은 인지질 2중층에 단백질이 파묻혀 있거나 관통하고 있는 구조이므로 세포막의 주성분은 인지질과 단백질이다.

바른 풀이 ③ 스테로이드는 지질의 종류 중 하나로서 성호르몬, 콜레스테롤, 부신 겉질 호르몬 등을 구성하는 성분이다.
④ 아미노산은 단백질을 구성하는 단위(단위체)이다.
⑤ 뉴클레오타이드는 핵산을 구성하는 단위(단위체)이다.

03. 답 ②

해설 ② A 액포는 단일막 구조로서 물, 노폐물, 색소 등을 저장한다.

바른 풀이 ③ A는 액포, B는 세포벽, C는 핵이다. 액포는 식물 세포의 대부분을 차지하며 성숙한 식물 세포일수록 액포가 발달하기 때문에 오래된 식물 세포일수록 액포의 크기가 크다.
① (나)의 액포는 (다)의 액포보다 크므로 (나)는 (다)보다 성숙한 식물 세포이다.
④, ⑤ 성숙한 식물 세포일수록 액포가 크므로 식물은 (다)에서 (가)로 생장한다. 따라서 (가) ~ (다) 중 가장 노화된 식물 세포는 (가)이다.

04. 답 ②

해설 ㄴ. B 막단백질은 리보솜에서 합성된다.

바른 풀이 A는 인지질 2중층, B는 막단백질이다.
ㄱ. 세포막은 인지질층이 2층으로 되어 있는 단일막이므로 2중막이 아니다.
ㄷ. 산소(O_2)는 인지질 2중층을 직접 통과하여 이동(단순 확산)하므로 B 막단백질은 산소의 이동에 관여하지 않는다.

05. 답 (1) X (2) O

해설 (2) CO_2와 O_2는 농도 차에 의해 인지질 2중층을 직접

통과한다.(단순 확산)

바른 풀이 폐포와 모세 혈관에서의 기체 교환은 단순 확산에 의한 것이므로 CO_2와 O_2는 각각 농도가 높은 쪽에서 낮은 쪽으로 이동한다.

(1) CO_2는 모세 혈관에서 폐포로 확산되어 몸 밖으로 배출되므로 CO_2의 농도는 폐포보다 모세혈관에서 높다.

06. 답 세포막을 구성하는 인지질은 유동성이 있어 인지질의 움직임에 따라 인지질에 박혀있는 단백질이 움직일 수 있다.

07. 답 ③

해설 ㄱ. 식물 세포의 세포막이 세포벽에서 분리되었으므로 세포 안에서 용액 쪽으로 삼투 현상으로 물이 이동한 것이다. 삼투는 세포 안팎으로 세포막을 통과하지 못하는 용질의 농도 차이가 존재할 때 물이 세포막을 통해 이동하는 현상이므로 용질 A는 세포막을 통해 확산되지 못한다.

ㄴ. 식물 세포에서 용액 (가) 쪽으로 물이 빠져나가 원형질 분리가 일어났으므로 용질 A가 있는 용액 (가)는 식물 세포 내부의 농도보다 높은 고장액이다.

바른 풀이 ㄷ. 식물 세포를 용액 (가)에 넣은 결과 식물 세포 안의 물이 밖으로 빠져나갔으므로 식물 세포 내부 용질의 농도는 용액 (가)를 넣기 전보다 높아졌다.

08. 답 ②

해설 ㄷ. 단순 확산이 일어나면 세포 안팎의 농도 차는 감소한다.

바른 풀이 (가)에서 물질 A, B, C가 세포막을 통하여 이동하는 방식은 모두 확산이다. 확산은 농도가 높은 쪽에서 낮은 쪽으로 물질이 이동하는 현상이다. 확산에는 물질이 직접 세포막(인지질 2중층)을 이동하는 단순 확산이 있으며, 수송 단백질(통로 단백질, 운반체 단백질)을 통해 이동하는 촉진 확산이 있다. 물질 A의 이동 방법은 단순 확산이며, 물질 B, C의 이동 방법은 각각 통로 단백질과 운반체 단백질을 통해 이동하는 촉진 확산이다.

ㄱ. ㉠과 같이 초기에는 물질의 이동 속도가 증가하다가 물질의 농도 차가 커질수록 물질의 이동 속도가 일정해지는 것은 촉진 확산이다. 촉진 확산은 수송 단백질에 의해 물질이 이동하기 때문에 초반에는 물질의 이동 속도가 빨라지지만 수송 단백질이 포화 상태에 이르게 되면 물질의 이동 속도는 일정해진다. 따라서 단순 확산하는 물질 A는 ㉡과 같은 그래프로 확산한다. 통로 단백질에 의해 촉진 확산하는 물질 B, C는 그래프 ㉠처럼 확산한다.

ㄴ. ㉡과 같이 물질의 농도차가 클수록 이에 비례하여 확산 속도가 빨라지는 것은 인지질 이중층을 통한 단순 확산이다. 운반 단백질에 의해 촉진 확산하는 물질 C는 그래프 ㉠ 처럼 확산한다.

09. 답 ③

해설 (가)는 막단백질을 사용하지 않으므로 단순 확산, (나)는 포도당이 이동하므로 막단백질을 이용한 촉진 확산이다.

ㄱ. 포도당은 막단백질을 통한 촉진 확산 방식으로 이동하므로 막단백질을 '사용함'이다.

ㄴ. B는 막단백질을 사용하지 않는 단순 확산이므로 인지질 2중층을 통하여 확산한다. 해당하는 물질은 산소, 이산화 탄소, 에탄올, 호르몬, 지방산, 글리세롤 등의 작은 기체 분자, 지용성 분자이다.

바른 풀이 ㄷ. 세포막을 통한 단순, 촉진 확산 방식으로 물질이 이동하는 경우 모두 에너지가 소모되지 않는다.

10. 답 (1) O (2) X (3) O

해설 (1), (3) 촉매는 화학 반응에 참여하여 반응 속도를 변화시는 물질이며, 반응 후 소모되거나 변화되지 않는다.

바른 풀이 (2) 촉매의 종류에는 화학 반응 속도를 빠르게 하는 정촉매와 화학 반응 속도를 느리게 하는 부촉매가 있다.

11. 답 ㄴ, ㄷ

해설 ㄴ, ㄷ. 이화 작용은 큰 분자를 작은 분자로 분해하는 반응이며, 이 과정에서 에너지가 방출된다.

바른 풀이 ㄱ, ㄹ. 물질대사는 동화 작용과 이화 작용으로 구분한다. 동화 작용은 작은 분자를 큰 분자로 합성하는 반응이며, 이 과정에서 에너지가 흡수된다.

12. 답 ②

해설 ㄴ. 물질대사는 생명체가 생명 활동에 필요한 물질과 에너지를 얻는 과정이다.

바른 풀이 ㄱ. 물질대사에는 작은 분자를 큰 분자로 합성하는 동화 작용과 큰 분자를 작은 분자로 분해하는 이화 작용이 있다. 물질이 분해되는 이화 작용에서는 에너지가 방출되며, 물질이 합성되는 동화 작용에서는 에너지가 흡수된다.

ㄷ. 자동차가 연료를 소비하여 에너지를 얻는 것은 생명체 밖에서 일어나는 화학 반응으로서 연소에 해당한다.

13. 답 ①, ③, ④

해설 ①, ③ (가) 광합성은 작은 분자가 에너지를 흡수하며 큰 분자로 합성되는 동화 작용(흡열 반응)이며, (나) 세포 호흡은 큰 분자가 에너지를 방출하며 작은 분자로 분해되는 이화 작용(발열 반응)이다.

④ (나) 세포 호흡은 미토콘드리아에서 일어나는 물질대사이므로 미토콘드리아를 가지는 동물과 식물 모두에서 일어난다.

바른 풀이 (가)는 빛에너지를 이용하여 포도당을 합성하는 광합성이며, (나)는 포도당을 분해하여 ATP를 생성하는 세포 호흡이다.

② (가) 광합성은 식물 세포에만 존재하는 엽록체에서 일어나는 작용이다.

⑤ 물질대사는 (가) 광합성과 (나) 세포 호흡으로 구분하며, 물질대사 과정에서는 효소가 필요하다.

14. 답 ①

해설 ㄱ. 동화 작용에서 효소가 없을 때 활성화 에너지는 ㉠이다.

ㄷ. 화학 반응에서 방출되거나 흡수되는 열량 즉, 반응물과 생성물의 에너지 차이는 효소의 유무에 관계없이 일정하며 이를 반응열 ㉢ 이라 한다.

바른 풀이 ㄴ. 효소가 있을 때 활성화 에너지는 ㉡이다.

ㄹ. 그래프는 반응물이 생성물로 될 때 에너지가 흡수되는 흡열 반응이므로 동화 작용이다. 이화 작용은 반응물이 생성물로 될 때 에너지가 방출되는 발열 반응이다.

15. 답 ④

해설 ㄴ. 효소는 물질대사에 필요한 활성화 에너지를 낮추기 때문에 효소가 작용하면 짧은 시간에 많은 반응물이 화학 반응에 참여할 수 있어 물질대사 속도가 빨라진다. 효소는 반응의 진행을 빠르게 하는 정촉매에 해당된다. 부촉매는 반응의 진행을 방해하는 역할을 한다.
ㄷ. 단백질이 주성분인 효소는 다양한 입체 구조를 가지기 때문에 화학 반응의 각 단계의 반응물마다 관여하는 효소의 종류도 다르다.
바른 풀이 ㄱ. 효소는 작용 조건이 맞으면 생명체 밖에서도 기능을 나타낼 수 있어 일상 생활, 의학, 산업, 환경, 생명 공학 등 여러 분야에서 활용되고 있다.

16. 답 ②
해설 ㄷ. 감자즙에는 과산화 수소를 분해하는 촉매인 카탈레이스 효소가 포함되어 있다.
바른 풀이 ㄱ. (나)의 고무 풍선이 부푸는 것은 감자즙에 포함된 카탈레이스 효소에 의해 과산화 수소가 물과 산소로 분해되어 산소가 나오기 때문이다.
ㄴ. 다른 조건이 동일하면 탄산수는 감자즙의 영향을 받지 않고, 탄산수에 포함된 이산화 탄소는 고무 풍선이 부풀만큼 나오지 않는다.

17. 답 ②
해설 ㄷ. B 과정에서 엿기름물이 밥을 엿당으로 분해함으로써 식혜가 되므로 C 과정에서 끓이는 이유는 열을 가해 녹말 분해 효소의 입체 구조를 변화시킴으로써 더 이상 반응의 일어나지 않도록 하기 위한 것이다.
바른 풀이 ㄱ. 싹 튼 보리에는 녹말을 엿당으로 분해하는 녹말 분해 효소가 들어 있다.
ㄴ. 효소는 단백질이 주성분이므로 엿기름물을 밥과 섞기 전에 끓이면 단백질이 변성되어 효소가 촉매 기능을 잃는다. 이후에는 밥의 녹말을 분해하여 엿당으로 만들 수 없다.

18. 답 ②
해설 (A) 포도당 산화 효소를 이용해 혈액 속의 당을 산화시켜 혈당을 측정한다.
(C) 탄수화물 분해 효소를 이용해 친환경 효소 치약을 만든다.
바른 풀이 (B) 청바지를 탈색할 때는 섬유소 분해 효소를 사용한다.
(D) 사람의 DNA에서 인슐린 유전자를 잘라 대장균 DNA에 연결하는 유전자 재조합 기술에는 유전자를 자르거나 연결하는 효소(유전자 가위)를 사용한다.

19. 답 ③
바른 풀이 ③ 유전 정보는 세포의 핵 속 DNA에 저장되어 있다. RNA는 DNA에 저장된 유전 정보를 핵 밖의 리보솜으로 운반하는 역할을 한다.
해설 ①, ②, ④, ⑤ DNA의 특정 부위인 유전자에는 생물의 형질을 결정하는 유전 정보가 저장되어 있으며, 유전자의 DNA 염기 서열에 따라 다양한 단백질이 합성되고, 합성된 단백질이 작용함으로써 유전자의 형질이 나타난다.

20. 답 ③
해설 ㄱ. DNA의 유전자에 저장된 정보를 RNA가 옮기고 리보솜에서 그 정보대로 단백질이 합성된다.
ㄴ. 유전자 이상은 유전자의 유전 정보가 저장되어 있는 DNA 염기 서열에 이상이 생기는 것으로 유전자 a, b, c 중 어느 하나라도 염기 서열에 이상이 생기면 물질대사에 이상이 생길 수 있다.
바른 풀이 ㄷ. 유전자는 DNA의 특정 부위이므로 ㉠은 DNA이다. DNA는 A, T, C, G 를 염기로 가지는 뉴클레오타이드로 구성된다.

21. 답 ⑤
해설 ㄱ. 하나의 염색체에서 수많은 유전자가 있으므로 유전자의 수는 염색체의 수보다 많다.
ㄷ. 유전자는 세포 핵 속의 DNA에 존재하며, DNA는 생식 과정에서 염색체의 형태로 다음 세대로 전달된다.
ㄹ. 유전자에는 단백질에 대한 정보가 저장되어 있으므로 유전자 이상이 생기면 단백질 이상이 나타나므로 유전 질환이 발생할 수 있다.
바른 풀이 ㄴ. DNA 유전자의 유전 정보는 RNA로 전사된 후 단백질로 번역된다.

22. 답 ②
해설 ㄷ. ㉢은 RNA의 유전 정보에 따라 단백질이 합성되는 번역 과정이다. 번역 과정은 세포질에 존재하는 리보솜에서 일어난다.
바른 풀이 ㄱ. ㉠은 DNA의 복제 과정이다.
ㄴ. ㉡은 DNA의 유전 정보 중 일부(필요한 유전자)만 RNA로 전달되는 전사 과정이다.

23. 답 TGC/AAG/CTA/GGC/TTA/TCC/GTA
해설 RNA의 염기 A, G, C, U에 상보적인 DNA의 염기는 각각 T, C, G, A이다.

24. 답 ④
해설 A는 리보솜, B는 핵, (가)는 복제, (나)는 전사, (다)는 번역, ㉠은 RNA, ㉡은 단백질이다.
ㄴ. (나) 전사 과정을 통해 ㉠ RNA가 합성된다.
ㄷ. (다) 번역은 유전 암호의 3개 염기가 하나의 조를 이루어 아미노산을 지정하는 과정이며, 아미노산 사이에는 펩타이드 결합이 형성되어 단백질을 형성한다.
바른 풀이 ㄱ. 세포의 (가) 복제와 (나) 전사는 (B) 핵 속에서 일어나며, (다) 번역은 (A) 리보솜에서 일어난다.

25. 답 ②, ③, ④
해설 ②, ③ 낫 모양 적혈구는 정상 헤모글로빈 유전자의 염기 1개가 다른 염기로 바뀜으로써 글루탐산이 될 유전자 서열이 발린으로 바뀐 것이다. 즉, 아미노산 서열이 바뀌어 헤모글로빈의 입체 구조가 바뀐 것이다.
④ 낫 모양 적혈구는 모세 혈관을 막아 혈액의 흐름을 방해할 수 있다.
바른 풀이 ① 낫 모양 적혈구는 정상 적혈구보다 산소를 운반하는 능력이 떨어져 빈혈을 일으킬 수 있다.
⑤ 낫 모양 적혈구를 구성하는 헤모글로빈 단백질은 아미노산 하나가 정상과 다르다. (정상 헤모 글로빈의 글루탐산이 발린으로 바뀜)

26. 답 ③, ④, ⑤
해설 ③ 거의 모든 생명체는 DNA의 염기 서열에 유전 정보를 저장하고 있다.
④ 생명체의 유전 암호 체계는 동일한데, 이는 생명체의 진화 과정에서 유전 정보는 달라져도 공통 조상의 유전 암호 체계는 보존되어 왔다는 것을 의미한다.

⑤ 세균에서 사람에 이르기까지 거의 모든 생명체의 유전 암호 체계는 동일하므로 사람의 인슐린 유전자를 대장균에 넣어 배양하면 사람의 인슐린 유전자가 합성된다.

바른 풀이 ① 유전 암호 체계는 생물종에 관계없이 동일하다.
② 거의 모든 생명체는 유전 암호 체계가 동일하므로 코돈이 지정하는 아미노산의 종류도 동일하다.

27. 답 ②

해설 ㄴ. 유전자 이상은 DNA 염기 서열에 이상이 발생하여 정상 단백질이 생성되지 못했을 때 나타나는 질환이다.

바른 풀이 ㄱ. 유전자 이상은 염색체(DNA) 내 염기 서열에 이상이 발생한 것이므로 염색체의 수는 정상인과 같다.
ㄷ. DNA의 염기 서열에 이상이 발생하면 이상이 생긴 염기 서열에 따라 RNA가 전사되므로 RNA의 염기 서열도 정상과 다르게 나타나고, 정상 단백질이 합성되지 않는다.

핵심 요약 3. 생명 시스템 224~226 쪽

01 생명 시스템의 기본 단위
❶ 리보솜 ❷ 미토콘드리아 ❸ 세포벽
❹ 인지질 ❺ 선택적 ❻ 확산 ❼ 저농도
❽ 고농도

02 물질 대사와 효소
❶ 동화 작용 ❷ 이화 작용
❸ 활성화 에너지 ❹ 기질 특이성
❺ 의학

03 세포 내 정보의 흐름
❶ 유전자 ❷ 형질 ❸ 생명 중심 원리
❹ 3염기 조합 ❺ 코돈 ❻ 리보솜
❼ 단백질 ❽ 서열 ❾ 낫 모양 적혈구 빈혈증

내신 기출 모의고사 1회

226 ~ 229 쪽

01. ②	02. ⑤	03. ②, ③, ④	
04. ③	05. ③	06. ⑤	07. ②, ③
08. ②	09. ②	10. ③	11. ③
12. ②	13. ①	14. ④	15. ④
16. ㉠, ㉡ 〈해설 참조〉			

01. 답 ②

해설 ㄷ. 개체는 다양한 세포가 유기적으로 조직되어 정교한 체계를 이루며 독립적으로 생명 활동을 할 수 있는 생명 시스템이다.

바른 풀이 ㄱ. 다세포 생물의 생명 활동이 일어나는 기능적 기본 단위는 세포이다.
ㄴ. 세포는 여러 가지 세포 소기관이 상호 작용하여 생명 활동을 수행하는 생명 시스템이다.

02. 답 ⑤

해설 A는 미토콘드리아, B는 리보솜, C는 소포체이다.
ㄱ. A는 미토콘드리아이며, 세포 호흡이 일어나는 세포 소기관이다. 포도당을 분해하여 에너지를 생성, 공급한다.
ㄴ. B는 리보솜이며 핵으로부터 전달받은 DNA의 유전 정보에 따라 단백질을 합성한다.
ㄷ. C는 소포체이며, 세포 내 물질 수송의 이동 통로이다. 리보솜에서 합성된 단백질을 골지체 등으로 운반한다.

03. 답 ②, ③, ④

해설 ② ㉠은 인지질의 머리에 해당하는 인산이므로 친수성을, ㉡은 인지질의 꼬리에 해당하는 지방산이므로 소수성을 띤다.
③ 인지질 2중층은 세포막의 기본 골격을 구성하며, 세포 안팎의 경계를 구분하는 얇은 막이다.
④ 세포 안과 밖은 모두 수용성 물질로 구성되어 있으므로 친수성인 인지질의 머리 부분이 세포 안과 밖을 향하고 있다.

바른 풀이 ① 세포막은 인지질층이 2층으로 되어 있는 단일막이고 2중막이 아니다.
⑤ 산소, 이산화 탄소 등 작은 분자나 지용성 분자들은 인지질 2중층을 직접 통과할 수 있지만, 이온, 물 등 극성 분자, 포도당 아미노산 등의 비교적 크기가 큰 수용성 분자 등은 인지질 2중층을 직접 통과하지 못하고 인지질 2중층에 박혀있는 막단백질을 통해 이동한다.

04. 답 ③

해설 ㄱ. 물질 A, B 모두 농도가 높은 세포 밖에서 농도가 낮은 세포 안으로 확산한다.
ㄷ. 아미노산, 포도당과 같은 수용성 분자들은 인지질 이중층을 직접 통과하지 못하고 막단백질을 통해 이동한다. 지용성 물질은 인지질 2중층을 직접 통과한다.

바른 풀이 ㄴ. 확산은 물질의 농도가 높은 쪽에서 낮은 쪽으로 이동하는 것이다.

05. 답 ③

해설 삼투 현상은 물이 세포막을 통해 농도가 낮은 곳에서 높은 곳으로 빠져나가는 현상이다.
③ 식물 세포를 고장액에 넣으면 세포 안에서 밖으로 물이 빠져나가 수축하는데, 이때 단단한 세포벽은 수축하지 않으므로 세포막이 세포벽에서 분리되는 원형질 분리 현상이 나타난다.

바른 풀이 ① 동물 세포를 등장액에 넣으면 세포 안팎으로 물의 출입이 같아 세포의 부피에는 변화가 없다. 동물 세포를 저장액에 넣으면 세포 안으로 물이 들어와 팽창하다가 결국 터지게 된다.
② 식물 세포를 저장액에 넣으면 세포 안으로 물이 들어와 팽창하는데, 식물 세포는 동물 세포와 달리 단단한 세포벽이 존재하므로 터지지는 않는다.
④ 세포를 등장액에 넣으면 세포의 부피에는 변화가 없어 보이지만, 세포 안팎으로 물의 출입은 일어난다(세포 안으로 들어오는 물의 양 = 세포 밖으로 나가는 물의 양).
⑤ 동물 세포를 고장액에 넣으면 세포 안에서 밖으로 물이 빠져나가므로 세포 밖으로 나가는 물의 양이 안으로 들어오는 양보다 많다.

06. 답 ⑤

해설 ㄱ, ㄴ. 촉매는 화학 반응에 참여하여 활성화 에너지를 변화시킴으로써 반응 속도를 변화시키는 물질이다. 촉매에는 활성화 에너지를 낮추어 반응 속도를 빠르게 하는 정촉매와 활성화 에너지를 높여 반응 속도르 느리게 하는 부촉매가 있다.
ㄷ. 활성화 에너지는 화학 반응이 일어나기 위해 필요한 최소한의 에너지이다.

07. 답 ②, ③

해설 ② 물질대사는 여러 단계에 걸쳐 진행되며, 연소는 한 번에 진행된다.
③ 물질대사가 진행되기 위해서는 생체 촉매(효소)가 필요하며, 연소에서는 촉매가 필요하지 않다.

바른 풀이 ① 물질대사는 생명 활동을 유지하기 위해 생명체 내에서 일어나는 모든 화학 반응이다.
④ 물질대사에서는 에너지가 단계적으로 소량씩 방출되거나 흡수되며, 연소에서는 에너지가 한꺼번에 방출되거나 흡수된다.
⑤ 물질대사는 체온 범위 정도의 저온에서 일어나며, 연소는 고온에서 일어난다.

08. 답 ②

해설 각 효소마다 최대 활성을 나타내는 최적 온도가 다르다. 최적 온도 이상이 되면 단백질이 주성분인 효소는 변성되어 활성을 잃게 된다. 따라서 최적 온도 이상일 때 효소의 반응 속도는 급격하게 감소하게 된다.

09. 답 ②

해설 ㄴ, ㄷ. 효소는 활성화 에너지를 낮추어 생물체의 체온 정도의 온도에서 물질대사의 반응 속도를 증가시키는 역할을 한다.

바른 풀이 ㄱ. 효소는 반응물이 생성물이 되는 과정을 도와주는 촉매 역할을 할 뿐 물질대사에 직접 사용되지는 않는다. 즉, 효소는 반응물이 아니다.
ㄹ. 광합성과 세포 호흡 모두 생명체 안에서 일어나는 물질대사로 효소가 사용된다.

10. 답 ③

해설 ㄱ. 모든 효소가 반응물과 결합하기 전, 반응물의 농도가 S_1 일 때, 효소의 농도가 X일 때(1.4)는 Y일 때(0.7)보다 초기 반응 속도가 2배 차이 난다. 이는 효소와 반응물의 결합 차이가 2배이고 효소의 농도 차가 2배라는 의미이다.
ㄷ. 효소의 농도가 Y이고 모든 효소가 반응물과 결합한 상태인 S_2 일 때의 초기 반응 속도는 반응물의 농도가 S_1일 때의 2배이므로 반응물의 농도가 S_1일 때는 효소의 50%가 반응물과 결합한 상태이다.

바른 풀이 ㄴ. 효소의 활성화 에너지는 효소의 유무에 따라 달라지는 것이므로 반응물의 농도와는 관계없다.

11. 답 ③

해설 ㄱ. 효소는 노폐물이나 해로운 물질의 독성을 약화시키는 데 관여한다.
ㄴ. 효소는 생장에 필요한 뼈, 근육 등의 몸 구성 성분을 합성하는 데 관여한다.

바른 풀이 ㄷ. 효소는 기질 특이성이 있기 때문에 각 반응에 관여하는 효소가 정해져 있다. 그러므로 한 가지 효소라도 결핍되면 물질대사는 정상적으로 일어나지 못해 이상 증세가 나타나게 되어 건강을 위협하게 된다.

12. 답 ②

해설 ㄴ. DNA에 존재하는 유전자의 유전 정보는 RNA로 전사된 후 단백질로 번역된다.

바른 풀이 ㄱ. DNA에 있는 유전자의 유전 정보는 RNA로 전사되고, 단백질은 유전자(DNA)에 저장된 정보를 전달하는 RNA에 의해 세포질의 리보솜에서 합성된다.
ㄷ. 형질은 부모로부터 물려받은 DNA(유전자)에 의해 나타난다.

13. 답 ①

해설 ㄱ. 코돈(RNA 유전 암호) ACU와 ACA 둘 다 트레오닌을 지정한다.

바른 풀이 ㄴ. 정상 유전자의 코돈 CAU와 비정상 유전자의 코돈 CAC 둘다 히스티딘을 지정하므로 정상 단백질이 합성된다. 따라서 비정상 ㉠ 유전자는 유전 질환을 일으키지 않는다.
ㄷ. 비정상 유전자 ㉡으로부터 합성된 단백질의 아미노산(-트레오닌-알라닌-히스티딘) 개수와 정상 유전자로부터 합성된 단백질의 아미노산(트레오닌-트레오닌-히스티딘) 개수는 동일하다.

14. 답 ④

해설 ㄴ. ㉠에 C을 삽입하고, ㉡부분의 염기를 U로 바꾼 RNA 염기 서열은 UUC/**C**UA/**U**AG/CUUGAGG가 되므로 UUC(페닐알라닌) - **C**UA(류신) - **U**AG(종결코돈)이 된다. 따라서 2개의 아미노산만이 존재하는 단백질이 만들어진다.
ㄷ. ㉢ 부분의 염기를 A으로 바꾼 RNA 염기 서열은 UUC/UAC/AG**A**/UUG/AGG이며, 아미노산 서열은 페닐알라닌 - 타이로신 - 아르지닌 - 류신 - 아르지닌이 된다. 따라서 4종류의 아미노산(페닐알라닌, 타이로신, 아르지닌, 류신)으로 이루어진 폴리펩타이드가 합성된다.

바른 풀이 ㄱ. RNA를 구성하는 염기는 A, G, C, U 이며, DNA를 구성하는 염기는 A, G, C, T이다. RNA의 U은 DNA의 A과, RNA의 A은 DNA의 T과, G은 C과 상보결합한다. 따라서 이 RNA의 전사에 사용된 DNA 가닥의 염기 서열은 AAG/A**T**G/**T**CG/AAC/**T**CC 이다.

15. 답 ④

해설 ㄱ. 코돈 GAA가 글루탐산을 지정하므로 DNA의 CTT가 있는 가닥이 전사, 번역되어 헤모글로빈이 합성된 것이다. 따라서 발린을 지정하는 코돈(RNA 유전 암호)은 CAT 가 전사된 GUA이다.
ㄴ. DNA에서 글루탐산을 암호화하는 염기 서열 CTT 중 첫번 째 T이 A으로 바뀔 경우 발린이 만들어지므로 유전자에 이상이 생기면 저장되는 정보가 달라질 수 있다.
ㄷ. 아미노산 배열 순서에 따라 입체 구조가 달라져 단백질의 종류와 특성이 달라져 적혈구 모양이 결정된다.

바른 풀이 ㄹ. 정상 헤모글로빈과 비정상 헤모글로빈은 아미노산 1개의 염기 서열이 서로 다를 뿐 아미노산의 개수는 같다.

16. 답 ㉠, ㉡

유전 정보를 리보솜에 전달하는 RNA에 단백질 X 합성에 대한 유전 정보가 존재한다. 유전 정보는 DNA 염기 서열에 저장되어 있고 RNA로 전사되므로, RNA와 염기 서열이 같은 DNA 2중 가닥 중 하나인 ㉠에 단백질 X 합성에 대한 유전 정보가 저장되어 있다. (단, DNA의 T은 RNA의 U과 같다.)

해설 염기 U이 있는 ㉡은 전사 과정을 통해 합성된 RNA이며, ㉠과 ㉢은 각 염기가 상보결합한 DNA 2중 가닥이다.

내신 기출 모의고사 2회

230 ~ 233 쪽

01. ⑤	02. ③	03. ③	04. ④
05. 해설 참조		06. ㄱ, ㄹ	07. ⑤
08. ③	09. ①, ④	10. ④	11. ⑤
12. ③	13. ③	14. ③	15. ①
16. 해설 참조		17. ⑤	18. ⑤
19. ③			

01. 답 ⑤

바른 풀이 ⑤ 개체는 여러 기관이 모여 독립된 구조와 기능을 가지고 생명 활동을 하는 생물체이다.

해설 ① 생명 시스템은 여러 구성 요소가 상호 작용하여 생명 활동을 수행한다.
② 생명 시스템의 구조적 기능적 기본 단위는 세포이다.
③ 생명 시스템의 구성 단계는 세포→조직→기관→개체이다.
④ 조직은 모양과 기능이 비슷한 세포의 모임이다.

02. 답 ③

해설 ㄷ. (가) 미토콘드리아와 (나) 엽록체는 막으로 싸여 있는 세포 소기관이며, (다) 리보솜은 막으로 싸여 있지 않은 세포 소기관이다. 따라서 특징 B는 '막으로 싸여 있다.'이다.
ㄹ. 특징 D는 광합성이 일어나는 식물 세포에만의 특징이므로 광합성에 해당하는 '포도당을 합성한다.'는 특징 D에 해당한다.

바른 풀이

특징 (A, B, C, D)	세포 소기관
· 막으로 싸여 있다. (특징 B)	엽록체, 미토콘드리아
· 포도당을 분해한다. (특징 A)	미토콘드리아
· 동물 세포에 존재한다. (특징 C)	리보솜, 미토콘드리아
· 식물 세포에만 존재한다. (특징 D)	엽록체

(가)는 미토콘드리아, (나)는 엽록체, (다)는 리보솜이다.
ㄱ. (가)는 막으로 싸여 있고, 포도당을 분해하며, 동물 세포에 존재하는 미토콘드리아에 해당한다.
ㄴ. (다) 리보솜에서는 단백질이 합성된다. 세포 호흡은 (가) 미토콘드리아에서 일어난다.

03. 답 ③

해설 ㄱ. 엽록체는 광합성이 일어나는 장소로서 이산화 탄소와 물을 원료로 하여 포도당을 합성한다. 미토콘드리아는 세포 호흡이 일어나는 장소로서 산소를 이용하여 포도당을 분해함으로써 생명 활동에 필요한 에너지를 생성한다.
ㄴ. B는 엽록체와 미토콘드리아의 공통 부분에 해당하므로 엽록체와 미토콘드리아를 모두 가지고 있는 식물 세포의 세포 소기관에 해당한다.

바른 풀이 ㄷ. 미토콘드리아는 동물 세포에와 식물 세포에 공통으로 존재한다.

04. 답 ④

해설 ㄴ. 배추를 소금물에 담그면 배추 세포 내부의 농도가 외부의 농도보다 낮아 삼투에 의해 배추 세포 내부의 물이 배추 세포 외부로 빠져나간다.
ㄷ. 밭에 비료를 너무 많이 주면 흙 속 물질의 농도가 식물 뿌리 세포의 농도보다 높아지게 되어 삼투 현상에 의해 뿌리에서 흙으로 물이 빠져나가기 때문에 농작물이 시들게 된다.

바른 풀이 ㄱ. 바닷물이 생수보다 잘 얼지 않는 것은 바닷물의 염도가 높아 어는점이 낮기 때문이므로 삼투 현상과는 상관없다.

05. 답 (가) < (다), 소금 용액 (가)에 넣은 세포는 등장액에 넣은 세포보다 세포 부피가 커졌으므로 물이 세포 안으로 들어온 것이고, 소금 용액 (다)에 넣은 세포는 등장액에 넣은 세포보다 세포 부피가 작아졌으므로 물이 세포 밖으로 빠져나간 것이다. 따라서 소금 용액 (가)는 세포 내부의 농도보다 낮은 저장액이며, 소금 용액 (다)는 세포 내부의 농도보다 높은 고장액이다.

06. 답 ㄱ, ㄹ. 이유 : 실험에서 세포를 저장액에 넣었을 때 부피는 팽창하지만 터지지 않았고 세포의 전체 모양도 변하지 않았다. 고장액에 넣었을 때 부피는 감소했지만 세포의 전체 모양은 변하지 않았다. 동물 세포의 경우 저장액에서는 부피가 팽창하다가 터지고 고장액에서는 부피가 감소하면서 쭈그러드는데, 식물 세포는 동물 세포와 달리 세포벽이 존재하기 때문에 세포의 전체 모양은 일정하다. 따라서 위 실험에 사용한 세포는 식물 세포이다.

해설 (다)에서는 식물 세포의 세포막이 세포벽으로부터 떨어져 나와 원형질 분리가 일어난 것이다.

07. 답 ⑤

해설 ㄱ. A는 인지질 2중층으로 수용성인 세포 안과 세포 밖을 향해 친수성인 머리(인산)이 향하고 있다.
ㄴ. B는 막단백질로 이를 통해 촉진 확산이 일어나는데, 막단백질 투과 물질로는 전하를 띠는 이온, 아미노산 포도당 등의 비교적 크기가 큰 수용성 물질, 물과 같은 극성 물질 등이 있다.
ㄷ. 폐포와 모세혈관에서 일어나는 O_2와 CO_2의 교환, 지용성 물질 등의 확산 등은 A 인지질 이중층을 통해 이루어진다.

08. 답 ③

해설 ㄱ. 물질대사는 생명체 체내 온도에서 빠르게 일어나야 하므로 촉매 역할을 하는 효소가 관여한다.
ㄴ. 물질대사에는 A 동화 작용과 B 이화 작용이 존재한다. 작은 분자를 큰 분자로 합성하는 동화 작용에서는 에너지가 흡수되며, 큰 분자를 작은 분자로 분해하는 이화 작용에서는 에너지가 방출된다.

바른 풀이 ㄷ. 물질대사는 생명 활동을 유지하기 위해 생명체 내에서 일어나는 화학 반응이므로 생명체의 체온 정도의 저온, 대기압 정도의 저압에서 효소의 도움으로 일어난다.

09. 답 ①, ④

해설 ① (나) 연소는 (가) 세포 호흡보다 높은 온도에서 빠르게 일어나므로 (가)는 (나)보다 느리게 일어난다.
④ (가) 세포 호흡과 (나) 연소 모두 같은 양의 포도당이 분해되는

반응이므로 방출되는 에너지의 총량은 같다.

바른 풀이 (가)는 생명체 내에서 세포 호흡을 통해 포도당이 산화될 때의 에너지 변화이며, (나)는 생명체 밖에서 포도당이 연소될 때의 에너지 변화를 나타낸 것이다.

②, ③ (가)는 효소가 관여하므로 생명체 내 온도에서 일어난다. (나)는 생명체 내 온도보다 높은 온도에서 효소가 관여하지 않고 일어난다.

⑤ (가) 포도당의 산화와 (나) 포도당의 연소 모두 에너지가 방출되는 발열 반응(이화 작용)이다.

10. 답 ④

해설 ㄱ. 물질 X가 있을 때(B)보다 물질 X가 없을 때(A) 초기 반응 속도가 크므로 X는 효소의 작용을 방해하는 물질이다.

ㄴ. 물질 X는 활성화 에너지의 크기에 영향을 주는 것이 아니라 효소와 반응물의 결합체가 생성되는 속도에 영향을 준다. 활성화 에너지는 효소의 작용 유무에 따라 달라지는 것이므로 활성화 에너지는 물질 X의 유무와 관계없이 일정하다.

ㄹ. 그래프 A, B 모두 반응물의 농도가 S_2일 때 효소를 더 넣어주면 반응물이 결합할 수 있는 효소의 양이 늘어나므로 초기 반응 속도가 증가한다.

바른 풀이 ㄷ. 물질 X는 효소의 작용을 방해하는 물질이므로 V_1은 작아진다.

11. 답 ⑤

바른 풀이 ⑤ 반응열은 화학 반응이 일어날 때 방출되거나 흡수되는 열량을 나타내므로 반응물과 생성물의 에너지 차이를 나타내는 E_2이다. 반응열은 효소의 유무와 상관없이 일정하다.

해설 ① (가), (나)는 효소의 유무에 따른 화학 반응을 나타낸 것이다. 반응물이 생성물로 될 때 에너지가 높아지기 때문에 열을 흡수하는 흡열 반응(동화 작용)이다.

② 산의 오른쪽에서 왼쪽으로 공을 이동하므로 화학 반응에 비유하면 오른쪽 B는 반응물, 왼쪽 A는 생성물에 해당한다.

③ 효소가 없을 때 활성화 에너지는 $E_1 + E_2$ 인 E_3이다.

④ 효소가 있을 때 활성화 에너지는 $E_2 + E_4$이다.

12. 답 ③

해설 ㄱ. 돼지고기의 주성분은 단백질과 지방이다. 새우젓에는 단백질 분해 효소와 지방 분해 효소가 있기 때문에 돼지고기를 먹을 때 새우젓과 함께 먹으면 소화가 잘 된다.

ㄴ. 김치, 된장, 막걸리, 치즈, 요구르트 등은 미생물이 가지고 있는 효소를 이용하여 만든 발효 식품이다.

바른 풀이 ㄷ. 엿기름물에는 밥 속의 녹말을 엿당으로 분해하는 녹말 분해 효소가 있다.

13. 답 ③

바른 풀이 ③ 키위나 배에는 단백질을 분해하는 효소가 들어있다.

해설 ② 침 속에는 소화 효소 중 하나인 아밀레이스가 있으며, 이 효소는 밥(녹말) 엿당으로 분해한다.

④ 엿기름물의 아밀레이스(효소)는 따뜻한 온도에서 활발하게 작용한다.(효소의 활성을 최적으로 유지시키기 위해서 보온한다.)

⑤ 효소 세제에는 단백질 분해 효소뿐만 아니라 지방 분해 효소도 들어 있어 세척력이 뛰어나다.

14. 답 ③

해설 ㄱ. 리보솜은 DNA로부터 전사된 RNA의 유전 암호인 코돈을 인식하여 단백질을 합성한다.

ㄴ. DNA의 유전 암호는 DNA의 유전자 부위에 존재하는 연속된 3개의 염기 조합으로서 '3염기 조합'이라고 한다.

바른 풀이 ㄷ. 유전 암호는 거의 모든 생명체에서 동일하게 나타나므로 사람의 유전 암호를 세균에 주입하여도 사람의 단백질이 합성된다.

15. 답 ①

해설 ㄱ. ㉠ 과정은 DNA 분자를 복제하는 과정이다.

바른 풀이 ㄴ. ㉡ 과정은 전사 과정으로 DNA 염기 서열을 RNA 염기 서열로 유전 정보를 베끼는 과정으로 DNA로부터 RNA가 합성되는 과정이다.

ㄷ. ㉢은 번역 과정으로 RNA의 유전 정보에 따라 단백질이 세포질의 리보솜에서 합성되는 과정이다.

16. 답 지구상의 모든 생명체들은 유전 암호(3염기 조합, 코돈)가 동일하며, 유전 정보의 전달 방식(전사 및 번역 과정) 역시 동일하다. 따라서 DNA 유전 암호에 의해 결정되는 아미노산의 종류도 모든 생물에서 동일하다. 그러므로 서로 다른 생명체들 사이에서도 동일한 종류의 단백질이 합성될 수 있다.

해설 세균에서 사람에 이르기까지 거의 모든 생명체의 유전 암호 및 유전 정보의 전달 과정은 동일하다. 따라서 사람의 유전자를 식물이나 세균에 삽입하여 사람의 단백질을 얻을 수 있다.

17. 답 ⑤

해설 ㄱ. DNA에는 수많은 유전자가 있다.

ㄷ. 유전자는 DNA의 특정 부위에 있다.

ㄹ. 서로 다른 유전자에는 서로 다른 단백질에 대한 유전 정보가 저장되어 있으며, 유전 정보에 따라 서로 다른 형질이 나타난다.

바른 풀이 ㄴ. 염색체를 구성하는 DNA에는 수많은 유전자가 있으므로 유전자의 수는 염색체의 수보다 많다.

18. 답 ⑤

해설 그림의 폴리펩타이드를 구성하는 아미노산은 5개이며, 아미노산은 RNA의 코돈에 의해 결정된다. 코돈 1개 당 아미노산 1개를 지정하며, 코돈은 연속된 3개의 염기 조합이므로 그림의 폴리펩타이드가 합성되기까지 사용된 염기의 개수는 15개이다.

19. 답 ③

해설 ㄱ. RNA로 전사된 DNA 가닥의 염기 A, G, C, T은 각각 RNA 가닥의 염기 U, C, G, A과 상보적인데, 이에 해당하는 것은 (가)와 (나)이다.

ㄴ. (가)와 (다)에는 염기 T이 존재하며, (가)의 A은 (다)의 T과, (가)의 C은 (다)의 G과 비율이 같으므로 (가)와 (다)는 상보결합으로 이루어진 DNA 2중 나선이다.

바른 풀이 ㄷ. 상보결합하기 위해서는 (나)의 A, G, C, T이 각각 (다)의 U, C, G, A과 같은 비율이어야 하므로 (나)와 (다)는 상보결합 할 수 없다.

Ⅲ 변화와 다양성

1. 화학 변화

01. 다양한 산화 환원 반응

개념체크 239 쪽

01. (1) X (2) X (3) O (4) O

02. (1) ㉠ 산화 ㉡ 환원 (2) ㉠ 산화 ㉡ 환원

(3) ㉠ 산화 ㉡ 환원 (4) ㉠ 산화 ㉡ 환원

03. 산소 **04.** 환원, 산화

01. 답 (1) X (2) X (3) O (4) O

바른 풀이 (1) 전자를 얻는 반응은 환원이고, 전자를 잃는 반응은 산화이다. 또한 산소를 얻는 반응은 산화이고, 산소를 잃는 반응은 환원이다.

(2) 포도당이 산소와 반응하여(산화되어) 물과 이산화 탄소로 분해되는 반응은 호흡이고, 광합성은 이산화 탄소와 물이 반응하여 포도당과 산소를 생성하는 반응이다.

해설 (3) 철의 제련은 철광석의 주성분인 산화 철(Ⅲ)(Fe_2O_3)을 환원시켜 순수한 철을 얻는 과정이다.

(4) 산화 반응에서 잃은 전자 수와 환원 반응에서 얻은 전자 수가 같아야 하고, 물질이 전자를 얻기 위해서는 다른 물질이 전자를 잃어야 하므로 산화 환원 반응은 항상 동시에 일어난다. 이를 산화 환원 반응의 동시성이라고 한다.

02. 답 (1) ㉠ 산화 ㉡ 환원 (2) ㉠ 산화 ㉡ 환원 (3) ㉠ 산화 ㉡ 환원 (4) ㉠ 산화 ㉡ 환원

해설 (1) 산화 철(Ⅲ)이 일산화 탄소와 반응하여 순수한 철과 이산화 탄소가 되는 반응에서 산화 철(Ⅲ)은 산소를 잃었으므로 환원되었고 일산화 탄소는 산소를 얻었으므로 산화되었다.

(2) 구리 이온이 구리가 되고, 아연이 아연 이온이 되는 반응에서 구리 이온은 전자를 얻었으므로 환원, 아연은 전자를 잃었으므로 산화되었다.

(3) 수소 이온이 수소 기체가 되고, 아연이 아연 이온이 되는 반응에서 수소 이온은 전자를 얻었으므로 환원, 아연은 전자를 잃었으므로 산화되었다.

(4) 은 이온이 은이 되고, 구리가 구리 이온이 되는 반응에서 은 이온은 전자를 얻었으므로 환원, 구리는 전자를 잃었으므로 산화되었다.

03. 답 산소

해설 지구와 생명의 역사를 바꾼 광합성, 화석 연료의 연소, 철의 제련 등의 화학 반응은 다음과 같다.

· 광합성 : 이산화 탄소 + 물 ⟶ 포도당 + 산소

· 화석 연료의 연소 : 화석 연료 + 산소 ⟶ 물 + 이산화 탄소

· 철의 제련 : 산화 철 + 일산화 탄소 ⟶ 철 + 이산화 탄소

모두 산소가 공통으로 관여하여 반응하는 산화 환원 반응이다.

04. 답 환원, 산화

해설 철의 제련 과정에서 철광석의 주성분인 산화 철(Ⅲ)이 일산화 탄소와 반응하면 산화 철(Ⅲ)은 산소를 잃고 환원되어 철이 되고, 일산화 탄소는 산화되어 이산화 탄소가 된다.

+ 탐구 240 쪽

탐구문제 **1.** 답 ⑤

해설 ⑤ 질산 은($AgNO_3$) 수용액에 금속 구리(Cu)를 넣었을 때 산화 환원 반응은 $2Ag^+ + Cu \longrightarrow 2Ag + Cu^{2+}$이다.

바른 풀이 ① 은 이온(Ag^+)은 전자를 얻어(환원되어) 은(Ag)으로 석출되므로 수용액 속 은 이온의 수는 감소한다.

② 구리(Cu)가 전자를 잃어 구리 이온(Cu^{2+})으로 산화되므로 수용액 속 구리 이온의 수는 증가한다.

③ 은 이온은 전자를 얻어 환원된다.

④ 산화 환원 반응이 $2Ag^+ + Cu \longrightarrow 2Ag + Cu^{2+}$이므로 구리 원자 1개와 반응한 은 이온의 수는 2개이다.

꼭 짚기! 241 쪽

1. ⑤ **2.** ⑤ **3.** ⑤

1. 답 ⑤

해설 ⑤ 광합성으로 만들어진 산소에 의해 오존층이 형성되었고, 그로 인해 수많은 육상 생명체의 출현과 진화가 가능해졌다.

바른 풀이 ① (가)는 O_2이다.

② 에너지가 발출되는 반응은 호흡이다.

③ 이산화 탄소는 환원되어 포도당이 된다.

④ 광합성은 식물의 엽록체에서 반응이 일어나고, 생명체 세포의 미토콘드리아에서 일어나는 반응은 호흡이다.

2. 답 ⑤

해설 ⑤ 반응 후 수용액의 색이 푸른색이 되는 것은 수용액에 구리 이온이 녹아나오기 때문이다. 따라서 은 이온 때문이 아니라 구리 이온 때문이다.

바른 풀이 ① 구리는 산화되어 구리 이온이 되어 수용액에 녹아나온다.

② 은 이온은 전자를 얻어 금속 은으로 석출된다.

③ 질산 이온은 음이온으로 반응하지 않고 수용액에 그대로 녹아 있으므로 질산 이온 수는 변하지 않는다.

④ 수용액 속의 은 이온이 금속 은으로 석출되기 때문에 은 이온 수는 점점 감소한다.

3. 답 ⑤

해설 ㄱ. (가)에서 C는 산소를 얻어 산화된다.

ㄴ. (나)에서 Fe_2O_3은 산소를 잃고 Fe이 되므로 환원된다.

ㄷ. (가)와 (나)는 물질 사이에 산소가 이동하는 산화 환원 반응이다.

스스로 실력 높이기

242 ~ 245 쪽

01. ⑤	02. ①	03. Mg, CO		04. ③
05. ④	06. ⑤	07. ②	08. ③	09. ③
10. ①	11. ③	12. ③	13. ④	14. ⑤
15. 해설 참조		16. ③	17. ④	18. ②

01. 답 ⑤

해설 ㄱ. 광합성은 이산화 탄소와 물을 포도당과 산소로 만드는 반응이므로 산소가 관여하는 산화 환원 반응이다.

이산화 탄소 + 물 $\xrightarrow{\text{빛에너지}}$ 포도당 + 산소

ㄴ. 광합성으로 만들어진 산소가 대기 중으로 방출되어 오존층이 형성됨에 따라 산소 호흡하는 생물이 출현하였다.

ㄷ. 광합성은 호흡과 같이 생명체 출현과 진화 및 생명 유지에 큰 기여를 하였다.

02. 답 ①

해설 지질 시대의 생물이 땅속에 묻혀 생성되었고 산업 혁명 이후 현재까지 난방과 운송 수단의 연료로 사용되는 것은 화석 연료이다.

ㄱ. (가) 화석 연료에는 석유, 석탄, 천연가스 등이 있다.

바른 풀이 ㄴ, ㄷ. 화석 연료 중 메테인의 연소 과정은 다음과 같다.

$CH_4 + 2O_2 \longrightarrow CO_2 + 2H_2O$

화석 연료의 대표적인 예인 석유, 석탄, 천연가스 또한 연소되어 물과 이산화 탄소를 생성한다. (가) 화석 연료는 ㉠ 연소 과정에서 산소와 반응하여 (나) 이산화 탄소와 물이 되므로 산화된다.

03. 답 Mg, CO

해설 산화 환원 반응에서 산소(O)를 얻는 반응은 산화, 산소(O)를 잃는 반응은 환원이다. 두 반응에서 Mg은 O를 얻어 MgO가 되고, CO는 O를 얻어 CO_2가 되므로 산화되는 물질은 Mg과 CO이다.

04. 답 ③

해설 ㄱ. A. 식물의 광합성은 물과 이산화 탄소로부터 포도당과 산소를 만드는 과정이다. 이과정은 빛이 흡수되며 흡열 반응이다.

B. 천연가스의주성분은 메테인이고 연소시키면 물과 이산화 탄소가 발생하고 에너지가 방출된다.

ㄷ. 광합성 반응과 천연가스 연소반응은 모두산화 환원 반응이다

바른 풀이 ㄴ. A 광합성 반응은 빛에너지를 흡수하는 흡열 반응이다.

05. 답 ④

해설 $CuO + H_2 \longrightarrow Cu +$ ㉠H_2O - 산화 구리의 환원 반응

$CH_4 + 2O_2 \longrightarrow CO_2 +$ ㉡$2H_2O$ - 메테인의 연소 반응

ㄴ. H_2는 산소를 얻어 물(H_2O)이 되었으므로 산화되었다.

ㄷ. CH_4는 산소를 얻어 CO_2가 되었으므로 산화되었다.

바른 풀이 ㄱ. ㉠과 ㉡은 모두 물이다.

06. 답 ⑤

해설 ㄱ. 겉불꽃에는 산소가 많이 공급되기 때문에 (가)에서 구리판이 산화되어 산화 구리(CuO)(검은색)가 된다.

$Cu + O_2 \longrightarrow 2CuO$

ㄴ, ㄷ. 속불꽃에는 산소가 충분하지 않아 다른 물질을 환원시키는 물질(환원제)인 탄소(C)나 일산화 탄소(CO)가 생성되므로 (나)에서 산화 구리(CuO)가 환원되어 다시 구리(Cu)(붉은색)가 된다.

$2CuO + C \longrightarrow CO_2 + 2Cu$

07. 답 ②

해설 ② 마그네슘(Mg)이 산소를 얻어 산화 마그네슘(MgO)이 되고, 이산화 탄소(CO_2)가 산소를 잃고 탄소(C)가 되었으므로 물질 사이에 산소가 이동한다.

바른 풀이 ① 이산화 탄소는 산소를 잃고 탄소가 되었으므로 환원되는 물질이다.

③ 마그네슘은 산소를 얻어 산화 마그네슘이 되었으므로 산화되는 물질이다.

④ 산화와 환원은 항상 동시에 일어난다.

⑤ 전자의 이동에 의한 산화 환원 반응식은 다음과 같다.

$2Mg + C^{4+} \longrightarrow 2Mg^{2+} + C$

따라서 마그네슘은 전자를 잃는다.

08. 답 ③

해설 ㄱ. 어떤 물질이 전자를 잃는 반응을 산화 반응, 전자를 얻는 반응을 환원 반응이라고 한다.

ㄷ. 산화와 환원은 항상 동시에 일어난다.

바른 풀이 ㄴ. 어떤 물질이 산소를 얻는 반응을 산화 반응, 산소를 잃는 반응을 환원 반응이라고 한다.

09. 답 ③

해설 ㄱ. 수용액 속에 은 이온(Ag^+)은 전자를 얻어 환원되고 은(Ag)으로 석출된다.

ㄴ. 구리(Cu) 선은 전자를 잃고 산화되어 반응 후 수용액 속에 구리 이온(Cu^{2+})으로 존재하므로 수용액은 푸른색을 띠게 된다.

바른 풀이 ㄷ. 전자는 구리에서 은 이온으로 이동한다.

$Cu + 2Ag^+ \longrightarrow Cu^{2+} + 2Ag$

10. 답 ①

해설 ㄱ. 아연은 전자를 잃고 산화되어 수용액 속에 이온으로 존재하고, 구리 이온은 전자를 얻어 구리로 석출된다.

$Zn + Cu^{2+} \longrightarrow Zn^{2+} + Cu$

바른 풀이 ㄴ. 수용액 속 구리 이온은 환원되어 구리로 석출되기 때문에 구리 이온의 수는 반응 후가 반응 전보다 적다.

ㄷ. 산소의 이동이 없더라도 전자의 이동이 있기 때문에 산화 환원 반응이다.

11. 답 ③

해설 환원 반응은 산소를 잃거나 전자를 얻는 반응이다.

(가) $2Cu + O_2 \longrightarrow 2CuO$의 반응에서 산소를 잃는 물질은 O_2이므로 환원되는 물질은 O_2이다.

(나) $CuO + H_2 \longrightarrow Cu + H_2O$의 반응에서 산소를 잃는 물질

은 CuO이므로 환원되는 물질은 CuO이다.
(다) $Cu + 2AgNO_3 \longrightarrow Cu(NO_3)_2 + 2Ag$에서 Cu는 전자를 잃어 Cu^{2+}이 되고, Ag^+은 전자를 얻어 Ag이 되므로 환원되는 물질은 $AgNO_3$이다. NO_3^- 는 변동없다.

12. 답 ③

바른 풀이 아연(Zn)과 묽은 염산(HCl)의 반응의 화학 반응식은 다음과 같다.

$Zn + 2HCl \longrightarrow ZnCl_2 + H_2$

③ 아연(Zn)은 전자를 잃고 산화되어 수용액 속에 이온으로 녹아 들어간다. 따라서 아연판의 질량은 점점 감소한다.

해설 ① 아연(Zn)은 전자를 잃고 산화된다.
② 수소 이온(H^+)은 전자를 얻어 환원된다.
④ 수용액 속의 전하량 총합이 같아야 하고, 염화 이온(Cl^-)은 전자를 잃지도 얻지도 않으므로 염화 이온 수는 변하지 않는다.
⑤ 수용액 속의 수소 이온(H^+)은 전자를 얻어 수소 기체(H_2)가 되고, 아연은 전자를 잃어 아연 이온(Zn^{2+})이 된다. 2개의 수소 이온이 반응할 때 1개의 아연 이온이 반응하므로 수용액의 양이온 수는 점점 감소한다.

$Zn + 2H^+ \longrightarrow Zn^{2+} + H_2$

13. 답 ④

해설 질산 은과 철의 화학 반응식은 다음과 같다.

$2AgNO_3 + Fe \longrightarrow Fe(NO_3)_2 + 2Ag$

철은 전자를 잃고 산화되어 철이온(Fe^{2+})이 되면서용액에 녹아들어가고 은 이온(Ag^+)은 전자를 얻어 환원되어 Ag가 되어 철판에 달라붙게 된다. 질산 이온(NO_3^-)은구경꾼 이온으로 변동없다.
ㄴ. 철 원자 1개가 이온으로 떨어져 나가고 질량이 더 큰 물질인 은 원자(Ag) 2개가 달라붙으므로 철판의 질량은 증가한다.
ㄷ. 철 이온 1개가 용액 속으로 녹아들어가며 은 이온 2개가 철판으로 빠져나오므로 수용액의 전체 이온수는 감소한다.

바른 풀이 ㄱ. 질산 이온(NO_3^-)은 구경꾼 이온으로 변동없다.

14. 답 ⑤

해설 ㄱ. (가)는 광합성의 화학 반응식으로 이산화 탄소는 환원되어 포도당이 되고, 물은 산화되어 산소가 된다.
ㄴ. (나)는 호흡의 화학 반응식으로 포도당은 산화되어 이산화 탄소가 되고, 산소는 환원되어 물이 된다.
ㄷ. (나) 호흡은 포도당과 산소가 반응하여 물과 이산화 탄소로 분해되는 반응으로 이때 에너지가 발생한다.

15. 답 철이 산소 또는 물과 결합하여 산화 철 III이 되는 것이 녹스는 것이므로 철제 다리에 페인트를 칠하거나 기름을 칠하여 철이 산소와 결합하는 것을 막으면 다리의 부식을 방지할 수 있다.

또는 철보다 반응성이 더 큰 금속과 도선으로 연결하면 철보다 반응성이 더 큰 금속이 먼저 산화되므로 다리를 구성하는 철의 부식을 방지할 수 있다.

해설 철이 산소 또는 수분과 결합하면 산화 철 III(Fe_2O_3)가 만들어지면서 부식이 되는 것이므로 철의 부식을 막기 위해서는 산소와 수분을 차단해야 한다. 철 표면에 페인트나 기름을 칠하면 공기 중의 산소, 수분과 접촉이 제한되므로 부식되는 것을 방지할 수 있다. 또한, 철보다 반응성이 큰(산화가 더 잘되는) 금속인 Mg, Zn과 도선으로 연결하면 철보다 반응성이 큰 금속이 먼저 산화되기 때문에 철의 부식을 방지할 수 있다.

16. 답 ③

바른 풀이 ③ 연소 반응은 빛과 열을 내면서 산소와 빠르게 결합하는 반응이다. 따라서 메테인은 산소와 빠르게 결합한다.

해설 ① 메테인은 산소와 결합하므로 산화된다.
② 메테인의 연소 반응할 때 빛과 열이 발생된다.
④ 메테인과 산소가 결합하면 이산화 탄소와 물이 생성된다. 따라서 (가)는 이산화 탄소(CO_2)이다.
⑤ 메테인은 가정에서 사용하는 도시가스의 주성분이다.

17. 답 ④

해설 ㄱ. 반응 I에서 코크스(C)는 산소와 결합하여 일산화 탄소(CO)가 되므로 산화된다.
ㄴ. 반응 II에서 산화 철(III)(Fe_2O_3)은 산소를 잃고 철(Fe)이 되므로 환원된다.

바른 풀이 ㄷ. 반응 II에서 일산화 탄소(CO)는 산소와 결합하여 이산화 탄소(CO_2)가 되므로 산화된다.

18. 답 ②

바른 풀이 ② 생선에 레몬즙을 뿌려 비린내를 제거하는 것은 염기성인 생선에 산성인 레몬즙을 뿌려 중화시키는 것으로 중화 반응의 예이다.

해설 ① 오래된 음식물은 산화되어 부패된다.
③ 누런 옷을 표백제로 세탁하면 산화 환원 반응이 일어나 옷이 하얗게 된다.
④ 도시가스의 주성분인 메테인은 연소되어 이산화 탄소와 물이 생성된다. 이 반응은 산화 환원 반응이다.
⑤ 철 가루가 들어 있는 손난로를 흔들면 철이 산화되면 산화 철이 되면서 열이 발생된다.

02. 우리 주변의 산과 염기

개념체크 247 ~ 249 쪽

01. (1) 염기성 (2) 산성 (3) 염기성 (4) 산성 (5) 염기성 (6) 산성

02. (1) O (2) X (3) X (4) X (5) O

03. (1) H^+ (2) OH^- (3) $2H^+$ (4) H_2CO_3 (5) CH_3COO^-

04. (1) X (2) O (3) O (4) O (5) X

05. (1) ㉢ (2) ㉡ (3) ㉠ **06.** 이산화 탄소(CO_2)

01. 답 (1) 염기성 (2) 산성 (3) 염기성 (4) 산성 (5) 염기성 (6) 산성

해설 산성은 물에 녹아 수소 이온(H^+)을 내놓는 물질의 공통적인 성질이고, 염기성은 물에 녹아 수산화 이온(OH^-)을 내놓는 물질의 공통적인 성질이다.

(1) $KOH \rightarrow K^+ + OH^-$(수용액 속에서) (염기성)

(2) $H_2SO_4 \rightarrow 2H^+ + SO_4^{2-}$(수용액 속에서) (산성)

(3) $NaOH \rightarrow Na^+, OH^-$(수용액 속에서) (염기성)

(4) $H_2CO_3 \rightarrow 2H^+ + CO_3^{2-}$(수용액 속에서) (산성)

(5) $Ca(OH)_2 \rightarrow Ca^{2+} + 2OH^-$(수용액 속에서) (염기성)

(6) $CH_3COOH \rightarrow CH_3COO^- + H^+$(수용액 속에서) (산성)

02. 답 (1) O (2) X (3) X (4) X (5) O

해설 (1) 산과 염기는 수용액에서 이온화하여 각각 H^+ 또는 OH^-을 내놓는다.

(5) 산은 금속과 반응하여 수소 기체(H_2)를 발생시킨다.

바른 풀이 (2) 페놀프탈레인 용액을 산성 용액에 떨어뜨리면 색이 변하지 않는다. (무색)

(3) 염기는 붉은색 리트머스 종이를 푸르게 변화시킨다.

(4) 단백질을 녹이는 성질은 염기의 성질이다.

03. 답 (1) H^+ (2) OH^- (3) $2H^+$ (4) H_2CO_3 (5) CH_3COO^-

해설 (1) $HCl \rightarrow H^+ + Cl^-$ (수용액 속에서)

(2) $NaOH \rightarrow Na^+ + OH^-$ (수용액 속에서)

(3) $H_2SO_4 \rightarrow 2H^+ + SO_4^{2-}$ (수용액 속에서)

(4) $H_2CO_3 \rightarrow 2H^+ + CO_3^{2-}$ (수용액 속에서)

(5) $CH_3COOH \rightarrow H^+ + CH_3COO^-$ (수용액 속에서)

04. 답 (1) X (2) O (3) O (4) O (5) X

해설 (2) pH가 7보다 작은 용액의 액성은 산성이다.

(3) pH가 7보다 큰 용액은 염기성 용액이므로 붉은색 리트머스 종이를 푸르게 변화시킨다.

(4) 붉은색 양배추에서 추출한 용액은 액성에 따라 색이 달라지므로 지시약으로 사용할 수 있다 .

바른 풀이 (1) 산성 용액과 중성 용액은 페놀프탈레인 용액을 떨어뜨려도 색이 변하지 않으므로 구별할 수 없다.

(5) 레몬즙은 산성을 띠고, 비눗물은 염기성을 띤다. 따라서 BTB 용액을 떨어뜨리면 레몬즙은 노란색, 비눗물은 파란색을 띤다.

05. 답 (1) ㉢ (2) ㉡ (3) ㉠

해설 (1) 베이킹 파우더는 물에 녹이면 pH가 9이므로 염기성이다. 따라서 BTB 용액을 떨어뜨리면 파란색으로 변한다.

(2) 증류수는 pH가 7이므로 중성이다. 따라서 BTB 용액을 떨어뜨리면 초록색으로 변한다.

(3) 식초는 pH가 2인 산성이다. 따라서 BTB 용액을 떨어뜨리면 노란색으로 변한다.

06. 답 이산화 탄소(CO_2)

해설 생명체의 호흡이나 화석 연료의 연소 과정에서 발생하고, 바닷물에 녹아 수소 이온 농도를 증가시키는 물질은 이산화 탄소이다. $CO_2 + H_2O \rightarrow H_2CO_3 \rightarrow 2H^+ + CO_3^{2-}$(용해되어 이온화 됨)

+ 탐구 250 쪽

탐구문제 **1.** 답 ㄱ, ㄷ, ㄹ, ㅂ

해설 산과 염기는 모두 전기 전도성이 있다. 산성은 마그네슘 조각과 반응하여 수소 기체가 발생하고, BTB 용액을 넣었을 때 노란색으로 변한다. 식초, 레몬즙, 탄산음료, 유산균 음료는 모두 산성이고, 비눗물과 유리 세정제는 염기성이다. 따라서 미지의 수용액으로 예상되는 물질은 ㄱ, ㄷ, ㄹ, ㅂ이다.

탐구문제 **2.** 답 (1) O (2) X (3) O

해설 (1) 수산화 나트륨은 물에서 이온화되기 때문에 수산화 나트륨 수용액은 전류가 흐른다.

(3) 묽은 염산과 아세트산 수용액은 수소 이온(H^+)을 포함한 산성 용액이다. 따라서 수용액에 들어 있는 양이온의 종류는 같다.

바른 풀이 (2) 석회수($Ca(OH)_2$)는 염기성이므로 마그네슘 조각을 넣어도 기체가 발생하지 않는다.

꼭 짚기! 251 쪽

1. ④ **2.** ②

1. 답 ④

해설 ㄴ. 푸른색 리트머스 종이를 붉게 물들게 하는 용액의 액성은 산성이다. 산성은 수소 이온(H^+) 때문에 나타나는 성질이므로 리트머스 종이가 붉게 변하는 것은 수소 이온(H^+) 때문이다.

ㄷ. 묽은 염산과 묽은 황산은 모두 산성 용액이므로 수소 이온(H^+)을 포함한다. 따라서 묽은 황산도 푸른색 리트머스 종이를 붉게 물들게 한다.

바른 풀이 ㄱ. 수소 이온(H^+)은 양(+)전하를 띠므로 (-)극 쪽으로 이동한다. 리트머스 종이가 A극 쪽으로 붉게 변하였으므로 A극은 (-)극 이고, B극은 (+)극이다.

2. 답 ②

해설 액성에 따른 지시약의 색 변화는 다음과 같다.

구분	산성	중성	염기성
페놀프탈레인 용액	무색	무색	붉은색
메틸 오렌지 용액	붉은색	노란색	노란색
BTB 용액	노란색	초록색	파란색

A 수용액과 D 수용액은 산성, B 수용액은 염기성, C 수용액은 중성이다.

ㄷ. 마그네슘 조각을 넣었을 때 기체를 발생하는 수용액의 액성은 산성이므로 A, D 수용액 두 가지이다.

바른 풀이 ㄱ. (가)는 노란색, (나)는 초록색, (다)는 무색이다.

ㄴ. A 수용액은 산성이고, 산성 수용액의 pH는 7보다 작으므로 A 수용액의 pH는 7보다 작다.

스스로 실력 높이기

252 ~ 255 쪽

01. ④ **02.** ② **03.** ⑤ **04.** ㄴ, ㄹ
05. 해설 참조 **06.** ③ **07.** ③ **08.** ⑤
09. ⑤ **10.** ⑤ **11.** ① **12.** ④ **13.** ②
14. ㉠ 붉은색 ㉡ 무색 ㉢ 노란색
15. ① **16.** ② **17.** 해설 참조 **18.** ④
19. ③ **20.** ②

01. 답 ④

해설 ④ 산은 달걀 껍데기(탄산 칼슘)와 반응하여 이산화 탄소 기체를 발생시킨다.

$CaCO_3$(탄산 칼슘) + 2HCl(염화 수소)

⟶ $CaCl_2$(염화 칼슘)+ H_2O(물) + CO_2(이산화 탄소)

바른 풀이 ① 손으로 만져서 미끈거리는 성질은 단백질을 녹이는 염기의 성질이다.

② 묽힌 용액의 맛을 보면 쓴맛이 나는 액성은 염기성이고, 산성은 신맛이 난다.

③ 붉은색 리트머스 종이를 푸르게 변화시키는 성질은 염기의 성질이고 산성은 푸른색 리트머스 종이를 붉게 변화시킨다.

⑤ 페놀프탈레인 용액은 산성과 중성에서 무색, 염기성에서 붉은색을 나타낸다.

02. 답 ②

바른 풀이 ② 염기 수용액은 탄산 칼슘(조개/달걀 껍데기 성분)과 반응하지 않는다.

해설 ①,③. 산은 공통적으로 신맛이 나고 아연, 철, 알루미늄 등의 금속과 반응하여 금속을 녹이고, 수소 기체를 발생시킨다.

④ 염기 수용액은 붉은 색 리트머스 종이를 푸르게 변화시킨다.

⑤ 산과 염기는 모두 수용액에서 이온화되므로 전류가 흐른다.

03. 답 ⑤

해설 ㄱ. HCl, H_2SO_4, CH_3COOH은 다음과 같이 이온화된다.

$HCl \longrightarrow H^+ + Cl^-$

$H_2SO_4 \longrightarrow 2H^+ + SO_4^{2-}$

$CH_3COOH \longrightarrow H^+ + CH_3COO^-$

ㄴ. 산성 용액은 아연이나 마그네슘과 같은 금속과 반응하여 수소 기체를 발생시킨다.

ㄷ. 산성 용액에 BTB 용액을 떨어뜨리면 노란색으로 변한다.

04. 답 ㄴ, ㄹ

해설 기준 (가)에 해당되는 물질 HCl(염화 수소), HNO_3(질산)은 산성이고, (가)에 해당하지 않는 물질 KOH(수산화 칼륨), $Mg(OH)_2$(수산화 마그네슘)은 염기성이다.

ㄴ. 수용액에서 탄산 칼슘을 넣을 때 기체가 발생하는 것은 산에만 해당하는 성질이다.

ㄹ. 수용액에서 수소 이온(H^+)을 내놓는 것은 산에만 해당한다.

바른 풀이 ㄱ. 산성, 염기성 물질 모두 수용액에서 이온화되기 때문에 전류가 흐른다.

ㄷ. 수용액에서 페놀프탈레인 용액을 넣을 때 붉게 변하는 것은 염기에만 해당하는 성질이다.

05. 답 염기의 종류에 따라 양이온이 각각 다르기 때문이다.

해설 염기가 공통적인 성질을 가지는 이유는 물에 녹아 OH^-을 내놓기 때문이고, 서로 다른 성질을 가지는 이유는 염기를 구성하고 있는 양이온이 다르기 때문이다.

06. 답 ③

해설 물에 녹아 수소 이온(H^+)과 음이온(A^-)으로 이온화되는 물질은 산성 물질이다.

ㄱ. 푸른색 리트머스 종이를 붉게 변화시키는 물질은 산성이다.

ㄴ. 마그네슘, 아연과 같은 금속과 반응하여 수소 기체를 발생시키는 물질은 산성이다.

바른 풀이 ㄷ. 산성 물질은 탄산 칼슘과 반응하여 기체를 발생시키는데 이때 발생하는 기체는 이산화 탄소이다.

07. 답 ③

해설 수산화 나트륨 수용액은 염기성이고, 붉은색 리트머스 종이를 푸르게 변화시킨다. B극 쪽으로 이동하면서 붉은색 리트머스 종이가 푸르게 변하였으므로 B극은 (+)극, A극은 (−)극이다.

③ A극과 B극을 바꾸어 연결하면 색 변화도 바뀌므로 실의 왼쪽으로 색 변화가 일어난다.

바른 풀이 ① 리트머스 종이가 푸른색으로 변하는 것은 염기의 성질이므로 수산화 이온(OH^-) 때문이다.

② A극은 (−)극이므로 칼륨 이온(K^+)과 나트륨 이온(Na^+)이 이동하고, 질산 이온(NO_3^-)은 (+)극인 B극 쪽으로 이동한다.

④ 푸른색 리트머스 종이는 염기에서 색 변화가 없다.

⑤ 아세트산은 산성 물질이다. 붉은색 리트머스 종이는 산에서 색 변화가 없다.

08. 답 ⑤

해설 묽은 염산은 달걀 껍데기(탄산 칼슘)와 반응하여 이산화 탄소 기체를 발생시킨다.

ㄱ. 석회수(수산화 칼슘)와 이산화 탄소가 반응하면 탄산 칼슘이 생성되어 용액이 뿌옇게 흐려진다.

$Ca(OH)_2$(수산화 칼슘)+ CO_2(이산화 탄소)

⟶ $CaCO_3$(탄산 칼슘) + H_2O(물)

ㄴ. 달걀 껍데기와 묽은 염산이 반응하면 발생하는 기체는 이산화 탄소 기체이다.

ㄷ. 달걀 껍데기의 주성분은 탄산 칼슘($CaCO_3$)으로 탄산 칼슘의 성분 원소에는 C와 O가 포함되어 있다.

09. 답 ⑤

해설 (1)영역은 산의 성질로 염기는 가지지 않는 성질이다.
- (나) 산 수용액은 금속과 반응하여 수소 기체를 발생시킨다.
- (라) 산 수용액은 달걀 껍질의 주성분인 탄산 칼슘을 녹인다.

(2)영역은 산과 염기가 공통으로 가지는 성질이다.
- (가) 산과 염기는 수용액에서 모두 양이온과 음이온으로 이온화한다.

(3)영역은 염기의 성질로 산이 가지지 않는 성질이다.
-(다) 염기 수용액에 BTB 용액을 넣으면 파란색을 띤다.

10. 답 ⑤

바른 풀이 ⑤ 개미, 벌과 같은 곤충의 분비물에는 폼산(HCOOH)이 들어 있어 곤충에 물리면 통증을 느낀다. 폼산(HCOOH)은 산성 물질이다.

해설 ① 식초는 4 ~ 6 % 의 아세트산(CH_3COOH)이 들어 있어 신맛이 난다.

② 탄산(H_2CO_3)은 이산화 탄소를 물에 녹인 산으로 탄산음료에 들어 있다.

③ 제산제에는 염기성 물질인 수산화 마그네슘($Mg(OH)_2$)이 들어 있다.

④ 베이킹 소다는 빵을 만들 때 부풀어 오르도록 만드는 가루로 주성분은 탄산수소 나트륨($NaHCO_3$)이며, 염기성 물질이므로 쓴맛이 난다.

11. 답 ①

해설 ㉠은 산의 공통적인 이온으로 H^+ 이다.

ㄱ. 산의 신 맛은 ㉠ H^+ 때문에 나타난다.

바른 풀이 ㄴ. 산성에서 BTB 용액은 노란색을 나타내는데, H^+ 이온 때문이다. ㉡은 아세트산의 음이온인 CH_3COO^- 이다.

ㄷ. 염기의 공통적인 이온인 ㉢OH^- 는 붉은색 리트머스 종이를 푸르게 변화시킨다.

12. 답 ④

해설 산의 공통적인 이온인 H^+ 는 전류를 통해 주었을 때 (-)극 쪽으로 이동하는데, 그림에서 A극이 (-)극이다.

ㄴ. A극은 (-)극이고, B극은 (+)극이다.

ㄷ. 질산 칼륨의 NO_3^- 이온은 (+)극인 B극 쪽으로 이동한다.

바른 풀이 ㄱ. 푸른색 리트머스 종이를 붉은색으로 변화시키는 이온은 산의 H^+ 이다.

13. 답 ②

해설 메틸 오렌지 용액을 떨어뜨릴 때 붉은색으로 변하는 용액의 액성은 산성이다. 식초에는 아세트산(CH_3COOH)이 들어 있고, 탄산음료에는 탄산(H_2CO_3)이 들어 있어 산성 물질이다.

14. 답 ㉠ 붉은색 ㉡ 무색 ㉢ 노란색

해설 묽은 염산은 산성 물질이므로 메틸 오렌지 용액에서 붉은색, 페놀프탈레인 용액에서 무색, BTB 용액에서 노란색을 띤다.

15. 답 ①

해설 ㄱ. 비누의 주성분은 수산화 나트륨(NaOH)이므로 물에 녹아 OH^-을 내놓고 염기성을 띤다. 따라서 비누의 pH는 7보다 크다.

바른 풀이 ㄴ. 식초의 주성분은 아세트산(CH_3COOH)이므로 산성 물질이고, 탄산 칼슘과 반응하여 이산화 탄소를 발생시킨다.

ㄷ. 비누는 염기성 물질이고, 탄산음료는 산성 물질이다. 따라서 비누는 붉은색 리트머스 종이를 푸른색으로 변화시키고, 탄산음료는 푸른색 리트머스 종이를 붉은색으로 변화시킨다.

16. 답 ②

해설 pH > 7인 용액은 염기성이므로 (가)는 수산화 나트륨(NaOH) 수용액이고, 탄산 칼슘과 반응하여 기체를 발생시키는 용액은 산성이므로 (나)는 묽은 염산(HCl), (다)는 염화 나트륨(NaCl) 수용액이다.

ㄷ. (가) 수산화 나트륨 수용액과 (다) 염화 나트륨 수용액에는 모두 Na^+ 이 들어 있다.

바른 풀이 ㄱ. (가) 수산화 나트륨 수용액은 염기성이므로 아연 조각을 넣어도 기체가 발생하지 않는다.

ㄴ. (나) 묽은 염산은 산성이므로 메틸 오렌지 용액을 떨어뜨리면 용액의 색은 붉은색으로 변한다.

17. 답 붉은색 양배추에서 추출한 용액은 용액의 액성에 따라 색이 변하므로 액성을 구분하는 지시약으로 사용할 수 있다.

18. 답 ④

해설 ④ 증류수의 pH는 7이므로 액성은 중성이다. 따라서 증류수에 BTB 용액을 떨어뜨리면 용액은 초록색을 띤다.

바른 풀이 ① 레몬은 pH가 7보다 작으므로 산성 물질이고, H^+이 들어 있다.

② 커피는 pH가 7보다 작으므로 산성 물질이다.

③ 산성이 가장 강한 물질은 pH가 가장 작은 레몬이다.

⑤ 붉은색 리트머스 종이를 푸르게 변화시키는 물질은 염기성 물질이므로 pH가 7보다 큰 유리 세정제, 표백제 2개이다.

19. 답 ③

해설 ㄱ. 이산화 탄소는 물에 녹아 탄산을 생성한다.

$$CO_2 + H_2O \longrightarrow H_2CO_3$$

ㄴ. 이산화 탄소는 물에 녹아 탄산(H_2CO_3)을 생성하고, 탄산은 물에서 수소 이온(H^+)과 탄산 이온(CO_3^{2-})으로 이온화되므로 이산화 탄소는 바닷물 속 수소 이온(H^+)의 농도를 증가시킨다.

바른 풀이 ㄷ. (가) 수소 이온의 농도가 증가하면 산성이 강해지므로 바닷물의 pH는 작아진다.

20. 답 ②

바른 풀이 ② 대기 중의 이산화 탄소가 빗방울 속에 녹아들어가 산성을 띠는 산성비가 만들어진다. 그 외에 차량이나 공장의 대기 오염 물질인 황화 수소, 산화 질소 등도 산성비의 원인이다.

해설 ① 대기 중의 이산화 탄소가 해수에 녹아서 H^+ 이온을 내어 산성화시키므로 PH 가 낮아진다.

③ 해수에 녹아들어간 H^+는 산호나 조개 껍질의 탄산 칼슘을 녹여서 개체 수를 감소시킨다.

④ 산성비는 토양을 산성화시켜서 식물의 생장을 저하시킨다.

⑤ 산성비는 대리석 또는 석회암과 반응하여 이산화 탄소를 발생시킨다. 이 과정에서 대리석, 석회석 유적이 훼손된다.

03. 환경을 살리는 중화 반응

개념체크 258 쪽

01. (1) X (2) O (3) X (4) X (5) O
02. (1) 염기성 (2) 파란색
03. 산성 **04.** 중화점

01. 답 (1) X (2) O (3) X (4) X (5) O
해설 (2) 중화 반응에서 H^+과 OH^-의 반응은 다음과 같다.
$H^+ + OH^- \longrightarrow H_2O$
따라서 H^+과 OH^-은 항상 1 : 1의 개수비로 반응한다.
(5) 이산화 황이 물에 녹으면 산성을 띠므로 이산화 황을 중화시키기 위해 물에 녹으면 염기성을 띠는 산화 칼슘을 사용한다.
SO_2(이산화 황) + H_2O(물) ⟶ H_2SO_3(아황산)
CaO(산화 칼슘) + H_2O(물) ⟶ $Ca(OH)_2$(수산화 칼슘)
바른 풀이 (1) 산과 염기가 완전히 중화되는 지점에서 H^+과 OH^-은 모두 반응하여 존재하지 않지만 산의 음이온과 염기의 양이온은 혼합 용액 속에 존재한다.
(3) 염은 산의 음이온과 염기의 양이온이 결합한 물질이다.
(4) 중화점에서는 H^+과 OH^-이 모두 반응하여 중성 용액이므로 BTB 용액을 넣으면 초록색을 띤다.

02. 답 (1) 염기성 (2) 파란색
해설 (1) 수용액에 OH^-이 존재하므로 혼합 용액의 액성은 염기성이다.
(2) 염기성인 혼합 용액에 BTB 용액을 떨어뜨리면 파란색을 띤다.

03. 답 산성
해설 H^+의 수가 18개, OH^-의 수가 11개인 두 용액을 혼합하면 H^+과 OH^-은 1 : 1로 반응하기 때문에 반응 후 H^+의 수가 7개 남게 된다. 따라서 이 혼합 용액의 액성은 산성이다.

04. 답 중화점
해설 중화 반응에서 H^+과 OH^-이 모두 반응하여 중화가 완결되는 지점을 중화점이라고 한다. 중화점에는 H^+과 OH^-이 존재하지 않고, 혼합 용액의 최고 온도가 가장 높다.

+ 강의 259 쪽

Q1. 답 ㄱ, ㄴ
해설 중화 반응에서 반응 하는 수소 이온과 수산화 이온이 많을수록 물 분자 수가 많이 생성되는데 이때 열이 가장 많이 발생하므로 완전히 중화되었을 때 온도가 가장 높다. 따라서 온도가 가장 높은 점 B가 중화점이다.
ㄱ. 묽은 염산(HCl) 20 mL 에 들어 있는 H^+과 Cl^-의 수를 각각 2N이라고 가정하면 수산화 나트륨(NaOH) 수용액 40 mL 에 들어 있는 Na^+과 OH^-의 수도 각각 2N이다. 수산화 나트륨 수용액 20 mL에 들어 있는 Na^+과 OH^-의 수는 각각 N이므로 같은 부피에 들어 있는 이온 수는 묽은 염산이 수산화 나트륨 수용액의 2배이다.
ㄴ. B 점은 중화점이므로 B 점에 들어 있는 이온의 종류는 Na^+, Cl^- 2 가지이다.
바른 풀이 ㄷ. C 점에 들어 있는 H^+이 OH^-의 수보다 많으므로 용액의 액성은 산성이다. 따라서 페놀프탈레인 용액을 떨어뜨려도 붉은색으로 변하지 않는다.

Q2. 답 C, D, E
해설 탄산 칼슘($CaCO_3$)을 넣었을 때 기체가 발생하는 용액은 산성 용액이다. H^+의 수가 OH^-의 수보다 많은 산성 용액인 경우는 C, D, E이다.

꼭 짚기! 260 쪽

1. ⑤ **2.** ⑤ **3.** ③

1. 답 ⑤
바른 풀이 ⑤ 일정량의 수산화 나트륨 수용액에 묽은 염산을 넣어주었으므로 Na^+의 수는 계속 일정하게 유지된다.
해설 A는 계속적으로 증가하는 이온이므로 반응하지 않는 Cl^-, B는 이온 수가 일정하므로 Na^+, C는 감소하다가 (나)에서 0이 되므로 OH^-, D는 (나)에서부터 증가하므로 H^+이다.
① A는 Cl^-, B는 Na^+이므로 반응에 참여하지 않는다.
② C는 OH^-, D는 H^+이므로 1 : 1의 개수비로 중화 반응하여 H_2O을 생성한다.
③ 용액 (가)는 OH^-이 들어 있으므로 액성은 염기성이다.
④ 혼합 용액의 최고 온도는 중화점에서 가장 높다. H^+과 OH^-이 0이 되어 중화 반응이 완결된 (나)가 중화점이므로 혼합 용액 속 최고 온도는 (나)가 (가)보다 높다.

2. 답 ⑤
해설 묽은 염산과 수산화 나트륨 수용액을 서로 다른 부피로 혼합하였을 때 (가)에는 H^+이 존재하므로 산성, (나)는 반응에 참여하지 않는 Na^+, Cl^-만 존재하므로 중성, (다)는 OH^-이 존재하므로 염기성 용액이다.
ㄱ. 2개의 HCl과 1개의 NaOH이 반응한 수용액 (가)는 물 분자가 1개 생성된다. 2개의 HCl, 2개의 NaOH이 반응한 수용액 (나)는 물 분자가 2개 생성된다. 2개의 HCl, 3개의 NaOH이 반응한 수용액 (다)는 물 분자가 2개 생성된다. 따라서 생성된 물 분자 수가 가장 적은 용액은 (가)이다.
ㄴ. (가)와 (나)는 각각 산성, 중성 용액이므로 페놀프탈레인 용액을 떨어뜨려도 색 변화가 없다.
ㄷ. (다)는 염기성 용액이므로 pH는 7보다 크다.

3. 답 ③
해설 묽은 염산 10 mL 에 수산화 나트륨 수용액을 넣어줄 때 혼합 용액의 최고 온도는 중화점에서 가장 높으므로 C가 중화점이다.
ㄱ. 용액 A와 B는 산성 용액이므로 BTB 용액을 떨어뜨리면 노란

색을 나타낸다.
ㄷ. 용액 E는 A ~ E 중 수산화 나트륨 수용액을 가장 많이 넣은 용액이므로 용액 E에는 나트륨 이온(Na^+)이 가장 많이 들어 있다.
바른 풀이 ㄴ. C는 중화점이고, 수산화 나트륨 수용액을 계속 넣어주어도 물 분자는 더 이상 생성되지 않는다. 따라서 생성된 물 분자 수는 C와 D가 같다.

스스로 실력 높이기

261 ~ 263 쪽

01. ④	**02.** ④	**03.** H_2O	**04.** ⑤	**05.** ①
06. ④	**07.** ⑤	**08.** ④	**09.** 해설 참조	
10. ③	**11.** ②	**12.** ③	**13.** ④	**14.** ⑤
15. ④	**16.** 해설 참조			

01. **답** ④
바른 풀이 ④ 반응하는 산과 염기의 종류가 다르면 산의 음이온, 염기의 양이온이 다르기 때문에 생성되는 염의 종류도 다르다.
해설 ① 중화 반응은 산과 염기가 반응하여 물과 염을 생성하는 반응이다.
② 중화 반응이 일어날 때 열이 발생하는데 이를 중화열이라고 한다.
③ 수소 이온과 수산화 이온이 모두 반응하여 중화 반응이 완결된 지점을 중화점이라고 한다.
④ 염은 중화 반응에서 물과 함께 생성되는 물질로, 산의 음이온과 염기의 양이온이 결합하여 생성된다.

02. **답** ④
해설 H^+과 OH^-은 1 : 1로 결합하여 H_2O을 생성한다. 황산의 분자식은 H_2SO_4이므로 1개의 분자에 2개의 H^+을 가지고 있다. 따라서 50개의 OH^-이 들어 있는 수산화 나트륨 수용액을 완전히 중화시키기 위해서는 황산(H_2SO_4)이 25개 필요하다.
$H_2SO_4 + 2NaOH \longrightarrow 2H_2O + Na_2SO_4$

03. **답** H_2O
해설 주어진 2 가지 화학 반응식은 산과 염기가 반응하여 물과 염을 생성하는 중화 반응식이다. 따라서 생성되는 ㉠은 물(H_2O)이다.

04. **답** ⑤
해설 질산의 화학식은 HNO_3이고, 수산화 칼슘의 화학식은 KOH이다. 두 용액을 혼합하여 완전히 중화시키면 H^+과 OH^-은 모두 반응하고 혼합 용액에는 산의 음이온과 염기의 양이온만 존재한다. 따라서 혼합 용액 속에 들어 있는 이온은 K^+, NO_3^-이다.
$HNO_3 + KOH \longrightarrow H_2O + KNO_3$

05. **답** ①
해설 H^+과 OH^-은 1 : 1로 결합하여 H_2O을 생성하므로 혼합 용액에는 2개의 H_2O이 생성되고, 1개의 OH^-이 남는다.
ㄱ. 1개의 OH^-이 남아 있으므로 용액의 액성은 염기성이고, pH는 7보다 크다.
바른 풀이 ㄴ. 혼합 용액에는 3개의 K^+, 1개의 SO_4^{2-}, 1개의 OH^-이 남아 있으므로 이온의 종류는 3 가지이다.
ㄷ. 혼합 후 생성된 물 분자 수는 2개이고, (나)에 들어 있는 K^+의 수는 3개이므로 같지 않다.

06. **답** ④
해설 H^+과 OH^-은 1 : 1로 결합하여 H_2O을 생성한다. 따라서 묽은 황산에 들어 있는 2개의 H^+과 수산화 나트륨 수용액에 들어 있는 2개의 OH^-이 반응하여 2개의 H_2O을 생성하고, 나머지 산의 음이온과 염기의 양이온은 그대로 용액 속에 남아 있게 된다. 따라서 두 용액을 섞었을 때 혼합 용액에 들어 있는 입자 모형은 2개의 H_2O, 1개의 SO_4^{2-}, 2개의 Na^+이 들어 있는 ④이다.

07. **답** ⑤
해설 묽은 염산에 수산화 칼륨 수용액을 조금씩 넣을 때 중화 반응이 일어나는데 H^+과 OH^-은 반응하여 H_2O이 되고 K^+과 Cl^-은 반응하지 않고 용액 속에 남아 있다. 따라서 A ~ D에 해당하는 이온은 다음과 같다.

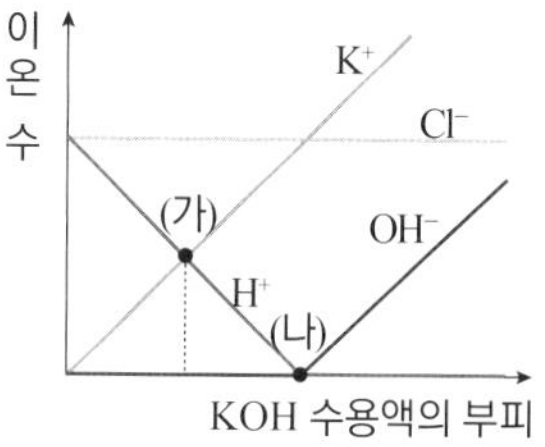

ㄱ. (가) 용액은 중화되기 전 상태이므로 H^+이 존재한다.
ㄴ. H^+과 OH^-의 수가 0인 (나)는 중화점이다. 중화점은 H^+과 OH^-이 모두 반응한 지점으로 생성된 물의 양은 (나)가 (가)보다 크다.
ㄷ. (가) 용액에는 H^+이 들어 있으므로 산성 용액이고, (나) 용액은 중화 반응이 완결된 중성 용액이다. 따라서 pH는 (나)가 (가)보다 크다.

08. **답** ④
해설 같은 농도의 묽은 염산과 수산화 나트륨 수용액이므로 같은 부피에는 같은 수의 이온이 들어 있다. 따라서 같은 부피로 혼합한 (다)가 중화점이고, 생성된 물의 양이 가장 많으며, 온도가 가장 높다.
ㄴ. 생성된 물의 양은 중화점인 (다)가 (나)보다 크다.
ㄷ. H^+은 (다)보다 묽은 염산의 부피가 큰 (라)에 더 많이 존재한다.
바른 풀이 ㄱ. 용액의 최고 온도는 중화점인 (다)에서 가장 높다.

09. **답** 중화 반응이 일어날 때 반응한 수소 이온과 수산화 이온의 수가 많을수록 발생하는 중화열이 크다. 중화열이 크게 발생할수록 용액의 온도가 높아진다. 따라서 온도가 가장 높은 C가 중화 반응이 완결된 용액이다.

10. **답** ③
해설 액성에 따른 BTB 용액의 색 변화는 다음과 같다.
산과 염기가 중화 반응을 하여 물과 염을 생성하고, 중화열을 발생한다. H^+과 OH^-이 모두 반응하여 중화 반응이 완결된 지점을 중화점이라 하고, 중화점에서 용액의 액성은 중성이므로 BTB 용액을 넣으면 초록색으로 변한다. 중화점에서 반응한 수소 이온과 수산화 이온의 수가 가장 많기 때문에 생성된 물의 양이 많고, 발생하는 중화열이 많아 온도가 가장 높은 지점이다. 따라서 중화 반응이 완결된 지점으로 옳은 것은 ㄱ, ㄴ이다.

11. 답 ②

해설 ② 온도가 가장 높은 점인 C는 중화 반응이 완결된 상태이다.

바른 풀이 ① A와 B는 수산화 칼륨 수용액의 부피가 더 크므로 염기성 용액이다.

③ D는 C보다 묽은 염산의 부피는 크고, 수산화 칼륨 수용액의 부피가 작으므로 생성된 물의 양은 C가 더 많다.

④ E는 묽은 염산의 부피가 더 많으므로 산성이다. 여기에 염기성 용액인 수산화 나트륨 수용액을 넣어주면 중화 반응이 다시 일어나 온도가 더 높아진다.

⑤ D와 E는 모두 묽은 염산의 부피가 더 많으므로 산성 용액이고, 페놀프탈레인 용액을 떨어뜨리면 색의 변화가 없다(무색).

12. 답 ③

바른 풀이 ③ C는 온도가 가장 높으므로 중화점이다. H^+과 OH^-이 모두 반응하여 H^+과 OH^-은 없지만 산의 음이온 Cl^-과 염기의 음이온 Na^+이 용액 속에 존재하므로 C는 전류가 흐른다.

해설 ① 묽은 염산과 수산화 나트륨 수용액의 부피가 같을 때 중화점이므로 묽은 염산과 수산화 나트륨 수용액의 농도가 같다. 따라서 수산화 나트륨 수용액의 부피가 큰 A는 염기성 용액이다.

② B는 수산화 나트륨 수용액의 부피가 크므로 염기성 용액이고, BTB 용액을 떨어뜨리면 파란색을 나타낸다.

④ D는 묽은 염산의 부피가 크므로 산성 용액이고, 금속 Mg을 넣으면 수소 기체가 발생한다.

⑤ Na^+의 수는 수산화 나트륨 부피가 더 큰 C가 D보다 많다.

13. 답 ④

해설 ㄱ. 일정량의 묽은 염산에 수산화 나트륨 수용액을 조금씩 넣는 것이므로 (가)에 수소 이온(H^+)이 가장 많다. 수소 이온이 많을수록 산성이 강하고, pH가 작으므로 용액의 pH는 (가)가 가장 작다.

ㄴ. (나)와 (라)를 혼합하면 (나)에 있는 H^+과 (라)에 있는 OH^-이 중화 반응하여 물이 생성되므로 용액의 액성은 중성이 된다. 이 용액에 BTB 용액을 떨어뜨리면 초록색을 띤다.

바른 풀이 ㄷ. (라)에는 OH^-이 들어 있으므로 염기성 용액이다. (라)에 염기인 수산화 칼륨 수용액을 넣어도 중화 반응이 일어나지 않아 더 이상 물이 생성되지 않는다.

14. 답 ⑤

해설 음이온의 모형만 나타내었으므로 ●은 OH^-이다. 묽은 염산을 10 mL 넣어 준 (가)에 음이온 ■이 생성되었으므로 ■은 Cl^-이다. 따라서 수산화 나트륨 수용액 20 mL 에는 4개의 NaOH이 들어 있고, 묽은 염산 10 mL 에는 2개의 HCl가 들어 있다.

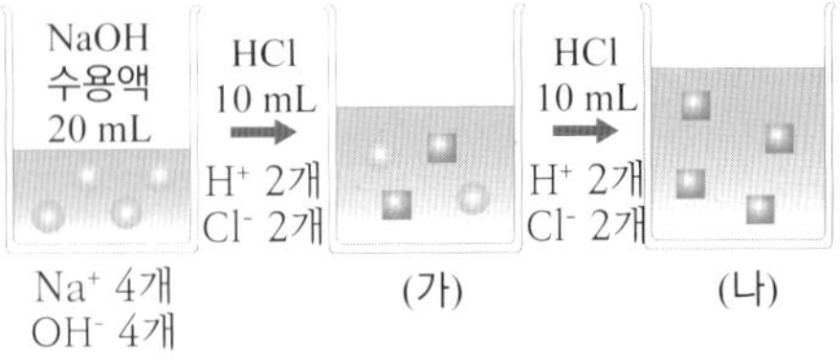

ㄱ. 수산화 나트륨 수용액에 묽은 염산을 넣었을 때 ■이 생성되었으므로 ■은 중화 반응에 참여하지 않는 음이온 Cl^-이다.

ㄴ. (가)는 OH^-이 남아 있으므로 중화 반응이 절반만 일어난 상태이고, (나)는 OH^-이 없으므로 중화 반응이 완결된 상태이다. 따라서 (나)가 (가)보다 중화열을 더 많이 발생하고, 온도가 높다.

ㄷ. 단위 부피당 전체 이온 수는 같은 부피에 들어 있는 전체 이온 수를 말한다. 혼합 전 수산화 나트륨 수용액 20 mL 에는 4개의 NaOH이 들어 있으므로 전체 이온 수는 8개(Na^+ 4개, OH^- 4개)이고, 묽은 염산 10 mL 에는 2개의 HCl가 들어 있으므로 전체 이온 수는 4개(H^+ 2개, Cl^- 2개)이다. 따라서 같은 부피일 때 수산화 나트륨 수용액과 묽은 염산에 들어 있는 전체 이온 수는 같다.

15. 답 ④

해설 ㄱ. 생선 비린내의 원인은 염기성 물질이므로 산성인 레몬즙을 뿌리는 것은 중화 반응을 이용한 예이다.

ㄷ. 염기성 물질이 들어 있는 생선에 산성인 레몬즙을 뿌리면 pH는 작아진다.

바른 풀이 ㄴ. ㉠ 레몬즙에는 약한 산성 물질이 들어 있다.

16. 답 1. 산성화된 토양에 석회 가루(산화 칼슘)를 뿌린다.
2. 산성화된 토양에 콩을 심는다.

해설 산성화된 토양에 염기성 물질인 석회 가루를 뿌리면 토양을 중화시킬 수 있다. 또 콩을 심으면 콩의 뿌리에 사는 뿌리혹박테리아가 염기성을 띤 질소 화합물을 합성하여 토양을 중화시킬 수 있다.

단원마무리

264 ~ 269 쪽

01. ④ **02.** ⑤ **03.** ③ **04.** ③
05. 해설 참조 **06.** ① **07.** ⑤
08. 해설 참조 **09.** ② **10.** ④ **11.** ③
12. ② **13.** ④ **14.** ① **15.** 해설 참조
16. ④ **17.** ① **18.** (가) OH^- (나) Cl^- (다) K^+ (라) H^+ **19.** ⑤ **20.** ②
21. (다)-(나)-(가), 해설 참조 **22.** (1) (가) 산성 (나) 중성 (다) 염기성 (2) (나), 해설 참조 **23.** ①
24. ① **25.** 치약, 암모니아수, 해설 참조 **26.** ⑤

01. 답 ④

해설 ㄴ. (가) ~ (다) 모두 산소의 이동으로 반응이 일어나는 산화 환원 반응이다.

ㄷ. (　　) 안에 공통으로 들어갈 물질은 산소이다. (가) 광합

성은 포도당과 산소를 생성하고, (나) 화석 연료는 산소와 결합하여) 물과 이산화 탄소를 생성한다. (다) 반응에서 산소가 산화철에서 일산화 탄소로 이동한다.

바른 풀이 ㄱ. (가)는 광합성 반응이다. 호흡은 포도당과 산소가 반응하여 물과 이산화 탄소로 분해되는 반응이다.

02. **답** ⑤

바른 풀이 ⑤ 2개의 알루미늄이 산화되어 이온이 될 때 3개의 구리 이온이 환원되어 석출되므로 수용액의 전체 이온 수는 감소한다.

해설 ① 구리 이온이 환원되어 석출되므로 수용액의 푸른색이 옅어진다.

② 알루미늄이 산화되어 이온이 되므로 수용액에서 알루미늄 이온의 수는 증가한다.

③ 수용액에서 황산 이온(SO_4^{2-})은 반응하지 않기 때문에 수가 일정하다.

④ 알루미늄은 전자를 잃고 산화된다.

03. **답** ③

해설 ㄱ. (가) 구리 가루를 공기 중에서 충분히 가열하면 산소와 결합하여 산화 구리(CuO)가 된다.

ㄷ. (나)에서 검은색 물질(산화 구리(CuO))을 탄소 가루와 함께 가열하면 다음과 같은 반응이 일어난다.

$2CuO + C \longrightarrow 2Cu + CO_2$

따라서 생성되는 기체는 이산화 탄소(CO_2)이고, 석회수에 통과시키면 탄산 칼슘 앙금이 생겨 뿌옇게 흐려진다.

바른 풀이 ㄴ. (나)에서 탄소 가루(C)는 산화되어 이산화 탄소(CO_2)가 된다.

04. **답** ③

해설 ㄱ. (가)에서 이산화 탄소가 산소를 잃고 탄소가 되었으므로 환원되었다.

ㄴ. 이온 결합 물질 $NaCl \rightarrow Na^+ + Cl^-$ 이므로 (나)에서 $Na \rightarrow Na^+$로 되어 전자를 잃고 산화되었다.

바른 풀이 ㄷ. (가)~(다)는 모두 산화 환원 반응으로 3가지이다.

05. **답** 철(Fe) 표면에 은(Ag)이 석출되었으므로 철이 전자를 잃어 산화되고, 은 이온(Ag^+)이 전자를 얻어 환원되었음을 알 수 있다. $2Ag^+ + Fe \longrightarrow 2Ag + Fe^{2+}$ 의 반응이 진행되므로 2개의 은이 석출되면 1개의 철 이온이 생성된다. 따라서 수용액 속에 총 이온 수는 반응 전이 반응 후보다 많다.

06. **답** ①

메테인의 연소에서 메테인은 산소와 반응하여 물과 이산화 탄소를 생성한다. 따라서 메테인은 산화된다.

광합성을 통해 이산화 탄소와 물과 반응하여 포도당과 산소를 생성하는 과정에서 이산화 탄소는 환원되어 포도당이 합성된다.

철광석에 포한된 산화 철(Ⅲ)(Fe_2O_3)은 산소를 잃고, 환원되어 철(Fe)이 된다.

07. **답** ⑤

해설 BTB 용액은 산성에서 노란색, 중성에서 초록색, 염기성에서 파란색을 띤다. 따라서 (가)는 염화 나트륨 수용액, (나)는 수산화 나트륨 수용액, (다)는 묽은 염산이다.

ㄴ. (가)는 염화 나트륨(NaCl) 수용액, (나)는 수산화 나트륨(NaOH) 수용액이므로 모두 Na^+이 들어 있다.

ㄷ. (나) 수산화 나트륨 수용액은 염기성, (다) 묽은 염산은 산성 용액이므로 (나)와 (다)를 혼합하면 중화 반응이 일어나 물과 염이 생성된다.

$NaOH + HCl \longrightarrow H_2O + NaCl$

바른 풀이 ㄱ. (가) 염화 나트륨(NaCl) 수용액은 중성 용액이므로 마그네슘 조각을 넣어도 기체가 발생하지 않는다.

08. **답** **해설**

일반적으로 이온화 식을 쓸 때 양이온은 먼저 쓰고, 그 다음 음이온을 쓴다.

(1) $HCl \rightarrow H^+ + Cl^-$ (2) $Ca(OH)_2 \rightarrow Ca^{2+} + 2OH^-$

(3) $KOH \rightarrow K^+ + OH^-$ (4) $H_2SO_4 \rightarrow 2H^+ + SO_4^{2-}$

(4) $CH_3COOH \rightarrow H^+ + CH_3COO^-$

09. **답** ②

해설 묽은 염산은 푸른색 리트머스 종이를 붉게 변화시킨다.

ㄴ. 묽은 염산이 푸른색 리트머스 종이를 붉게 변화시키는 것은 수소 이온(H^+) 때문이다. 수소 이온은 양전하를 띠므로 (−)극 쪽으로 이동하기 때문에 리트머스 종이의 색이 (−)극 쪽으로 붉게 변해간다.

바른 풀이 ㄱ. 푸른색 리트머스 종이를 붉게 변화시키는 것은 수소 이온(H^+)이다.

ㄷ. 묽은 염산은 산성 물질이고, 암모니아수($NH_3 + H_2O \longrightarrow NH_4OH$)는 염기성 물질이므로 색의 이동 방향은 반대이다.

10. **답** ④

해설 BTB 용액을 떨어뜨렸을 때 산성 용액은 노란색, 중성 용액은 초록색, 염기성 용액은 파란색을 띠므로 A는 염기성 용액, B는 산성 용액, C는 중성 용액이다.

ㄴ. 물에 녹아 수소 이온을 내놓는 산성 용액 B는 전류가 흐른다.

ㄷ. C의 액성은 중성이다.

바른 풀이 ㄱ. A는 염기성이므로 마그네슘과 반응하여 수소 기체를 발생시키지 않는다.

11. **답** ③

해설 HNO_3, CH_3COOH, H_2SO_4은 모두 수소 이온(H^+)을 내놓는 산성 물질이다. 따라서 ㉠ ~ ㉢ 모두 수소 이온(H^+)이다.

ㄱ. 수소 이온은 산의 공통적인 성질을 나타나게 한다.

ㄴ. 수소 이온은 푸른색 리트머스 종이를 붉게 변화시킨다.

바른 풀이 ㄷ. 단백질을 녹이는 성질은 염기의 성질이다.

12. **답** ②

해설 기준 (가)에 해당하는 물질은 염기성이고, 해당하지 않는 물질은 산성이다. 진통제는 살리실산 성분으로 산성이다.

ㄴ. 염기성은 페놀프탈레인 용액을 붉게 변하시키므로 기준 (가)에 적절하다.

바른 풀이 ㄱ. 푸른색 리트머스 종이를 붉게 변화시키는 물질은 산성이므로 기준 (가)에 적절하지 않다.

ㄷ. 산성, 염기성 물질 모두 수용액에서 전류가 흐르므로 기준 (가)에 적절하지 않다.

13. 답 ④

해설 주어진 NaOH, $Ba(OH)_2$, KOH은 모두 염기성이다.
ㄴ. 염기성 용액에 메틸 오렌지 용액을 떨어뜨리면 노란색으로 변한다.
ㄷ. 염기성은 단백질을 녹이는 성질이 있어 만지면 미끈거린다.
바른 풀이 ㄱ. 아연과 반응하여 기체를 발생하는 것은 산성 물질이다.

14. 답 ①

해설 (가)에서 C는 산성 용액이므로 묽은 염산이다. (나)에서 날숨에는 이산화 탄소가 포함되어 있으므로 이산화 탄소와 반응하여 탄산 칼슘 앙금을 생성시켜 뿌옇게 변했으므로 A는 석회수이다. 따라서 B는 수산화 나트륨 수용액이다.
ㄴ. B 수산화 나트륨 수용액은 단백질을 녹이므로 손으로 만지면 미끈거린다.
바른 풀이 ㄱ. A와 B 모두 염기성 용액이므로 중화 반응을 하지 않고 섞어도 열이 발생하지 않는다.
ㄷ. C는 산성 용액이므로 PH는 7보다 작다.

15. 답 에탄올은 공유 결합 물질로 물에 녹아 이온화되지 않는다. 에탄올은 OH^-을 내놓지 않으므로 염기의 성질을 가지지 않는다.

16. 답 ④

해설 ㄱ. 중화 반응에서 수소 이온과 수산화 이온이 모두 반응한 지점을 중화점이라고 한다.
ㄷ. 중화 반응이 일어날 때 중화열이 발생한다. 중화열은 반응하는 수소 이온과 수산화 이온이 많을수록 크기 때문에 완전히 중화된 중화점에서 온도가 가장 높다.
바른 풀이 ㄴ. 중화점에서 수소 이온과 수산화 이온이 모두 반응하지만 산의 음이온과 염기의 양이온이 남아 있기 때문에 전류의 세기가 0이 될 수 없다.

17. 답 ①

해설 ㄱ. 산과 염기가 반응하여 물과 염이 생성되는 반응을 중화 반응이라고 하고, 중화 반응을 통해 산과 염기가 성질을 잃는다.
바른 풀이 ㄴ. A는 물(H_2O)이므로 산의 양이온과 염기의 음이온으로 이루어진다.
ㄷ. 염은 산의 음이온과 염기의 양이온으로 이루어진 물질이다.

18. 답 (가) OH^- (나) Cl^- (다) K^+ (라) H^+

해설 일정량의 수산화 칼륨 수용액에 묽은 염산을 넣었으므로 점점 감소하는 (가)는 중화 반응에 참여하는 OH^-이고, 계속적으로 증가하는 (나)는 반응에 참여하지 않는 Cl^-이다. 묽은 염산을 넣어도 일정하게 유지되는 (다)는 반응에 참여하지 않는 K^+이고, 중화점 이후에 증가하는 (라)는 H^+이다.

19. 답 ⑤

해설 ㄱ. 수산화 이온의 수가 가장 많은 것은 수산화 나트륨 수용액의 부피가 가장 크고, 묽은 염산의 부피가 가장 작은 (가)이다.
ㄴ. 묽은 염산과 수산화 나트륨 수용액의 농도가 같으므로 부피가 같은 (다)가 중화점이고, 혼합 용액의 최고 온도가 가장 높다. 따라서 ㉠은 중화점인 (다)의 27℃보다 작다.
ㄷ. (라)는 묽은 염산의 부피가 더 크므로 산성 용액이다. 메틸 오렌지 용액은 산성에서 붉은색을 띠므로 (라)에 메틸 오렌지 용액을 떨어뜨리면 붉은색으로 변한다.

20. 답 ②

해설 묽은 질산에 수산화 나트륨 수용액을 조금씩 넣을 때 중화 반응이 일어나므로 묽은 질산의 수소 이온과 수산화 나트륨의 수산화 이온이 반응하여 물이 생성된다. 중화점 이후에는 더 이상 반응할 수소 이온이 없기 때문에 수산화 이온이 점점 증가하게 된다.
② (가)는 중화점에 도달하기 전이므로 산성 용액이다. 따라서 달걀 껍데기를 넣으면 이산화 탄소 기체가 발생한다.
바른 풀이 ① X는 중화 반응에 참여하고, 중화점 이후에 이온 수가 증가하는 수산화 이온(OH^-)이다.
③ (나)는 중화 반응이 완결된 중화점이므로 중성 용액이다. 따라서 (나) 용액에 BTB 용액을 떨어뜨리면 초록색으로 변한다.
④ (가)는 산성 용액, (나)는 중성 용액이므로 pH는 (가)가 (나)보다 작다.
⑤ 용액의 최고 온도는 중화점에서 가장 높으므로 (나)가 (가)보다 높다.

21. 답 (다)-(나)-(가), 이유 : 일정량의 수산화 나트륨 수용액에 묽은 질산을 조금씩 넣어주었으므로 수산화 이온(OH^-)이 들어 있는 (다)가 가장 처음이고, 중화점에 도달하여 수소 이온(H^+)과 수산화 이온(OH^-)이 없고 물 분자 수가 증가한 (나), 중화 반응이 완결된 후 수소 이온(H^+)이 들어 있는 (가) 순서이다. 중화점에 도달한 이후에는 묽은 질산을 계속 넣어주어도 물 분자가 증가하지 않는다.

22. 답 (1) (가) 산성 (나) 중성 (다) 염기성 (2) (나), 이유 : 중화열은 반응하는 수소 이온(H^+)과 수산화 이온(OH^-)이 많을수록 크기 때문에 완전히 중화된 중화점 (나)에서 온도가 가장 높다.

해설 (1) 중화 반응이 일어날 때 물 분자가 생성되므로 묽은 염산에 수산화 나트륨 수용액을 조금씩 넣어주면 물 분자 수가 점점 증가하다가 중화점이 지나면 수산화 나트륨 수용액을 더 넣어주어도 더 이상 물 분자가 생성되지 않으므로 물 분자 수는 일정하다. 따라서 (가)는 산성, (나)는 중성 (다)는 염기성이다.

23. 답 ①

해설 ㄱ. 혼합 용액의 최고 온도가 가장 높은 A 지점이 중화점이다. 중화점에서는 수소 이온과 수산화 이온이 모두 반응하였으므로 중성이다. 수산화 칼륨 수용액을 계속 넣고 있으므로 B는 염기성이다. 따라서 용액의 pH는 B 용액이 A 용액보다 크다.
바른 풀이 ㄴ. 일정량의 묽은 염산이 들어 있으므로 Cl^-의 수는 B 용액과 A 용액에서 서로 같다.
ㄷ. 중화점에 도달할 때까지 생성되는 물 분자 수는 점점 증가하

고, 중화점 이후에는 더 이상 생성되지 않는다. 따라서 생성된 물 분자 수는 B 용액과 A 용액이 같다.

24. 답 ①

해설 ㄱ. (가), (나)는 산성 용액 (다)는 중성 용액, (라)는 염기성 용액이므로 (라)가 PH가 가장 크다.

바른 풀이 ㄴ. (나)에는 H^+ 가 1개, (라)에는 OH^- 가 1개이므로 서로 섞으면 중화되어 중성이므로 페놀프 탈레인 색은 무색이다.
ㄷ. (라)는 염기성 물질이므로 같은 염기성 물질인 수산화 칼륨을 넣어도 물이 생성되는 중화 반응이 일어나지 않는다.

25. 답 치약, 암모니아수, 이유 : 벌의 침에 쏘이면 산성 물질로 인해 통증이 생긴다. 이때 염기성 물질을 발라 중화시키면 통증이 줄어든다.

해설 레몬즙은 산성 물질, 소금물은 중성, 치약과 암모니아수는 염기성 물질이므로 치약이나 암모니아수로 중화시킬 수 있다.

26. 답 ⑤

바른 풀이 ⑤ 겨울철 눈이 내린 도로에 염화 칼슘을 뿌리면 그 주변의 습기를 흡수하여 녹게 되는데, 이때 녹으면서 방출하는 열이 빙판길을 녹여 미끄럽지 않게 해준다. 이 반응은 중화 반응이 아니다.

해설 ① 벌에 물리면 폼산이라는 물질 때문에 통증이 생긴다. 이때 염기성인 치약, 암모니아를 발라 중화시킨다.
② 김치의 신맛을 내는 산성 물질에 물에 녹아 염기성이 되는 소다(탄산수소 나트륨)를 넣어 중화시킨다.
③ 생선 비린내의 원인인 염기성 물질에 산성인 레몬즙을 넣어 중화시킨다.
④ 위액 과다 분비로 속이 쓰릴 때 약한 염기성인 제산제(수산화 마그네슘)를 먹어 위산을 중화시킨다.

핵심 요약 1. 화학 변화 270 ~ 271 쪽

01 다양한 산화 환원 반응

❶ 얻는 ❷ 잃는 ❸ 잃는 ❹ 얻는
❺ 광합성 ❻ 산화 ❼ 환원 ❽ 산화
❾ 환원 ❿ 제련

02 우리 주변의 산과 염기

❶ 수소 이온(H^+) ❷ 수산화 이온(OH^-)
❸ 수소 기체 ❹ 이산화 탄소 기체 ❺ 단백질
❻ 붉게 ❼ 푸르게 ❽ 빨간색 ❾ 노란색
❿ 초록색

03 환경을 살리는 중화 반응

❶ 물 ❷ 1 : 1 ❸ H^+ ❹ OH^-
❺ Na^+ ❻ Cl^- ❼ 중화열 ❽ 파란색
❾ 제산제 ❿ 석회 가루

내신 기출 모의고사 1회

272 ~ 275 쪽

01. ⑤	02. ④	03. ⑤	04. ③	05. ③
06. ②	07. ③	08. ①	09. ⑤	10. ⑤
11. ①	12. ③	13. ⑤	14. ②	15. ⑤
16. ①	17. 물(H_2O)			

01. 답 ⑤

바른 풀이 ⑤ 철광석을 제련시켜 순수한 철을 얻어내기 위해서는 철광석을 환원시켜야 한다. 철광석을 환원시켜 순수한 철을 얻는 제련 기술의 발달은 철 이용의 확대를 가져왔다.

해설 ① 광합성과 호흡은 모두 산소가 관여하는 반응이다.
② 호흡 과정에서 포도당은 산화되고, 산소는 환원된다.
③ 광합성으로 만들어진 산소가 대기 중으로 방출되어 오존층이 형성되었다.
④ 화석 연료가 완전 연소하면 물과 이산화 탄소가 발생하고, 에너지를 생성하여 증기 기관 등을 작동시킬 수 있다.

02. 답 ④

바른 풀이 ㄱ. 산화는 물질이 화학 반응 시 전자를 잃는 반응이다.

해설 ㄴ. 산화는 물질이 산소와 결합하거나 전자를 잃는 반응이다.
ㄷ. 한 물질이 산소를 얻으면 산소를 잃는 물질이 반드시 존재하므로 산화와 환원은 동시에 일어난다.(산화 환원 반응의 동시성)

03. 답 ⑤

해설 철의 제련 과정에서 화학 반응식은 다음과 같다.

$$Fe_2O_3 + 3CO \longrightarrow 2Fe + 3CO_2$$

ㄱ. A는 이산화 탄소이다.
ㄴ. (가)에서 산화 철(III)(Fe_2O_3)은 산소를 잃어 환원된다.
ㄷ. (나)에서 철(Fe)은 산소를 얻어 산화 철(III)(Fe_2O_3)이 된다.
$2Fe + \frac{3}{2}O_2 \longrightarrow Fe_2O_3$

04. 답 ③

해설 금속 B판 표면에 금속 A가 석출되므로 A^+은 전자를 얻어 환원되고, 금속 B는 전자를 잃어 산화된다. 또한 수용액 속의 이온 수가 감소하므로 만약 A^+이 2개 반응한다면 금속 B는 1개(이상) 반응해야 한다. $2A^+ + B \longrightarrow 2A + B^{2+}$
ㄱ. 금속 B는 전자를 잃어 산화된다.
ㄷ. 이온의 전하는 B가 A보다 크다.

바른 풀이 ㄴ. 이온의 전하는 B가 A보다 크므로 반응할 때 개수는 A가 B보다 많다. 원자량이 A > B 이므로 반응하는 금속의 질량은 A가 더 크다. A^+은 환원되어 B판 표면에 석출되므로 금속판의 질량은 증가한다.

05. 답 ③

해설 ㄱ. (가)에서 Na은 산소를 얻어 Na_2O이 되므로 Na은 산화된다.
ㄷ. (가)는 산소의 이동에 의한 산화 환원 반응이고, (나)는 전자의 이동에 의한 산화 환원 반응이다.

바른 풀이 ㄴ. (나)에서 Cl_2는 전자를 얻어 $2Cl^-$이 되고, $2Na^+$과 결합하여 2NaCl이 된다.

06. 답 ②

해설 ㄴ. 광합성 반응에서 이산화 탄소는 산소를 잃고 환원되고, 물은 산소를 얻어 산화된다. 산화 환원 반응이다.

바른 풀이 ㄱ. 광합성 반응은 빛을 흡수하여 포도당을 만드는 과정이다. 호흡은 유기물을 분해하여 에너지가 방출되는 과정이다.

ㄷ. 광합성 과정에서 이산화 탄소는 포도당이 되면서 산소를 잃고 환원된다.

07. 답 ③

해설 ㄱ. (가)에서 생성된 검은색 가루는 산화 구리 II(CuO)이며 5g의 구리 가루에 산소가 결합하였으므로 질량이 5g 보다 크다.

ㄴ. 그림 B에서의 반응은 $2CuO + C \rightarrow 2Cu + CO_2$ 이므로, 탄소를 산소를 얻어 이산화 탄소가 되며 산화되었다.

바른 풀이 ㄷ. (나)에서 생성된 기체는 석회수를 뿌옇게 흐리게 하므로 이산화 탄소이다.

08. 답 ①

해설 산성 용액은 금속 조각과 달걀 껍데기를 넣었을 때 기체가 발생한다. 따라서 (가), (나)는 기체 발생, (다)는 노란색이다.

ㄱ. 묽은 염산과 아세트산은 모두 산성 물질로 수용액에는 모두 수소 이온(H^+)이 들어 있다.

바른 풀이 ㄴ. 산성 용액에 마그네슘 조각을 넣으면 수소 기체가 발생하고, 달걀 껍데기(탄산 칼슘)를 넣으면 이산화 탄소 기체가 발생한다. 따라서 발생하는 기체의 종류가 같지 않다.

ㄷ. BTB 용액을 넣었을 때 산성 용액은 노란색으로 변한다.

09. 답 ⑤

해설 염기성 용액인 수산화 나트륨(NaOH) 수용액은 페놀프탈레인 용액을 붉은 색으로 변하게 하고, 염기성을 나타내는 것은 OH^-이 존재하기 때문이다. 거름종이의 가운데에서 붉은색이 나타났으므로 OH^-이 가운데로 이동하였음을 알 수 있고, 이 방향은 (+)극 쪽이여야 한다. 따라서 A에는 수산화 나트륨 수용액, B에는 묽은 염산을 떨어뜨렸다.

ㄱ. A에는 수산화 나트륨 수용액을 떨어뜨렸다.

ㄴ. B에 떨어뜨린 묽은 염산의 경우 수소 이온(H^+)이 (-)극 쪽으로 이동하기 때문에 가운데에서 수산화 이온(OH^-)과 만나 중화 반응이 일어난다. 수소 이온과 수산화 이온이 만나 물을 생성하므로 가운데로 이동한 붉은색은 무색으로 변한다.

ㄷ. 붉은색을 띠게 하는 것은 수산화 이온이다.

10. 답 ⑤

해설 산성 수용액의 성질 : BTB 용액 노랗게, 메틸오렌지 용액 붉게 변화시키고, 금속과 반응 수소 기체 발생, 이온화 됨 등

염기성 수용액의 성질 : 쓴맛, 단백질을 녹이는 성질 때문에 만지면 미끈거림, 이온화 됨 등

I 구역은 산성 수용액만 가지는 성질이므로 Ⓛ, Ⓒ, Ⓜ 3개가 해당된다.

III 구역은 염기성 수용액만 가지는 성질이므로 ㉠ 1개가 해당된다.

산과 염기의 공통적인 성질인 II 구역에 포함되는 것은 ㉣ 1개이다.

11. 답 ①

해설 (가)는 H^+ 이온이 있는 산성 수용액, (나)는 OH^- 이온이 있는 염기성 수용액이다.

ㄱ. 산성 수용액은 금속과 반응하여 수소 기체를 발생시킨다.

바른 풀이 ㄴ. (나)는 염기성 수용액이므로 탄산 칼슘과 반응하지 않는다.

ㄷ. (가) 산성 수용액의 pH는 7보다 작고, (나) 염기성 수용액의 pH는 7보다 크다. 따라서 pH는 (나)가 (가)보다 크다.

12. 답 ③

해설 묽은 염산과 수산화 나트륨 수용액의 중화 반응에서 H^+과 OH^-은 반응하여 H_2O을 생성하고, Cl^-과 Na^+은 반응하지 않고 용액 속에 남아 있는다. 모형에 따른 이온은 다음과 같다.

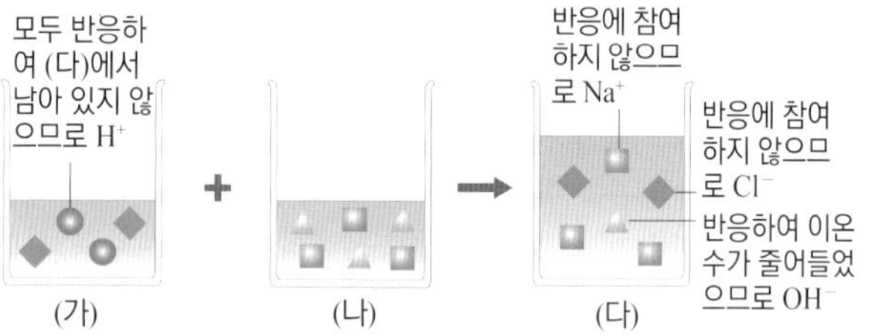

ㄱ. 수산화 나트륨 수용액 (나)에 들어 있고, 묽은 염산과 반응하여 이온 수가 줄어든 ▲은 OH^-이다.

ㄴ. (다)에는 OH^-이 들어 있으므로 염기성이다. 따라서 페놀프탈레인 용액을 넣으면 붉은색을 띤다.

바른 풀이 ㄷ. 용액의 최고 온도는 중화 반응이 일어난 (다)가 (나)보다 높다.

13. 답 ⑤

해설 묽은 염산(HCl) 10 mL 와 수산화 나트륨(NaOH) 수용액 5 mL 를 혼합하였을 때 1개의 수소 이온(H^+)이 남아 있으므로 용액의 액성은 산성이고, 1개의 Na^+이 들어 있으므로 1개의 수산화 이온(OH^-)이 1개의 수소 이온(H^+)과 반응하여 물을 생성하였음을 알 수 있다.

ㄱ. 혼합 용액은 1개의 물 분자를 생성하였으므로 중화열이 발생되어 반응 전 묽은 염산의 온도보다 높다.

ㄴ. 혼합 용액은 산성 용액이므로 탄산 칼슘을 넣어주면 이산화 탄소 기체가 발생한다.

ㄷ. 수산화 나트륨 수용액 5 mL 를 더 넣어주면 모형에 남아있는 수소 이온 1개와 수산화 이온이 반응하여 수용액은 중성이 된다.

14. 답 ②

해설 혼합 용액 (가) ~ (다)를 모형으로 나타내면 다음과 같다.

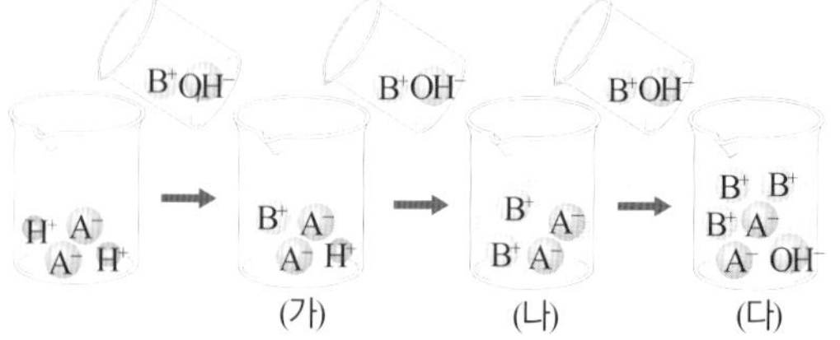

ㄴ. (가)는 산성 용액이고, (나)는 중성 용액이다. 페놀프탈레인 용액은 산성과 중성 용액에서 무색, 염기성 용액에서 붉은색을 띠

므로 (가)와 (나)에서 색이 같다.
바른 풀이 ㄱ. (가)에는 H^+이 들어 있으므로 산성 용액이다.
ㄷ. (나)에서 중화 반응이 완결되었으므로 용액의 온도는 (나)에서 가장 높다. (다)에서는 더 이상 중화 반응이 일어나지 않고, 용액이 첨가되므로 용액의 온도가 (나)보다 낮아진다.

15. 답 ⑤
해설 ㄱ. 용액의 온도가 가장 높은 (나)에서 완전히 중화되고, 이때 반응한 묽은 염산과 수산화 나트륨 수용액의 부피 비가 2 : 1이다. (가)는 반응하지 않은 수산화 나트륨 수용액이 15 mL 남아 있으므로 염기성 용액이다.
ㄴ. (나)에서는 묽은 염산 40 mL 와 수산화 나트륨 수용액 20 mL 가 반응하여 물을 생성하고, (다)에서는 묽은 염산 20 mL 와 수산화 나트륨 수용액 10 mL 가 반응하여 물을 생성한다. 따라서 생성된 물 분자 수는 (나)가 (다)의 2배이다.
ㄷ. (가)는 수산화 나트륨 수용액 15 mL 가 반응하지 않고 남아있으므로 염기성 용액이고, (다)는 묽은 염산 30 mL 가 반응하지 않고 남아 있으므로 산성 용액이다. 따라서 (가)와 (다)를 혼합하면 중화 반응하여 물이 생성된다.

16. 답 ①
해설 (가)는 수산화 칼륨 수용액의 OH^- 으로 첨가해 주는 묽은 염산의 H^+ 와 반응하여 물이 되면서 이온 수가 점차 줄고, 중화 반응이 일어나는 B점 이후에는 이온 수가 0이 된다.
(나)는 이온 수가 0인 상태에서 점차 증가하는데, 첨가해 주는 묽은 염산의 Cl^- 이다.
(다)는 이온 수가 변하지 않는데, 처음에 있던 K^+ 이다.
(라)는 첨가해 주는 H^+ 로 처음에는 OH^- 와 반응하여 물이 되어 이온 수가 0이지만, OH^- 가 모두 사라진 중화점 B 이후에도 묽은 염산을 계속 첨가하므로 중화점 이후에는 이온 수가 증가하게 된다.
ㄱ. 중화점 B에서 생성된 물의 양이 A보다 많다.
바른 풀이 ㄴ. (나)는 Cl^-, (다)는 K^+이다.
ㄷ. 중화점에서도 이온은 존재하므로 전류가 흐른다.

17. 답 물(H_2O)
해설 일정량의 수산화 칼륨 수용액에 묽은 질산을 조금씩 넣어주면 물(H_2O)이 생성되는데, 물은 중화점에 도달하기까지 점점 증가하다가 중화점 이후에는 OH^- 과 반응할 H^+ 가 더이상 없으므로 묽은 질산을 계속 넣어주어도 더이상 물이 생성되지 않는다.

내신 기출 모의고사 2회

276 ~ 279 쪽

01. ① **02.** ③ **03.** ③ **04.** ① **05.** ③
06. ④ **07.** ④
08. (1) 이산화 탄소 (2) (가) 수소 이온(H^+) (나) 감소
09. ③ **10.** ② **11.** ⑤ **12.** ② **13.** ②
14. ③ **15.** ④ **16.** ④ **17.** ③
18. A : Cl^-, B : OH^-, 이유 : 해설 참조 **19.** ③

01. 답 ①
해설 (가)는 광합성, (나)는 호흡, (다)는 메테인 연소 반응이다.
ㄱ. (가)광합성은 CO_2(A)가 산화되어 포도당과 O_2(B)를 만든다.
바른 풀이 ㄴ. (나)는 호흡 과정을 나타내는 화학 반응식이다.
ㄷ. (가)는 CO_2(A) 가 산소를 잃고 환원되어 탄소 화합물인 포도당($C_6H_{12}O_6$)이 합성된다.

02. 답 ③
바른 풀이 산소의 이동에 의한 산화 환원 반응에 의해 산소를 얻으면 산화, 산소를 잃으면 환원된다.
③ CuO는 산소를 잃어 Cu가 되므로 환원된다.
해설 ① H_2는 산소를 얻어 H_2O이 된다.
② Mg은 산소를 얻어 MgO이 된다.
④ C는 산소를 얻어 CO_2가 된다.
⑤ C_2H_4은 산소를 얻어 CO_2가 된다.

03. 답 ③
해설 수용액 속에서 $CuCl_2 \rightarrow Cu^{2+} + 2Cl^-$, $MgCl_2 \rightarrow Cu^{2+} + 2Cl^-$ 로 이온화 되어 존재한다. 마그네슘이 구리보다 전자를 잃기 쉬우므로 전자 이동에 의한 화학 반응식은 다음과 같다.
$Mg + Cu^{2+} \longrightarrow Mg^{2+} + Cu$
ㄱ. 구리 이온(Cu^{2+})은 전자를 얻어 구리(Cu)가 되므로 구리는 환원된다.
ㄴ. 염화 구리 수용액은 구리 이온으로 인해 푸른색을 띤다. 마그네슘 조각을 넣으면 구리 이온이 전자를 얻어 구리로 석출되므로 수용액 속의 구리 이온 수가 점점 줄어들어 푸른색은 점점 옅어진다.
바른 풀이 ㄷ. 1개의 마그네슘이 산화될 때 1개의 구리 이온이 환원되므로 반응이 일어날 때 수용액 속 양이온 수는 증가하지 않는다.

04. 답 ①
해설 (가)에서 2개의 C와 1개의 O_2가 반응하여 2개의 CO가 생성된다. (나)에서 Fe_2O_3와 반응하여 Fe과 CO_2를 생성하는 물질은 CO이다.
ㄱ. X는 CO이다.
바른 풀이 ㄴ. 철의 제련의 화학 반응식은 다음과 같다.
$Fe_2O_3 + 3CO \longrightarrow 2Fe + 3CO_2$
a는 3이고, b는 2이므로 b는 a보다 작다.
ㄷ. (나)에서 X는 산소를 얻어 CO_2가 되므로 산화된다.

05. 답 ③
해설 (가)에서 겉불꽃에서는 산소가 공급되므로 구리가 산화된다. $2Cu + O_2 \longrightarrow 2CuO$(산화 구리(II): 검은색)
(나)에서 속불꽃의 탄소는 산화 구리(II)를 환원시키고, 스스로는 산화되어 이산화 탄소가 된다.
$2CuO + C \longrightarrow Cu + CO_2$
ㄱ. (가)의 검은색 물질은 CuO(산화 구리(II))이다.
ㄷ. (나)에서 구리는 속불꽃의 탄소에 의해 환원된다.
바른 풀이 ㄴ. (나)에서 구리는 전자를 얻는다.(환원된다.)

06. 답 ④
해설 드라이아이스는 기체 CO_2가 승화된 고체 물질이다. 마그

네슘은 반응성이 좋아 이산화 탄소, 산소, 물과 쉽게 반응한다.
ㄱ. (가)에서 마그네슘은 산화된다.
$2Mg + O_2 \longrightarrow 2MgO$(산화 마그네슘: 흰색)
ㄷ. (나)의 반응식은 $2Mg + CO_2 \longrightarrow 2MgO + C$(검은색)
바른 풀이 ㄴ. (나)에서 마그네슘은 드라이아이스(CO_2)와 반응하여 산소를 얻어 산화되며, 드라이아이스는 산소를 잃고 환원되어 검은색 가루인 탄소가 된다.

07. 답 ④

해설 메틸 오렌지 용액이 붉은색으로 변하는 (가)는 산성 용액이므로 H^+ 가 들어있다. 공통적으로 들어있는 A는 수소 이온(H^+)이 아니고, 음이온이다. B는 수소 이온(H^+)이고, C는 양이온이다.
ㄴ. (가)는 산성 용액이므로 달걀 껍데기(탄산 칼슘)를 넣으면 기체(이산화 탄소)가 발생한다.
ㄷ. C는 양이온이므로 (나)에 전극을 연결하면 양이온인 C는 (-)극 쪽으로 이동한다.
바른 풀이 ㄱ. 수소 이온을 포함하면 산성 용액인데, (나)는 산성 용액이 아니므로 공통으로 포함된 A는 수소 이온이 아니다.

08. 답 (1) 이산화 탄소 (2) (가) 수소 이온(H^+) (나) 감소

해설 (1) 생명체의 호흡이나 화석 연료의 연소에 의해 생성되는 기체 X는 이산화 탄소이다.
(2) 이산화 탄소가 바닷물에 녹으면 탄산이 생성되고 탄산은 수소 이온을 내놓으므로 수소 이온의 농도가 증가한다. 따라서 (가)는 수소 이온(H^+)이다. 바닷물 속에 수소 이온의 농도가 증가하면 산소나 조개류의 껍데기가 부식되어 개체 수가 감소한다. 따라서 (나)는 '감소'이다.

09. 답 ③

해설 (가), (나)에서 A 금속 막대의 질량이 변화하므로 산화 환원 반응이 일어나 금속 B, C가 각각 A 금속 막대 표면에 석출된다.
(가)의 반응 : $A + B^{2+} \longrightarrow A^{2+} + B$
(나)의 반응 : $A + C^{2+} \longrightarrow A^{2+} + C$
ㄱ. (가)에서 금속 막대 A의 질량이 증가하므로 B의 원자량이 A의 원자량보다 크다. (나)에서는 금속 막대 A의 질량이 감소하므로 C의 원자량이 A의 원자량보다 작다. 원자량은 $B > A > C$ 이다.
ㄷ. A~C는 모두 수용액 속에서 +2가 이온이고 1 : 1로 반응하므로 수용액속 양이온 수는 반응 전후 변하지 않는다.
바른 풀이 ㄴ. A는 B, C 보다 반응성이 크나, B와 C의 반응성은 이 실험에서 서로 비교할 수 없다.

10. 답 ②

해설 ㄴ. (나)는 염기성이므로 단백질을 녹이는 성질이 있다.
바른 풀이 ㄱ. (가)는 산성이므로 BTB 용액을 노랗게 변화시킨다.
ㄷ. (가)와 (나) 모두 전기 전도성이 있으나, 전기 전도성의 정도로 서로 구별할 수는 없다.

11. 답 ⑤

해설 B는 페놀프 탈레인이 무색이고 아연 조각을 넣었을 때 반응하지 않으므로 소금 수용액이다. A와 C는 4가지 수용액 중에서 산성을 띠는 염산 수용액 또는 탄산 수용액 중의 하나이다. D는 페놀프탈레인 용액이 붉은색을 띠므로 염기성인 수산화 나트륨 수용액이다.
ㄱ. C는 산성 수용액이므로 (가)는 무색이다.
ㄴ. A는 산성 수용액이므로 (나)는 기체(수소) 발생이며, D는 염기성이어서 아연 조각과 반응하지 않으므로 (다)는 변화 없음이다.
ㄷ. C와 D는 각각 산성과 염기성이므로 혼합하면 중화 반응에 의해 온도가 높아진다.

12. 답 ②

해설 세 물질은 수용액 상태에서 염기성을 나타낸다.
ㄷ. 염기성 수용액은 단백질을 녹이는 성질이있으므로 만지면 피부의 단백질이 녹아 미끈거린다.
바른 풀이 ㄱ. 탄산 칼슘과 반응하여 기체(이산화 탄소)가 발생하는 것은 산성 수용액이다.
ㄴ. BTB 용액을 노랗게 변화시키는 것은 산성 수용액이고, 염기성 수용액은 파란색으로 변화시킨다.

13. 답 ②

해설 ㄴ. 식초는 산성으로 H^+ 이온을 내고, 탄산 칼슘과 반응하면 이산화 탄소가 발생한다.
바른 풀이 ㄱ. 비누의 주성분은 NaOH 이고, 이온화하여 수산화 이온(OH^-)를 내는 염기이므로 PH는 7보다 크다.
ㄷ. 산성 용액은 푸른색 리트머스 종이를 붉게 변화시킨다. 그런데 비누의 주성분인 NaOH 는 염기성 용액이므로 리트머스 종이를 푸른색으로 변화시킨다.

14. 답 ③

해설 ㄱ. (가)는 H^+ 이고 (나)는 OH^- 이다. 각각은 산과 염기의 공통적인 성질을 나타내는 이온이다.
ㄴ. (가) H^+ 이온이 있는 산과 금속이 반응할 때 H^+는환원되어 수소 기체가 발생한다.
바른 풀이 ㄷ. 산이 대리석(탄산 칼슘)과 반응하면 이산화 탄소가 발생한다. (나) OH^-는 대리석과 반응하지 않는다.

15. 답 ④

바른 풀이 ④ 산과 염기의 중화 반응에서 일정량의 묽은 염산에 수산화 나트륨 수용액을 계속 넣어주면 중화점까지 혼합 용액의 온도는 계속 올라가지만 중화점 이후에는 더 이상 물 분자가 생성되지 않아 중화열이 더 이상 발생하지 않는다. 이후에도 처음 온도와 같은 수산화 나트륨 수용액을 계속 넣어주기 때문에 중화점 이후에 온도는 점점 내려간다.
해설 ① 산과 염기의 중화 반응으로 인해 물과 염이 생성된다.
② 중화점에서 수소 이온(H^+)과 수산화 이온(OH^-)의 수가 같으므로 혼합 용액의 액성은 중성이다.
③ 수소 이온(H^+)과 수산화 이온(OH^-)은 1 : 1의 개수 비로 반응하여 물 분자(H_2O)를 생성한다.
⑤ 일정량의 묽은 염산에 수산화 나트륨 수용액을 계속 넣어주면 용액의 액성은 산성 → 중성 → 염기성이 된다.

16. 답 ④

해설 C에서 혼합 용액의 최고 온도가 가장 높으므로 중화점이고, 묽은 염산과 수산화 칼륨 수용액은 1 : 1의 부피 비로 반응한다.
④ D에서 묽은 염산 20 mL, 수산화 칼륨 수용액 10 mL 를 혼합하였으므로 묽은 염산이 10 mL 더 많다. 따라서 D에는 H^+이 OH^-보다 많다.

바른 풀이 ① A에서 묽은 염산 5 mL, 수산화 칼륨 수용액 25 mL 를 혼합하였으므로 수산화 칼륨 수용액이 20 mL 남아 용액의 액성은 염기성이다.
② 생성된 물의 양은 소량의 용액에 따라 결정되는데 B에서는 묽은 염산과 수산화 칼륨 수용액이 각각 10 mL 씩 반응하여 물을 생성하고, D에서도 묽은 염산과 수산화 칼륨 수용액이 각각 10 mL 씩 반응하여 물을 생성하므로 생성된 물의 양은 B와 D가 같다.
③ C는 온도가 가장 높은 중화점이므로 중화열이 가장 많이 발생한다.
⑤ D는 묽은 염산과 수산화 칼륨 수용액이 각각 10 mL 씩 반응하고 묽은 염산이 10 mL 남아 있으므로 산성 용액이다. 따라서 BTB 용액을 떨어뜨리면 노란색으로 변한다.

17. **답** ③

바른 풀이 ③ (다)에서 반응에 참여하지 않는 Cl^-이 3개 들어 있으므로 (가) 산 수용액에는 HCl이 3개 들어 있음을 알 수 있다.
(가) H^+ 3개, Cl^- 3개 → 총 이온 수 6개
(다) H^+ 1개, Cl^- 3개, Na^+ 2개 → 총 이온 수 6개
(가)와 (다)의 총 이온 수는 서로 같다.

해설 ① Cl^-은 반응에 참여하지 않으므로 (가)와 (다)에서 이온 수가 변하지 않는다.
② 중화 반응에서 물이 생성되면서 중화열이 발생하므로 온도가 올라간다. (다)에서 물 분자가 생성되었으므로 용액의 온도는 (다)가 (나)보다 높다.
④ (가)는 묽은 염산(HCl)이므로 산성 용액이고, 마그네슘 조각을 넣으면 수소 기체가 발생한다.
⑤ (나)는 염기성 용액이므로 페놀프탈레인 용액을 떨어뜨리면 붉은색을 띤다.

18. **답** A : Cl^-, B : OH^- 이유 : 일정량의 묽은 염산에 수산화 나트륨 수용액을 넣어 줄 때, 묽은 염산에 들어 있는 A(Cl^-)는 반응에 참여하지 않아 이온 수가 일정하게 유지된다.
B(OH^-)는 처음에는 묽은 염산의 H^+와 모두 반응하다가 일정 지점(중화점) 이후부터 더 이상 반응할 H^+이 없어, 이후에 넣는 수산화 나트륨 수용액 속 OH^- 만큼 이온 수가 증가한다.

19. **답** ③

해설 ㄱ, ㄴ. 산성화 된 토양은 식물이 잘 자라지 않는다. 이때 식물을 잘 자라게 하기 위해 염기성 물질을 뿌려 중화시킨다. 이때 석회가루는 산화 칼슘(CaO: 생석회), 수산화 칼슘($Ca(OH)_2$; 소석회) 등이며, 물에 녹아 수산화 이온을 내는 염기성이 된다.

바른 풀이 ㄷ. 산성의 PH(수소 이온 농도)는 7보다 작고, 중성은 7이며, 염기성은 7보다 크다. 산성화된 토양이 중성이 되므로 PH가 증가한다.

2. 생물 다양성과 유지

01. 지질 시대와 생물 다양성

개념체크

281 ~ 284 쪽

01. (1) X (2) O (3) X **02.** (1) 표 (2) 표 (3) 시
03. A: 선캄브리아 시대, B: 고생대, C: 중생대, D: 신생대
04. (1) X (2) O (3) O (4) X
05. (1) ㄷ, ㅁ (2) ㄱ, ㅇ (3) ㄱ, ㅂ, ㅅ
06. (나) 고생대 → (다) 중생대 → (가) 신생대
07. (1) X (2) O (3) X

01. **답** (1) X (2) O (3) X

해설 (2) 생물의 연약한 조직은 곧 부패해버리기 때문에 잘 부패하지 않을 수 있는 단단한 뼈나 껍질이 있는 생물이 더 화석이 되기 쉽다.

바른 풀이 (1) 대부분의 화석은 석회암, 셰일, 사암과 같은 퇴적암에서 발견된다. 화성암은 마그마가 식어서 생성되고 변성암은 기존의 화석이 높은 열과 압력을 받아 성질이 변하여 생성되는데, 화성암과 변성암에서는 생물의 유해가 훼손되거나 형태가 사라지기 때문에 화석을 발견하기 어렵다.
(3) 지질 시대 생물의 유해뿐만 아니라 알, 발자국, 배설물, 기어간 흔적, 생물이 뚫은 구멍, 빙하나 호박 속에 갇힌 생물 등도 화석에 해당한다.

02. **답** (1) 표 (2) 표 (3) 시

해설 (1) 특정 시대에 살았던 생물의 화석으로, 지층의 생성 시대를 알려주는 화석은 표준 화석이다.
(2) 삼엽충과 방추충은 고생대에 살았던 생물이고, 공룡은 중생대, 매머드는 신생대에 살았던 생물로 이들의 화석이 발견된 지층의 생성 시대를 알 수 있다. 따라서 표준 화석에 해당한다.
(3) 생존 기간이 길고, 분포 면적이 좁은 생물의 화석은 시상 화석으로, 발견된 지층의 생성 당시의 환경을 알려주는 화석이다. 조개, 고사리, 산호 등이 있다.

03. **답** A: 선캄브리아 시대, B: 고생대, C: 중생대, D: 신생대

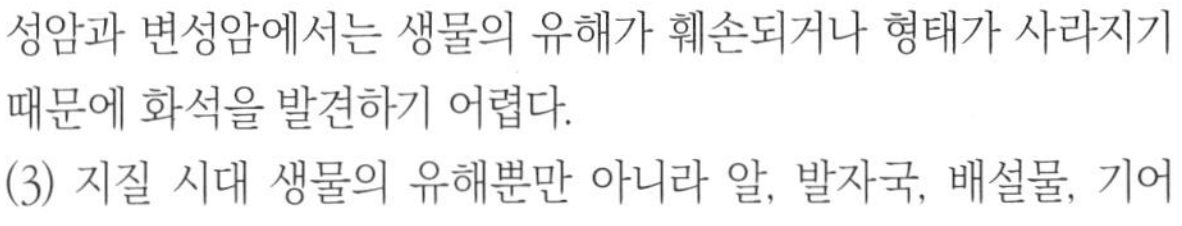

해설 지질 시대를 상대적 길이에 따라 나타냈을 때, 가장 긴 A 시대는 선캄브리아 시대(88.2%)이고, 그 다음 긴 순서대로 B 시대는 고생대(6.3%), C 시대는 중생대(4.1%), D 시대는 신생대(1.4%)가 된다.

04. **답** (1) X (2) O (3) O (4) X

해설 (1) 상대적 길이가 가장 긴 지질 시대 A는 선캄브리아 시대이다. A 시대에는 최초의 생명체가 출현한 시기로, 말기에 다세포 생물이 출현하였으므로 파충류는 번성하지 않았다.

(2) 상대적 길이가 두번째로 긴 지질 시대 B는 고생대이다. B 시대에는 남세균의 광합성 활동에 의해 대기에 산소량이 많아지고 오존층이 두꺼워지면서 지표에 도달하는 자외선이 차단되어 육상 생물이 출현하였다.
(3) 상대적 길이가 세번째로 긴 지질 시대 C는 중생대이다. C 시대에는 파충류와 겉씨식물이 번성하였으며, 판게아가 분리되는 과정에서 활발한 지각 변동이 일어났다.
(4) 상대적 길이가 가장 짧은 지질 시대 D는 신생대이다. D 시대에는 포유류가 번성하고 인류가 출현하였는데, 전기에는 기후가 대체로 온난하였지만 후기에는 빙하기와 간빙기가 반복되었다.

05. 답 (1) ㄷ, ㅁ (2) ㄱ, ㅇ (3) ㄱ, ㅂ, ㅅ
해설 (1) 고생대의 표준 화석은 고생대에서 살았던 생물의 화석으로, 삼엽충, 갑주어, 방추충, 필석 등이 있다.
(2) 중생대의 표준 화석은 중생대에서 살았던 생물의 화석으로, 암모나이트, 공룡 등이 있다.
(3) 육지에서 살았던 생물의 화석으로는 공룡, 고사리, 매머드가 있다. 이중 공룡과 매머드는 생존 기간이 짧고 분포 면적이 넓어 표준 화석으로 분류되지만, 고사리는 생존 기간이 길고 특정 환경에서만 생존하므로 시상 화석으로 분류된다.

06. 답 (나) 고생대 → (다) 중생대 → (가) 신생대

▲ 고생대 말기의 수륙 분포

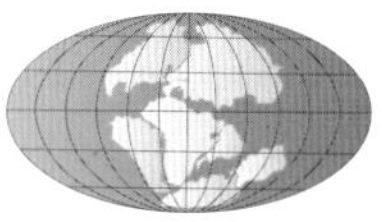
▲ 중생대 중기의 수륙 분포

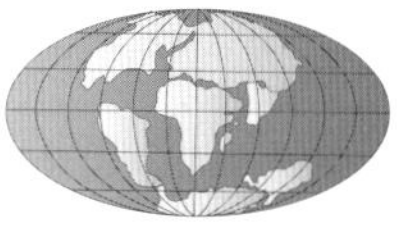
▲ 신생대의 수륙 분포

해설 (나) 고생대 말기에 대륙들이 하나로 합쳐져 판게아가 형성되었다. → (다) 중생대에 판게아가 분리되면서 전 세계적으로 지각 변동이 활발하게 일어났고, 인도양과 대서양이 형성되기 시작하는 등 대륙과 해양의 분포가 다양해졌다. → (가) 신생대에 인도양과 대서양이 넓어지고 태평양이 좁아지면서 현재와 비슷한 수륙 분포가 형성되었으며, 인도판과 유라시아의 충돌로 히말라야 산맥과 알프스 산맥이 형성되었다.

07. 답 (1) X (2) O (3) X
해설 (2) 지질 시대 동안 대멸종은 5번 일어났고, 그 중 고생대 말의 대멸종이 가장 규모가 컸다.
바른 풀이 (1) 대멸종 직후에는 생물 종 수가 줄어들었지만, 새로운 환경에 적응한 생물은 넓게 빈 생태 공간을 채우며 다양한 종으로 진화하여 생물 다양성이 증가하였다.
(3) 화산 폭발에 의한 대멸종에는 화산 폭발로 생긴 구름 먼지와 화산재가 햇빛을 차단하여 기온이 하강하여 일어난 대멸종도 있지만 이산화 탄소, 메테인 등이 대기로 유입되고 온실 효과를 일으켜 기온이 상승하여 일어난 대멸종도 있었다.

+ 강의

285 쪽

Q1. 답 (나)와 (다) 사이 경계
해설 지질 시대를 구분하는 기준은 생물계의 급격한 변화를 나타내는 화석의 변화 정도이다. 즉 화석을 통해 찾아낸 생물이 새로 출현하거나 멸종하는 변화가 가장 큰 곳을 기준으로 지질 시대를 구분할 수 있다.

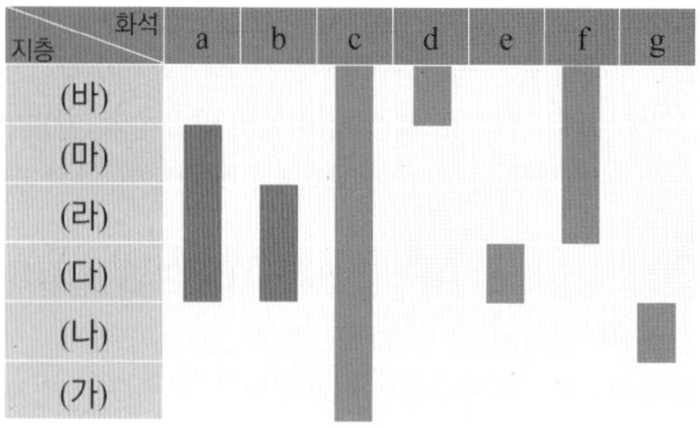

· 지층 (가)와 (나) 사이 : 생물 g 출현
· 지층 (나)와 (다) 사이 : 생물 a, b, e 출현, 생물 g 멸종
  → 가장 큰 변화
· 지층 (다)와 (라) 사이 : 생물 f 출현, 생물 e 멸종
· 지층 (라)와 (마) 사이 : 생물 b 멸종
· 지층 (마)와 (바) 사이 : 생물 a 멸종, 생물 d 출현
따라서 이 지역에서는 지층 (나)와 (다) 사이를 기준으로 지질 시대를 둘로 나눌 수 있다.

Q2. 답 (1) B (2) A (2) B
해설 매머드 화석이 산출된 지층 A는 신생대에 생성되었으며, 매머드가 육지에 서식했으므로 지층이 생성될 때 육지였음을 알 수 있다. 또한 방추충 화석이 산출된 지층 B는 고생대에 생성되었으며, 방추충이 바다에 서식했으므로 지층이 생성될 때 바다였음을 알 수 있다.
(1) 지층 A는 신생대, 지층 B는 고생대에 생성되었으므로 B가 먼저 퇴적되었다.
(2) 매머드와 방추충 중 육지 환경에서 서식한 생물은 매머드이므로 지층 A가 육지 환경에서 퇴적된 지층이다.
(3) 매머드와 방추충 중 바다 환경에서 서식한 생물은 방추충이므로 지층 B가 바다 환경에서 퇴적된 지층이다.

꼭 짚기!

286 쪽

1. ② **2.** ① **3.** ④

1. 답 ②
해설 지질 시대 중 상대적 길이가 긴 순서대로 나열하면 선캄브리아 시대(A 시대) → 고생대(B 시대) → 중생대(C 시대) → 신생대(D 시대) 순서이다.
ㄴ. B 고생대는 약 5억 4100만 년 전부터 약 2억 5200만 년 전까지 지속되었고 C 중생대는 약 2억 5200만 년 전부터 약 6600만 년 전까지 지속되어 B 시대가 C 시대보다 오래 지속되었다.
바른 풀이 ㄱ. A 시대는 지질 시대 중 상대적 길이가 가장 긴 시

대로 선캄브리아 시대이다.
ㄷ. B 시대는 고생대이다. 다른 시대에 비해 화석이 적게 발견되는 곳은 A 선캄브리아 시대로, 이때 서식하던 생물에 단단한 뼈나 껍질이 없어 화석이 많이 만들어지지 않았고 만들어진 화석도 오랜 세월을 거치면서 지각 변동으로 인해 훼손되어 다른 시대에 비해 남아있는 화석의 양이 많지 않다.

2. 답 ①
바른 풀이 ① (가) 중생대에도 공룡 등의 육상 생물이 존재하였다.
해설 (가)는 중생대, (나)는 고생대, (다)는 선캄브리아 시대, (라)는 신생대에서 일어난 동물계의 변화이다.
② (나)는 고생대의 사건으로 고생대 말기에 대륙들이 하나로 합쳐져 초대륙 판게아가 형성되었다.
③ (다)는 선캄브리아 시대의 사건으로, 선캄브리아 시대의 대표적인 화석으로는 남세균의 흔적 화석인 스트로마톨라이트가 있다.
④ (라)는 신생대의 사건으로 신생대 말기에는 빙하기와 간빙기가 반복되었다.
⑤ 오래된 시대부터 순서대로 나열하면 (다) 선캄브리아 시대 → (나) 고생대 → (가) 중생대 → (라) 신생대이다.

3. 답 ④
해설 A 시대의 말기에 생물 과의 수가 가장 많이 줄어드는 대멸종이 일어났으므로 A 시대는 가장 큰 대멸종이 있었던 고생대, B 시대는 중생대, C 시대는 신생대이다.
ㄱ. A 시대 말기에 생물 과의 수가 가장 많이 줄어들었으므로 가장 큰 규모의 대멸종이 일어났다.
ㄷ. C 시대 말기에 생물 과의 수가 급격하게 줄어드는 모습이 보이지 않으므로 C 시대 말기에서는 대멸종이 일어나지 않았다.

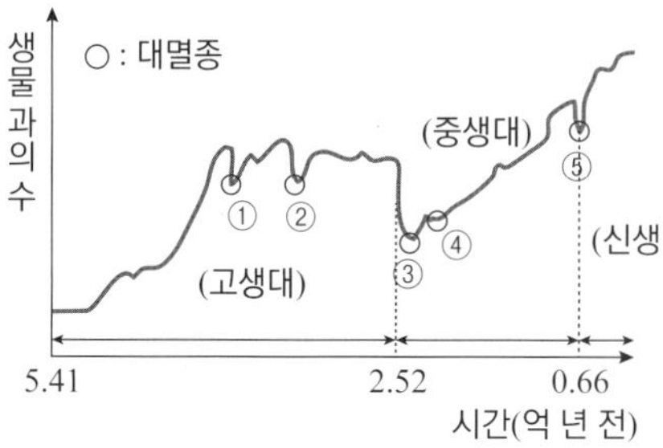

ㄹ. 지질 시대 동안 대멸종은 총 5번 일어났고, 그 중 가장 큰 규모의 대멸종은 고생대 말에 일어났다.
바른 풀이 ㄴ. 판게아는 고생대 말기에 형성된 초대륙으로 B 중생대 말기에 일어난 대멸종의 원인이 될 수 없다.

스스로 실력 높이기

287 ~ 291 쪽

01. (1) O (2) O (3) X **02.** ② **03.** ③
04. 해설 참조 **05.** 표준, 시상 **06.** ①
07. (1) c (2) ①, ③ **08.** ③, ⑤ **09.** ④
10. ① **11.** ③ **12.** 해설 참조
13. (1) X (2) O (3) O **14.** ①, ③
15. 해설 참조 **16.** ② **17.** ③ **18.** ①
19. ① **20.** ⑤ **21.** 다양성 **22.** ②
23. (1) X (2) O (3) X **24.** ④ **25.** 해설 참조

01. 답 (1) O (2) O (3) X
해설 (1) 화석은 암석의 생성 과정에서 열과 압력에 의해 생물의 유해나 흔적이 훼손되지 않는 퇴적암에서 대부분 발견된다.
(2) 생물이 훼손되기 전에 빠르게 묻히고 퇴적층이 쌓인 후 오랜 시간에 걸쳐 화석화 작용을 받아서 화석이 생성된다.
바른 풀이 (3) 지질 시대 중 선캄브리아 시대는 생물의 개체 수가 적고 생물체에 단단한 뼈나 껍질이 없었으며 오랜 세월 동안 지각 변동을 받아 훼손되었기 때문에 화석이 가장 적게 발견되는 시대이다.

02. 답 ②
바른 풀이 ② 지층에 지각 변동이 많이 일어나면 생물의 유해나 흔적이 훼손될 가능성이 높기 때문에 화석이 남아있기 어렵다.
해설 ① 생물의 개체 수가 많아야 화석이 생성될 가능성이 높다.
③ 생물에 뼈나 단단한 껍질이 있으면 땅 속에 묻혔을 때 화석으로 남을 가능성이 높다.
④ 생물의 유해나 흔적이 다른 물질로 치환되거나 탄소로 변하여 화석으로 보존되는 화석화 작용을 받아서 화석이 된다.
⑤ 생물의 유해나 흔적이 기후 변화나 침식 등의 원인으로 훼손되기 전에 빨리 묻혀야 화석으로 남을 가능성이 높다.

03. 답 ③
해설 생존 기간이 길고 분포 면적이 좁은 A는 시상 화석이고, 생존 기간이 짧으며 분포 면적이 넓은 B는 표준 화석이다.
시상 화석의 예로는 따뜻하고 습한 육지에 서식했던 고사리, 따뜻하고 얕은 바다에 서식했던 산호, 얕은 바다나 갯벌에 서식했던 조개, 강수량이 많고 습한 육지에 서식했던 참나무 등의 활엽수가 있고, 표준 화석의 예로는 고생대에 서식했던 삼엽충, 갑주어, 중생대에 서식했던 암모나이트, 공룡, 신생대에 서식했던 화폐석, 매머드 등이 있다.

04. 답 퇴적암, 화성암, 변성암 중 화성암은 마그마가 굳어 생성되는 암석이고 변성암은 기존의 암석에 열과 압력이 가해져서 생성되는 암석이기 때문에 생물의 유해가 파손되거나 형태가 사라져서 화석이 발견되기 어려운 반면, 퇴적물이 쌓여 화석화 작용을 받을 수 있는 퇴적암에서 대부분의 화석이 발견된다.

05. 답 표준, 시상

해설 생물의 생존 기간이 짧고 분포 면적이 넓어 지층이 생성된 시대를 알려주는 화석을 표준 화석이라 하고, 생물의 생존 기간이 길고 분포 면적이 좁아 생물이 살았던 당시의 환경을 알려주는 화석을 시상 화석이라 한다.

06. 답 ①

해설 지층 (가)는 공룡의 화석이 있으므로 중생대에 생성되었으며, 고사리 화석이 있으므로 따뜻하고 습한 육지 환경에서 생성되었다. 지층 (나)는 화폐석의 화석이 있으므로 신생대에 생성되었으며, 조개 화석이 있으므로 얕은 바다나 갯벌에서 생성되었다. 지층 (다)는 삼엽충과 갑주어의 화석이 있으므로 고생대에 생성되었다.

ㄱ. (가)는 중생대에 생성되었고 (나)는 신생대에 생성되었으므로 (가)가 (나)보다 먼저 생성되었다.

바른 풀이 ㄴ. 지층 (다)의 화석인 삼엽충과 갑주어는 물속에서 서식한 수중 동물이므로 육지에서 퇴적되지 않았다.

ㄷ. 지층 (다)는 고생대에 생성된 것으로 지층 (가) ~ (다) 중 가장 먼저 생성되었다.

07. 답 (1) c (2) ①, ③

해설 (1) 표준 화석은 생존 기간이 짧고 분포 면적이 넓은 생물의 화석이 적합하다. 생존 기간만을 고려한다면 a ~ e 중 표준 화석으로 가장 적합한 것은 가장 생존 기간이 짧고 현재는 멸종한 상태인 c이다.

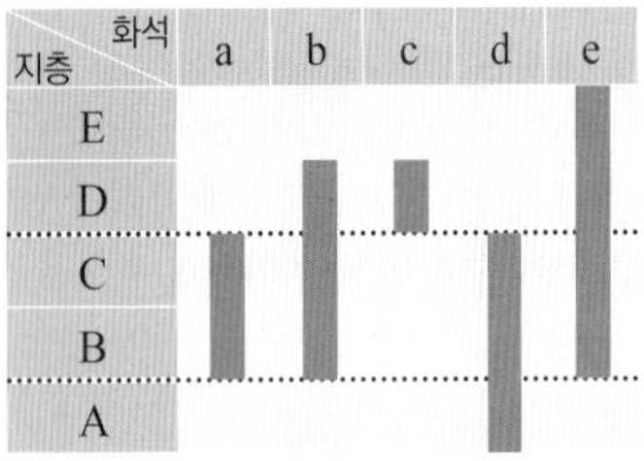

(2) 지질 시대를 구분하는 기준은 생물계의 급격한 변화로, 화석의 변화가 가장 많이 일어나는 경계를 기준으로 지질 시대를 구분한다.

· 지층 A와 B 사이 : 생물 a, b, e 출현 → 가장 큰 변화
· 지층 B와 C 사이 : 변화 없음
· 지층 C와 D 사이 : 생물 c 출현, 생물 a, d 멸종 → 가장 큰 변화
· 지층 D와 E 사이 : 생물 b, c 멸종

따라서 이 지역에서는 지층 A와 B 사이, C와 D 사이를 기준으로 지질 시대를 셋으로 나눌 수 있다.

08. 답 ③, ⑤

해설 ③ 화석이 거의 발견되지 않는 선캄브리아 시대는 지질 시대 중 상대적 길이가 가장 긴 시대이다.

⑤ 선캄브리아 시대의 초기에는 대기에 산소가 없고 오존층이 없어 강한 자외선이 지표에 도달하였기 때문에 육지에서 생물이 출현하지 못했다.

바른 풀이 ① 은행나무 등의 겉씨식물이 번성한 시대는 중생대이다.

② 선캄브리아 시대는 화석이 거의 발견되지 않는 시대이다.

④ 지구상에 최초의 육상 생물이 출현한 시대는 고생대이다.

09. 답 ④

해설 (가)는 삼엽충이 있으므로 고생대, (나)는 공룡이 있으므로 중생대, (다)는 매머드가 있으므로 신생대, (라)는 스트로마톨라이트가 있는 바다이므로 선캄브리아 시대이다. 따라서 오래된 순서대로 나열하면 (라) 선캄브리아 시대 → (가) 고생대 → (나) 중생대 → (다) 신생대가 된다.

10. 답 ①

해설 ㄱ. (가) 고생대에 육상 생물이 출현하였다.

바른 풀이 ㄴ. (나) 중생대에는 겉씨 식물이 번성하였다. 양치 식물이 번성하였다가 생물의 대멸종으로 인해 대량으로 묻혀 석탄층을 형성한 시기는 고생대이다.

ㄷ. (다) 신생대는 지질 시대 중 상대적 길이가 가장 짧은 시대이고, (라) 선캄브리아 시대는 지질 시대 중 상대적 길이가 가장 긴 시대이다. 따라서 (다) 시대는 (라) 시대보다 상대적 길이가 짧다.

11. 답 ③

해설 (가) 삼엽충은 고생대에 번성한 생물이다. (나) 암모나이트는 중생대에 번성한 생물이다. (다) 고사리는 따뜻하고 습한 육지에서 서식한 생물이다.

ㄱ. (가) 삼엽충은 고생대에 번성하였다.

ㄷ. (가) 삼엽충은 고생대에, (나) 암모나이트는 중생대에 번성한 생물이므로 (나)는 (가)보다 나중에 생성된 지층에서 발견된다.

바른 풀이 ㄴ. (다) 고사리는 따뜻하고 습한 육지에서 서식한 생물로, 바다에서는 서식하지 않았다.

12. 답 남세균의 광합성으로 생성된 산소가 바다에 포화된 후, 고생대 초 대기로 방출되어 대기 중 산소 농도가 증가하였고, 이로 인해 오존층이 형성되었다. 고생대에 들어 오존층이 지표에 도달하는 자외선을 차단하여 육상 생물이 출현이 가능해지자, 서식지가 확대되어 생물종의 수가 폭발적으로 증가하였다.

해설 남세균의 광합성으로 산소가 생성되는 것은 선캄브리아 시대 때부터이지만, 산소는 먼저 바다에 녹아있다가 바다의 산소 농도가 포화된 후부터 대기 중으로 방출되었다. 대기의 산소 농도가 증가하고 오존층이 두꺼워지면서 지표에 도달하는 자외선이 차단되어, 고생대에 육상 생물이 처음으로 출현할 수 있게 되었고 생물의 수가 폭발적으로 증가하였다.

13. 답 (1) X (2) O (3) O

해설 그림은 초대륙 판게아를 나타낸 것이고, 판게아가 형성된 시기는 고생대이다.

(2) 고생대 말기에 삼엽충과 방추충 등 많은 해양 생물이 멸종하였다.

(3) 고생대에는 삼엽충, 방추충 등의 무척추동물과 갑주어 등의 어류 등 해양 생물이 번성하였고, 육상 생물이 출현하여 양서류, 곤충류, 양치식물 등이 번성하였다.

바른 풀이 (1) 판게아의 형성으로 대륙이 남쪽에 모여 있어 대륙과 해양의 분포가 다양하지 않았다.

14. 답 ①, ③

해설 화폐석과 매머드는 신생대의 표준 화석이다.

① 신생대에서는 속씨식물과 포유류가 번성하였다.

③ 신생대의 초기에는 대체로 온난했지만, 말기에는 빙하기와 간

빙기가 반복되었다.
바른 풀이 ② 공룡은 중생대의 대표적인 표준 화석이다.
④ 파충류가 번성하고 공룡이 출현한 시대는 중생대이다.
⑤ 오랜 지각 변동으로 화석이 드물게 발견되는 시대는 선캄브리아 시대이다.

15. 답 선캄브리아 시대, 바다에서 광합성을 하는 남세균(사이아노박테리아)의 출현으로 산소가 생성되었고, 이 산소는 바닷물에 녹아들다가 포화된 이후 대기로 방출되었으며, 점차 오존층을 형성하게 되었다.
해설 이 화석은 선캄브리아대 말기에 바다에서 생성된 다세포 생물의 화석인 에디아카라 동물군 화석이다.

16. 답 ②
해설 ㄷ. 신생대 전기에는 대체로 온난했으나 후기에 빙하기(4회)와 간빙기(3회)가 반복되었다.
바른 풀이 ㄱ. 중생대에는 활발한 화산 활동으로 온실 기체가 증가하여 빙하기 없이 전반적으로 온화한 기후가 유지되었다.
ㄴ. 고생대는 전반적으로 기후가 온난하였으나 중기와 말기에 빙하기가 있었다.

17. 답 ③
해설 ㄱ. 선캄브리아 시대에 광합성을 하는 남세균이 바다에서 출현하여 스트로마톨라이트 화석을 생성하였다.
ㄴ. B 시기에 대기로 산소를 방출하기 시작하였고, C 시기까지 대기 중 산소의 농도가 증가하였다. 대기 중 산소가 충분하여 오존층이 만들어지면서 육상 식물이 출현하게 되었다.
바른 풀이 ㄷ. C 육상 생물이 출현하는 시기는 고생대이다.

18. 답 ①
해설 ㄱ. A 지역의 고사리 지층은 암모나이트 지층(중생대) 이후에 퇴적된 지층에서 발견되므로 중생대 이후의 지층이며, B 지역의 삼엽충 지층은 고생대 지층, 화폐석 지층은 신생대 지층이므로 B 지역의 삼엽충이 산출되는 지층이 가장 오래되었다.
바른 풀이 ㄴ. A지역의 석회암 지층은 중생대, B 지역의 석회암 지층은 신생대 지층이므로 같은 시기가 아니다.
ㄷ. 고사리는 따뜻하고 습한 육지에서 번성한 식물이다.

19. 답 ①
해설 ㄱ. (가) 산호 화석은 지층의 생성 환경이 따뜻하고 얕은 바다였다는 것을 알려주는 시상 화석이고, (나) 갑주어는 고생대에만 발견되는 어류로, 갑주어 화석은 고생대의 표준 화석이다.
바른 풀이 ㄴ. (가)가 산출된 지층은 따뜻하고 얕은 바다에서 퇴적되었다.
ㄷ. (나)는 고생대에 퇴적된 지층에서 발견된다.

20. 답 ⑤
해설 ㄴ. 활엽수는 넓은잎 식물로 속씨식물에 속하므로 중생대 말에 출현하여 신생대에 번성하였다.
ㄷ. 활엽수가 번성한 신생대에 대서양과 인도양이 넓어지고 태평양이 좁아져 현재와 같은 수륙 분포를 이루게 되었다.
바른 풀이 ㄱ. 활엽수는 강수량이 많고 습한 육지에서 번성하는 식물로 퇴적 당시의 환경이 강수량이 많고, 습한 환경이라는 것을 알 수 있는 시상 화석이다.

21. 답 다양성
해설 대륙 이동이나 운석 충돌, 기후 변화 등 지구 환경이 급격하게 변하는 과정에서 적응하지 못한 생물은 멸종했지만, 새로운 환경에 적응하여 살아남은 생물들은 넓은 생태 공간을 채우며 다양한 종으로 진화함으로써 생물 다양성이 증가하였다.

22. 답 ②
바른 풀이 ② 지각 변동으로 인해 대륙과 해양의 분포가 다양해지면 다양한 환경에 적응한 생물이 다양하게 진화하여 생물종의 수가 증가한다. 따라서 대멸종이 일어날 가능성이 적어진다.
해설 ① 초대륙 판게아가 형성되면서 해안선의 길이, 즉 얕은 바다의 면적이 감소하여 해양 생물의 서식지가 감소하고, 해류의 단순화로 인해 기후가 단순해져 대멸종이 일어났다.
③ 소행성의 충돌로 생긴 재와 먼지가 햇빛을 차단하여 기온이 하강하고 식물의 광합성을 가로막아 대멸종이 일어났다.
④ 화산 폭발로 생긴 구름 먼지와 화산재가 햇빛을 차단하여 기온이 하강하고 식물의 광합성을 가로막아 대멸종이 일어났다.
⑤ 화산 폭발로 인해 이산화 탄소, 메테인 등이 대기로 유입되어 산성비가 내렸고, 온실 효과를 일으켜 기온이 상승하여 대멸종이 일어났다.

23. 답 (1) X (2) O (3) X
해설 (2) 지질 시대 동안 가장 큰 멸종은 고생대 말에 일어난 것으로, 삼엽충을 비롯한 해양 생물의 대부분이 멸종하였다.
바른 풀이 (1) 지질 시대에 대멸종이 일어난 횟수는 총 5번이다.
(3) 대멸종은 지구 환경의 급격한 변화로 인해 일어나는 것으로, 환경 변화에 적응하지 못한 생물은 멸종하고 환경 변화에 적응한 생물은 살아남아 새로운 종으로 진화한다. 따라서 대멸종의 전후 생물종의 종류는 현저하게 달라진다.

24. 답 ④
해설 ㄴ. 생물의 종류가 가장 다양한 시대는 생물군의 수가 가장 많은 신생대이다.
ㄷ. 육상 생물군보다 해양 생물군의 수가 뚜렷하게 변하므로 해양 생물이 육상 생물보다 지질 시대 구분에 더 유용하다.
바른 풀이 ㄱ. 가장 큰 대멸종은 고생대 말기에 일어난 것으로, 삼엽충을 비롯한 해양 생물의 대부분이 멸종하였다.

25. 답 소행성 충돌과 대규모 화산 폭발로 발생한 먼지와 화산재가 햇빛을 차단하여 지구의 기온이 급격하게 하강하고 생물 대멸종이 일어났다는 가설이 가장 유력하다.
해설 중생대 말 일어난 5차 대멸종에 의해 공룡과 암모나이트 등이 멸종하였다.

02. 진화와 자연 선택

개념체크 295 쪽

01. 생존 경쟁 **02.** (1) X (2) X (3) O
03. (가) → (라) → (다) **04.** (1) X (2) O (3) X

01. 답 생존 경쟁
해설 다윈의 자연 선택설에서 주어진 환경에서 살아남을 수 있는 것보다 더 많은 수의 개체가 생산되면 형태, 습성, 기능 등의 형질이 조금씩 다른 개체들이 먹이와 서식지 등을 두고 생존 경쟁을 벌인다. 이때 생존에 유리한 변이를 가진 개체가 그렇지 않은 개체에 비해 잘 살아남아 자손을 더 많이 남기는 자연 선택이 일어난다.

02. 답 (1) X (2) X (3) O
해설 (3) 훈련으로 단련된 운동 선수의 근육은 비유전적 변이로 자손에게 전달되지 않는다.
바른 풀이 (1) 변이는 같은 생물종 간에 나타나는 형질의 차이이다.
(2) 유성 생식 과정에서 부모의 생식 세포가 다양하게 조합되어 자손이 다른 형질을 나타낼 수 있지만, 돌연변이가 나타나지 않는다면 기존에 부모가 가지지 않은 형질을 새롭게 만들어 낼 수는 없다.

03. 답 (가) → (라) → (다)
해설 (가) 목 길이가 다양한 많은 수의 기린이 태어나는 것은 과잉 생산과 개체 변이에 해당한다.
→ (라) 목이 짧은 기린은 높은 곳의 나뭇잎을 먹는데 불리하여 죽게 되고, 목이 긴 기린이 살아남는 것을 생존 경쟁과 자연 선택에 해당한다.
→ (다) 목이 긴 기린이 자손을 남기는 과정이 반복되면서 기린의 목이 지금처럼 길어지게 된 것을 종의 분화, 또는 진화라 한다.
바른 풀이 (나)에서 개체가 목을 길게 늘리는 노력을 하는 것은 비유전적인 변이로 자손에게 전달되지 않는다.

04. 답 (1) X (2) O (3) X
해설 (2) 낫 모양 적혈구 유전자는 일반적으로는 생존에 불리한 형질이지만, 말라리아에 저항성이 있기 때문에 말라리아가 많이 발생하는 지역에서는 생존에 유리한 형질이 된다.
바른 풀이 (1) 핀치의 부리 진화는 섬의 다른 환경에 적응하면서 다른 먹이를 먹게 되었기 때문에 나타난 것이다.
(3) 항생제를 한번도 사용하지 않은 환경에서는 항생제 내성 형질이 생존에 유리한 형질이 아니므로 항생제 내성 세균이 적다.

+ 탐구

296 쪽

탐구문제 **1.** 답 (1) (나) (2) (라) (3) (가)
해설 (1) 도화지 위라는 환경에서 개체(세균)을 골라내는 (나) 과정이 항생제 사용에 해당한다.
(2) 갈색 도화지라는 유리한 환경에서 눈에 잘 띄지 않아 항생제를 피하기 쉬운 형질을 가진 갈색 초콜릿의 비율이 점차 높아지는 (라) 과정이 항생제 내성 세균의 증식 과정이다.
(3) 기존의 초콜릿 중 4개를 존재하지 않던 갈색 초콜릿으로 바꾸는 (가) 과정이 돌연변이의 출현에 해당한다.

탐구문제 **2.** 답 ②
해설 남아 있는 초콜릿의 수만큼 같은 색깔의 초콜릿을 추가하는 것은 생물이 자손을 만들어 자신과 같은 형질을 전달하는 생식에 해당한다.

탐구문제 **3.** 답 환경에 해당하는 도화지가 노란색으로 바뀌었으므로, 생존에 유리한 형질을 가진 개체는 노란색 초콜릿이 되었다. 따라서 (나) ~ (다) 과정을 반복하면 노란색 초콜릿의 비율이 높아질 것이다. 이에 해당하는 진화 과정은 자연 선택이다.
해설 환경의 변화에 따라 생존에 유리한 형질은 변할 수 있다. 환경에 유리한 형질을 가진 개체가 더 많이 살아남아 자손에게 생존에 유리한 형질을 전달하는 진화 과정을 자연 선택이라 한다.

꼭 짚기! 297 ~ 298 쪽

1. ③ **2.** ④
3. ③ **4.** ②

1. 답 ③
해설 ㄱ. (가)에서 초록색 유전자가 돌연변이로 인해 나타났으므로 초록색 형질은 자손에게 전달된다.
ㄹ. 흰 개와 검은 개 사이에서 유성 생식이 일어나면 다양한 유전자 조합이 가능하므로 태어나는 강아지들의 털색은 모두 다르게 나타날 수 있다.
바른 풀이 ㄴ. (나)는 부모가 가지고 있던 유전자가 유성 생식을 통해 새롭게 조합된 것으로 새로운 유전자가 나타난 것은 아니다.
ㄷ. (가)에서 초록색 딱정벌레는 붉은색 딱정벌레와 교배하여 자손을 낳았으므로 같은 종이다.

2. 답 ④
해설 ④ (다)목이 긴 기린이 목이 짧은 기린보다 많이 살아남아 자손을 남겼으므로 (가) 이전의 기린보다 목이 긴 기린의 비율이 높아졌다.(자연선택)
바른 풀이 ① 다윈이 주장한 진화설이다.
② (가)에서 기린은 주어진 환경에서 모두 살아남을 수 없는 만큼의 많은 자손을 낳았다.(과잉생산)
③ (나)의 기린은 높은 곳의 나뭇잎을 먹을 수 있는 목이 긴 변이를 가진 기린이 살아남았다.(적자생존)
⑤ 다윈의 진화설인 자연 선택설은 자연 과학 분야에서 진화적 관점의 생물 분류에 영감을 주었을 뿐만 아니라 사회의 자본주의와 시장 경제, 제국 주의에도 큰 영향을 주었다.

3. 답 ③
해설 ㄱ. 환경에 의해 서로 다른 형질이 자연 선택되었다.
ㄴ. 핀치 부리 모양의 진화에는 먹이와 서식지의 변화가 직접적인 원인으로 작용하였다.
바른 풀이 ㄷ. 진화가 일어나기 전 남미 대륙의 핀치 개체들 사이에는 다양한 부리 모양의 변이가 존재하였다.

4. 답 ②

해설 ② (가)에서 돌연변이로 인해 항생제 내성 형질을 가진 세균이 나타났다.

바른 풀이 ① A 세균은 (나)에서 항생제 사용에도 살아남았으므로 항생제 내성이 있는 세균이다.

③ (나)와 (다) 사이에 살아남은 세균의 생식이 일어나 수가 늘어난 것이다.

④ (라) 이후 다수가 살아남은 A 세균은 항생제 내성 세균이므로 항생제를 사용해도 수가 줄어들지 않을 것이다.

⑤ 항생제를 사용하는 환경이 주어지지 않았다면 항생제 내성 형질이 자연 선택에서 유리한 형질로 작용하지 않았을 것이고, 따라서 (라)의 비율로 진화하지 못했을 것이다.

스스로 실력 높이기

299 ~ 303쪽

01. 변이	**02.** ①	**03.** 유성 생식, 형질	
04. (1) O (2) X (3) O		**05.** ③	**06.** ④
07. ⑤	**08.** A 개체 변이, B 자연 선택		
09. (1) X (2) O (3) X		**10.** ②	**11.** ⑤
12. ③, ⑤	**13.** ⑤	**14.** (1) O (2) O (3) X	
15. ③	**16.** ⑤	**17.** (1) O (2) X (3) X	
18. ②	**19.** ②	**20.** 해설 참조	
21. ④	**22.** ②		

01. 답 변이

해설 같은 생물 종의 개체 간에 나타나는 형질의 차이를 변이라 한다. 변이는 유전적 변이((가), (나))와 환경적 변이(다)가 있는데, 보통 진화를 설명할 때에는 유전적 변이만을 말한다.

02. 답 ①

해설 ㄱ. (가)의 앵무의 깃털 색 차이는 유전자의 차이로 인한 변이이다.

바른 풀이 ㄴ. (나)의 무당벌레 겉껍질의 색과 무늬 차이는 유전자의 차이로 인한 변이이므로 자손에게 전달된다.

ㄷ. (다)의 카렌족 여성의 긴 목은 환경의 차이로 인한 변이이므로 자손에게 전달되지 못해 진화에 영향을 미치지 않는다.

03. 답 유성 생식, 형질

해설 유성 생식은 암수 생식세포의 결합으로 자손이 만들어지는 생식 방법이다. 이 방법에 의해 부모의 유전자가 다양하게 조합되어 자손에게 전달되므로 부모와 자손의 형질이 달라져 변이가 나타난다.

04. 답 (1) O (2) X (3) O

해설 (1) 자주색 꽃의 형질은 유전자에 의해 나타나는 것이므로 자손에게 전달된다.

(3) 앵무의 깃털 색이 개체마다 다른 것도 유전적 변이이므로 완두꽃의 자주색 형질과 같은 변이의 예이다.

바른 풀이 (2) 흰색 완두꽃은 흰색 형질을 가진 유전자를 가졌으므로 자주색 형질을 가진 완두꽃과 다른 유전자를 가지고 있다.

05. 답 ③

해설 ㄱ. 돌연변이로 인해 초록색 유전자가 새롭게 나타난 것이므로 초록색 형질이 자손에게 전달된다.

ㄷ. 초록색 형질이 생존에 유리한 형질이라면 자연 선택으로 인해 초록색 딱정벌레가 더 많이 살아남아 자손을 남김으로써 수가 늘어날 수 있다.

바른 풀이 ㄴ. 초록색 유전자는 돌연변이에 의해 나타난 것으로 환경의 변화에 의한 변이가 아니다.

06. 답 ④

해설 ㄱ. (가)는 개체의 DNA에 변화가 일어나 부모에 없던 새로운 형질이 나타나는 돌연변이이다.

ㄷ. (다)는 암수 생식세포의 수정으로 자손이 다양하게 만들어지는 유성 생식의 예이다. 부모의 유전자는 다양하게 조합되어 자손에게 전달되어 부모와 다른 형질을 가진 주름진 완두(rr)가 나타난다.

바른 풀이 ㄴ. (가) 돌연변이는 DNA의 유전자에 변화가 나타나는 것으로 자손에게 전달된다.

07. 답 ⑤

해설 생물이 서로 다른 환경에 적응하는 과정에서 몸의 구조나 기능이 변하여 서로 다른 형질을 가지게 된다. - 무한

새로운 환경에 적응하며 변화가 쌓이면서 처음과 형질이 달라지고 조상과 다른 새로운 종이 출현하는 진화가 일어나는데 이 과정에서 지구의 생물 다양성이 증가하게 되었다. - 상상, 알탐

08. 답 A 개체 변이, B 자연 선택

해설 다윈의 자연 선택설에 의한 생물의 진화 과정은 과잉 생산 → 개체 변이 → 생존 경쟁 → 자연 선택 → 생물의 진화(종 분화)이다.

09. 답 (1) X (2) O (3) X

해설 (2) 초기의 기린은 목이 짧거나 긴 다양한 변이를 가지고 있었다.

바른 풀이 (1) A 과정에서 생존 경쟁에 의한 자연 선택이 일어났다.

(3) 생존 경쟁에서 유리한 높은 곳의 나뭇잎을 먹을 수 있는 목이 긴 기린이 자연 선택되었다.

10. 답 ②

해설 ㄴ. 목이 긴 기린은 높은 곳의 나뭇잎을 먹을 수 있었으므로 생존에 유리한 영향을 미쳤다.

바른 풀이 ㄱ. 진화의 주된 원인은 자연 선택이다. 돌연변이로 인해 새로운 변이를 만들어낼 수는 있지만, 그것이 생존에 유리한 형질이냐 아니냐에 따라 영향력이 달라진다.

ㄷ. 기린이 높은 곳의 나뭇잎을 먹기 위해 목을 길게 뺀 것은 환경에 의한 비유전적 변이이므로 자손에게 전달되지 않는다.

11. 답 ⑤

해설 ㉠-과잉생산 : 개체수가 과잉생산되어 생존경쟁을 한다.

㉡ - 개체변이 : 개체들은 형태, 습성, 기능 등이 약간씩 다르다.

㉢ - 생존경쟁 : 개체들은 살아남기 위해 생존경쟁을 벌인다.

ㄹ -과잉생산 : 환경에 유리한 형질을 가진 개체가 자연선택된다.

12. 답 ③, ⑤

바른 풀이 ③ 유전자의 개념이 없었으므로 다윈은 변이가 발생하는 원인을 명확하게 설명하지 못하였다.
⑤ 유전자의 개념이 없었으므로 다윈은 부모의 형질이 자손에게 전달되는 원리를 정확하게 설명하지 못하였다.
해설 ①, ②, ④ 다윈의 자연선택설에서는 생물이 생존 가능한 것보다 더 많은 자손을 남기는데, 개체들 사이에는 형태, 습성, 기능 등이 약간씩 다른 변이가 존재한다. 이 개체들은 먹이나 서식지를 두고 생존경쟁하여 환경에 유리한 개체가 자연선택된다고 본다.

13. 답 ⑤

해설 ㄱ. 생물 사이의 동일성과 다양성을 설명하여 진화적 관점으로 생물을 분류할 수 있게 하였다.
ㄴ. 생존 경쟁, 적자 생존 등의 개념이 왜곡되어 사회의 식민 지배, 인종 차별을 정당화하는데 이용되었다.
ㄷ. 산업 구조의 생산성을 높이는 방향으로 아이디어를 제공하는 데 영향을 끼치기도 했다.

14. 답 (1) O (2) O (3) X

해설 (1) 각각의 색을 가진 후추나방이 천적에 의해 포식되지 않는 자연선택이 일어났다.
(2) 공업 도시 근처의 숲은 농촌 숲보다 색이 어두워 검은색 날개는 공업 도시 근처의 숲에서, 흰색 날개는 농촌 숲에서 천적을 피해 숨기에 유리한 형질이 된다.
바른 풀이 (3) 공업 도시에 공장이 세워지기 전의 공업 도시 근처의 숲은 농촌의 숲과 환경이 비슷했을 것이므로 흰색 후추나방이 주로 분포했을 것이다.

15. 답 ③

해설 ㄷ. A와 B의 핀치는 부리 모양에 대해 다른 환경 조건에 의한 자연 선택을 받았으므로, 부리 모양에 대한 유전자 구성이 다를 것이다.
바른 풀이 ㄱ. A 핀치는 선인장을 주식으로 한 환경 조건, B 핀치는 크고 단단한 씨앗을 주식으로 한 환경 조건으로 다르다.
ㄴ. A와 B 모두 자연 선택설에 의해 진화했다.

16. 답 ⑤

해설 ㄴ. 낫 모양 적혈구 유전자는 말라리아에 저항성이 있어 낫 모양 적혈구 빈혈증 환자는 말라리아에 걸릴 확률이 더 낮다.
ㄷ. 말라리아가 있는 환경에서 낫 모양 적혈구 유전자는 말라리아에 저항성이 있기 때문에 말라리아는 낫 모양 적혈구 빈혈증 환자의 자연 선택에 유리하게 작용한다.
바른 풀이 ㄱ. 자료에서 자연 선택은 주어진 환경 내에서 생존에 더 유리한 방향으로 이루어졌다.

17. 답 (1) O (2) X (3) X

해설 (1) 세대를 거칠수록 몸 색깔이 진한 개체의 비율이 늘어나므로 몸 색깔이 진한 개체가 자연 선택되었다.
바른 풀이 (2) 세대가 지날수록 몸 색깔이 연한 개체는 줄어들고 색깔이 진한 개체의 비율이 늘어나므로 몸 색깔 변이의 다양성이 줄어든다.
(3) 몸 색깔이 진한 개체가 연한 개체보다 환경에 더 잘 적응하여 자손을 많이 남김으로써 자연 선택되었다.

18. 답 ②

해설 ㄷ. ㉡ 이후의 세균 집단은 ㉠ 이전의 세균 집단에 비해 항생제 내성 유전자의 비율이 훨씬 높아졌다.
바른 풀이 ㄱ. A는 항생제를 사용하였을 때 살아남지 못하였으므로 항생제에 내성이 없는 세균이다.
ㄴ. ㉠에서 부모의 유전자의 조합으로는 세균 B가 나타날 수 없고, 돌연변이에 의해 항생제 내성 유전자가 나타났다.

19. 답 ②

해설 ㄴ. 가뭄이 심해지면서 씨앗의 총 수가 감소하고 상대적으로 크고 딱딱한 씨가 많아졌으므로 부리가 큰 형질이 부리가 작은 형질보다 생존에 유리하여 자연 선택이 일어났다. 따라서 가뭄 후에는 가뭄 전에 비해 핀치의 평균 부리 크기가 커졌다.
바른 풀이 ㄱ. 가뭄 전에는 핀치가 먹기 좋은 작고 연한 씨가 풍부하였으므로 부리의 크기가 작은 핀치와 큰 핀치 모두 존재하는 다양한 변이를 가지고 있었을 것이다.
ㄷ. 가뭄이 끝나 다시 작고 연한 씨가 풍부해진다 해도 큰 부리가 생존 경쟁에 불리한 형질로 작용할 것인지는 알 수 없다.

20. 답 항생제를 지속적으로 사용했을 때, 세균 집단에서 돌연변이가 일어나 항생제에 내성 유전자를 가진 세균이 나타난다. 항생제가 지속적으로 사용되는 환경에서 항생제 내성은 생존에 유리한 형질이므로 항생제 내성 유전자를 가진 세균이 자연 선택되어 더 많이 살아남아 자손을 남기고, 이 과정이 반복되면서 항생제에 내성이 있는 세균 집단이 출현하게 된다.

21. 답 ④

해설 ㄴ. (가)의 초록색 초콜릿 4개가 갈색 초콜릿으로 바뀐 것은 돌연변이를, (다)의 도화지 위에 남은 초콜릿의 수만큼 같은 색의 초콜릿을 추가한 것이 생식을 표현한 것이다.
ㄷ. 갈색 초콜릿은 갈색 도화지라는 환경에서 생존에 유리한 형질이므로 (라) 과정이 끝난 후 갈색 초콜릿의 비율은 처음보다 늘어났을 것이다.
바른 풀이 ㄱ. 갈색 도화지라는 환경에서 눈에 잘 띄지 않는 갈색 초콜릿이 항생제를 투여하는 과정에서 살아남을 수 있는 항생제 내성 세균을 의미한다.

22. 답 ②

해설 알알 : 화학 진화설에서는 물속에서 무기물에서 유기물이 합성되고, 유기물에서 단백질, 핵산의 복잡한 유기물이 합성되어 최초의 생명체가 탄생했다고 본다.
바른 풀이 무우 : 심해 열수구설은 심해 열수구가 유기물 생성에 유리하므로 심해 열수구에서 생명체가 탄생했다고 본다.
제이 : 우주 기원설에서는 운석과 함께 유기물이 지구로 유입되어 복잡한 유기물이 합성되어 생명체가 탄생했다고 본다.

03. 생물 다양성과 보전

개념체크

305 ~ 308 쪽

01. (가) 종 다양성 (나) 유전적 다양성 (다) 생태계 다양성 **02.** (1) X (2) X (3) O
03. (1) O (2) X (3) X
04. (1) 높을수록 (2) 복잡하고 **05.** ⑤
06. (1) O (2) X (3) O **07.** 외래종 **08.** ②, ⑤

01. 답 (가) 종 다양성 (나) 유전적 다양성 (다) 생태계 다양성
해설 (가) 어떤 생태계 내에 존재하는 생물종이 다양한 정도는 종 다양성이다. 많은 종의 생물들이 균등하게 분포되어 있을수록 종 다양성이 높으며, 생태계가 안정적으로 유지된다.
(나) 동일한 생물종 내에서 색, 모양, 크기 등의 형질이 개체마다 다르게 나타나는 것은 유전적 다양성이다. 유전적 다양성이 높으면 전염병 등의 급격한 환경 변화에도 종이 살아남을 가능성이 높아진다.
(다) 대륙과 해양의 분포, 기온, 강수량 등의 환경 차이로 인해 다양한 생태계가 형성되는 것은 생태계 다양성이다. 생태계가 다양할수록 다양한 종류의 생물들이 서식하고 진화할 수 있다.

02. 답 (1) X (2) X (3) O
해설 (3) 종 다양성은 많은 종의 생물들이 균등하게 분포되어 있을수록 높으므로, 두 지역에 같은 식물종이 분포한다면 개체 수가 균등한 쪽이 종 다양성이 높다.
바른 풀이 (1) 사람들의 피부색이 다양한 것은 유전적 다양성에 해당한다.
(2) 유전적 다양성이 낮은 종은 형질이 다양하지 않기 때문에 전염병 등의 급격한 환경 변화에 적응하지 못하고 멸종할 가능성이 높다.

03. 답 (1) O (2) X (3) X
해설 (1) 종 다양성이 높을수록 먹이 관계가 복잡해져 생태계의 안정성이 높아진다.
바른 풀이 (2) 유전적 다양성, 종 다양성, 생태계 다양성 모두 생물 다양성 유지에 중요하게 연관되어 있다.
(3) 생태계가 다양할수록 환경이 다양하게 달라지므로, 환경과 상호작용을 하며 서식하는 생물종도 다양해진다. 따라서 생태계 다양성이 높으면 종 다양성도 높아진다.

04. 답 (1) 높을수록 (2) 복잡하고
해설 (1) 유전적 다양성이 높으면 종 내에 다양한 변이가 나타나므로 환경이 급격하게 변했을 때 적응하여 살아남는 개체가 있을 가능성이 높다.
(2) 종 다양성이 높을수록 먹이 관계가 복잡하고, 먹이 관계가 복잡하면 한 종이 멸종하더라도 그 포식자가 다른 종을 먹이로 하여 살아남을 가능성이 높아지므로 생태계가 더 안정적으로 유지된다.

05. 답 ⑤
바른 풀이 ⑤ 생물 자원은 의식주로도 많이 이용되지만 석유, 석탄 등의 화석 에너지와 식물, 미세 조류 등으로부터 얻는 바이오 에너지 등 에너지 자원으로도 많이 이용된다.
해설 ① 생태 관광 장소를 제공하여 인간에게 사회적, 심미적 가치를 제공한다.
② 잘 조성된 숲은 뿌리로 물을 흡수하고 땅을 강하게 지지하기 때문에 홍수나 산사태 예방에 도움을 준다.
③ 버드나무 껍질을 이용하여 해열 진통제 아스피린을 만들 수 있는 등 다양한 생물로부터 의약품의 원료를 얻거나, 생물을 이용하여 의약품을 만들어낸다.
④ 새로운 형질을 갖는 생물을 만드는 데 필요한 유전자 자원을 제공한다.

06. 답 (1) O (2) X (3) O
해설 (1) 인간의 활동으로 인해 화학 물질이나 중금속 등의 유해 물질이 환경에 유입되어 생물체 내에 쌓이는 생물 농축이 일어나 생물 다양성에 피해를 입힌다.
(3) 서식지를 가로지르는 도로 건설은 서식지를 단편화시켜 생물종의 이동을 제한하여 고립시키며, 이로 인해 생물의 멸종 위험이 높아진다.
바른 풀이 (2) 생물 다양성 감소의 가장 큰 원인은 서식지 파괴이다.

07. 답 외래종
해설 외부에서 도입된 외래종은 천적이나 생존에 위협을 줄 질병 등이 없기 때문에 새로운 환경에 적응하면 대량으로 번식하여 고유종의 서식지를 차지하고 먹이 관계를 변화시킴으로써 생태계의 안정을 깨뜨린다.

08. 답 ②, ⑤
해설 ② 인간의 활동으로 인해 발생하는 오염 물질의 배출을 줄이는 설비를 의무적으로 설치하여 생태계의 파괴를 줄임으로써 생물 다양성을 보전한다.
⑤ 생물 다양성의 보전은 중요한 과제이므로 국제 협약 체결을 통해 국가 간 의견을 조율하는 등의 범국가적인 협조가 필요하다.
바른 풀이 ① 서식지를 단편화하면 서식지의 전체 면적도 감소하지만 생물종의 이동을 제한하여 고립시킴으로써 멸종 위험을 높이고 생물 다양성을 감소시킨다.
③ 멸종 위기의 생물종을 보호해야 하는 이유는 자연의 종 다양성을 유지시키기 위해서이다. 그런데 모두 포획하여 동물원에서 번식시키는 것은 오히려 자연의 종 다양성을 감소시키는 행위이다.
④ 종이 다양할 때 더 생태계가 안정하므로 여러 종이 함께 사는 서식지를 보호하는 것이 생물 다양성을 보존하는 데에 더 효과적이다.

꼭 짚기!

309 쪽

1. ① **2.** ② **3.** ②

1. 답 ①
해설 (가) 어떤 생태계에 서식하는 생물종의 다양한 정도는 종 다양성이다.
(나) 동일한 생물종 내에서도 개체 간에 형질이 다르게 나타나는 것

은 유전적 다양성이다.
(다) 삼림, 갯벌, 사막, 초원, 늪, 강 등의 생태계가 다양하게 형성되는 것은 생태계 다양성이다.

2. 답 ②

해설 ㄴ. 생태계 B의 먹이 관계가 더 복잡하므로 생태계 B가 생태계 A보다 더 안정적이다.

바른 풀이 ㄱ. 생태계 A보다 생태계 B의 생물종 수가 많고 먹이 관계가 더 복잡하므로 생태계 B가 생태계 A보다 종 다양성이 높다.
ㄷ. 개구리가 멸종할 경우 생태계 A에서는 뱀의 먹이가 개구리밖에 없으므로 뱀도 멸종할 것이지만, 생태계 B에서는 쥐와 같이 뱀이 개구리 외에도 먹이로 할 다른 종이 있으므로 멸종하지 않는다.

3. 답 ②

해설

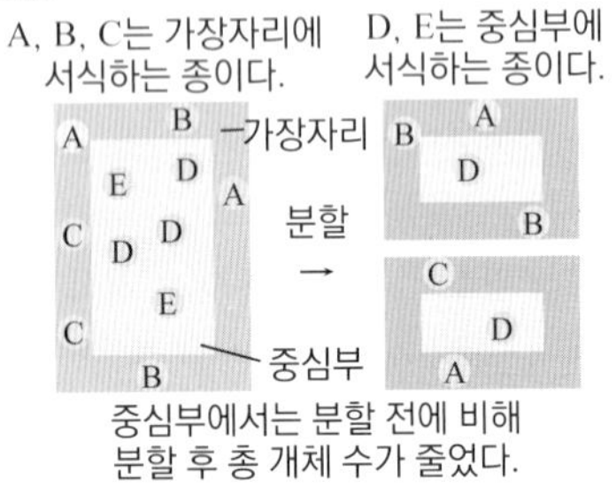

구분	전	후
A	200	200
B	200	180
C	160	120
D	80	40
E	40	0

ㄱ. 분할 이전에는 A ~ E의 5종이 총 680개체로 서식했으나, 분할 후에는 A ~ D의 4종이 540개체로 서식하여 종 수와 개체 수가 줄어들었으므로 종 다양성이 이전보다 낮아졌다.
ㄴ. 가장자리에 살던 A 종은 개체 수가 줄어들지 않은 반면 중심부에 살던 E종은 멸종했으므로 중심부에 살던 종이 가장자리에 살던 종보다 더 피해를 입었다.

바른 풀이 ㄷ. 서식지가 단편화되면 생물 다양성이 보전되지 않는다. 따라서 생물 다양성을 보전하기 위해서는 생물의 서식지가 소규모로 분할되는 서식지 단편화가 일어나지 않도록 해야 한다.

스스로 실력 높이기

310 ~ 313 쪽

01. (1) O (2) X (3) O **02.** ⑤ **03.** 해설 참조
04. ② **05.** ② **06.** ③ **07.** ③ **08.** ②
09. ② **10.** ① **11.** 유전적 다양성
12. (1) ㄹ (2) ㄴ (3) ㄱ (4) ㄷ **13.** ①
14. (1) O (2) X (3) X **15.** ② **16.** ③ **17.** ②
18. (1) X (2) X (3) X (3) O (4) O **19.** ③

01. 답 (1) O (2) X (3) O

해설 (1) (가)는 같은 토끼 종 내에서 서로 다른 유전자를 가짐으로써 개체마다 다양한 형질이 나타나는 것을 의미하므로 유전적 다양성이다.
(3) (다)는 일정 지역 내에 존재하는 생태계의 다양한 정도를 의미하는 생태계 다양성이다.

바른 풀이 (2) (나)는 같은 생태계 내에 여러 종이 서식하는 것을 나타낸 것으로 종 다양성이며, 같은 종인 무당벌레 내에서 등 날개 무늬가 개체마다 다르게 나타나는 것은 유전적 다양성을 의미하므로 (나)의 예가 될 수 없다.

02. 답 ⑤

해설 학생 A : 생태계 다양성이 높아 다양한 환경에 생물이 노출되면 환경에 적응하기 위한 생물의 유전적 다양성도 높아진다.
학생 B : 같은 종인 달팽이의 개체마다 껍질 색과 모양이 다른 것은 유전적 다양성에 해당된다.
학생 C : 종 다양성이 높을수록 먹이 관계가 복잡해서 한 종이 멸종하더라도 그 포식자가 다른 종을 먹이로 하여 살아갈 수 있으므로 생태계가 안정적으로 유지될 수 있다. 먹이 관계가 단순하면 한 종이 멸종했을 때 그 종을 먹이로 하는 포식자도 같이 멸종한다.

03. 답 갯벌은 육상 생태계와 수상 생태계를 이어 주는 완충 지역이기 때문에, 두 생태계의 자원을 이용하는 생물들이 모두 공존하여 종 다양성이 상대적으로 높다.

04. 답 ②

바른 풀이 ② 생물 다양성은 생태계 다양성, 종 다양성, 유전적 다양성을 모두 포함한다. 한 지역의 여러 생태계에서 관찰되는 생물의 다양한 정도이다.

해설 ① 생물 다양성은 생물권 내의 식물, 동물, 세균, 곰팡이 등 모든 생물에 해당한다.
③ 생물 종이 다양할수록 종 다양성이 높고 생물 다양성이 높다.
④ 서식하는 생물의 개체 수가 많으면 종 다양성 또는 유전적 다양성이 높은 것이므로 생물 다양성이 높다.
⑤ 생태계가 다양하면 생태계 다양성이 높으므로 생물 다양성이 높다.

05. 답 ②

해설

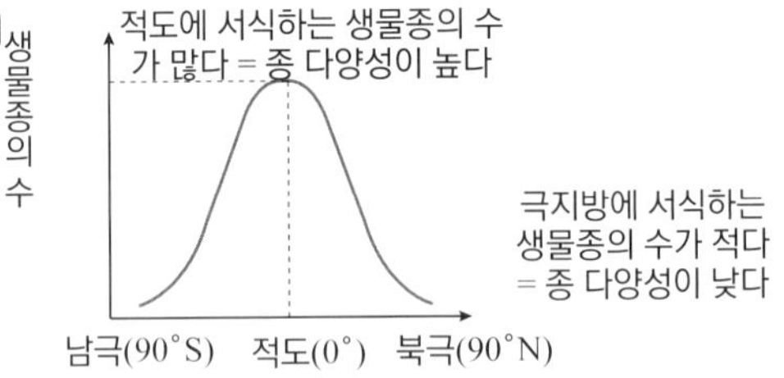

ㄷ. 남극보다 적도의 종 다양성이 더 높으므로 먹이 관계가 더 복잡하고, 따라서 적도의 생태계가 더 안정적으로 유지된다.

바른 풀이 ㄱ, ㄴ. 남극의 생물종의 수보다 적도의 생물종의 수가 훨씬 많으므로, 적도와 남극의 생물 다양성은 다르고 남극에서 적도로 갈수록 종 다양성이 높아진다.

06. 답 ③

해설 ㄱ. 다양한 감자 품종을 재배하는 (가)는 단일 품종만을 재배하는 (나)보다 유전적 다양성이 높다.
ㄴ. (나)와 같이 단일 품종만을 선택적으로 재배하여 유전적 다양성이 낮아지면 감자마름병과 같은 질병이 출현했을 때 이 질병에 취약한 경우 모든 감자가 죽어 감자 재배가 불가능해진다. 이와 같이 유전적 다양성이 낮으면 짧은 시간 내에도 그 종이 멸종할 수 있다.

바른 풀이 ㄷ. 단일 품종만을 재배하는 것보다 다양한 품종의 감자를 재배할 때 유전적 다양성이 높아져 멸종의 위험이 낮아진다.

07. **답** ③

해설 ㄱ. (가)와 (나) 지역에 서식하는 식물종의 수는 둘 다 A ~ D의 4 종류로 같다.
ㄴ. (가)와 (나)의 식물종 수와 개체 수는 같지만, 종 A가 10그루로 절반을 차지하는 (나)와 달리 A ~ D의 식물종이 더 균등하게 서식하는 (가)가 종 다양성이 더 높다.
바른 풀이 ㄷ. 종 A는 (가)보다 (나)에서 더 개체 수가 많고, 개체 수가 많을수록 유전적 다양성이 높아지므로 종 A의 유전적 다양성은 (가)보다 (나)에서 더 높게 나타난다.

08. **답** ②

해설 ㄱ. (가)보다 (나)의 생태계가 먹이 관계가 더 복잡하므로 (나)가 더 안정한 생태계이다.
ㄴ. (가)에서는 뱀의 먹이는 개구리 뿐이므로 개구리가 사라질 경우 뱀도 사라질 것이다.
바른 풀이 ㄷ. (가)와 (나)에 살충제를 사용하여 메뚜기가 죽는다면 (가)에서는 메뚜기를 먹이로 삼는 개구리, 개구리를 먹이로 삼는 뱀까지 먹이가 없어 큰 피해를 입겠지만 (나)에서는 뱀이 개구리 말고도 들쥐, 토끼 등 다양한 생물종을 먹이로 할 수 있으므로 (나)가 (가)보다 더 쉽게 다시 안정될 수 있다.

09. **답** ②

바른 풀이 ② 푸른곰팡이에서 얻을 수 있는 페니실린은 항생제로 이용된다.
해설 ① 콩은 인간의 식량 자원으로 이용된다.
③ 순천만의 자연생태공원은 관광 자원 등으로 활용되어 인간에게 사회적, 심미적 가치를 제공한다.
④ 울창하게 잘 조성된 숲은 비가 많이 내릴 때 물을 흡수하여 홍수를 막아주고, 뿌리가 땅을 단단하게 잡아줌으로써 산사태도 막아준다.
⑤ 오래 전에 살았던 생물의 유해가 땅에 묻힌 후 석탄, 석유, 천연가스 등의 화석 연료가 되어 에너지 자원으로 이용된다.

10. **답** ①

해설 (가)의 식량을 제공하는 생물 자원의 이용 분야는 의식주에 해당한다.
(나)의 항생제인 페니실린을 만드는 생물 자원의 이용 분야는 의약품이다.
(다)의 질병이나 해충에 대해 저항력을 갖는 새로운 농작물을 개발하기 위한 생물 자원의 이용 분야는 유전자 자원이다.

11. **답** 유전적 다양성

해설 상업적으로 대량 재배되는 씨 없는 바나나는 단일 품종으로, 뿌리를 잘라 심는 무성 생식의 방식을 이용하여 번식한다. 이 경우 모든 바나나 나무의 유전 정보는 완전히 똑같으므로 이 바나나 나무에 치명적인 특정 곰팡이에 의한 질병에 노출된다면 질병에 대한 저항성을 가진 유전자가 없어 모두 질병에 걸려 멸종할 수 있다.

12. **답** (1) ㄹ (2) ㄴ (3) ㄱ (4) ㄷ

해설 (1) 산 사이를 깎아내고 도로를 건설하여 생물들의 서식지를 분할시키는 것은 '서식지 단편화'이다.
(2) 가축 분뇨의 유기물이 대량으로 강물에 버려져 부영양화가 일어나는 것은 '환경 오염'이다.
(3) 웅담을 얻기 위해 멸종 위기종인 반달가슴곰을 밀렵하여 개체 수를 줄이는 것은 '불법 포획'이다.
(4) 방생용, 혹은 애완용으로 미시시피에서 붉은귀거북을 들여와 하천에 방류하는 것은 '외래종 도입'으로, 이때 천적이 없는 붉은귀거북이 생태계의 먹이 관계를 망가뜨린다.

13. **답** ①

해설 ㄱ. 외래종은 천적이 없기 때문에 새로운 환경에 적응했을 때 매우 빠른 속도로 번식하고, 고유종의 서식지와 먹이를 뺏고 먹이 관계를 망가뜨리기 때문에 생태계의 안정을 위협한다.
바른 풀이 ㄴ. 고유종과 외래종은 다른 종인 경우 교배하기 어렵고, 교배에 의한 자손을 낳더라도 서로 다른 종 사이의 잡종 생물은 자손을 남길 수 없으므로 생물 다양성이 높아진다고 할 수 없다.
ㄷ. 외래종이 새로운 환경에 적응하지 못한다면 시간이 갈수록 외래종의 개체수가 자연적으로 감소하여 생태계에 큰 영향을 미치지 않지만, 뉴트리아나 블루길처럼 새로운 환경에 완전히 적응하면 천적이 없기 때문에 매우 빠른 속도로 번식하여 기존 생태계에 큰 악영향을 끼친다.

14. **답** (1) O (2) X (3) X

해설 (1) 서식지 면적이 감소하면 그 지역의 생물들이 사는 장소가 줄어드는 것이므로 생물종의 수가 줄어들어 생물 다양성이 감소한다.
바른 풀이 (2) 서식지 감소 면적이 커질수록(서식지 면적이 감소할수록) 줄어드는 종의 비율이 커진다.
(3) 서식지 면적이 절반으로 줄어들었을 때 그 지역에서 살아가는 생물종의 수는 90% 정도 남아있다가, 서식지 면적이 계속해서 줄어들면 종이 점점 더 빠르게 줄어든다.

15. **답** ②

해설 ㄷ. 서식지 단편화가 일어나면 서식지 가장자리의 면적은 넓어지는 반면 중심부의 면적은 줄어드는데, 이로 인해 서식지 가장자리에 살던 생물보다 가운데에 살던 생물이 더 피해가 크다.
바른 풀이 ㄱ. 원래 서식지의 면적은 64ha였으나, 철도와 도로가 건설된 후에는 8.7ha짜리 서식지가 4개가 생겼으므로 총 34.8ha의 서식지가 남았다. 따라서 생물의 서식지 면적은 줄어들었다.
ㄴ. 서식지의 단편화가 진행되면 서식지가 단절되어 생물종의 이동이 제한되고 고립된다. 이로 인해 개체 수가 줄어들고 멸종의 위험성도 높아지므로 생물 다양성이 낮아진다.

16. **답** ③

해설 ㄱ. 환경 오염이 일어나는 경우 오염에 민감한 생물이 오염을 견디지 못해 더 쉽게 멸종할 수 있다.
ㄴ. 산성비에 의해 토양, 호수 등이 산성화되면서 생물의 생존 능력을 감소시킨다.
바른 풀이 ㄷ. 중금속이나 화학 물질이 생물체 내에 쌓이는 생물 농축이 일어나면 생물이 죽을 확률이 높아지므로 생물 다양성이 낮아진다.

17. 답 ②

해설 (가) 포획이 금지된 새끼와 알 밴 암컷까지 마구 잡아들여 대게의 어획량이 감소한 것은 '남획'이다.

(나) 식용, 모피용으로 해외에서 도입했던 뉴트리아가 고유종의 서식지와 먹이를 뺏어 번식하면서 생태계의 먹이 관계가 파괴되는 것은 '외래종 유입'이다.

(다) 농경지의 면적을 늘리기 위해 갯벌이나 습지를 매립하는 간척 사업을 실시하는 것은 갯벌이나 습지에서 사는 생물들의 '서식지 파괴'를 일으키는 것이다.

18. 답 (1) X (2) X (3) X (3) O (4) O

해설 (4) 종자 은행을 설립하여 다양한 종의 씨앗들을 보관하였다가 급격한 환경 변화에 따라 어떤 종의 생존이 위협해질 때 보관해두었던 종자를 꺼내 파종하는 등의 활동을 통해 생물 다양성을 보전한다.

(5) 저탄소 제품을 사용하여 환경 오염을 줄임으로써 생물 다양성을 보전한다.

바른 풀이 (1) 갯벌을 매립하는 것은 갯벌에 사는 생물종들의 서식지를 파괴하는 행위이다.

(2) 외래종을 도입했을 때 천적이 없는 외래종이 고유종의 먹이와 서식지를 위협하여 먹이 관계를 파괴할 수 있다.

(3) 서식지 단편화가 일어나면 서식지 중심부에 서식하는 생물종이 피해를 입고 서식지 고립이 일어나 생물종이 멸종할 가능성이 높아진다.

19. 답 ③

해설 ㄱ. 람사르 협약은 물새 서식지로 중요한 습지를 보전하기 위해 1971년에 채택한 조약이다.

ㄴ. 생물 다양성 협약은 생물종을 보전하기 위한 목적으로 UN환경 개발 회의에서 1992년에 채택한 조약이다.

바른 풀이 ㄷ. 남획 및 국제 거래로 위협받는 멸종 위기에 처한 야생 동물을 보호하기 위해 야생 동식물의 국제 거래에 관한 협약을 채택하여 국제적 거래를 규제하고 있다.

단원마무리

314 ~ 317 쪽

01. ④ **02.** ④ **03.** ⑤ **04.** (1) 중 (2) 고 (3) 신 (4) 선 **05.** ⑤ **06.** (1) O (2) X (3) O **07.** ④ **08.** ② **09.** ⑤ **10.** ⑤ **11.** 해설 참조 **12.** ② **13.** ④ **14.** ④ **15.** 해설 참조 **16.** ② **17.** ③ **18.** ① **19.** ① **20.** ④ **21.** (1) X (2) O (3) O **22.** ④ **23.** ⑤ **24.** 외래종 유입 **25.** ④ **26.** ① **27.** ②

01. 답 ④

바른 풀이 ④ 화석은 주로 퇴적암에서 발견되고 화성암에서는 화석이 훼손되어 잘 발견되지 않기 때문에 화석을 이용하여 과거의 화산 활동을 알기는 어렵다.

해설 ① 바다에 살았던 생물의 화석이 육지에서 발견되는 것은 지층이 과거에 바다 밑에서 퇴적한 후 융기했음을 의미하는 것이다.

② 특정 시기에만 번성하였다가 멸종한 생물의 화석, 즉 표준 화석을 이용하여 지층의 생성 시기를 알 수 있다.

③ 화석 분포의 연속성을 이용하여 과거에 대륙이 어떻게 분포하였는지를 알 수 있다.

⑤ 특정 환경에서만 서식하는 생물의 화석, 즉 시상 화석을 이용하여 지층이 생성될 당시의 환경을 알 수 있다. 예를 들어 산호 화석이 발견된 지층은 생성될 당시 따뜻하고 수심이 얕은 바다 환경이었다.

02. 답 ④

해설 A는 선캄브리아 시대, B는 고생대, C는 중생대, D는 신생대이다.

④ 겉씨식물은 C 중생대에 번성했던 생물이다.

바른 풀이 ① 삼엽충은 B 고생대에 살았던 생물이다.

② 공룡은 C 중생대에 살았던 생물이다.

③ 매머드는 D 신생대에 살았던 생물이다.

⑤ 암모나이트는 C 중생대에 살았던 생물이다.

03. 답 ⑤

해설 A는 분포 면적이 좁고 생존 기간이 긴 시상 화석으로 특정 환경에 분포하였고, B는 분포 면적이 넓고 생존 기간이 짧은 표준 화석으로 특정 기간에 분포하였다. 시상 화석으로는 조개, 고사리, 활엽수, 산호 등이 있고, 표준 화석으로는 고생대 : 필석, 삼엽충, 갑주어, 방추충 중생대 : 암모나이트, 공룡 신생대 : 화폐석, 매머드 등이 있다.

04. 답 (1) 중 (2) 고 (3) 신 (4) 선

해설 (1) 파충류와 겉씨식물이 번성한 시대는 중생대이다.

(2) 말기에 초대륙 판게아가 형성된 시대는 고생대이다.

(3) 전기에는 대체로 기후가 온난하였으나 말기에 빙하기와 간빙기가 반복된 시대는 신생대이다.

(4) 바다에서 최초의 생명체가 출현하고 말기에 다세포 생물이 출현하여 에디아카라 동물군 화석이 생성된 시대는 선캄브리아 시대이다.

05. 답 ⑤

해설 육상 생물이 최초로 출현한 A 시대는 고생대이고, 속씨식물이 번성한 B 시대는 신생대이다. 따라서 C 시대는 중생대이다.

ㄴ. B 신생대에는 대서양과 인도양이 넓어지고, 태평양이 좁아져 현재와 비슷한 수륙 분포가 형성되었다. 또한 대륙판의 충돌로 히말라야 산맥과 알프스 산맥이 형성되었다.

ㄷ. C 중생대에는 겉씨식물이 번성하였다.

바른 풀이 ㄱ. 육상 식물이 최초로 출현한 A 시대는 고생대이다.

06. 답 (1) O (2) X (3) O

해설 (1) (가) 시기에는 자외선에 의해 육지에 생물이 살 수 없었지만 (나) 시기에 오존층이 지표에 닿는 자외선을 차단하여 생물이 서식할 수 있는 서식지가 늘어났으므로 생물의 수가 더 많이 증가하였다.

(3) (나) 시기에서는 오존층이 육지에 도달하는 자외선을 차단해 주었기 때문에 육지에 도달하는 자외선의 양은 (나) 시기보다 (가) 시

기에서 더 많았다.

바른 풀이 (2) 남세균은 바다에 살고 있었으므로 바다에 산소가 먼저 포화된 후 대기로 방출되어 오존층을 형성하였다.

07. 답 ④

해설 ㄱ. A 지역의 석회암층은 암모나이트 화석이 발견되므로 중생대 지층이다. 이후에 육지 식물인 고사리 지층이 생성되었다. 따라서 A 지역은 중생대 이후 바다 지층의 융기가 일어나 육지가 되었다.

ㄷ. B 지역의 지층에서는 바다 생물인 삼엽충과 화폐석이 발견되므로 지층 생성 당시 바다였다.

바른 풀이 ㄴ. B 지역의 셰일 지층은 삼엽충 화석이 발견되므로 고생대 지층임을 알 수 있으나, A 지역의 셰일 지층은 시상 화석인 고사리가 발견되므로 따뜻하고 습한 육지 환경임을 알 수는 있으나 어느 시대 지층인지 알 수 없다.

08. 답 ②

해설 ㄴ. 판게아의 형성으로 인해 일어난 대멸종은 고생대 말기에 일어난 것으로, 이때 해안선의 길이와 얕은 바다의 면적이 감소하여 해양 생물의 서식지가 감소하였기 때문에 해양 생물 대부분이 멸종하였다.

바른 풀이 ㄱ, ㄷ. 대멸종이 일어날 때는 일시적으로 생물종의 수가 감소하지만 이후 변화한 자연 환경에 적응하여 살아남은 생물들이 넓은 생태 공간(서식지)을 채우고 다양한 종으로 진화함으로써 생물종의 수가 늘어나 생물 다양성이 증가한다.

09. 답 ⑤

해설 ㄴ. 운동 선수는 후천적으로 많은 운동을 통해 근육량이 많아지는 환경적 변이의 예로 카렌 족 여인의 사례와 같다.

ㄷ. 여름에 태어난 호랑나비가 봄에 태어난 호랑나비보다 큰 것은 기온 차에 의한 것으로 카렌 족 여인과 같은 환경적 변이 사례이다.

바른 풀이 ㄱ. 카렌 족 여인의 사례는 환경적 변이이므로 사람마다 피부색이 다른 유전적 변이와 다른 사례이다.

10. 답 ⑤

해설 ㄱ. (가)는 Aa 유전자를 가지고 있는 초파리 부모 사이에서 aa 유전자로 조합된 자손이 태어난 것이므로 유성 생식에 의한 유전자 조합이고, (나)는 AA 유전자만 가지고 있는 초파리 부모 사이에서 새로운 유전자인 aa를 가진 자손이 태어난 것이므로 돌연변이가 일어난 것이다.

ㄴ. (가)의 유성 생식에 의해 자손은 부모와 다른 다양한 유전자 조합을 가진다.

ㄷ. (나)의 돌연변이에 의해 기존의 집단에 존재하지 않던 새로운 유전자를 만들어 집단의 변이를 증가시킨다.

11. 답 유성 생식 과정에서 생식 세포는 경우의 수에 따라 다양하게 조합되어 부모의 유전자가 다양한 조합으로 자손에게 전달된다. 따라서 무당벌레 개체군의 겉날개 색과 무늬의 변이 역시 부모의 유전자가 다양하게 조합됨으로써 여러 가지 다른 형질을 가진 자손이 태어날 수 있었다.

12. 답 ②

해설 ㄷ. (가)와 (나)에서처럼 같은 종 내에서 개체 간의 형질이 차이가 나면 주어진 환경에서 생존하기에 유리한 형질이냐 아니냐에 따라 환경에 적응할 수 있는 정도도 달라진다.

바른 풀이 ㄱ. (가)의 알비노 악어와 정상 악어는 색소 유전자의 차이로 인해 형질이 달라진 것이다.

ㄴ. (나)의 봄에 태어난 호랑나비와 여름에 태어난 호랑나비는 태어나는 환경의 차이(기온)에 의해 형질이 달라진 것이다.

13. 답 ④

해설 다윈의 자연 선택설에 따른 생물의 진화 과정은 (라) 생물은 주어진 환경에서 살아남을 수 있는 수보다 더 많은 자손을 낳는다.(과잉 생산) → (나) 개체들 사이에 형태, 기능 등의 형질이 조금씩 차이가 있다.(개체 변이) → (가) 개체들이 먹이와 서식 공간을 두고 생존 경쟁을 한다.(생존 경쟁) → (다) 환경에 유리한 형질을 가진 개체가 살아남아 자손을 남긴다.(자연 선택)의 순서이다.

14. 답 ④

해설 ㄴ. 생존 경쟁과 적자 생존의 원리가 경쟁을 바탕으로 하는 자본주의 발달을 촉진하는데 영감을 주었다.

ㄷ. 생물 사이의 동일성과 다양성을 설명하여 진화적 관점으로 생물의 유연관계를 이해하는데 도움을 주었다.

바른 풀이 ㄱ. 변이가 일어나는 원인을 명확히 설명하지는 못했다.

15. 답 (1) 라마르크의 용불용설은 생물이 사용하는 기관은 발달하고 사용하지 않는 기간은 퇴화하여 진화가 일어난다고 주장하였으나, 환경에 의해 후천적으로 나타난 변이는 자손에게 전달되지 않기 때문에 용불용설은 틀린 가설이다.

(2) 초기 기린은 목이 길거나 짧은 다양한 변이를 가지고 있었는데, 생존 경쟁을 통해 높은 곳의 나뭇잎도 먹을 수 있는 긴 목을 가진 기린이 짧은 목을 가진 기린보다 더 많이 살아남아 자손을 남겼고, 이것이 반복됨으로써 자연 선택이 일어나 목이 긴 기린으로 진화하였다.

16. 답 ②

해설 ㄱ. 낫 모양 적혈구 빈혈증은 헤모글로빈 유전자에 돌연변이가 생겨서 정상 적혈구와 다른 낫 모양 적혈구를 생산하게 되면서 나타나는 병이다. 따라서 돌연변이를 통해 기존의 유전자 집단에 없던 새로운 형질의 유전자가 나타나 변이가 증가한 것이다.

ㄴ. 낫 모양 적혈구 유전자는 헤모글로빈 유전자의 이상으로 나타나는 것이므로 자손에게 유전될 수 있다.

바른 풀이 ㄷ. 낫 모양 적혈구 유전자는 원래는 악성 빈혈 등을 유발하여 생존에 불리한 변이이지만, 말라리아에 저항성이 있어 말라리아가 있는 환경에서는 생존에 유리한 형질이다.

17. 답 ③

해설 ㄱ. ㉠의 더욱 강력한 항생제를 지속적으로 사용하는 환경에서 항생제 내성 형질은 생존에 유리한 형질이다.

ㄴ. 슈퍼 박테리아는 지속적으로 항생제를 사용하는 환경에서 일어난 자연 선택의 결과이다.

바른 풀이 ㄷ. 항생제 내성 유전자는 항생제를 투여하였을 때 박테리아 내에서 일어난 돌연변이로 인해 나타난 것으로, 항생제를 사용하기 전에는 박테리아에 포함되어 있지 않았다.

18. 답 ①

해설 ㄱ. 세대를 거칠수록 몸 색깔이 진한 개체의 비율이 늘어나므로 몸 색깔이 진한 개체가 자연 선택되었다.

바른 풀이 ㄴ. 세대가 지날수록 몸 색깔이 연한 개체는 줄어들고 색깔이 진한 개체의 비율이 늘어나므로 몸 색깔 변이의 다양성이 줄어든다.

ㄷ. 몸 색깔이 진한 개체가 연한 개체보다 환경에 더 잘 적응하여 자손을 많이 남김으로써 자연 선택되었다.

19. 답 ①

해설 ㄱ. (가) 같은 종 내에서 개체마다 다양한 형질이 나타나는 것이므로 유전적 다양성을 의미한다.

바른 풀이 ㄴ. (나)는 같은 생태계 내에서 다양한 종이 서식하는 모습이므로 종 다양성에 해당하며, 얼룩말의 개체마다 다른 털 줄무늬는 유전적 다양성에 해당하는 예이다.

ㄷ. (다)는 강, 숲 등을 나타내고 있으므로 일정한 지역 안에 존재하는 생태계의 다양한 정도를 나타내는 생태계 다양성을 의미한다.

20. 답 ④

해설 ㄱ. 어떤 종 내에서의 개체 수에 따른 유전자의 변이 수를 나타낸 것이므로 유전적 다양성을 나타낸 것이다.

ㄷ. 유전자 변이의 수가 많을수록 환경 변화에 대한 적응력이 더 큰 것이므로 개체 수가 10^3일 때의 유전자 변이의 수보다 개체 수가 10^5일 때 유전자 변이의 수가 더 많다. 따라서 개체 수가 10^3보다 10^5일 때 환경 변화에 대한 적응력이 더 높다.

바른 풀이 ㄴ. 개체수가 10^4가 되기 전까지는 개체 수가 늘어나면 유전자 변이의 수도 증가하지만 10^4를 넘어가면 개체 수가 증가해도 유전자 변이의 수가 더 증가하지 않고 일정해진다.

21. 답 (1) X (2) O (3) O

해설 (2) 유전적 다양성이 높게 나타날수록 종 내에 변이가 많이 존재하는 것이고, 변이가 많을수록 환경이 급격하게 변했을 때 적응하여 살아남을 수 있는 형질을 가진 개체가 있을 가능성이 높다.

(3) 늪, 호수, 갯벌 등의 생태계는 육상 생태계와 수상 생태계가 맞닿는 곳으로 육지에서 유입되는 오염 물질을 분해하여 생물들의 서식지를 정화하는 역할을 한다.

바른 풀이 (1) 종 다양성이 높게 나타날수록 생태계 내의 먹이 관계가 복잡하므로 특정 생물 종이 쉽게 멸종하지 않고 생태계가 안정된다.

22. 답 ④

해설 ④ (가)는 (나)보다 먹이 관계가 간단하기 때문에 만약 살충제 등의 환경 변화로 인해 메뚜기가 멸종한다면 메뚜기를 먹이로 하는 개구리, 개구리를 먹이로 하는 뱀이 차례대로 멸종할 가능성이 (나)보다 더 높다.

바른 풀이 ① (가)는 (나)보다 먹이 관계를 이루고 있는 종 수가 더 적으므로 종 다양성이 더 낮다.

② (가)는 (나)보다 먹이 관계가 간단하므로 (나)보다 불안정한 생태계이다.

③ 생태계 내의 먹이 관계만을 나타낸 것으로 각 생태계의 생물 개체 수는 알 수 없다.

⑤ (가)와 (나)에서 메뚜기가 사라진다면 (가)에서는 메뚜기 외에 먹이 대안이 없는 개구리도 사라지고 개구리를 먹이로 하는 뱀도 함께 사라지지만, (나)에서는 개구리가 거미도 먹이로 할 수 있고, 뱀도 개구리 외에 쥐 등의 먹이 대안이 있기 때문에 사라지지 않는다.

23. 답 ⑤

해설 ㄱ. 아스피린, 페니실린 등 질병을 치료할 수 있는 의약품의 재료를 제공한다.

ㄴ. 휴식 장소를 제공하고 생태 관광 자원으로 활용할 수 있다.

ㄷ. 병충해나 냉해에 강한 새로운 농작물 개발 등 생명 공학 연구에 필요한 유전자 자원을 제공하는 역할을 한다.

24. 답 외래종 유입

해설 일반적으로는 기존에 살던 생태계와 다른 환경에 유입되었을 때 생물이 적응하여 살아남지 못하는 경우가 많지만, 한번 적응하게 되면 그 생태계에 천적이 없는 외래종은 빠른 속도로 고유종의 먹이와 서식지를 차지하여 고유종의 생존을 위협하고 먹이 관계를 변화시킴으로써 생태계의 안정을 위협한다.

25. 답 ④

해설 ㄱ. (다)는 서식지가 단편화되어 각각 고립된 결과로, 59%밖에 생존하지 못했다.

ㄷ. (나)는 (다)의 서식지 단편화에서 각각의 분할된 서식지를 연결하는 생태 통로를 조성하였을 때를 가정한 결과로, (다)에 비해 많은 86%의 생물이 생존하였으므로 이를 응용하여 도로, 철도 등을 건설할 때 분할된 서식지들 사이에 생태 통로를 설치하면 종 다양성을 보전하는 데 도움이 될 수 있다.

바른 풀이 ㄴ. (가)는 다양한 생물이 사는 넓은 서식지를 그대로 두었을 때를 가정한 것으로, 동일한 생물종들끼리 분리하게 된다면 생물 간의 상호 작용이 차단되어 종 다양성이 감소한다.

26. 답 ①

해설 ㄱ. (가)와 (나)의 식물종 수와 개체 수는 같지만, 종 A가 10그루로 절반을 차지하는 (나)와 달리 A ~ D의 식물종이 더 균등하게 서식하는 (가)가 종 다양성이 더 높다.

바른 풀이 ㄴ. 종 A는 (가)보다 (나)에서 더 개체 수가 많고, 개체수가 많을수록 유전적 다양성이 높아지므로 종 A의 유전적 다양성은 (가)보다 (나)에서 더 높게 나타난다.

ㄷ. 안정된 생태계 내에서 종 다양성이 높게 나타난다. (가)지역의 종 다양성이 더 크기 때문에 (가)지역이 생태계가 더 안정하다.

27. 답 ②

해설 ㄱ. ㉠의 생물의 유전자 관리 중에는 다양한 식물종의 종자를 수집하여 보관해 두고, 자연이나 농경지에서의 환경이 바뀌어 종 다양성이 낮아질 때 보관해 둔 종자를 꺼내어 생태계가 무너지는 것을 방지하는 종자 은행도 포함된다.

ㄴ. (가)의 에너지 절약, 친환경 제품 사용 등은 개인적 수준에서의 실천 방안으로, 인간의 활동이 생물에게 영향을 줄 수 있다는 점을 인식하며 실천하여야 한다.

바른 풀이 ㄷ. 국립 지정 공원은 국가적 수준에서의 실천 방안으로 (나)는 국제적 수준에서의 실천 방안의 예시이므로 맞지 않다.

ㄹ. 천적이 없는 외래종의 도입은 오히려 고유종의 먹이와 서식지를 빼앗아 생존을 위협하고 종 다양성을 낮출 수 있으므로 생물 다양성 보전을 위한 실천 방안이라고 할 수 없다.

핵심 요약 2. 생물 다양성과 유지 320~321 쪽

01 지질 시대와 생물 다양성
❶ 표준 ❷ 시상 ❸ 선캄브리아 시대
❹ 대멸종 ❺ 판게아

02 진화와 자연 선택
❶ 변이 ❷ 환경
❸ 자연 선택 ❹ 높다

03 생물 다양성과 보전
❶ 종 ❷ 높 ❸ 생물 자원 ❹ 단편화
❺ 협약

내신 기출 모의고사 1회

322 ~ 325 쪽

01. (1) O (2) X (3) O **02.** ①
03. ㄷ → ㄴ → ㄱ → ㄹ **04.** ③ **05.** ④
06. ③ **07.** ① **08.** ⑤ **09.** ②
10. (1) X (2) O (3) O **11.** ③ **12.** ⑤
13. ① **14.** ④ **15.** ③ **16.** ②
17. 해설 참조 **18.** (1) O (2) X (3) X
19. (1) X (2) X (3) O

01. 답 (1) O (2) X (3) O
해설 (1) 화석의 변화는 곧 생물계의 급격한 변화를 의미하므로 화석의 변화는 지질 시대를 구분하는 중요한 기준이 된다.
(3) 생물의 유해나 흔적이 화석으로 남으려면 다른 물질로 치환되거나 탄소로 변하여 화석으로 보존되는 화석화 작용을 받아야 한다.
바른 풀이 (2) 지질 시대는 지구의 탄생으로부터 현재까지의 기간을 말한다. 지질 시대의 시작 지점은 최초의 암석이나 지층이 형성된 약 40억 년 전으로 판단한다. 따라서 인류의 역사가 시작된 시점은 지질 시대의 시작 시점이 아니다.

02. 답 ①
해설 화석의 생성 조건 : ① 개체 수가 많아야 한다.(ㄱ) ② 단단한 뼈나 껍데기가 있어야 한다. ③ 훼손되기 전에 빨리 묻혀야 한다. ④ 화석 지층이 지각 변동을 받지 않아야 한다. ⑤ 화석화 작용을 받아야 한다.
바른 풀이 ㄴ. 지층의 지각 변동이 많은 경우 화석이 유실될 수 있으므로 지각 변동을 받지 않아야 한다.
ㄷ. 생물의 유해나 흔적이 빨리 묻혀야 훼손되지 않는다.

03. 답 ㄷ → ㄴ → ㄱ → ㄹ
해설 ㄱ. 파충류는 중생대에 번성하였다.
ㄴ. 양서류는 고생대에 번성하였다.
ㄷ. 남세균은 선캄브리아 시대에 출현하여 번성하였다.
ㄹ. 속씨식물은 신생대에 번성하였다.
따라서 지질 시대의 오래된 순서에 따라 나열하면 ㄷ → ㄴ → ㄱ → ㄹ이 된다.

04. 답 ③
해설 (가)는 삼엽충과 육상 생물의 진출을 나타내고 있으므로 고생대, (나)는 매머드가 있으므로 신생대의 복원도이다.
ㄱ. (가) 고생대는 (나) 신생대보다 오래된 지질 시대이다.
ㄴ. (가) 고생대에는 산소 농도가 높아지면서 오존층이 자외선을 차단할 정도로 두꺼워졌다. 이에 따라 육상 생물의 출현이 가능해지면서 생물 수가 폭발적으로 증가하였다.
바른 풀이 ㄷ. (나) 신생대 시기는 전기에는 온난한 기후였지만 후기에 빙하기와 간빙기가 반복되었다.

05. 답 ④
해설 ㄴ, ㄷ. 이리듐은 운석에 풍부한 원소이므로 K-T 경계층에서 발견된 높은 이리듐 함량의 원인은 운석 충돌이다. 따라서 운석 충돌 과정에서 이리듐이 광범위한 지역에 걸쳐 분포하게 되므로, 다른 지역의 K-T 경계층에서도 이리듐 함량이 높게 검출될 것이다. 또한 운석 충돌 지역의 K-T 경계층에서는 운석 충돌 시에 형성된 미세 다이아몬드 등의 광물이 발견될 수 있다.
바른 풀이 ㄱ. K-T 경계층의 위층은 신생대 지층이고 아래층은 중생대 지층이다. 따라서 K-T 경계층을 경계로 화석의 종류가 매우 달라진다.

06. 답 ③
해설 ㄷ. 이 지역의 지층에서 생물계의 변화가 크게 나타나는 경계는 A~B 사이, C~D 사이이므로 지질 시대의 경계로 적합하다.
(바른 풀이 ㄱ. 화석 c는 다른 화석에 비해 생존 기간이 짧으므로 긴 생존 기간에 해당하는 시상 화석으로는 적합하지 않다.
ㄴ. 화석 e는 다른 화석에 비해 생존 기간이 길므로 짧은 생존 기간에 해당하는 표준 화석으로는 적합하지 않다.

07. 답 ①
해설 ㄱ. A 시기는 고생대 말로 판게아의 형성에 따라 해양 생물의 대규모 멸종이 있었다. 지질 시대에서 가장 큰 대멸종이 일어났다.
바른 풀이 ㄴ. B 시기는 중생대 말로 소행성 충돌에 의한 대멸종이 일어났다.
ㄷ. 고생대에 산소가 대기에 유입되고, 오존층이 형성되어 자외선이 차단되면서 중기에 최초의 육상 식물이 출현하였다.

08. 답 ⑤
해설 ㄱ. (가) ~ (다) 사이에 털 색의 변이가 있다.
ㄷ. (나)는 유성 생식에 의해 부모 양쪽의 유전자를 받아 다양한 유전자 조합을 가지게 되므로 부모와 유전자 조합이 같지 않다.
바른 풀이 ㄴ. (나)는 (가)와 (다) 부모의 유전자가 조합된 유전자를 가지고 있으므로 돌연변이에 의한 형질을 갖는 것이 아니다.

09. 답 ②
해설 ㄱ. (가) ~ (다) 모두 주어진 환경에서 생존하기 유리한 형질로 진화한 것이므로 자연 선택의 사례이다.
ㄴ. (가)는 물이 적은 사막에 적응하는 과정에서 오래 물을 마시지

않아도 생존할 수 있는 유리한 형질을 가진 낙타가 자연 선택되어 진화한 것이다.

바른 풀이 ㄷ. 추위를 견디기 위한 두꺼운 지방질은 생존에 유리한 형질이다. (나)는 지방층이 두꺼운 펭귄이 많이 살아남아 자손을 남겨 진화한 결과이다.

10. 답 (1) X (2) O (3) O

해설 자연 선택설에 대한 설명이다.
(2) 주어진 환경에서 생존하기에 유리한 형질에 대해서 자연 선택이 일어난다.
(3) 유리한 형질을 가진 개체가 점점 늘어나는 방향으로 진화하도록 자연 선택이 일어난다.

바른 풀이 (1) 돌연변이가 없어도 유성 생식 등에 의해 부모의 유전자를 다양하게 조합한 자손들이 태어나고, 이에 따른 다양한 변이가 나타나 자연 선택이 일어난다.

11. 답 ③

해설 ㄱ, ㄴ. 낫 모양 적혈구를 가지는 사람의 분포가 말라리아가 많이 발생하는지역 분포와 겹치는 것으로 보아 낫 모양 적혈구 유전자가 말라리아 환경에서 생존에 유리한 형질이라고 할 수 있다. 따라서 낫 모양 적혈구 빈혈증 환자는 보통 사람 보다 말라리아에 걸릴 확률이 더 낮다고 할 수 있고, 말라리아 환경에서 생존에 유리한 방향으로 자연 선택이 이루어졌다.

바른 풀이 ㄷ. 말라리아 환경에서 낫 모양 적혈구는 생존에 유리한 형질이므로 말라리아는 낫 모양 적혈구 빈혈증 환자의 자연 선택에 유리하게 작용했다.

12. 답 ⑤

해설 ㄴ. 운동 선수가 오랜 훈련을 하면 근육량이 증가하게 되는데, 이것은 카렌 족 여인과 같은 환경적 변이(획득 형질)이다.
ㄷ. 야생의 호랑이는 생존을 위해서 사냥법을 터득하여 동물원 호랑이보다 사냥을 더 잘 하게 되는데, 이것은 카렌 족 여인과 같은 환경적 변이이다.

바른 풀이 ㄱ. 사람의 눈동자 색이 각각 다른 것은 부모의 유전자에 조합에 따른 유전적 변이이다.

13. 답 ①

해설 ㄱ. 공업 도시 근처는 매연 등에 의해 어두운 색 환경이 되므로 눈에 잘 띄지 않는 검은색 후추나방에게 더 유리한 환경이고 검은색 후추나방이 자연 선택된다. 농촌 숲에서는 밝는색 후추나방이 눈에 덜 띄는 환경이므로 흰색 후추나방이 자연 선택된다.

바른 풀이 ㄴ. 농촌 숲은 환경 오염이 없어 밝은 색으로 유지되었다.
ㄷ. 공업 도시에 공장이 세워지지 않았으면 환경 오염에 의한 어두운 색 환경이 만들어지지 않는다.

14. 답 ④

해설 ㄱ. (가)는 유전적 다양성으로 같은 생물종 내에서도 다양한 형질이나타나는 것이다. 얼룩말의 무늬가 개체마다 다른 것도 이것의 예이다.
ㄴ. (나)는 종 다양성을 나타낸 것으로, 생태계에 서식하는 생물종이 많고, 분포 비율이 각각 균등할 때 종 다양성이 높은 것이다.

바른 풀이 ㄷ. 생태계 다양성이 높을수록 더 많은 생물들이 서식할 수 있으며, 유전적 다양성도 높아진다.

15. 답 ③

해설 ㄱ. 생물 자원은 인간의 삶에 반드시 필요한 식량, 의복, 주택의 자원을 제공한다.
ㄷ. 다양한 생태계는 인간에게 휴식과 여가 활동 및 생태 관광 장소를 제공한다.

바른 풀이 ㄴ. 오래 전에 살았던 생물의 유해로부터 화석 연료를 얻고, 식물과 미세 조류 등으로부터 바이오 연료를 얻는다.

16. 답 ②

바른 풀이 ② 유전적 다양성이 높아지면 종이 멸종할 위험이 낮아지므로, 종 다양성의 유지에도 큰 영향을 준다.

해설 ① 지금까지 발견된 생물종은 약 200만 종에 이르며, 곤충의 종 수가 가장 많으므로 곤충의 종 다양성이 가장 높다.
③ 생태계 다양성은 한 지역 내에서 삼림, 습지, 사막 등 생물 서식지가 다양한 정도를 의미한다.
④ 종 다양성은 생물종의 수가 많고, 각 종의 분포 비율이 균등할수록 높다.
⑤ 같은 종의 생물에서 하나의 형질에 대한 유전자가 다양할수록 다양한 형질이 드러날 수 있으므로 유전적 다양성이 높다.

17. 답 (가)의 종 다양성이 더 높다. A ~ E의 식물종이 비교적 균등하게 분포되어 있기 때문이다.

18. 답 (1) O (2) X (3) X

해설 (1) 종 다양성이 높으면 한 종이 먹이로 삼을 수 있는 생물종의 수가 많다는 것을 의미하므로 종 다양성이 높은 생태계일수록 먹이 관계가 복잡하다.

바른 풀이 (2) 종 다양성이 높으면 한 생물종이 멸종하더라도 그 생물종을 먹이로 삼는 포식자가 다른 생물종을 먹이로 삼을 수 있으므로 다른 생물종이 멸종할 확률이 낮다.
(3) 씨 없는 바나나가 특정 질병으로 멸종 위기에 처해 있는 것은 뿌리를 잘라 심는 무성 생식으로 번식하면서 특정 질병에 대항하는 유전적 다양성이 낮아졌기 때문이다.

19. 답 (1) X (2) X (3) O

해설 (3) 화석 연료를 무분별하게 사용하게 되면 온실 가스로 인해 지구 온난화가 발생하고 대기가 오염되어 생물 다양성이 감소한다. 따라서 화석 연료의 사용을 줄이고 환경 오염을 줄일 수 있는 친환경 에너지원을 개발하는 것은 생물 다양성을 보전하는 데 도움이 된다.

바른 풀이 (1) 외래종을 들여와 한번 적응하게 되면 천적이 없기 때문에 빠른 속도로 번식하여 고유종의 먹이와 서식지를 빼앗고 생존을 위협하게 된다. 따라서 종 다양성이 낮아진다.
(2) 생태 공원을 조성하는 것은 생물 다양성을 보전하기 위한 노력이지만, 갯벌과 습지를 매립하는 것은 생물의 서식지를 파괴하는 행위이므로 생물 다양성을 감소시킨다.

내신 기출 모의고사 2회

326 ~ 329 쪽

01. ② **02.** ② **03.** ⑤ **04.** ④ **05.** ③
06. 해설 참조 **07.** (1) O (2) O (3) X
08. ⑤ **09.** ②, ④ **10.** 해설 참조
11. ② **12.** ⑤ **13.** ⑤ **14.** ④
15. ① **16.** ④ **17.** ① **18.** ④ **19.** ⑤

01. 답 ②

해설 A는 선캄브리아 시대, B는 고생대, C는 중생대, D는 신생대이다.

ㄱ. A 시기인 선캄브리아 시대에 광합성을 하는 생물인 남세균(사이아노박테리아)가 출현하였다.

ㄴ. 파충류는 고생대(B)에 출현하여 중생대(C)에 번성하였다.

바른 풀이 ㄷ. 속씨식물(참나무, 포플러, 단풍나무)등은 중생대(C)에 출현하여 신생대(D)에 번성하였다.

02. 답 ②

해설 생존 기간이 짧고 분포 지역이 넓은 고생물 B의 화석은 표준 화석으로 구분되고, 생존 기간이 길고 분포 지역이 좁은 고생물 A의 화석은 시상 화석으로 구분된다.

ㄱ. 고사리는 생존 기간이 길고 분포 지역이 좁은 시상 화석으로 A에 해당한다.

ㄴ. 지질 시대를 구분하는 데에는 분포 면적이 넓으면서도 생존 기간이 짧은 표준 화석 B를 가장 유용하게 사용한다.

바른 풀이 ㄷ. C는 생존 기간도 길고 분포 지역도 넓어 어디에서나 잘 살아남은 고생물이었으므로 생성 환경을 알아내는 데에 가장 유용하지는 않다. 지층의 생성 환경을 알아내는 데 가장 유용한 것은 좁은 면적에 오래 생존하는 A 시상 화석이다.

03. 답 ⑤

해설 ㄱ. A 시기인 선캄브리아 시대에 바다에서 최초의 생명체인 단세포 원시 해조류가 출현하였다.

ㄴ. B 시기에 바다의 남세균에 의해 산소가 만들어지고 바다에서 대기로 산소가 유입되어 C 시기까지 대기 중 산소 농도가 점차 증가하게 되었다.

ㄷ. B 시기에 오존층이 만들어지고 자외선이 차단됨에 따라 고생대인 C 시기에 육상 식물이 출현하게 되었다.

04. 답 ④

해설 (가)는 대서양과 인도양이 넓어진 신생대, (나)는 판게아가 형성된 고생대 말기, (다)는 대서양과 인도양이 형성되기 시작한 중생대 중기의 수륙 분포이다.

ㄴ. (나) 시기에 양치식물이 대량으로 묻혀 석탄층을 형성하였다.

ㄷ. (다) 시기에 겉씨식물이 번성하였고, 속씨식물이 출현하였다.

바른 풀이 ㄱ. 암모나이트는 중생대인 (다) 시기의 표준 화석이다.

05. 답 ③

해설 ㄱ. (가)는 삼엽충 화석으로 고생대의 표준 화석이다.

ㄴ. (나) 암모나이트는 중생대 바다에서 번성하였으며, 중생대의 표준 화석이다. 중생대에 겉씨식물이 번성하였으며, 속씨식물이 출현하였다.

바른 풀이 ㄷ. 활엽수 화석은 시상 화석으로 분포 면적이 좁고 생존 기간이 길다. 발견된 지역의 당시 환경을 알 수 있다.

06. 답 선캄브리아 시대에는 초기 대기에 산소가 없고 오존층이 없어 강한 자외선이 지표에 도달하여 생명체가 생존할 수 없었으므로 육지에서 생물이 출현하지 못했다.

해설 선캄브리아 시대에 출현한 남세균이 광합성을 통해 바다와 대기 중 산소량을 증가시켰고, 대기에 오존층이 형성되기 시작하여 고생대에 비로소 육상 생물이 출현할 수 있을 만큼 두꺼워졌다.

07. 답 (1) O (2) O (3) X

해설 (1) 고생대 말기(약 2억 5천만년 전)에 일어난 3차 대멸종이 지질 시대 동안 일어난 가장 큰 규모의 대멸종으로, 생물 멸종 비율이 가장 높다.

(2) 5차 대 멸종은 중생대 말기 소행성 충돌에 의한 것으로 추정된다. 이후에 신생대가 시작되었다.

바른 풀이 (3) 그림에서 볼 때 최근으로 올수록 생물의 멸종 비율이 증가하는 경향은 보이지 않는다.

08. 답 ⑤

해설 ⑤ 유전자의 변이에 의해 기존과 다른 새로운 형질이 나타난 것이므로, 자손에게 전달될 수 있다.

바른 풀이 ① 유전자에 의한 변이이므로 자연 선택이 일어날 때 생물의 진화에 영향을 준다.

② 변이는 주어진 환경에 따라 개체가 적응하는 데에 유리한 형질이 될 수 있다.

③ 유전자의 차이로 인해 발생하는 변이이다.

④ 변이는 서로 같은 종 사이에 나타나는 형질의 차이이다.

09. 답 ②, ④

해설 ② 개체 간의 다양한 변이 중 유리한 형질이 자연 선택된다고는 했지만, 다양한 변이가 나타나는 원인을 명확하게 해명하지는 못했다.

④ 생물은 유전자를 자손 세대로 전달함으로써 자손 세대가 부모의 형질을 나타낼 수 있다.

바른 풀이 ① 진화의 원리는 유전자에 의한 다양한 변이와 자연 선택이다. 환경에 의한 후천적 형질 변화는 자손에게 전달되지 않으므로 진화에 영향을 미치지 못한다.

③ 환경에 적응하기 유리한 변이를 가진 개체가 더 많이 살아남아 자손을 더 많이 남긴다.

⑤ 생명 과학 분야에서는 생물 사이의 동일성과 다양성을 설명하여 진화적 관점으로 분류할 수 있게 하였으며, 사회적으로는 자본주의와 제국주의에서 사회적 불평등 구조와 경쟁, 인종 차별, 식민 지배 등을 정당화하는 데에 이용되기도 하였다.

10. 답 A 세균이 항생제에 내성이 있다. 항생제 처리를 한 후에 A 세균은 비율이 늘어났고, B 세균은 비율이 줄어들었으므로 항생제가 존재하는 환경에서 생존에 유리한 항생제 내성 형질을 가진 세균이 A라는 것을 알 수 있다.

11. 답 ②

해설 ㄴ. A와 B는 서로 다른 환경에서 생존에 유리한 형질이 자연 선택되었다.

바른 풀이 ㄱ. 용불용설에 의한 획득 형질은 자손에게 전달되지 않는다. A와 B는 자연 선택된 것이다.

ㄷ. A와 B는 서로 다른 유전자를 가지고 있었기 때문에 각 환경에서 잘 적응할 수 있은 형질을 가진 개체들이 적응해 진화할 수 있었다.

12. 답 ⑤

해설 ㄱ. 몸 색깔이 진한 개체가 자연 선택되므로 개체 수가 점점 증가한다.

ㄷ. 몸 색깔이 진한 개체가 환경에 더 잘 적응하여 살아남아 자연 선택된 것이다.

바른 풀이 ㄴ. 세대가 지날수록 개체군의 몸 색깔은 점점 검은색으로 되어 몸색깔 변이가 단순해진다.

13. 답 ⑤

해설 ㄱ. 갈색 도화지는 항생제 사용 환경을 뜻하며, 그 환경에서 생존에 유리한 갈색 초콜릿은 항생제 내성 세균을 뜻한다.

ㄴ. (가) 과정은 항생제 사용 환경에서 살아남을 수 있는 유리한 형질인 항생제 내성을 가지는 돌연 변이의 출현을 뜻한다.

ㄷ. (다) 과정은 자연 도태되지 않은 개체들이 개체 수를 늘려가는 생식의 과정을 뜻한다.

14. 답 ④

해설 ㄴ. 화학 진화설에 따르면 원시 지구의 이산화 탄소, 수소, 물, 질소 등의 무기물이 바다에서 간단한 유기물로 합성되어 생명체로 진화하였다고 본다.

ㄷ. 우주 기원설에 따르면 우주에서 유기물이 만들어져 운석을 통해 지구로 유입되고 이것이 생명체로 진화하였다고 본다.

바른 풀이 ㄱ. 심해 열수구설에 따르면 심해 열수구(해구)에서 유기물이 합성되어 이것이 생명체로 진화하였다고 본다.

15. 답 ①

해설 ㄱ. 생태계 다양성이 높으면 다양한 환경에 서식하는 생물의 종이 늘어나 종 다양성도 높아진다.

바른 풀이 ㄴ. 유전적 다양성이 높으면 생존에 불리한 환경 변화에 종이 생존할 가능성이 더 높아지므로 종 다양성도 높아진다.

ㄷ. 유전적 다양성이 높을수록 생물이 멸종할 가능성이 낮아져 생태계의 안정을 유지하는 데 긍정적인 영향을 준다.

16. 답 ④

해설 ㄱ. (다)는 서식지 단편화로 생존률이 단편화 하기 전에 비해 59%로 떨어진 결과이다.

ㄷ. 생태 통로를 건설하지 않은 (다)는 생존률이 59%인데 비해, 생태 통로를 건설한 (나)는 생존률이 86%로 늘어나는 것으로 보아 도로, 철도 등을 건설할 때 생태 통로를 설치하면 종 다양성을 보존할 수 있다.

바른 풀이 ㄴ. 서식지가 단편화되면 가운데의 면적은 좁아지고 가장자리의 면적은 넓어지므로 가장자리에 살던 생물보다 가운데 살던 생물의 피해가 더 크다.

17. 답 ①

바른 풀이 ① 목화는 주로 의식주 재료 중에서 의복 재료로 쓰이는 생물 자원이다.

해설 ② 석유와 석탄 등의 화석 연료는 오래 전에 살았던 생물의 유해로부터 만들어진 에너지 생물 자원이다.

③ 다양한 생태계는 자연 휴양림과 같이 인간에게 휴식과 여가 활동 및 생태 관광 장소 등을 제공하는 심미적, 사회적 가치를 제공한다.

④ 벼, 밀, 옥수수, 콩 등은 중요한 식량 재료이다.

⑤ 버드나무 껍질은 진통 해열제인 아스피린의 원료이다.

18. 답 ④

해설 ㄱ. (가), (나) 지역의 식물 종수는 4종으로 서로 같다.

ㄷ. (가)보다 (나)에 종 A가 개체 수가 많아 다양한 모습으로 존재하므로 종 A의 유전적 다양성는 (나)에서 더 높게 나타난다.

바른 풀이 ㄴ. 각 종들이 균등하게 분포할수록 종 다양성이 높게 나타나므로 (나)보다 (가)에서 종 다양성이 더 높게 나타난다.

19. 답 ⑤

해설 가축 배설물 등이 강이나 바다의 부영양화를 일으켜 용존 산소량을 감소시키고, 대기 오염에 의한 산성비는 토양, 호수를 산성화시키고, 중금속과 화학 물질의 생물 농축으로 인해 생물의 생존에 불리한 환경이 만들어져 생물 다양성을 감소시시킨다.

IV 환경과 에너지

1. 생태계와 환경

01. 생태계 구성 요소와 환경

개념체크 333 ~ 337 쪽

01. 군집 **02.** (1) ㄱ, ㅇ (2) ㅅ, ㅊ, ㅋ, ㅍ (3) ㄷ, ㅁ, ㅈ (4) ㄴ, ㄹ, ㅂ, ㅌ **03.** (1) C (2) B (3) A **04.** (1) X (2) O (3) X (4) X **05.** ㉠ 상호 작용 ㉡ 보전 **06.** (1) O (2) X

01. 답 군집

해설 개체는 하나의 독립된 생명체이며, 일정한 지역에 같이 사는 같은 종의 개체들의 무리를 개체군, 여러 개체군들의 무리를 군집이라고 한다.

02. 답 (1) ㄱ, ㅇ (2) ㅅ, ㅊ, ㅋ, ㅍ (3) ㄷ, ㅁ, ㅈ (4) ㄴ, ㄹ, ㅂ, ㅌ

해설 (1) 생산자는 빛에너지를 이용하여 광합성을 함으로써 스스로 영양분을 생산하는 생물이다. 보리, 연꽃 등이 이에 해당한다.
(2) 소비자는 생산자 또는 다른 동물을 섭취함으로써 영양분을 얻는 생물이다. 동물(사자, 참새, 뱀), 곤충(메뚜기) 등이 이에 해당한다.
(3) 분해자는 생물의 사체나 배설물에 들어 있는 유기물을 분해함으로써 영양분을 얻는 생물이다. 곰팡이, 세균, 버섯 등이 이에 해당한다.
(4) 비생물적 요인은 생물을 둘러싸고 있는 모든 환경 요인으로서 물, 공기, 빛, 토양 등이 있다.

03. 답 (1) C (2) B (3) A

해설 (1) 바다의 깊이에 따라 도달하는 빛의 파장(C)이 다르기 때문에 해조류는 바다의 깊이에 따라 서식하는 종류(긴 적색광을 이용하는 녹조류, 중간 파장의 황색광을 이용하는 갈조류, 짧은 청색광을 이용하는 홍조류)가 다르다.
(2) 일조 시간이 길어지거나 짧아지면 식물의 개화나 동물의 생식에 영향을 준다. 수선화는 낮의 길기가 긴 봄과 여름에 꽃을 피우는데, 이는 일조 시간(B)에 따른 생물의 적응 현상이다.
(3) 한 개체의 식물에서도 빛을 받는 양이 다를 수 있으며(A), 강한 빛을 받은 잎은 울타리 조직이 잘 발달되어 있어 약한 빛을 받은 잎 보다 두껍다.

04. 답 (1) X (2) O (3) X (4) X

해설 (2) 북극여우는 몸집이 크고 몸의 말단부가 작으며, 털이 많고 피하 지방층이 두꺼워 열이 방출되는 것을 막을 수 있다. (체온을 유지) 사막여우는 북극여우와 생김새가 반대인데, 이는 북극과 사막의 온도와 관련이 있다.

바른 풀이 (1) 꽃의 개화 시기는 빛이 비치는 시간인 일조 시간에 따라 달라지므로 붓꽃이 봄과 초여름에 피는 것은 빛과 관련이 있다.
(3) 공기가 희박한 고산 지대에 사는 사람들은 평지에 사는 사람들보다 적혈구가 많아 산소를 효율적으로 공급받을 수 있다. (산소가 부족한 환경인 고산 지대에 적응하기 위해 적혈구의 수가 많다.) 따라서 고산 지대에 사는 사람들이 평지에 사는 사람들보다 적혈구가 많은 것은 공기와 관련이 있다.
(4) 선인장의 잎이 가시로 변하고, 저수 조직이 발달한 것은 물이 부족한 사막과 같은 환경에 적응하기 위한 것이므로 물과 관련이 있다.

05. 답 ㉠ 상호 작용 ㉡ 보전

해설 인간은 생태계의 구성원으로서 다양한 생물로부터 생물자원을 얻으며 환경과 상호 작용을 하며 살아가므로, 인간이 생태계를 보전하는 것은 인간의 생존을 위해, 인간의 생활 환경을 쾌적하게 유지하기 위해 필요하다.

06. 답 (1) O (2) X

해설 (1) 토양의 깊이에 따라 공기의 함량이 다르므로 토양의 깊이에 따라 세균의 분포가 다르게 나타난다. 토양 깊은 곳에는 산소가 없어도 살아가는 세균이, 토양 표면에는 산소를 이용하여 살아가는 세균이 적응하였다.

바른 풀이 (2) 도마뱀의 몸 표면이 비늘로 덮여 있는 것은 물이 부족한 육상 환경에 적응한 것이다.

+ 강의 338 쪽

Q1. 답 다른 종 개체 간의 상호 작용

해설 피라미와 은어는 서로 다른 종이며, 피라미는 은어의 유무에 따라 먹이와 서식 공간을 바꾸므로 서로 다른 종 개체 간의 상호 작용에 해당한다.

Q2. 답 반작용

해설 낙엽은 생물적 요인의 생산자이며, 토양은 비생물적 요인이다. 낙엽이 많이 쌓임으로써 토양의 성분이 변하는 것은 생물적 요인에 의해 비생물적 요인이 변하는 것이므로 생태계 구성 요소의 관계 중 반작용에 해당한다.

꼭 짚기! 339 쪽

1. ①, ④ **2.** ⑤

1. 답 ①, ④

해설 ① 개체군은 일정한 지역에서 함께 사는 같은 종류의 생물종이 모여 형성된 무리이므로 개체군 A, B, C 모두 서로 다른 종으로 구성되어 있다.
④ 개체군 A ~ C는 모두 생물적 요인에 해당하며 생물적 요인의 생물체 간에 서로 영향을 주고 받는 것을 상호 작용이라고 한다.

바른 풀이 ② 개체군은 동일한 생물종이 모여 형성된 것이며, 생물종에는 동물과 식물뿐만 아니라 세균과 같은 미생물, 곰팡이, 버섯과 같은 균류 등도 모두 포함한다.
③ 위도(온도, 빛, 강수량 등 비생물적 요인)에 따라 식물(생물적 요인)의 분포가 달라지므로 ㉠ 작용에 해당한다.

⑤ 지렁이가 낙엽 등을 분해하여 토양을 비옥하게 하므로 생물적 요인이 비생물적 요인에 영향을 미치는 ㉡ 반작용에 해당한다.

2. 답 ⑤

해설 A는 낮의 길이가 길고, 밤의 길이가 짧을 때 개화하는 장일 식물이며, B는 밤의 길이가 길고, 낮의 길이가 짧을 때 개화하는 단일 식물이다.
ㄱ. A는 햇빛이 실제로 지표면에 내리쬐는 시간인 일조 시간이 길 때 개화하므로 일조 시간에 영향을 받는다.
ㄷ. 일조 시간에 따른 성호르몬의 분비량이 달라지므로 조류, 포유류 등 동물의 번식 시기는 일조 시간의 영향을 받는다.
ㄹ. 붓꽃과 유채는 낮의 길이가 길고, 밤의 길이가 짧을 때 개화하는 장일 식물이므로 A와 같은 조건일 때 꽃이 핀다.
바른 풀이 ㄴ. B는 햇빛이 실제로 지표면에 내리쬐는 시간인 일조 시간이 짧고, 밤의 길이가 길 때 개화하므로 일조 시간에 영향을 받는다.

스스로 실력 높이기

340 ~ 343 쪽

01. ㉠ 생산자 ㉡ 소비자 ㉢ 분해자 **02.** ③, ⑤
03. ② **04.** ③ **05.** ④ **06.** ① **07.** ①
08. ⑤ **09.** ② **10.** (1) O (2) X (3) X **11.** ②
12. ③ **13.** ④ **14.** ① **15.** ③
16 ~ 18. 해설 참조

01. 답 ㉠ 생산자 ㉡ 소비자 ㉢ 분해자

해설 생태계의 생물적 요인은 영양분을 얻는 방법에 따라 광합성을 하는 생산자, 다른 생물을 잡아먹는 소비자, 생물의 사체와 배설물에 포함된 유기물을 분해하는 분해자로 구분한다.

02. 답 ③, ⑤

해설 ③ 생태계는 생물적 요인(생산자, 소비자, 분해자)과 비생물적 요인(빛, 물, 공기, 온도, 토양 등)으로 구성된다.
⑤ 생태계는 생물적 요인인 생물과 비생물적 요인인 환경이 서로 영향을 주고받으며 이룬 하나의 커다란 시스템이다.
바른 풀이 ①, ②, ④ 일정한 지역에서 같은 종의 여러 개체들이 모여 개체군을 이루고, 서로 다른 여러 개체군들이 모여 군집을 이룬다. 그리고 여러 군집이 모여 하나의 생태계를 형성한다.

03. 답 ②

해설 생태계의 구성 요소는 생물적 요인(생산자, 소비자, 분해자)과 비생물적 요인(빛, 온도, 공기, 물, 토양 등)이다. 생물적 요인 중 벼, 민들레, 나무, 식물 플랑크톤은 생산자이고 개구리, 멸치, 메뚜기, 참새, 뱀, 소, 동물 플랑크톤은 소비자, 버섯, 곰팡이, 세균는 분해자이다. 그리고 빛, 물, 토양, 온도, 공기는 비생물적 요인이다.
바른 풀이 ① 생산자, 소비자, 비생물적 요인은 있지만, 분해자가 없다.
③ 소비자, 분해자, 비생물적 요인은 있지만, 생산자가 없다.
④ 생산자, 소비자, 분해자는 있지만, 비생물적 요인이 없다.
⑤ 생산자, 분해자, 비생물적 요인은 있지만, 소비자가 없다.

04. 답 ③

해설 ㄱ. 생물에 의해 공기의 성분이 변하는 것이므로 생물적 요인이 비생물적 요인(공기)에 영향을 주는(반작용) A에 해당한다.
ㄷ. 산소가 부족한 고산 지대에 살기 위해서는 온몸에 산소의 공급이 원활해야 하므로 적혈구의 수가 증가한 것이다. 따라서 비생물적 요인(공기)이 생물적 요인에 영향을 주는(작용) B에 해당한다.
바른 풀이 ㄴ. 물이 부족한 사막의 환경에서 선인장이 적응한 것이므로 비생물적 요인이(물) 생물적 요인(선인장)에 영향을 주는 B(작용)에 해당한다.

05. 답 ④

해설 ㄴ. 분해자는 유기물을 분해하며, 분해한 물질은 비생물적 환경으로 돌아가 생물이 다시 이용할 수 있으므로 생태계에서 물질을 순환시키는 역할을 한다.
ㄷ. 풀(생산자)이 무성해지면, 풀을 뜯어먹는 사슴(소비자)의 개체수가 증가한다. 이는 생산자가 소비자에게 영향을 주는 ㉠에 해당하는 예이다.
바른 풀이 ㄱ. ㉡은 생산자이며, 균류에 속하는 버섯은 분해자이다.

06. 답 ①

해설 ㄱ. 생물적 요인은 생태계에서의 역할에 따라 생산자, 소비자, 분해자로 구분된다.
ㄷ. 비생물적 요인이 생물적 요인에 영향을 주는 것은 '작용'이라고 하며, 생물적 요인이 비생물적 요인에 영향을 주는 것은 '반작용'이라고 한다.
바른 풀이 ㄴ. 온도가 낮아지는 가을에 식물의 낙엽이 지고 단풍이 드는 것은 비생물적 요인(온도)이 생물적 요인(생물)에 영향을 주는 것이므로 '작용'(㉠)에 해당한다.
ㄹ. 식물의 광합성으로 숲의 공기 성분이 달라지는 것은 생물적 요인(식물)이 비생물적 요인(공기)에 영향을 주는 것이므로 '반작용'(㉡)에 해당한다.

07. 답 ①

해설 학생 A : 생태계를 구성하는 생물적 요인(생물)은 역할에 따라 생산자, 소비자, 분해자로 구분된다.
바른 풀이 학생 B : 생태계는 생물적 요인과 비생물적 요인이 역동적으로 상호 작용하는 커다란 시스템이다.
학생 C : 생태계는 인간의 개입이 없어도 스스로 유지된다.

08. 답 ⑤

해설 (가)는 비생물적 요인, (나)는 소비자, (다)는 생산자, (라)는 분해자이다.
ㄱ. 비생물적 요인에는 온도, 물, 공기, 빛(파장, 세기, 일조 시간), 토양 등이 있다.
ㄴ. (나) 소비자는 먹이 관계에 따라 초식 동물에 해당하는 1차 소비자, 육식 동물에 해당하는 2차, 3차 소비자 등으로 구분한다.

09. 답 ②

해설 식물이 광합성을 함으로써 공기 중 산소의 농도를 높이는 것은 생물적 요인(식물)이 비생물적 요인(공기)에 영향을 주는 것이며, 이는 생태계 구성 요소 간의 관계 중 '반작용'에 해당한다.
ㄷ. 생물적 요인(지의류)이 비생물적 요인(토양)에 영향을 주는 것이므로 '반작용'에 해당한다.

바른 풀이 ㄱ. 생물적 요인의 생산자인 도토리가 생물적 요인의 소비자인 다람쥐에 영향을 주는 것이므로 '상호 작용'에 해당한다.
ㄴ. 건조한 환경은 물이 부족하므로 선인장은 물이 부족한 건조한 환경에 적응하기 위해 잎을 가시로 변화시킨 것이므로 비생물적 요인(물)이 생물적 요인(선인장)에 영향을 준 것이며 이는 '작용'에 해당한다.

10. 답 (1) O (2) X (3) X

해설 (1) 파충류의 몸 표면이 비닐로 덮여 있는 것은 물에서 육지로 나왔을 때 체내 수분(물)의 증발을 방지하지 위한 적응 현상이다.

바른 풀이 (2) 북극여우가 사막여우보다 몸집이 큰 것은 온도가 낮은 지역에서 열 손실을 줄여 체온을 유지하기 위한 적응 현상이다.
(3) 바다의 깊이에 따라 투과하는 빛의 파장이 달라 서식하는 해조류의 종류가 다른 것이므로 해조류가 빛에 적응한 현상이다.

11. 답 ②

해설 빛을 많이 받은 잎일수록 엽록체가 존재하는 울타리 조직이 발달하여 두껍다.
ㄴ. 두께가 두꺼운 (가)는 울타리 조직이 (나)보다 발달하여 엽록체가 많으므로 광합성이 활발하게 일어난다.

바른 풀이 ㄱ. (가)는 (나)보다 두께가 두꺼우므로 강한 빛을 받은 잎이다.
ㄷ. (가), (나) 모두 엽록체가 존재하는 울타리 조직이 존재한다. 하지만 강한 빛을 받는 (가)가 약한 빛을 받는 (나)보다 울타리 조직이 두껍게 발달되어 있다.

12. 답 ③

해설 ㄱ. 녹조류는 주로 파장이 긴 적색광을 이용하여 수심이 얕은 곳에 서식한다.
ㄷ. 녹조류, 갈조류, 홍조류의 분포가 수심에 따라 다르게 나타나는 것은 수심에 따라 투과되는 빛의 파장이 다르기 때문이다. 따라서 각 파장의 빛을 잘 흡수하는 해조류가 수심에 따라 다르게 서식하는 것이다.

바른 풀이 ㄴ. 청색광은 파장이 짧아(470nm) 수심이 깊은 곳까지 투과할 수 있다.

13. 답 ④

해설 (A)는 사막여우, (B)는 온대 여우, (C)는 북극여우이다.
ㄱ, ㄴ. (A) → (B) → (C)로 갈수록 위도가 높아지고 온도가 낮아지므로 체온을 유지하기 위해 열 방출을 최소화 하도록 입, 코, 귀와 같은 몸의 말단부가 작아진다.

바른 풀이 ㄷ. (A) → (B) → (C)로 갈수록 입, 코, 귀와 같은 몸의 말단부가 작아지는데, 이는 체외로 열이 방출되는 것을 줄여 체온을 유지하기 위한 것이다.

14. 답 ①

해설 (가) 조류의 알이 단단한 껍데기로 싸여 있는 이유는 수분 증발을 막기 위함이다. → 비생물적 요인(물)이 생물적 요인(조류)에 영향을 준 것이다.
(나) 동물의 번식 시기는 일조 시간에 따라 달라진다. 일조 시간이 긴 봄에는 종달새, 꾀꼬리 등 대부분의 새가 번식하며, 일조 시간이 짧아지는 가을에는 노루, 송어 등이 번식한다. → 비생물적 요인(일조 시간)이 생물적 요인(꾀꼬리)에 영향을 준 것이다.
(다) 고산 지대는 공기가 희박하므로 원활한 호흡을 위해 적혈구가 많이 필요하다. → 비생물적 요인(공기)이 생물적 요인(사람)에 영향을 준 것이다.

15. 답 ③

해설 ㄱ. 저위도 갈라파고스 군도에서 고위도 남극 대륙으로 갈수록 온도가 낮아지며, 고위도 지역에 사는 펭귄은 저위도 지역에 사는 펭귄에 비해 크다. 이는 펭귄이 온도에 적응한 결과이다.
ㄴ. 훔볼트 펭귄보다 황제 펭귄의 단위 부피당 체표 면적이 크므로 체외로 열을 방출하기에 적합하다.

바른 풀이 ㄷ. 온도가 낮은 고위도에 사는 왕 펭귄은 체외로 열이 방출되는 것을 막기 위해 저위도에 사는 갈라파고스 펭귄보다 몸집이 크다.

16. 답 (1) 다른 생물의 사체나 배설물에 포함된 유기물을 무기물로 분해하여 영양분을 얻는 생물이다.
(2) 〈예시답안〉
(A) 반작용
· 식물의 호흡과 광합성으로 공기의 성분이 변한다.
· 지의류에 의해 바위의 토양화가 촉진된다.
· 식물의 증산 작용으로 인해 숲은 다른 곳보다 시원하다.
· 지렁이는 흙 속을 돌아다니며 토양의 통기성을 높인다.
(B) 작용
· 빛의 파장에 따라 해조류의 분포가 달라진다.
· 토양의 얕은 곳에는 호기성 세균이 살고, 깊은 곳에는 혐기성 세균이 산다.
· 강수량이 적으면 옥수수의 생장이 저하된다.

해설 (1) (가)는 분해자이다.

17. 답 하나의 식물체 내에서도 빛을 받는 양의 차이가 있으므로 이에 적응한 잎이 다양하게 나타난다. 빛을 많이 받는 쪽의 잎은 엽록체가 존재하는 울타리 조직이 발달하여 광합성이 활발하게 일어나므로 두께가 두껍게 적응되었고, 빛을 적게 받는 쪽의 잎은 울타리 조직이 덜 발달하므로 두께가 얇게 적응되었다.

18. 답 온도
〈예시 답안〉
· 개구리는 겨울에 겨울잠을 잔다.
· 카멜레온은 온도가 높을 때 몸 색이 밝아져 열을 방출하고, 온도가 낮을 때에는 몸 색이 어두워져 열을 흡수한다.
· 철새는 계절에 따라 적합한 온도의 장소로 이동한다.
· 여름에 태어난 호랑나비는 봄에 태어난 호랑나비보다 더 크고 화려한 무늬를 지닌다.

해설 비생물적 요인(온도)에 의해 생물적 요인(잠자리)가 영향을 받는 현상인 작용이다.

02. 생태계 평형

개념체크

348 쪽

01. ㉠ 먹이 사슬 ㉡ 먹이 그물 **02.** (1) O (2) X
03. (1) X (2) O **04.** ㉠ 증가 ㉡ 감소
05. (1) X (2) X (3) O

01. 답 ㉠ 먹이 사슬 ㉡ 먹이 그물

해설 먹이 사슬은 생물 사이의 먹고 먹히는 관계를 사슬 모양으로 나타낸 것이고, 먹이 그물은 먹이 사슬이 복잡하게 얽혀서 형성된 것이다.

02. 답 (1) O (2) X

바른 풀이 (1) 유기물에 저장된 에너지는 하위 영양 단계에서 상위 영양 단계로 이동한다.

해설 (2) 유기물에 저장된 에너지는 각 영양 단계에서 세포 호흡을 통해 열에너지로 방출되며, 남은 것은 상위 영양 단계로 이동한다. 따라서 상위 영양 단계로 갈수록 에너지양은 감소한다.

03. 답 (1) X (2) O

해설 (2) 생태 피라미드에서 생물의 개체 수, 생물량, 에너지양은 상위 단계로 올라갈수록 감소한다.

바른 풀이 (1) 토끼풀은 생산자이며, 토끼는 1차 소비자, 뱀은 2차 소비자이자 최종 소비자이다.

04. 답 ㉠ 증가 ㉡ 감소

해설 어떤 안정된 생태계에서 1차 소비자의 개체 수가 일시적으로 증가하였을 때 2차 소비자의 개체 수는 증가하고, 생산자의 개체 수는 감소한다.

05. 답 (1) X (2) X (3) O

해설 (3) 인구의 도시 집중과 산업화에 따른 기후 변화로 생물의 서식지가 변하거나 파괴되어 생물종이 멸종되기도 한다.

바른 풀이 (1) 가뭄, 홍수, 산불, 산사태, 화산 폭발 등 자연재해와 인간의 활동은 생태계 평형을 파괴하는 요인이다.

(2) 무질서하게 세워진 도시의 건물은 공기 순환을 원활하지 못하게 하므로 오염 물질이 쌓이게 되고 기온이 높아져 열섬 현상이 나타난다.

+ 탐구

349 쪽

탐구문제 **1.** 답 ㉠ 증가 ㉡ 감소 ㉢ 증가 ㉣ 감소 ㉤ 증가

해설 멸치의 개체 수가 감소하면 플랑크톤의 개체 수는 증가하고, 오징어와 상어의 개체 수는 감소한다. 그 결과 멸치의 개체 수가 증가하므로 플랑크톤의 개체 수는 감소하고, 오징어와 상어의 개체 수는 증가하여 생태계 평형이 회복된다.

꼭 짚기!

350 쪽

1. ② **2.** ②

1. 답 ②

해설 ㄴ. (나)에서 뱀이 토끼나 들쥐를 먹는 경우에는 2차 소비자가 되며, 개구리를 먹는 경우에는 3차 소비자가 된다.

바른 풀이 ㄱ. (가)에서 뱀이 개구리를 잡아먹으므로 개구리의 에너지가 뱀에게로 전달되지만 개구리의 에너지 중 개구리의 생명 활동에 쓰이거나 배설물 등으로 배출되고 남은 에너지의 일부만이 뱀에게로 전달된다.

ㄷ. (나)에서 들쥐는 환경 변화에 의해 메뚜기가 사라지더라도 풀을 먹고 살 수 있지만, (가)에서 개구리는 메뚜기가 사라지면 먹이가 없어 죽게 된다. 따라서 (나)가 (가)보다 환경 변화에 대해 안정된 생태계이다. 생물의 다양성은 한 생태계에 서식하는 생물종의 다양함을 의미하므로 (나)가 (가)보다 생물 다양성이 높다.

2. 답 ②

해설 1차 소비자가 증가하면 1차 소비자가 섭취하는 생산자가 감소하고, 1차 소비자를 섭취하는 2차 소비자는 증가한다.(ㄱ) → 생산자의 감소로 1차 소비자의 먹이가 부족하여 1차 소비자가 감소한다.(ㄷ) → 1차 소비자의 감소로 1차 소비자를 섭취하는 2차 소비자가 감소하고, 생산자는 다시 증가하여 평형을 회복한다.(ㄴ)

스스로 실력 높이기

351 ~ 353 쪽

01. (1) X (2) O (3) O
02. 3차 소비자(최종 소비자)
03. ④ **04.** ③ **05.** ④ **06.** 먹이 관계
07. (1) X (2) O (3) O **08.** ①
09. ② **10.** ② **11.** 생태 통로
12. (1) O (2) X (3) X **13.** ②
14. ③ **15 ~ 17.** 해설 참조

01. 답 (1) X (2) O (3) O

해설 (2) 생태계에서 여러 생물의 먹이 사슬이 서로 얽혀 그물처럼 복잡하게 나타나는 것을 먹이 그물이라고 한다.

(3) 영양 단계는 먹이 사슬에서 한 생물이 차지하는 위치로서 생산자, 1차 소비자, 2차 소비자 등이 있다.

바른 풀이 (1) 생산자의 광합성으로 유기물에 저장된 에너지는 각 영양 단계에 속한 생물의 생명 활동을 하는데 쓰이고, 남은 것을 상위 영양 단계로 이동시키므로 상위 영양 단계로 갈수록 에너지양은 감소한다.

02. 답 3차 소비자(최종 소비자)

해설 이 먹이 사슬에서 풀은 생산자, 메뚜기는 1차 소비자, 개구리는 2차 소비자, 뱀은 3차 소비자이자 최종 소비자이다.

03. 답 ④

해설 ㄱ, ㄷ, ㄹ. 개체 수는 일정한 공간에 서식하는 생물의 개체 수이며, 생물량은 일정한 공간에 서식하는 생물 전체의 무게이다. 안정적인 생태계에서 개체 수, 생물량, 에너지양을 하위 영양 단계부터 차례대로 쌓아올리면 피라미드 형태가 된다.

바른 풀이 ㅁ. 에너지 효율은 생태계의 한 영양 단계에 대한 다음 영양 단계로 이동하는 에너지의 비율로서 일반적으로 에너지 효율은 상위 영양 단계로 갈수록 높아진다.

ㄴ. 개체는 하나의 독립된 생명체이며, 개체의 무게는 보통 상위 영양 단계로 갈수록 증가한다.

04. 답 ③

해설 ㄱ. 이 생태계에서 올빼미는 '풀(생산자) → 들쥐(1차 소비자) → 올빼미(2차 소비자)' 또는 '풀(생산자) → 메뚜기(1차 소비자) → 개구리(2차 소비자) → 올빼미(3차 소비자)'로 먹이 관계가 이루어지므로 2차 소비자이면서 3차 소비자이다.

ㄷ. 생태계에서는 하나의 생물종이 여러 생물종에게 잡아먹히고 또 하나의 생물종은 여러 생물종을 잡아먹기도 하므로 여러 개의 먹이 사슬이 얽혀 복잡한 먹이 그물을 나타낸다. 따라서 생물들은 여러 먹이 사슬에 동시에 연결된다.

바른 풀이 ㄴ. 토끼의 개체 수가 증가하면 토끼를 잡아먹는 호랑이와 뱀, 매의 개체 수가 일시적으로 증가하고, 토끼의 먹이가 되는 풀의 개체 수는 일시적으로 감소한다. 사슴은 토끼와 같은 먹이 사슬을 이루지 않는다. (토끼의 개체 수 증가로 풀의 개체 수가 감소하므로 풀을 먹는 사슴의 개체 수는 감소할 수 있다.)

05. 답 ④

해설 안정된 생태계는 생물량, 개체 수, 에너지양이 상위 영양 단계로 갈수록 피라미드 형태로 줄어들 때 형성된다.

06. 답 먹이 관계

해설 생태계에서 생물이 살아가는데 필요한 에너지는 유기물의 형태로 먹이 관계를 통해 하위 영양 단계의 한 생물에서 상위 영양 단계의 다른 생물로 전달되므로 생태계의 평형은 먹이 관계에 의해 유지된다.

07. 답 (1) X (2) O (3) O

해설 (2) 생물 군집은 생태계를 구성하는 요소이므로 생태계가 평형을 유지하기 위해서는 생물 군집이 안정적으로 유지되어야 한다.

(3) 안정된 생태계에서는 어떤 생물의 개체 수가 일시적으로 증가 또는 감소하여 생태계 평형이 깨지더라도 먹이 관계가 복잡하게 얽혀 있으므로 생태계 평형을 회복할 수 있다.

바른 풀이 (1) 생물 다양성이 높으면 생물의 종류가 많아 먹이 관계가 복잡하게 형성되므로 한 생물종이 멸종하더라도 다른 생물종이 멸종 할 확률이 낮다. 따라서 생태계 평형이 잘 유지된다.

08. 답 ①

해설 ㄱ. 늑대의 사냥을 허용한 시점부터 늑대의 개체 수가 감소함에따라 사슴의 개체 수는 늘어나고 초원 생산량은 감소하였으므로 이 생태계는 초원에 있는 풀은 사슴이 먹고, 사슴은 늑대가 먹는 먹이 사슬(풀 → 사슴 → 늑대)을 이룬다는 것을 알 수 있다.

바른 풀이 ㄴ. 1905년 이전, 사슴의 개체 수가 늑대보다 적기 때문에 사슴 개체군을 보호하고자 1905년에 사슴의 포식자인 늑대의 사냥을 허용한 것이지만, 1930년 경 사슴의 개체 수는 늑대의 사냥을 허용하기 전보다 더 감소하였으므로 인위적으로 포식자를 제거할 경우 생태계는 불안정해진다는 것을 알 수 있다.

ㄷ. 1920년대 이후 사슴의 개체 수가 감소한 것은 늑대의 사냥을 허용함에 따라 늑대의 개체 수가 줄어들어 사슴의 개체 수가 급격하게 늘어남에 따라 사슴의 먹이인 초원의 생산량이 감소하였기 때문이다.

09. 답 ②

해설 C. 생태계 평형은 생물의 종류, 개체 수가 일시적으로 변하더라고 회복되어 평형을 유지하는 안정된 생태계로서 이는 생물의 종류, 개체 수, 에너지 흐름이 급격히 변하지 않는 상태를 의미한다.

바른 풀이 A. 생물 다양성은 생태계 평형 유지와 관련이 있다. 생태계 평형은 기본적으로 먹이 관계에 의해 유지되므로 생물종이 다양하여 먹이 관계가 복합하게 얽혀있으면 생태계 평형이 잘 유지된다.

B. 생태계 평형은 환경 변화에 의해 생물의 종류, 개체 수가 일시적으로 변하더라도 회복되어 평형을 유지하는 안정된 생태계이다.

10. 답 ②

해설 주어진 생태계에서 풀은 생산자, 토끼는 1차 소비자, 매는 2차 소비자이다.

ㄴ. 토끼(1차 소비자)의 개체 수 증가로 인해 ㉠에서 매(2차 소비자)의 개체 수가 증가하고 풀(생산자)의 개체 수가 감소하므로 ㉡에서 먹이가 부족해진 토끼(1차 소비자)의 개체 수는 감소한다. 따라서 토끼(1차 소비자)의 개체 수는 ㉡보다 ㉠에서 더 많다.

바른 풀이 ㄱ. 1차 소비자인 토끼의 개체 수가 증가하였으므로 ㉠에서는 토끼의 먹이인 풀의 개체 수가 감소한다.

ㄷ. ㉢에서 생태계 평형의 회복되었다는 것은 새로운 평형 상태에 도달하였다는 것이고, 원래의 개체 수가 회복되었다는 것을 의미하지는 않는다.

11. 답 생태 통로

해설 도로, 댐의 건설 등으로 단절된 야생 동물의 서식지를 연결하기 위해 인공적으로 만들어 놓은 야생 동물의 이동 통로를 '생태 통로'라고 한다.

12. 답 (1) O (2) X (3) X

해설 (1) 도심에 무질서하게 세워진 도시의 건물은 공기 순환을 원활하지 못하게 하므로 오염 물질이 쌓이게 되고, 기온이 높아져 열섬 현상이 나타나 생물의 생태계가 깨진다.

바른 풀이 (2) 생태 통로는 생물의 서식지의 단절을 막기 위해 설치하는 인공 구조물이다.

(3) 홍수, 가뭄, 산사태, 산불, 화산 폭발 등 자연재해로 인해 숲의 파괴, 토양의 유실이 발생하면 생물의 서식지가 사라지므로 생물 다양성이 낮아지고 생태계의 먹이 그물에 변화가 일어나 생태계 평형이 깨질 수 있다. 즉, 생태계 평형을 유지하는 한계를 넘어서

는 환경 변화를 일으킬 수 있다.

13. 답 ②

해설 ㄴ. 도로 건설로 인해 단절된 생물들의 서식지를 연결하기 위해 인공적으로 만든 야생 동물의 이동 통로를 '생태 통로'라고 한다. 생태 통로를 만드는 것은 서식지가 단절된 생물들의 서식지를 다시 연결시켜주는 역할을 하므로 생태계의 보전을 위한 인간의 활동이다.

바른 풀이 ㄱ. 멸종 위기종을 복원하기 위해서는 천연기념물로 지정하여 보호하거나 종자 은행을 설립하는 것이다.

ㄷ. 생태 통로 설치는 생물의 다양성을 증가시키고, 생태계의 먹이 관계를 복잡하게 만들어 생태계의 평형 유지 능력을 높이는 방법 중 하나이다. 그림은 도로 건설, 택지 개발 등에 의해 서식지가 분리되는 서식지 단편화가 아니다.

14. 답 ③

해설 ㄱ. 멸종 위기에 처한 생물을 천연기념물로 지정하면 생물종을 보호할 수 있어 생태계를 보전할 수 있다.

ㄴ. 산을 깎아 도로를 건설할 때 나뉘는 동물의 서식지를 연결하기 위해 인공적으로 야생 동물의 이동 통로(생태 통로)를 설치하면 동물들이 자유롭게 이동할 수 있기 때문에 서식지의 단편화를 막을 수 있다.

바른 풀이 ㄷ. 해양 생물들의 서식지인 갯벌을 둑으로 막고 그 안의 물을 빼내어 육지로 만드는 간척 사업은 해양 생태계를 파괴시키는 예이다.

15. 답 A, 영양 단계를 거칠 때마다 각 영양 단계에 속한 생물의 에너지는 생명 활동을 통해 열에너지로 일부분 방출되므로 영양 단계가 단순할수록 사람이 사용할 수 있는 에너지양이 많아져 더 많은 사람을 부양할 수 있다.

해설 생산자에서 1차 소비자로, 1차 소비자에서 2차 소비자로 이동할 때의 에너지는 각 영양 단계에 속한 생물(생산자, 1차 소비자)이 생명 활동을 통해 열에너지로 방출하고 남은 것이다. 그러므로 B보다 A에서 같은 양의 고구마로 더 많은 사람을 부양할 수 있다.

16. 답 사슴을 보호하고자 늑대를 인위적으로 제거하기 위해 늑대 사냥을 허용한 결과 사슴의 개체 수가 급증하였으나 사슴의 먹이가 부족해져 결국 사슴의 개체 수는 다시 크게 줄어들었다. 따라서 자연적으로 피식(사슴)과 포식(늑대) 관계가 성립된 생태계를 인간이 인위적으로 바꾸면 생태계가 평형을 잃게 된다는 것을 알 수 있다.

해설 안정된 생태계에 인간이 간섭하면 생태계 평형을 파괴할 수 있다.

17. 답 열섬 현상, 도시 중심부에 숲을 조성하거나 도시 건물의 옥상에 정원을 설치하여 가꾸면 열섬 현상을 해결할 수 있다.

해설 열섬 현상은 도심의 기온이 주위의 기온보다 높아지는 현상이다. 무질서하게 세워진 도시의 건물로 인해 공기 순환이 원활하지 못하면 오염 물질이 쌓이게 되고, 이에 따라 기온이 높아져 열섬 현상이 나타나 생태계가 위협받는다.

03. 지구 환경 변화와 인간 생활

개념체크 356 ~ 359 쪽

01. (1) X (2) O (3) O (4) X **02.** ①
03. (1) O (2) X (3) O **04.** ④
05. (1) X (2) O

01. 답 (1) X (2) O (3) O (4) X

해설 (2) 지질 시대에는 기온이 낮아진 빙하기와 기온이 높아진 간빙기가 여러 차례 반복되었다.

(3) 빙하는 햇빛을 잘 반사하므로 빙하 면적이 감소한 지역은 지표면의 반사율이 감소한다.

바른 풀이 (1) 기온이 높고 강수량이 많을수록 나무의 나이테 간격은 넓게 나타난다.

(4) 대규모 화산 활동은 기후 변화의 지구 내적 원인에 해당한다. 지구 외적 원인에 의한 기후 변화는 지구 자전축의 기울기, 지구 자전축의 경사 방향, 지구 공전 궤도 모양 변화 등이다.

02. 답 ①

해설 ① 해수면의 상승은 지구 온난화로 인해 나타나는 결과이다.

바른 풀이 ②, ⑤ 지구 온난화에 가장 큰 영향을 미치는 온실 기체는 이산화 탄소이다. 식물은 이산화 탄소를 흡수하여 광합성을 하는데, 지나친 삼림 벌채가 일어나면 식물의 광합성이 감소하므로 대기 중 이산화 탄소의 양이 증가한다.

③ 화석 연료를 연소하는 과정에서 이산화 탄소가 방출된다.

④ 가축은 호흡을 할 때 이산화 탄소를 방출하고, 소화 활동에 의해 메테인을 배출한다.

03. 답 (1) O (2) X (3) O

해설 (1) 한반도는 지구 온난화의 영향으로 아열대 기후구가 점차 북쪽으로 확대되고 있다.

(3) 한반도의 연평균 기온 상승률은 지구 전체보다 크다.

바른 풀이 (2) 지구 온난화의 영향으로 평균 기온이 점차 상승하고 있어 개나리, 벚꽃 등 봄꽃의 개화 시기가 점차 빨라지고 있다.

04. 답 ④

해설 ④ 황사 발생 빈도의 증가는 사막화로 인한 피해이다.

바른 풀이 대기 대순환의 변화(③)에 따른 지속적인 가뭄(⑤)은 사막화의 자연적인 원인이며, 과도한 방목(①), 과도한 경작, 무분별한 삼림 벌채(②) 등은 사막화의 인위적인 원인이다.

05. 답 (1) X (2) O

해설 (2) 평상시보다 무역풍이 약해질 때 적도 부근 동태평양 해역의 표층 수온이 높게 유지되는 현상으로서 이때 따뜻한 표층 해수는 동쪽으로 이동하여 엘니뇨가 발생한다.

바른 풀이 (1) 아열대 해역의 표층 순환은 북반구에서는 시계 방향으로, 남반구에서는 시계 반대 방향으로 순환하여 적도를 경계로 대칭을 이룬다.

꼭 짚기!

360 ~ 361 쪽

1. ③ **2.** ③ **3.** (1) 북적도 해류, 남적도 해류 (2) 시계, 반시계, 대칭 **4.** ③

1. 답 ③

해설 ㄱ. (나) 그래프에서 지구의 기온이 높을 때 대기 중 CO_2 농도도 높았으므로 지구 기온과 CO_2의 농도는 비례 관계이다.
ㄴ. 기온 편차가 크면 당시의 지구 기온이 높은 것이다. (나) 그래프에서 40만 년 동안 기온 편차(당시 기온 - 현재 기온)는 거의 음의 값이었으므로 현재 기온보다 대체로 낮았다는 것을 알 수 있다.

바른 풀이 ㄷ. (가) 빙하 속 공기 방울은 과거의 공기이므로 이를 분석하면 빙하가 형성된 당시 대기 성분을 알 수 있다. 과거 번성하였던 생물의 다양한 서식 환경 변화(식생 변화)는 빙하, 해저 퇴적물 등에 포함된 화석을 통해 추정할 수 있다.

2. 답 ③

해설 ㄱ. 이산화 탄소 농도가 증가함에 따라 지구 평균 기온 변화도 증가하는 추세를 나타내므로 이산화 탄소의 농도는 기온과 대체로 비례한다. (1960년대부터 이산화 탄소 농도 증가율에 따른 기온 증가율이 증가하였다.)
ㄷ. 지구 온난화는 온실 기체의 양이 급증하면서 지구의 평균 기온이 상승하는 현상이다. 지구 온난화에 가장 큰 영향을 미치는 온실 기체인 이산화 탄소는 산업 혁명 이후 화석 연료의 사용량이 급격하게 증가함에 따라 증가하였다.

바른 풀이 ㄴ. 지구의 평균 기온은 2000년대 들어 더 가파르게 증가하는 추세이다.

3. 답 (1) 북적도 해류, 남적도 해류 (2) 시계, 반시계, 대칭

해설 (1) 적도 ~ 30°부근(해들리 순환)의 지상에서 부는 무역풍에 의해 발생하는 표층 해류에는 동 → 서 방향으로 흐르는 북적도 해류와 남적도 해류가 있다.
(2) 대기 대순환에 의해 동서 방향으로 흐르는 해류가 대륙에 막히면 해류의 방향이 남북 방향으로 바뀌면서 원형의 표층 순환을 형성한다. 위도 30°부근 아열대 해역에서 북반구는 시계 방향으로, 남반구는 시계 반대 방향으로 순환한다. 따라서 아열대 해역에서의 표층 순환은 적도를 경계로 대칭을 이룬다.

4. 답 ③

해설 (가)는 평상시, (나)는 엘니뇨 발생 시 대기와 해양의 모습이다. 무역풍이 평상시보다 약화되면 적도 부근의 따뜻한 표층 해수가 동쪽으로 이동하여 적도 부근 동태평양의 표층 수온이 평상시보다 높아지게 되어 엘니뇨가 발생한다.
ㄱ. 무역풍의 세기는 (가) 평상시보다 (나) 엘니뇨 발생 시 약하다.
ㄴ. 엘니뇨가 발생하면 적도 부근 서태평양의 해수의 표층 수온이 평상시보다 낮아져 해수의 증발이 감소하고, 기압이 높아져 하강 기류가 발생하여 강수량이 감소한다.

바른 풀이 ㄷ. 엘니뇨가 발생하면 적도 부근 동태평양 해수의 표층 수온이 평상시보다 높아져 해수의 증발이 활발하고, 기압이 낮아져 상승 기류가 발생하여 강수량이 증가한다.

스스로 실력 높이기

362 ~ 365 쪽

01. ② **02.** ④ **03.** ③ **04.** (1) X (2) O (3) O **05.** (1) 북상 (2) 북쪽 (3) 빨라지고
06. ④ **07.** ① **08.** ㉠ 저위도 ㉡ 고위도
09. ③ **10.** ④ **11.** ⑤
12. (1) O (2) X (3) O **13.** ④
14. 약, 높아, 엘리뇨 **15.** ① **16.** ④
17, 18. 해설 참조

01. 답 ②

바른 풀이 ② 지진파 연구는 지구의 내부 구조를 알아내는 데 이용되므로 지구의 기후 변화 연구와는 거리가 멀다.

해설 ① 기온이 높고 강수량이 많을수록 나무의 생장 속도가 빨라져 나이테 간격이 넓다. 나이테는 1년에 하나씩 형성되므로 1년 단위의 기후 변화를 알 수 있다.
③ 산호는 온난한 해양 환경에서 서식하는 생물이다.
④ 지층 속 꽃가루 화석 연구를 통해 과거 식물 분포를 알 수 있다.
⑤ 빙하 속에는 과거의 공기 방울이 갇혀 있어서 그 당시의 대기 성분을 알 수 있으므로 그 당시의 기후를 추정할 수 있다.

02. 답 ④

해설 ㄴ. 기온이 높고 강수량이 많을수록 나무의 생장 속도가 빨라져 나이테 간격이 넓다.
ㄷ. 빙하를 구성하는 물 분자의 산소 동위 원소비를 통해 빙하 생성 당시의 기온을 추정할 수 있다.

바른 풀이 ㄱ. 나이테 분석을 통해 기온과 강수량의 변화 등은 알 수 있지만, 대기 조성을 알기는 어렵다. 당시의 대기 조성은 빙하 코어에 있는 공기 방울 분석을 통해 알 수 있다.

03. 답 ③

해설 ㄱ. 지구 변화의 지구 외적 원인에는 지구 자전축 기울기 및 기울기 방향 변화, 지구 공전 궤도 모양의 변화, 태양 활동 변화 등이 있다.
ㄷ. 지구 자전축의 기울기가 변하면 여름과 겨울에 지구가 받는 태양 복사 에너지양이 변하게 되어 기온의 연교차가 변한다.

바른 풀이 ㄴ. 기후 변화의 지구 내적 원인에는 대규모 화산 분출, 수륙 분포의 변화, 대기 중 이산화 탄소의 농도 변화, 지표면 변화로 인한 반사율 변화 등이 있다.

04. 답 (1) X (2) O (3) O

해설 (2) 지구 온난화로 인해 우리나라는 점차 아열대 기후 지역이 북쪽으로 확대되고 있다.
(3) 대기 중 온실 기체의 농도가 증가하면 지구 온난화가 발생하여 빙하가 녹고, 수온이 상승하여 해수의 부피 팽창(열팽창)이 일어나 해수면이 상승한다.

바른 풀이 (1) 지구 온난화로 인해 해수의 온도가 높아지므로 태풍의 세력은 더 강해지며, 발생 빈도도 커진다.

05. 답 (1) 북상 (2) 북쪽 (3) 빨라지고

해설 (1) 지구 온난화에 의해 사과, 한라봉 등 농작물의 재배지가 북상하며, 수온의 상승으로 난류성 어종의 서식지가 점차 북상한다.
(2) 아열대의 기후구는 지구 온난화에 의해 점차 북쪽으로 이동한다.
(3) 지구 온난화로 지구의 평균 기온이 상승하므로 봄꽃의 개화 시기는 점차 빨라지고 있다.

06. 답 ④

해설 ㉡, ㉣ 지구 온난화로 인해 지구의 평균 기온이 상승하면 빙하가 녹아 대륙 빙하의 면적이 감소하여 지표면의 반사율이 감소한다.
바른 풀이 ㉠ 화석 연료를 사용하면 온실 기체인 이산화 탄소가 배출되므로 대기 중 이산화 탄소의 양이 증가한다.
㉢ 지구 온난화가 일어나면 해수의 온도는 상승한다.

07. 답 ①

해설 ㄱ. 지난 100년 간 우리나라의 평균 기온의 변화는 지구 전체의 평균 기온이 상승하는 추세와 비슷하다.
바른 풀이 ㄴ. 연평균 기온의 변동 폭은 우리나라가 지구 전체 평균보다 더 크게 나타난다.
ㄷ. 우리나라의 평균 기온이 지구 전체의 평균 기온보다 높게 나타나므로 해수면 상승률이 지구 전체 평균보다 낮다고 할 수 없다.

08. 답 ㉠ 저위도 ㉡ 고위도

해설 저위도는 에너지 과잉, 고위도는 에너지 부족이므로 대기 대순환과 표층 해류의 순환을 통해 저위도의 남은 에너지가 고위도로 이동하면서 불균형이 해소된다.

09. 답 ③

해설 ㄱ. 대기와 해수의 순환에 의해 에너지 과잉 상태인 저위도 지역(㉡)에서 에너지 부족 상태인 고위도 지역(㉠)으로 에너지가 이동한다.
ㄷ. 위도별 에너지가 불균형하므로 대기와 해수의 순환이 일어나 불균형을 해소한다.
바른 풀이 ㄴ. ㉠(고위도)은 에너지가 부족한 상태이며, ㉡(저위도)은 에너지가 남는 상태이다.

10. 답 ④

해설 ㄴ. (가)는 극순환, (나)는 페렐 순환, (다)는 해들리 순환이다.
ㄷ. 지구가 자전하기 때문에 대기의 순환은 적도에서 극 사이에 3개의 순환(극순환, 페렐 순환, 해들리 순환)으로 나타난다.
바른 풀이 ㄱ. (가)의 지상에서는 극동풍, (나)의 지상에서는 편서풍, (다)의 지상에서는 북동 무역풍이 분다.

11. 답 ⑤

해설 ㄴ, ㄹ, ㅁ. 북태평양 해류, 북대서양 해류, 남극 순환류는 편서풍에 의해 형성된 표층 해류이다.
바른 풀이 ㄱ, ㄷ. 북적도 해류와 남적도 해류는 무역풍에 의해 형성된 표층 해류이다.

12. 답 (1) O (2) X (3) O

해설 (1) 쿠로시오 해류는 저위도에서 고위도로 흐르는 난류이다.
(3) 대기 대순환의 바람인 극동풍, 편서풍, 무역풍에 의해 형성되는 표층 해류는 동서 방향으로 흐르다가 대륙에 의해 흐름이 막히면 남북 방향으로 흐른다.
바른 풀이 (2) 남극 순환 해류는 편서풍에 의해 서쪽에서 동쪽으로 흐른다.

13. 답 ④

해설 ㄴ. 지구 온난화에 의한 대기 대순환의 변화에 따른 지속적인 가뭄은 사막화가 나타나는 자연적인 원인이다.
ㄷ. 사막은 대기 대순환에 의해 하강 기류가 나타나는 위도 30° 부근의 중위도 고압대에 많이 분포하며, 중위도 고압대는 날씨가 맑고 건조하여 사막이 많이 분포한다.
바른 풀이 ㄱ. 사막은 대기 대순환에서 하강 기류가 발달하는 위도 30° 부근(중위도 고압대 지역)에 주로 분포한다.

14. 답 약, 높아, 엘니뇨

해설 그림은 태평양의 적도 부근에서 부는 무역풍이 평상시보다 약해져서, 따뜻한 표층 해수가 동쪽으로 이동하여 태평양 동쪽 페루 연안 해역의 표층 수온이 높아지는 엘니뇨 현상이다.

15. 답 ①

해설 ㄴ. 동태평양 페루 해역의 표층 수온은 (가) 엘니뇨 발생 시 높다. 이때 페루 해역은 해수 증발량이 많아 강수량도 많다.
바른 풀이 ㄱ. 동태평양 해수면의 온도가 평년보다 높은 (가)는 엘니뇨 시기이며, 평년보다 낮은 (나)는 라니냐 시기이다.
ㄷ. (가) 엘니뇨 시기에는 남동 무역풍이 약해지므로 남적도 해류의 유속은 평상시보다 약하다.

16. 답 ④

해설 ④ 동태평양에서 서태평양으로 이동하는 무역풍이 약해지면 서태평양에 수증기의 공급이 줄어들기 때문에 서태평양 지역에 가뭄이 심해지고 대규모 산불이 발생한다.
바른 풀이 엘니뇨는 무역풍이 평상시보다 약해질 때(①) 발생하는데, 이때 동태평양 적도 부근 해수의 이동이 느려지면서 동태평양 해역에서 용승 현상이 약해져서(⑤) 수온이 평상시보다 상승(②)한다. 따라서 동태평양 해역의 해수의 기온 상승으로 해수의 증발이 활발하고 상승 기류가 발달함에 따라 홍수와 폭우가 발생한다. 서태평양 지역은 동태평양과 반대로 하강 기류가 발달하여 고기압대가 형성(③)된다.

17. 답 화석 연료의 사용량이 증가하면 대기 중 이산화 탄소의 농도가 증가하고, 이로 인해 온실 효과가 심화되어 지구의 평균 기온이 상승한다.

해설 지구 온난화는 대기 중 온실 기체의 양이 증가하면서 지구의 평균 기온이 계속 상승하는 현상이다. 지구 온난화의 주요 원인은 산업 혁명 이후 급증한 화석 연료의 사용이다.

18. 답 해수와 대기의 순환에 의해 저위도 지방의 남은 에너지가 고위도 지방으로 이동함으로써 에너지 평형을 이루기 때문이다.

해설 지구 전체는 복사 평형을 이루지만 지구는 구형이므로 위도별로 에너지 평형은 이루고 있지 않다. 지구의 에너지 불균형은 해수와 대기의 순환에 의해 에너지가 많은 쪽에서 적은 쪽으로 이동함으로써 해소된다. 따라서 지구의 평균 온도는 거의 일정하게 유지되는 것이다.

04. 에너지의 전환과 효율적 이용

개념체크 367 ~ 369 쪽

01. (1) 150 (2) 40
02. (1) ① ㄹ ② ㄴ ③ ㅁ (2) ① ㅂ ② ㄹ ③ ㄷ ④ ㄹ
03. 300 **04.** (1) O (2) X (3) O
05. 하이브리드 자동차 **06.** 에너지 제로 하우스

01. 답 (1) 150 (2) 40

해설 (1) 열기관에서 에너지는 보존되므로 공급한 열(Q_1 = 250J)은 한 일(W = 100J)과 저열원으로 방출한 열(Q_2)의 합과 같다.

$Q_1 = W + Q_2 \rightarrow 250\,J = 100\,J + Q_2,\ Q_2 = 150\,J$

(2) 열효율(e) = $\frac{W}{Q_1} \times 100 = \frac{100}{250} \times 100 = 40(\%)$

02. 답 (1) ① ㄹ ② ㄴ ③ ㅁ (2) ① ㅂ ② ㄹ ③ ㄷ ④ ㄹ

해설 (2) ① 폭포에서 물이 떨어질 때 높은 곳에 있는 물이 가진 퍼텐셜 에너지(ㅂ)가 운동 에너지로 전환된다.

② 식물은 태양의 빛에너지를 이용하여 포도당을 합성하고 산소를 대기 중에 방출한다. 이때 빛에너지가 화학 에너지(ㄹ)로 전환된다.

③ 전기 난로는 전기 에너지(ㄷ)가 빛에너지와 열에너지로 전환된다.

④ 휴대 전화를 충전하는 과정에서 전기 에너지는 화학 에너지(ㄹ)의 형태로 배터리에 저장된다.

03. 답 300

해설 조명 기구의 에너지 효율이 40% 이므로 빛에너지 외에 사용할 수 없는 에너지로 전환된 비율은 60% 이다.
따라서 빛에너지 외에 사용할 수 없는 에너지로 전환된 에너지는 $500\,J \times \frac{60}{100} = 300(J)$ 이다.

04. 답 (1) O (2) X (3) O

해설 (1) 에너지 소비 효율이 1등급인 제품을 사용하면 5등급 제품을 사용할 때보다 약 30 ~ 40% 의 에너지를 절감할 수 있다. 즉 1등급에 가까운 제품일수록 에너지 효율이 높아 에너지를 절약할 수 있다.

(2) 에너지 보존 법칙에 의해 전체 에너지는 보존되지만 에너지가 다른 에너지로 전환될 때마다 우리가 이용할 수 있는 에너지의 양은 점차 감소하기 때문에 에너지를 절약해야 한다.

(3) 우리가 사용하는 전기 에너지의 대부분을 화석 연료로부터 얻는다. 이 과정에서 버려지는 열에너지가 많고, 여러 오염 물질이 방출되므로 전기 에너지를 효율적으로 사용하여 화석 연료의 사용량을 줄여야 한다.

+ 강의 370 쪽

Q1. 답 ① 전기 에너지 → 운동 에너지
④ 운동 에너지 → 전기 에너지 → 화학 에너지

해설 하이브리드 자동차가 출발하면 전기 모터를 사용하여 저속 주행을 하게 된다. 출발 및 저속 주행시에는 전기 에너지가 운동 에너지로 전환된다.
내리막길에서 감속 주행시 연료 공급이 중단되고 자동차의 운동 에너지가 코일 등에 의해 전기 에너지로 전환되고 다시 화학 에너지로 전환되어 배터리에 저장된다.

Q2. 답 하이브리드 자동차의 장점은 운행 중 버려지는 에너지를 전기 에너지로 전환하여 다시 사용하므로 일반 자동차보다 에너지 효율이 높고, 환경 오염을 줄일 수 있다.
단점은 차의 구조가 복잡하기 때문에 생산 원가가 높고, 배터리를 사용하므로 차가 무겁다.

해설 하이브리드 자동차는 저속 주행 시에는 전기 모터 특유의 정숙성 덕분에 조용한 운전이 가능하고, 전기를 사용하면서 엔진도 함께 사용하므로 주행 거리 제약이 없다. 하지만 전기 배터리를 사용하기 때문에 관리를 잘못할 경우 감전의 위험성이 있으며, 휘발유나 디젤 등의 화석 연료도 함께 사용하기 때문에 소량이라 해도 배기가스가 발생하게 되므로 완벽한 친환경 자동차라고 칭하기에는 무리가 있다.

꼭 짚기! 371 쪽

1. (1) A 전기 에너지, B 화학 에너지
(2) ㉠ 전열기 ㉡ 텔레비전, LED ㉢ 연소, 세포 호흡
2. (1) 0.7 (2) 0.25 (3) 350 (4) 250

1. 답 (1) A 전기 에너지, B 화학 에너지
(2) ㉠ 전열기 ㉡ 텔레비전, LED ㉢ 연소, 세포호흡

해설

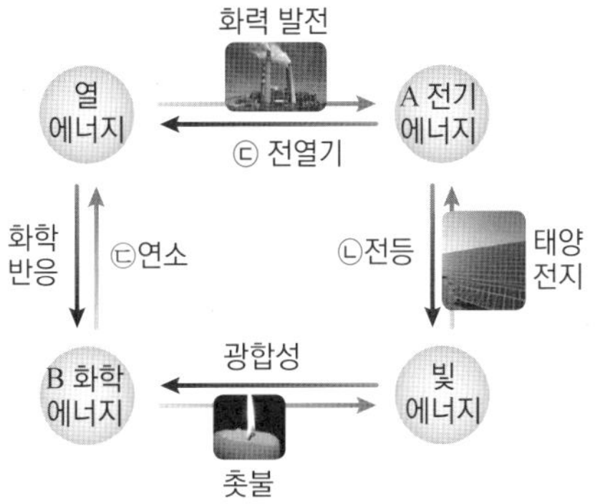

(1) 태양 전지는 태양 빛에너지를 전기 에너지로 전환시키는 장치이고, 화력 발전은 물을 끓여 나온 증기(열에너지)를 이용하여 터빈을 회전시켜 전기 에너지를 발생시키는 발전 방식이다. 따라서 A는 전기 에너지이다.
식물은 빛에너지를 이용하여 광합성을 통해 양분(화학 에너지)을 얻으며, 촛불은 양초의 화학 에너지를 이용하여 불(빛에너지)을 밝힌다. 따라서 B는 화학 에너지이다.

(2) ㉠ 전기 에너지 → 열에너지로 전환되는 대표적인 예로는 전열기가 있다. 또한 휴대 전화를 사용할 때 열이 발생하는 것도 전기 에너지가 열에너지로 전환되는 예이다.
㉡ 전기 에너지 → 빛 에너지로 전환되는 예로는 텔레비전, 휴대 전화 화면, 전등, LED 전구 등이 있다.
㉢ 화학 에너지 → 열에너지로 전환되는 대표적인 예로는 음식물

섭취 시 음식물의 화학 에너지가 몸에 저장되었다가 세포 호흡을 통해 운동 에너지와 열에너지로 방출되는 경우가 있다. 또한 연소 현상도 화학 에너지가 열 에너지로 전환되는 예이다.

2. 답 (1) 0.7 (2) 0.25 (3) 350 (4) 250

해설 (1) $W = 210\text{ J}$, $Q_2 = 90\text{ J}$

$Q_1 = W + Q_2 = 210\text{ J} + 90\text{ J} = 300\text{ J}$ 이므로,

열효율 $e = \dfrac{W}{Q_1} = \dfrac{210\text{ J}}{300\text{ J}} = 0.7$ 이다.

(2) $Q_1 = 400\text{ J}$, $Q_2 = 300\text{ J}$

$Q_1 = W + Q_2 \rightarrow 400\text{ J} = W + 300\text{ J}$, $W = 100\text{ J}$

열기관의 열효율 $e = \dfrac{W}{Q_1} = \dfrac{100\text{ J}}{400\text{ J}} = 0.25$ 이다.

(3) $e = 0.3$, $Q_1 = 500\text{ J}$

$e = \dfrac{W}{Q_1} \rightarrow 0.3 = \dfrac{W}{500}$, $W = 150\text{ J}$

열기관이 방출하는 에너지

$Q_2 = Q_1 - W = 500\text{ J} - 150\text{ J} = 350\text{ J}$ 이다.

(4) $e = 0.2$, $Q_2 = 200\text{ J}$

$e = \dfrac{W}{Q_1} \rightarrow 0.2 = \dfrac{W}{Q_1}$, $Q_1 = 5W$

$Q_1 = W + Q_2 \rightarrow 5W = W + Q_2 \quad Q_2 = 4W = 200$

$W = 50\text{ J}$ 이므로, 열기관에 공급된 에너지 $Q_1 = 250\text{ J}$ 이다.

스스로 실력 높이기

372 ~ 375 쪽

01. (1) O (2) X (3) O **02.** ④ **03.** ②
04. ③ **05.** ④ **06.** ④ **07.** 열에너지
08. ⑤ **09.** ④ **10.** ③ **11.** ㉠ 0.25 ㉡ 0.5
12. ② **13.** 63 **14.** ③ **15.** ④ **16.** ⑤
17. ④ **18 ~ 20.** 해설 참조

01. 답 (1) O (2) X (3) O

해설 (1) 과학에서 에너지는 일을 할 수 있는 능력을 의미한다.
(3) 에너지는 여러 가지 형태로 전환될 수 있지만 새롭게 생겨나거나 소멸되지 않으며 전체 양은 항상 일정하다.

바른 풀이 (2) 물체가 외부에 한 일의 양만큼 물체의 에너지는 변한다. 물체의 에너지의 변화량 = 물체가 한 일의 양 이다.

02. 답 ④

바른 풀이 ④ 가스레인지로 물을 끓이는 경우 LNG(천연가스)의 화학 에너지가 열에너지로 전환되어 물에 에너지를 전달한다.

해설 ① 드라이어는 전기 에너지가 열에너지로 전환되어 머리를 말릴 수 있다.
② 노트북은 전기 에너지가 화면이나 스피커를 통해 빛에너지, 소리 에너지 등으로 전환된다.
③ 휴대 전화 내부에 있는 소형 전동기가 전기 에너지를 이용하여 휴대 전화를 진동시켜 운동을 일으킨다.
⑤ 화산은 지구 내부의 열에너지가 용암이나 화산재 등의 분출물의 역학적 에너지로 전환된다.

03. 답 ②

해설 롤러코스터는 전동기에 의해 높은 지점까지 올라간 후, 최고 지점에서 아래로 내려오면서 속력이 점점 빨라진다. 이때 퍼텐셜 에너지(㉠)가 운동 에너지(㉡)로 전환되고, 롤러코스터가 다시 올라갈때는 운동 에너지(㉡)가 퍼텐셜 에너지(㉠)로 전환된다. 마찰이나 공기 저항이 없을 때 롤러코스터의 역학적 에너지(㉢)는 항상 일정하게 보존된다. 역학적 에너지 = 운동 에너지 + 퍼텐셜 에너지 이다.

04. 답 ③

해설 (가) 반딧불이 : 화학 에너지 → 빛에너지
(나) 광합성 : 빛에너지 → 화학 에너지
(다) 음식물의 소화 : 화학 에너지 → 운동, 열에너지
공통적으로 나타나는 에너지의 형태는 화학 에너지로, 화학 에너지는 화학 결합을 통해 물질에 저장된 에너지이다.

05. 답 ④

해설 (가) 역학적 에너지는 공기 또는 면과의 마찰에 의해 열에너지로 전환된다.
(나) 태양열 발전은 태양열 에너지를 전기 에너지로 전환시키는 과정이다.
(다) 빛에너지는 광합성을 통하여 생물 내부의 화학 에너지로 전환된다.

06. 답 ④

해설 ㄱ. ⓐ 배터리 충전 과정에서는 전기 에너지가 배터리의 화학 에너지로 전환된다.
ㄴ. ⓑ 의 모든 에너지 전환 과정에서 열에너지가 필수적으로 발생하므로 열에너지가 포함된다.

바른 풀이 ㄷ. ⓒ LED 램프는 전기 에너지를 공급할 때 빛을 발생시킨다. 전기 에너지 → 빛에너지로 전환되는 과정이다.

07. 답 열에너지

해설 에너지가 전환될 때마다 항상 에너지의 일부는 쓸모없는 열에너지로 전환되기 때문에 유용한 에너지의 양은 점차 감소한다.

08. 답 ⑤

해설 ⑤ 같은 양의 열에너지를 공급했을 때, 열효율이 높을수록 더 많은 일을 한다.

바른 풀이 ①, ② 열기관은 열에너지를 일로 전환하는 장치로, 열에너지가 역학적 에너지로 전환되는 과정에서 공급한 에너지의 일부만 역학적 에너지로 전환되고, 나머지는 열에너지 형태로 손실된다. 따라서 열효율은 항상 1(100%)보다 작다.
③ 열효율이 높은 열기관일수록 방출되는(버려지는) 열에너지의 양이 적다.
④ 열효율은 열기관에 공급한 열에너지 중 일로 전환된 비율이다.

09. 답 ④

해설 ㄱ. 같은 전지에 연결하면 같은 양의 에너지를 공급하는 것이므로, 열효율이 높은 B가 더 밝다.
ㄷ. 같은 양의 열에너지를 공급했을 때, 열효율이 높을수록 더 많

은 일을 한다. 이때 버려지는 에너지는 열효율이 높을수록 더 작다. 따라서 버려지는 에너지는 A가 B보다 많다.

바른 풀이 ㄴ. 같은 양의 에너지를 공급했을 때 에너지 효율이 클수록 많은 일을 한다. B가 A보다 더 많은 일을 한다.

10. 답 ③

해설 열효율이란 열기관에 공급한 에너지(Q_1) 중 실제로 열기관이 한 일(W)이 차지하는 비율이다. 한 일 $W = Q_1 - Q_2$ 이므로, 열효율은 다음과 같다.

$$e = \frac{W}{Q_1} = \frac{Q_1 - Q_2}{Q_1} = 1 - \frac{Q_2}{Q_1}$$

11. 답 ㉠ 0.25 ㉡ 0.5

해설 자동차의 엔진과 화력 발전소의 발전기에 공급된 열(Q_1)은 각각 36,000 kJ 이다. 이때 방출한 열(Q_2)(: 버려진 열)이 각각 27,000 kJ, 18,000 kJ 이므로, 각각의 열효율은 다음과 같다.

$$e = \frac{W}{Q_1} = \frac{Q_1 - Q_2}{Q_1} = 1 - \frac{Q_2}{Q_1}$$

㉠ $e_{엔진} = 1 - \frac{27,000}{36,000} = 0.25$, ㉡ $e_{발전기} = 1 - \frac{18,000}{36,000} = 0.5$

12. 답 ②

해설 열효율 $e = \frac{W}{Q_1}$ 이므로, $Q_1 = \frac{W}{e} = \frac{18}{0.2} = 90$ J 이고,

$Q_1 = W + Q_2 \rightarrow Q_2 = Q_1 - W = 90\text{ J} - 18\text{ J} = 72$ J 이다.

13. 답 63

해설 열효율(%) = $\frac{\text{한 일}}{\text{공급한 에너지}} \times 100$

$\rightarrow 15 = \frac{W}{420} \times 100$ 이므로, $W = 63$ kJ 이다.

14. 답 ③

해설 전기 에너지가 열에너지와 빛에너지 이외의 다른 에너지로 전환되지는 않았으므로 공급된 에너지는 25 J + 75 J = 100 J 이다. 전구는 불을 밝히는 용도로 사용되므로, 유용하게 사용된 에너지 = 빛에너지 = 25 J 이다. 따라서

에너지 효율(%) = $\frac{\text{유용하게 사용된 에너지}}{\text{공급한 에너지}} \times 100$

$= \frac{25\text{ J}}{100\text{ J}} \times 100 = 25$ (%) 이다.

15. 답 ④

해설 ㄱ. 하이브리드 자동차란 엔진과 전기 모터(전동기), 배터리를 함께 사용하여 버려지는 열에너지의 양이 일반 자동차에 비해 적어 에너지 효율이 높다.

ㄷ. 언덕을 오를 때와 같이 큰 구동력이 필요할 때에는 전기 모터가 엔진을 보조하여 연료를 절약한다. 이때 엔진에서는 연료의 화학 에너지에서 전환된 열에너지가 역학적 에너지로 전환되고, 전기 모터에서는 배터리의 화학 에너지에서 전환된 전기 에너지가 역학적 에너지로 전환된다.

바른 풀이 ㄴ. 하이브리드 자동차는 감속할 때 운동 에너지를 전환하여 얻은 전기 에너지를 저장하여 큰 구동력이 필요할 때 사용한다. 열에너지를 전기 에너지로 전환하는 것은 나타나지 않는다.

16. 답 ⑤

해설 ㄴ. 한 일이 같을 때 열효율이 낮을수록 방출한 열이 많다. 따라서 등급 숫자가 클수록 방출하는 열이 많다.

ㄷ. 에너지 소비 효율 등급이 1등급에 가까운 제품일수록 불필요한 열에너지를 적게 발생시켜 에너지를 절약할 수 있다.

바른 풀이 ㄱ. 흡수한 열에너지가 모두 일로 전환되는 열기관은 존재할 수 없다.

17. 답 ④

해설 낭비되는 에너지를 줄이고 필요한 에너지를 화석 연료 없이 친환경적으로 얻는 미래형 주택을 에너지 제로 하우스라고 한다.

ㄷ. 성능이 좋은 단열재와 이중, 삼중창, 환기 시스템을 사용하여 빠져나가는 열을 줄인다.

바른 풀이 ㄱ. 필요한 에너지는 태양광이나 지열과 같은 재생 에너지를 통해 얻는다. 에너지 제로 하우스는 화석 연료의 사용을 줄이기 위해 만든 것이다.

18. 답 · 전등 : 전기 에너지 → 빛에너지

· 선풍기 : 전기 에너지 → 운동 에너지

· 텔레비전 : 전기 에너지 → 빛에너지, 열에너지, 소리 에너지

· 휴대 전화 충전 : 전기 에너지 → 화학 에너지

· 오디오 : 전기 에너지 → 소리 에너지

· 다리미 : 전기 에너지 → 열에너지

19. 답 자동차에 주입한 연료의 화학 에너지는 자동차 엔진에서 운동 에너지로 전환되어 일을 한 후 나머지는 배기 가스, 냉각수, 마찰 등에 의한 열에너지로 전환된다. 자동차 A와 B의 열기관의 열효율은 공급 에너지에 대한 주행하는데 사용된 에너지의 비이다. 각각 다음과 같다.

$$A = \frac{21}{100} \times 100 = 21\ (\%),\quad B = \frac{39}{150} \times 100 = 26\ (\%)$$

같은 양의 연료를 주입하였을 때 열효율이 높을수록 더 많은 일을 하므로, 열효율이 높은 자동차 B의 주행 거리가 자동차 A보다 더 길다.

20. 답 에너지 전환 과정에서 에너지의 일부가 사용할 수 없는 열에너지로 전환되기 때문에 에너지의 총량은 보존되지만 사용 가능한 에너지의 양은 감소한다. 따라서 에너지를 절약해서 사용해야 한다.

단원마무리

376 ~ 383 쪽

01. ④	**02.** ③	**03.** ①	**04.** ②	**05.** ⑤
06. ③	**07.** ⑤	**08.** ③	**09.** ③	**10.** ①
11. ②	**12.** ②	**13.** ②	**14.** ④	**15.** ③
16. ④	**17.** ㉠ 대기 ㉡ 기후		**18.** ④	**19.** ①
20. ④	**21.** ⑤	**22.** ②	**23.** ④	**24.** ③
25. ④	**26.** ⑤	**27.** ③	**28.** ⑤	**29.** ④
30. ⑤	**31.** ④	**32.~ 33.** 해설 참조		

01. 답 ④

바른 풀이 ④ 생태계의 규모는 개체 < 개체군 < 군집 < 생태계이다.

해설 ① 개체는 하나의 독립된 생명체이므로 여우 한 마리는 개체에 해당한다.

②, ③, ⑤ 한 종의 여러 개체가 모여 개체군을 이루고, 서로 다른 종의 여러 개체군들이 모여 군집을 이루며 여러 군집들이 모여 생태계를 이룬다.

02. 답 ③

해설 ㄷ. ㉢ ~ ㉤은 생물적 요인인 개체군들이 서로 영향을 주고받는 '상호 작용'을 나타낸 것이다.

ㄹ. 위도에 따라 온도가 달라지므로 그 온도에 적응하는 생물의 분포도 달라진다. 그러므로 위도에 따른 비생물적 요인(온도)이 생물적 요인(식물)에 영향을 주는 '작용'(㉡)에 해당한다.

바른 풀이 ㄱ. 개체군은 일정한 지역에서 같이 사는 같은 종 개체들의 무리이다.

ㄴ. 비생물적 요인이 생물적 요인에 영향을 주는 것은 '작용'이라고 하며, 생물적 요인이 비생물적 요인에 영향을 주는 것은 '반작용'이라고 한다.

03. 답 ①

해설 (가)는 소비자, (나)는 분해자, (다)는 비생물적 요인(환경), (라)는 생산자이다.

ㄱ. (가) 소비자, (나) 분해자, (라) 생산자는 생물적 요인으로서 서로 영향을 주고 받는다.(상호 작용)

바른 풀이 ㄴ. (나) 분해자가 (다) 비생물적 요인에 영향을 주는 것은 '반작용'에 해당한다.

ㄷ. (다) 비생물적 요인이 (라) 생산자에 영향을 주는 것은 '작용'에 해당한다.

04. 답 ②

해설 ㄷ. (나)는 강한 빛을 받아 울타리 조직이 발달한 두꺼운 잎이며, 그에 비해 (가)는 약한 빛을 받아 상대적으로 울타리 조직이 덜 발달한 얇은 잎이다. 따라서 (가)와 (나)의 잎의 두께 차이는 빛의 세기와 관련이 있다.

바른 풀이 ㄱ. 같은 식물체 내에서도 강한 빛을 받는 잎과 약한 빛을 받는 잎은 울타리 조직의 발달 차이가 나므로 빛의 세기에 식물의 잎이 적응한 결과이다.

ㄴ. 빛을 많이 받을수록 울타리 조직이 두꺼워지므로 (가)보다 (나)의 울타리 조직이 더 발달하였다.

05. 답 ⑤

해설 ㄱ. 지렁이가 낙엽이나 썩은 뿌리 등을 분해하면 토양이 비옥해지므로 A는 생물적 요인(지렁이)이 비생물적 요인(토양)에 영향을 준 것이다.

ㄴ. 물이 부족한 건조한 지역의 건생 식물은 생존에 필요한 물을 확보하기 위해 저수 조직이 발달하는 쪽으로 적응하였으므로 B는 비생물적 요인(물)이 생물적 요인(식물)에 영향을 준 것이다.

ㄷ. (가) 연꽃은 물속에 사는 수생 식물로서 관다발이나 뿌리가 잘 발달해 있지 않으며, 통기 조직이 발달하였다. 통기 조직은 공기가 부족한 물 속에서 광합성과 호흡에 필요한 기체를 공급하고 물에 뜨는 역할을 한다. 이와 같은 현상은 연꽃이 물에 적응하여 살기 위한 것이다. (나) 선인장은 건조한 지역에 사는 건생 식물로서 수분 손실을 최소화하기 위해 잎을 가시로 변화시켜 수분 증발을 막는 쪽으로 적응하였다.

06. 답 ③

해설 ③ 빛의 파장에 따라 물을 투과하는 정도가 다르기 때문에 수심에 따른 도달하는 파장의 종류가 다르다. 파장이 짧을수록 물에 대한 투과도가 커서 깊은 곳까지 도달한다.

07. 답 ⑤

해설 ㄱ, ㄴ. 더운 지역에 사는 사막 여우는 체외로 열을 많이 방출해야 하므로 귀, 코, 입 등 몸의 말단 부위가 크게 발달하였다. 추운 지역에 사는 북극여우는 체외로 방출되는 열의 양을 줄이기 위해 몸집이 크고 피하 지방층이 두껍게 발달하였다.

ㄷ. 나비는 계절(기온)에 따라 몸의 크기, 형태, 색이 달라진다. 일반적으로 여름에 태어난 나비가 봄에 태어난 나비보다 더 크고 화려한 무늬를 지닌다.

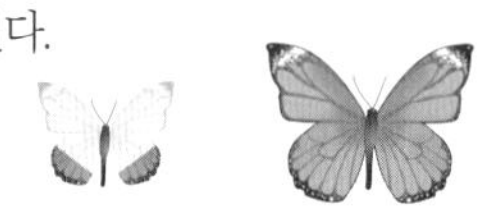

봄형 여름형

08. 답 ③

해설 ㄱ, ㄴ, ㄷ. 개체 수는 일정한 공간에 서식하는 생물의 개체 수이며, 생물량은 일정한 공간에 서식하는 생물 전체의 무게이다. 그림은 안정된 생태계의 생태 피라미드이며, 안정된 생태계에서 피라미드 모양을 나타내는 것은 에너지양, 생물량, 개체 수이다.

바른 풀이 ㄹ. 에너지 효율은 생태계의 한 영양 단계에 대한 다음 영양 단계로 이동하는 에너지의 비율로서 일반적으로 에너지 효율은 상위 영양 단계로 갈수록 높아진다.

ㅁ. 개체는 하나의 독립된 생명체이며, 개체의 크기는 보통 상위 영양 단계로 갈수록 커진다.

09. 답 ③

해설 ㄱ. 피라미의 개체 수가 증가하면 피라미의 먹이인 소금쟁이와 물달팽이의 개체 수는 감소한다. 그러므로 소금쟁이와 물달팽이의 먹이인 원생 동물의 개체 수는 증가한다.

ㄴ. 광합성을 하는 식물 플랑크톤과 수생 식물은 생산자이며, 먹이 관계의 최종 소비자인 왜가리는 4차 소비자이다.

· 수생 식물(생산자) → 올챙이(1차 소비자) → 붕어(2차 소비자) → 가물치(3차 소비자) → 왜가리(4차 소비자)
· 식물 플랑크톤(생산자) → 원생 생물(1차 소비자) → 붕어(2차 소비자) → 가물치(3차 소비자) → 왜가리(4차 소비자)
· 식물 플랑크톤(생산자) → 원생 생물(1차 소비자) → 붕어(2차 소비자) → 메기(3차 소비자) → 왜가리(4차 소비자)

바른 풀이 ㄷ. 원생 생물의 생명 활동에 사용된 에너지를 제외한 에너지가 붕어, 소금쟁이, 물달팽이에게 전달되지만, 올챙이로부터 받은 에너지도 붕어와 소금쟁이가 포함되어 있으므로 (붕어 + 소금쟁이 + 물달팽이)의 에너지가 원생 생물보다 반드시 작다고 할 수는 없다.

10. 답 ①

해설 ㄱ. 생물의 세포 호흡으로 방출된 열에너지는 생물이 다시 이용하지 못하고 생태계 밖으로 빠져나가므로 생태계에서 열에너지는 순환하지 않는다.

바른 풀이 ㄴ. 먹이 관계에서 생물의 생명 활동에 쓰이거나 세포 호흡을 통해 열에너지로 방출되고 남은 에너지가 상위 영양 단계로 이동하므로 상위 영양 단계로 갈수록 전달되는 에너지양은 점점 감소한다.

ㄷ. 생태계 평형에 영향을 주는 요인에는 먹이 관계, 생물 군집, 비생물적 요인이 있다. 먹이 관계에 의해 에너지 이동이 일어나므로써 생태계 평형이 유지되며, 생물 군집은 생태계 평형을 유지하기 위해 안정적으로 유지되어야 한다. 또한 생물이 살아가는 데 필요한 빛, 온도, 물, 공기, 토양 등 비생물적 요인이 적절하게 유지되어야 생태계가 평형을 이룰 수 있다.

11. 답 ②

해설 ㄷ. 1905년에 사슴의 개체 수를 보호하고자 사슴의 포식자인 늑대의 사냥을 허용한 것이지만, 1930년 경 사슴의 개체 수는 늑대의 사냥을 허용하기 전보다 급격하게 감소하였으므로 인위적으로 포식자를 제거하는 인간의 개입은 생태계 평형을 깨뜨릴 수 있음을 알 수 있다.

바른 풀이 ㄱ. 늑대의 사냥을 허용한 시점부터 늑대의 개체 수가 감소함에 따라 사슴의 개체 수는 늘어나고 초원 생산량은 감소하였으므로 이 생태계는 초원에 있는 풀은 사슴이 먹고, 사슴은 늑대가 먹는 먹이 사슬(풀 → 사슴 → 늑대)을 이룬다. 따라서 풀은 생산자, 사슴은 1차 소비자, 늑대는 2차 소비자이다.

ㄴ. 1930년대 초반까지 초원 생산량의 감소는 1차 소비자인 사슴의 개체 수 증가가 원인인데, 이는 늑대의 사냥을 허용함에 따라 사슴의 개체 수가 증가하였기 때문이다.

12. 답 ②

해설 ㄴ. 천적이 없는 토착 생태계에 적응하여 토착 생태계를 파괴하므로 생물 다양성을 감소시키는 생물들이다.

바른 풀이 ㄱ, ㄷ. 황소 개구리, 블루길, 뉴트리아는 토착 생태계에 적응한 외래종이며, 토착 생태계에 천적이 없어 생태계의 먹이 관계를 파괴한다.

13. 답 ②

해설 ㄱ. 생산자의 에너지양에 대한 1차 소비자의 에너지양의 비율은 초원 생태계에서 가장 높으므로 1차 소비자의 에너지 효율은 초원 생태계에서 가장 높다.

ㄷ. 삼림 생태계는 에너지의 대부분이 생산자에 저장되어 있고, 1차 소비자와 2차 소비자 그리고 3차 소비자의 에너지양은 상대적으로 매우 적다.

바른 풀이 ㄴ. 삼림 생태계의 1, 2, 3차 소비자의 에너지양은 각각 초원과 해양 생태계의 1, 2, 3차 소비자보다 적지만, 생산자부터 3차 소비자까지 에너지양의 비율은 피라미드 모양을 나타내므로 안정적인 생태계에 해당한다. 불안정한 생태계는 상위 영양 단계가 하위 영양 단계보다 큰 경우이다.(역전)

ㄹ. 초원 생태계는 1차 소비자의 에너지양이 가장 많으므로 생산자로부터 가장 많은 에너지를 전달받았다.

14. 답 ④

바른 풀이 가장 안정된 생태계는 생산자 -1차 소비자 - 2차 소비자- 3차 소비자로 가며 개체 수, 생물량 등이 피라미드 형태로 줄어드는 생태계이다.

15. 답 ③

해설 ㄱ. D가 사라지면 D를 먹이로 하는 G의 수가 일시적으로 감소하고, D의 먹이인 생산자 A, B의 수는 일시적으로 증가한다. 따라서 D가 사라지면 일시적으로 생태계의 평형은 깨질 것이다.

ㄷ. 생산자 A가 사라지면 A만을 먹이로 하는 C가 사라지고, C만을 먹이로 하는 F도 사라진다. 또한 생산자 B가 사라지면 B만을 먹이로 하는 E가 사라지고, E만을 먹이로 하는 H도 사라진다. 따라서 생산자 중 한 종이 사라지면 적어도 두 종의 생물이 사라진다.

바른 풀이 ㄴ. H가 사라지면, 일시적으로 E의 개체 수가 늘어나게 되고, E가 먹이로 섭취하는 B의 개체 수는 감소하게 된다.

16. 답 ④

바른 풀이 ④ 하천에 콘크리트 제방을 쌓고 물길을 직선화함으로써 인공 하천을 만드는 것은 생물의 서식지를 훼손하는 일이다. 자연 재료(나무, 풀, 흙, 돌 등)를 이용하여 자정 능력을 갖춘 자연형 하천을 만든다면 생물들의 서식지를 보호할 수 있다.

해설 ① 삼림 또는 하천 등 생물의 서식지를 함부로 훼손하지 못하도록 제도적으로 엄격하게 규제하는 것은 생태계를 보전하는 방법 중 하나이다.

② 산을 깎아 도로를 건설할 때 나뉘는 동물의 서식지를 연결하기 위해 인공적으로 야생 동물의 이동 통로('생태 통로')를 설치하면 동물들이 자유롭게 이동할 수 있기 때문에 서식지의 단편화를 막을 수 있다.

③ 도시 건물의 옥상에 정원을 설치하여 가꾸고, 도시 중심에 숲을 조성하면 생물의 서식지가 늘어나므로 생태계를 보전할 수 있으며, 도시의 열섬 현상을 줄일 수 있다.

⑤ 생물의 서식지를 보전하기 위해서는 생태적 가치가 높은 곳을 국립 공원으로 지정하여 관리한다.

17. 답 ㉠ 대기 ㉡ 기후

해설 · 빙하에 포함된 공기 방울은 그 당시의 공기이므로 그것을 이용하여 당시의 대기 성분을 알 수 있다.

· 빙하의 얼음을 구성하는 물 분자의 산소 동위 원소비로부터 기후 변화를 추정할 수 있다.

18. 답 ④

해설 ㄴ. 빙하는 여름에 녹고 겨울에 언다. 그러므로 빙하 코어에는 나무의 나이테처럼 1년 간격으로 층(줄무늬)이 형성된다.

ㄷ. 눈이 쌓이고 다져져서 빙하가 형성되는 과정에서 공기가 갇히므로 빙하 코어에서는 생성 당시의 공기가 포함되어 있다.

바른 풀이 ㄱ. 기후가 온난하고 강수량이 많을수록 나무의 생장 속도가 빨라지므로 나무의 나이테 간격은 기온이 높을수록 넓다.

19. 답 ①

바른 풀이 ① 지구 온난화로 지구의 평균 기온이 상승하면 빙하가 융해되고 해수가 열팽창하여 해수면이 상승한다.

해설 ② 지구 온난화로 인해 해수면이 상승하면 해안 저지대가 침수되어 육지 면적이 줄어든다.

③ 지구 온난화로 인해 생물의 서식 환경이 변하면 멸종 위기 생물종이 증가하므로 생물 다양성이 낮아진다.

④ 지구 온난화로 인해 수온이 상승하면 강수량과 증발량이 변하므로 집중 호우, 가뭄 등 기상 이변이 발생하며, 폭풍 해일, 대규모 태풍 등이 발생한다.

⑤ 지구 온난화로 인한 수온 상승으로 해수의 증발량이 증가한다.

20. 답 ④

해설 ㄴ. 고위도인 극지방은 유입되는 태양 복사 에너지보다 방출되는 지구 복사 에너지양이 더 많다.

ㄷ. 태양 복사 에너지는 위도에 따라 다르게 유입되나, 방출되는 지구 복사 에너지는 모든 방향으로 거의 균일하게 나타난다.

바른 풀이 ㄱ. 저위도 지역에서 고위도 지역으로의 에너지의 이동은 A, B 지역을 통해서 이루어진다. 따라서 A, B 지역에서 에너지의 이동이 가장 활발하게 일어난다.

21. 답 ⑤

해설 ㄱ. C에서는 상승 기류에 의한 저압대가 형성되어 강수량이 많고, B에서는 하강 기류에 의한 고압대가 형성되어 강수량이 적다.

ㄴ. 지구가 자전하기 때문에 대기의 순환은 적도에서 극 사이에 3개의 순환으로 나타난다. 지구가 자전하지 않는다면 대기의 순환은 1개의 순환으로 단순하게 나타날 것이다.

ㄷ. ㉠은 극순환, ㉡은 페렐 순환, ㉢은 해들리 순환이다.

22. 답 ②

해설 ㄴ. 엘니뇨가 발생 시 서태평양의 표층 수온은 평상시보다 낮아진다.

ㄹ. 엘니뇨 발생으로 서태평양 표층 수온이 평상시보다 낮아지면, 해수의 증발이 감소하고 기압이 높아짐에 따라 하강 기류가 발생하여 가뭄이 심해지고 대규모 산불이 발생한다.

바른 풀이 ㄱ, ㄷ. 엘니뇨가 발생하면 서쪽으로 이동하던 따뜻한 해수의 흐름이 약해져서 서태평양의 표층 수온이 하강한다.

23. 답 ④

해설 ㄴ. 무역풍, 편서풍 등 바람에 의해 동서 방향으로 흐르던 해류가 대륙에 막히게 되면 방향이 바뀌어 남북 방향으로 흐른다.

ㄷ. 해수의 표층 순환은 북반구 아열대 해역에서는 시계 방향, 남반구의 아열대 해역에서는 시계 반대 방향으로 순환이 일어난다.

바른 풀이 ㄱ. 해수의 표층 순환은 해수면 위에서 지속적으로 부는 대기 대순환의 바람에 의해 발생한다.

24. 답 ③

해설 ㄱ. 쿠로시오 해류는 난류이고, 캘리포니아 해류는 한류이다. 난류는 한류보다 온도와 염분이 높다.

ㄷ. 위도에 따른 에너지 불균형은 대기 대순환과 해수 순환의 주요 원인이다.

바른 풀이 ㄴ. 표층 해류의 아열대 순환 방향은 대기 대순환의 영향을 받아 북반구에서는 시계 방향, 남반구에서는 시계 반대 방향이다.

25. 답 ④

해설 ㄱ. 에너지는 한 형태에서 다른 형태로 전환될 뿐 새로 생기거나 없어지지 않는다.

ㄷ. 에너지 보존 법칙에 의해 에너지의 총량은 보존되지만 에너지 전환 과정에서 열이나 소리와 같은 다시 사용하기 어려운 형태의 에너지로 전환되므로 공급된 에너지를 모두 사용할 수 없다.

바른 풀이 ㄴ. 에너지가 한 형태에서 다른 형태로 전환되는 과정에서 에너지의 총량은 변하지 않는다.

26. 답 ⑤

해설 ⑤ 열기관은 열에너지를 역학적 일로 전환하는 장치이다.

바른 풀이 ㉠ 열에너지 → 화학 에너지 : 화학 반응

㉡ 빛에너지 → 화학 에너지 : 광합성

화학 에너지 → 빛에너지 : 반딧불이

㉢ 빛에너지 → 전기 에너지 : 태양 전지

전기 에너지 → 빛에너지 : 발광 다이오드(LED)

㉣ 역학적 에너지 → 전기 에너지 : 발전기

화학 에너지 → 전기 에너지 : 건전지

27. 답 ③

해설 ㄷ. 마찰로 인해 유성의 역학적 에너지는 보존되지 않지만 열에너지, 빛에너지, 역학적 에너지를 합한 전체 에너지 양은 변하지 않고 일정하게 보존된다.

바른 풀이 ㄱ, ㄴ. 유성이 떨어질 때 유성의 감소한 퍼텐셜 에너지의 일부는 공기와의 마찰로 인해 열에너지나 빛에너지로 전환되므로 감소한 퍼텐셜 에너지 만큼 운동 에너지가 증가하지는 않는다.

28. 답 ⑤

해설 ㄱ. 열효율이란 열기관의 에너지 효율로 열기관에 공급한 에너지(Q_1) 중 실제로 열기관이 한 일(W)이 차지하는 비율이다. 따라서 한 일 $W = Q_1 - Q_2$ 이므로, 열효율은 다음과 같다(Q_2 = 방출한 열).

$$e = \frac{W}{Q_1} = \frac{Q_1 - Q_2}{Q_1} = 1 - \frac{Q_2}{Q_1}$$

ㄴ. W이 같을 때, 열효율 e 가 높을수록 공급받은 열 Q_1 이 작다.

ㄷ. Q_1 이 같을 때, 열효율 e 가 높을수록 W 가 크다.

29. 답 ④

해설 고열원에서 Q_1 의 열에너지를 공급받아서 W 의 일을 하고, Q_2 의 열에너지를 저열원으로 방출하는 열기관의 열효율 e 는 다음과 같다.

$$e = \frac{W}{Q_1} = \frac{Q_1 - Q_2}{Q_1} = 1 - \frac{Q_2}{Q_1}$$

ㄱ. 열효율($e = \frac{W}{Q_1}$)은 항상 1 보다 작으며, 열효율이 100% 가 되는 것은 불가능하다.

ㄴ. 같은 열에너지를 공급하였을 때 더 많은 일을 하고, 저열원으로 방출하는 열에너지가 적을수록 열효율이 높다. 즉, Q_1 이 일정할 때 W 가 클수록 열효율이 높다.

바른 풀이 ㄷ. $\frac{Q_2}{Q_1}$ 가 클수록 열효율이 낮다.

30. 답 ⑤

바른 풀이 ⑤ 고열원에서 Q_1 의 열에너지를 공급받아서 W 의 일을 하고, Q_2 의 열에너지를 저열원으로 방출하는 열기관의 열효율 (에너지 효율)e 는 다음과 같다.

$$e = \frac{W}{Q_1} = \frac{Q_1 - Q_2}{Q_1} = 1 - \frac{Q_2}{Q_1}$$

이때 방출되는 열인 Q_2 는 이 열기관에서는 쓸 수 없는 에너지이며, Q_2 가 작을 수록 에너지 효율이 크다.

31. 답 ④

바른 풀이 ④ 한 종류의 에너지가 감소하면 반드시 다른 형태의 에너지가 그만큼 증가하게 되어 전체적으로 에너지의 총량은 항상 일정하게 보존된다.

해설 에너지 보존 법칙에 따라 전체 에너지가 보존되더라도 에너지가 다른 에너지로 전환될 때마다 우리가 사용할 수 있는 에너지의 양은 점점 감소하고, 에너지를 절약할수록 화석 연료의 사용을 줄여 환경 오염을 줄일 수 있기 때문에 에너지를 절약하고 효율적으로 사용해야 한다.

32. 답 · 사용하지 않는 전기 제품의 플러그는 뽑아 놓는다.

· 에너지 절약 표시가 붙은 제품을 사용한다.

· 에너지 소비 효율 등급이 1등급에 가까운 제품을 사용한다.

33. 답 에너지 효율은 공급한 에너지 중에서 유용하게 사용된 에너지의 비율이다. 모든 에너지는 사용 과정에서 에너지 일부가 쓸 수 없는 열로 전환되어 주위로 흩어지기 때문에 열을 일로 모두 바꾸는 것은 불가능하다. 따라서 에너지 효율은 항상 1(= 100%) 보다 작으며, 에너지 효율이 높을수록 버려지는 열에너지의 양이 적다.

핵심 요약 1. 생태계와 환경 384 ~ 386 쪽

01 생태계 구성 요소와 환경

❶ 군집 ❷ 분해자 ❸ 반작용
❹ 빛의 세기 ❺ 온도 ❻ 저수 ❼ 적혈구

02 생태계 평형

❶ 그물 ❷ 영양 단계 ❸ 감소
❹ 생태 피라미드 ❺ 복잡 ❻ 회복
❼ 생태 통로 ❽ 천연기념물

03 지구 환경과 인간 생활

❶ 나이테 ❷ 빙하 ❸ 온실 기체
❹ 열팽창 ❺ 상승 ❻ 3 ❼ 대칭
❽ 저위도 ❾ 고위도 ❿ 사막화 ⓫ 약화
⓬ 동태평양 ⓭ 서태평양

04 에너지 전환과 효율적 이용

❶ 에너지 ❷ 퍼텐셜 에너지 ❸ 열에너지
❹ 화학 에너지 ❺ 전기 에너지
❻ 열기관

내신 기출 모의고사 1회

386 ~ 391 쪽

01. ②	02. ②	03. ③	04. ①, ③, ④
05. ②	06. ①	07. ①	08. ④
09. ②	10. ②	11. ⑤	12. ⑤
13. ④	14. ④	15. ③	16. ④
17. ④	18. ④	19. ④	20. ⑤
21. ③	22. ①	23. ⑤	24. ④

01. 답 ②

해설 ㄷ. 홍조류는 청색광이 도달하는 깊은 수심의 바다에 주로 분포하는데, 이는 광합성에 주로 청색광을 이용하기 때문이다.

바른 풀이 ㄱ. 녹조류는 주로 적색광을 이용하여 수심이 얕은 곳에 서식하지만, 수심이 얕은 곳에 도달하는 황색광과 청색광도 이용할 수 있다.

ㄴ. 갈조류에는 미역, 다시마 등이 있으며, 김은 홍조류이다.

02. 답 ②

해설 ㄴ. 소비자는 다른 생물(생산자 또는 다른 소비자)을 섭취하여 영양분을 얻는 생물이다.

바른 풀이 ㄱ. 버섯은 분해자이다.

ㄷ. 분해자는 다른 생물의 사체나 배설물에 포함된 유기물을 무기물로 분해하여 영양분을 얻는 생물이다.

03. 답 ③

해설 식물의 큐티클층은 식물체 안의 수분이 빠져나가는 것을 막는 역할을 하므로 건조한 환경에 서식하는 식물에 존재한다. 통기 조직은 세포 사이의 틈이 많은 조직으로서 식물체에서 공기가 이동할 수 있도록 돕는다. 이로 인해 수생 식물은 물 위에 떠서 살 수 있다. 즉, (가)는 건조한 환경에서 서식하는 식물이며, (나)는 물에 서식하는 식물이다.
ㄱ. 수생 식물은 관다발이나 뿌리가 잘 발달해 있지 않으므로 뿌리는 (가)가 (나)보다 잘 발달하였다.
ㄴ. (가)는 건생 식물, (나)는 수생 식물이다.
바른 풀이 ㄷ. 식물의 큐티클층은 식물체 안의 수분이 빠져나가는 것을 막는 역할을 한다.

04. 답 ①, ③, ④

해설 ① 토끼는 계절이 바뀔 때 털갈이를 하는데, 이는 환경이 생물에 영향을 미친 '작용'에 해당한다.
③ 외래종과 고유종은 서로 다른 종이며, 이들은 같은 먹이나 서식지를 두고 경쟁하며 생존하는 것이므로 생물적 요인 사이의 '상호 작용'에 해당한다.
④ 지구의 기온 상승의 결과가 생물에 영향을 미친 것이므로 '작용'에 해당한다.
바른 풀이 ② 동물이 식물의 개체수 증가에 영향을 주는 것이므로 소비자가 생산자에 영향을 주는 것이다. 이는 생물적 요인 사이의 '상호 작용'에 해당한다.
⑤ 인간의 활동에 의해서 지구의 온도가 올라간 것이므로 생물이 환경에 영향을 미친 '반작용'에 해당한다.

05. 답 ②

해설 지렁이가 흙 속을 이동함으로써 토양의 통기성을 높이는 것은 생물적 요인(지렁이)이 비생물적 요인(토양)에 영향을 주는 것이므로 '반작용'에 해당한다.
ㄴ. 생물적 요인(식물)이 비생물적 요인(온도)에 영향을 주는 것이므로 '반작용'에 해당한다.
ㄷ. 생물적 요인(생물)이 비생물적 요인(공기)에 영향을 주는 것이므로 '반작용'에 해당한다.
바른 풀이 ㄱ. 비생물적 요인(강수량)이 생물적 요인(옥수수)의 생장에 영향을 주는 것이므로 '작용'에 해당한다.
ㄹ. 토양의 깊이에 따라 적응하여 살아가는 세균의 종류가 다르므로 비생물적 요인(토양)이 생물적 요인(호기성, 혐기성 세균)에 영향을 주는 '작용'에 해당한다.

06. 답 ①

해설 (가) 민들레는 육상에서 서식하는 육상 식물, (나) 선인장은 건조한 지역에서 서식하는 건생 식물, (다) 연꽃은 물속에서 서식하는 수생 식물이다.
ㄱ. 육상 식물(민들레)의 대부분은 뿌리, 줄기, 잎이 잘 발달되어 있으며, 수생 식물(연꽃)은 관다발이나 뿌리가 잘 발달해 있지 않다.
바른 풀이 ㄴ. (나) 선인장은 건생 식물이므로 물이 부족한 곳에서 서식하기 위해 물을 저장하는 저수 조직이 발달하였다. 통기 조직은 연꽃과 같이 물속에 서식하기 때문에 공기가 부족한 수생 식물에서 공기의 이동 및 저장을 위해 발달한 것이다.
ㄷ. 알로에는 건생 식물이므로 (나) 선인장과 서식 환경이 유사하다.

07. 답 ①

해설 (가) 곤충 몸 표면의 키틴질은 체내 수분의 증발을 방지한다.
(나) 봄, 초여름에 피는 유채화는 장일 식물이다. 국화는 가을에 꽃이 피는 단일 식물이다. 일조 시간과 관련 있다.
(다) 고산 지대에는 공기 중 산소가 적기 때문에 고산 지대에 사는 사람의 혈액 속에는 적혈구가 많도록 적응이 되어 원활한 산소 공급을 한다.

08. 답 ④

해설 (가)는 비생물적 요인, (나)는 소비자, (다)는 생산자, (라)는 분해자이다.
ㄴ. 질소 고정 세균이 토양이 비옥하게 하는 것은 (라) 분해자인 질소 고정 세균이 (가) 비생물적 요인인 토양에 영향을 주는 것이다.
ㄷ. 공기가 희박한 고산 지대에 사는 사람들이 평지에 사는 사람들에 비해 혈액 속 적혈구의 수가 많은 것은 (가) 비생물적 요인인 공기가 (나) 생물적 요인인 사람에게 영향을 주는 것이다.
바른 풀이 ㄱ. 온도가 낮아지는 가을에 식물의 잎이 단풍으로 물드는 것은 (가) 비생물적 요인인 온도가 (다) 생산자인 식물에 영향을 주는 것이다.

09. 답 ②

해설 ㄴ. 전갱이가 2차 소비자인 경우 먹이 관계 : 식물 플랑크톤(생산자) → 멸치(1차 소비자) → 전갱이(2차 소비자)
전갱이가 3차 소비자인 경우 먹이 관계 : 식물 플랑크톤(생산자) → 동물 플랑크톤(1차 소비자) → 멸치(2차 소비자) → 전갱이(3차 소비자)
바른 풀이 ㄱ. 이 생태계에서 참치는 돌고래의 먹이가 되므로 최상위 영양 단계인 최종 소비자로 볼 수 없다.
ㄷ. 식물 플랑크톤은 양분을 스스로 만드는 생산자이며, 동물 플랑크톤은 식물 플랑크톤을 섭취하여 살아가는 1차 소비자이다.

10. 답 ②

해설 ㄴ. 에너지는 (라) 생산자 → (다) 1차 소비자 → (가) 2차 소비자 → (나) 3차 소비자순으로 전달된다.
바른 풀이 ㄱ. 에너지양은 하위 영양 단계에서 상위 영양 단계로 갈수록 감소하므로 에너지양이 가장 많은 (라)는 생산자, (다)는 1차 소비자, (가)는 2차 소비자, (나)는 3차 소비자이다.
ㄷ. (다) 1차 소비자의 개체 수가 일시적으로 증가하면, (라) 생산자의 개체 수는 감소하고, (가) 2차 소비자와 (나) 3차 소비자의 개체 수는 증가한다.

11. 답 ⑤

해설 개체군은 일정한 지역에서 함께 사는 같은 종 개체들의 무리이다.
ㄱ. 개체군 A ~ C는 이 생태계를 구성하는 생물 군집을 이루는 요소에 해당하므로 같은 군집이다.
ㄴ. 토끼가 여우에게 잡혀먹는 것은 서로 다른 개체군 사이의 상호 작용에 해당하므로 ㉠이다.
ㄷ. 원숭이들이 힘의 세기로 순위를 정하는 것은 같은 종의 개체들 무리에서 서열을 정하는 것이므로 ㉡에 해당한다.

12. 답 ⑤

해설 (가) 식충 식물은 토양에 부족한 질소를 얻기 위해 곤충을 잡아 분해하는 것이므로 토양과 관련 있다.

(나)는 식물의 줄기가 빛이 비치는 방향으로 굽어 자라는 것이므로 빛과 관련 있다.
(다)는 온도가 높은 사막 지역에서 열 방출이 원활하게 일어나도록 체표면적을 넓히는 방향으로 적응한 것이므로 온도와 관련 있다.

13. 답 ④

해설 ㄴ. 지렁이가 사라지면 지렁이만을 먹이로 섭취하는 지네가 사라지고, 지네만을 먹이로 섭취하는 두더지도 사라지게 된다.
ㄷ. 족제비와 독수리는 영양 단계 2차, 3차, 4차, 5차 소비자에 모두 해당한다.
· 1차 소비자 : 나비, 송충이, 다람쥐, 쥐, 지렁이
· 2차 소비자 : 거미, 지네, 도마뱀, 뱀, 참새, 족제비, 독수리
· 3차 소비자 : 참새, 두더지, 뱀, 족제비, 독수리
· 4차 소비자 : 뱀, 족제비, 독수리
· 5차 소비자 : 족제비, 독수리

바른 풀이 ㄱ. 도마뱀은 나뭇잎(생산자) → 송충이(1차 생산자) → 도마뱀(2차 생산자)로 먹이 관계가 이루어질 경우 2차 소비자에 해당하며, 낙엽(생산자) → 지렁이(1차 생산자) → 지네(2차 생산자) → 도마뱀(3차 소비자)으로 먹이 관계가 이루어질 경우에는 3차 소비자에 해당한다.

14. 답 ④

해설 ㄴ. 3종류의 개체군(목본 식물, 눈신토끼, 스라소니)의 먹이 사슬에서 영양 단계는 목본 식물(생산자) → 눈신토끼(1차 소비자) → 스라소니(2차 소비자)이다. 따라서 먹이 사슬의 상위 영양 단계로 갈수록 개체군의 생물량은 감소한다.
ㄷ. 스라소니가 사라지면 눈신토끼의 포식자가 없어 눈신토끼의 개체 수가 일시적으로 증가할 것이다.

바른 풀이 ㄱ. 생산자인 목본 식물이 광합성을 하여 유기물에 저장한 에너지는 먹이 사슬을 통해 상위 영양 단계로 전달된다. 이때 하위 영양 단계가 가지고 있던 에너지는 그 생물의 생명 활동에 쓰이거나 배설물 등으로 배출되고 남은 일부만이 상위 영양 단계로 전달된다.

15. 답 ③

해설 ㄱ. (가) 나이테 분석을 통해 기온과 강수량의 변화 등은 알 수 있지만, 대기 조성을 알기는 어렵다. (나) 눈이 쌓이고 다져져서 빙하가 형성되는 과정에서 공기가 포획되므로 빙하 코어에 있는 공기 방울을 분석함으로써 생성 당시의 대기 성분을 알 수 있다.
ㄷ. (가) 생존 기간이 겹치는 여러 나무들의 나이테를 비교하면 수천 년 전까지의 기후를 알 수 있다. (나) 빙하 시추를 통해 얻은 빙하 코어에는 1년에 하나씩 형성된 층이 존재하는데, 이를 통해 빙하의 생성 시기와 수십만 년 전까지의 기후를 알 수 있다. (다) 화석의 종류와 분포로부터 퇴적층이 형성될 당시 번성하였던 생물의 종을 연구할 수 있으며, 수억 ~ 수십억 년 전까지의 기후를 알 수 있다.

바른 풀이 ㄴ. (가) 나이테 와 (나) 빙하는 1년에 하나씩 형성되므로 1년 단위의 기후 변화를 알 수 있다. (다) 화석에는 1년 하나씩 형성되는 층이 존재하지 않는다.

16. 답 ④

해설 ㉠ 화석 연료를 사용하면 온실 기체인 이산화 탄소가 배출되므로 온실 효과가 증가한다.
㉡ 지구 온난화가 일어나면 해수의 온도는 상승한다.
㉣ 지구 온난화로 인해 지구의 평균 기온이 상승하면 빙하가 녹아 대륙 빙하의 면적이 감소하고 해수면의 높이는 증가한다.

바른 풀이 ㉢ 대륙 빙하의 면적이 감소하면 지표면의 반사율도 감소한다.
㉤ 지구 온난화로 지구의 평균 기온이 상승하면 해수의 온도가 상승하고 열팽창이 일어나 해수면의 높이가 높아지므로 육지의 면적은 감소한다.

17. 답 ④

해설 ㄴ. 지구 온난화에 의한 대기 대순환의 변화에 따른 지속적인 가뭄이 사막화의 원인이 될 수 있다.
ㄷ. 사막은 대기 대순환에서 공기가 하강하는 지역(아열대 고압대 지역)에서 비가 잘 내리지 않으므로 잘 발달한다.

바른 풀이 ㄱ. 적도 지방은 저압대로 비가 많이 온다.

18. 답 ④

해설 ㄴ. 화산 활동 시 이산화 탄소, 수증기 등의 온실 기체가 분출된다.
ㄷ. 온실 기체는 적외선을 잘 흡수하므로 주로 가시광선인 태양 복사 에너지는 거의 흡수하지 않고, 지구가 방출하는 지구 복사 에너지(주로 적외선)는 잘 흡수한다.

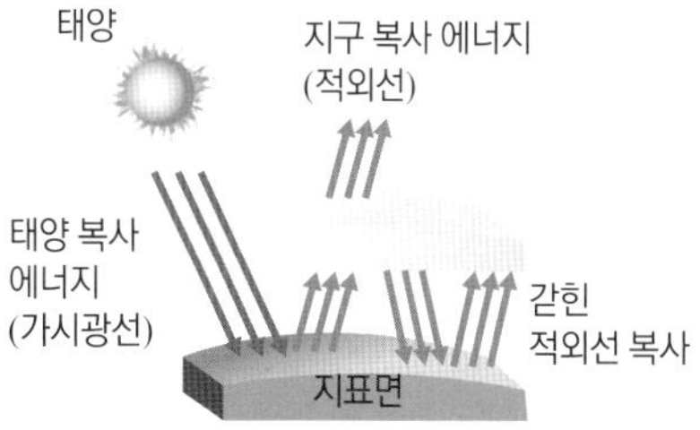

▲ 대기에 의한 온실 효과

바른 풀이 ㄱ. 온실 기체는 지구 복사 에너지를 흡수하여 온실 효과를 일으키는 기체로서 이산화탄소, 메테인, 산화 이질소, 오존, 수증기, 클로로플루오로탄소(CFC) 등이 있다.

19. 답 ④

해설 ㄴ. 적도 부근 동태평양 해역의 용승은 무역풍이 강하게 부는 (나) 라니냐 시기에 강해진다.
ㄷ. 동태평양 해수면의 온도가 평년보다 높은 (가)는 엘니뇨 시기이며, 동태평양 해수면의 온도가 평년보다 낮은 (나)는 라니냐 시기이다. (나) 라니냐 시기의 동태평양에서는 수온이 평상 시보다 낮아지므로 하강 기류가 발생하여 강수량이 감소한다. 따라서 가뭄이 발생할 가능성이 높다.

바른 풀이 ㄱ. 무역풍이 평상 시보다 약해질 때 (가) 엘니뇨가 발생하고, 무역풍이 평상 시보다 강해질 때 (나) 라니냐가 발생한다

20. 답 ⑤

바른 풀이 ⑤ 에너지 보존 법칙에 의해 에너지의 총량은 보존되지만 에너지 전환 과정에서 다시 사용하기 어려운 형태의 열이나 소리와 같은 에너지로 전환된다. 따라서 에너지를 사용할수록 사용 가능한 에너지의 양은 감소하므로 에너지를 절약해야 한다.

해설 ① 에너지란 일을 할 수 있는 능력으로 단위는 일의 단위와 같은 J(줄)을 사용한다.
②, ④ 에너지는 한 형태에서 다른 형태로 전환되며, 이때 사용할 수 없는 형태의 열에너지가 항상 발생하므로 우리는 공급된 에너지의 일부를 사용하는 것이다.
③ 일 = 에너지 변화량 이다.

21. 답 ③

해설 ㄷ. 바닥에서 튀는 공의 튀어오르는 높이가 점점 감소하는 이유는 감소한 만큼의 역학적 에너지가 열에너지나 소리 에너지 등으로 전환되었기 때문이다.
바른 풀이 ㄱ. 공이 처음 떨어뜨린 높이만큼 다시 튀어오르지 못했으므로 역학적 에너지는 보존되지 않는다.
ㄴ. 공이 운동하는 동안 에너지는 전환되었고, 이러한 에너지를 모두 합하면 처음의 역학적 에너지와 같다. 즉 에너지의 총량은 일정하다.

22. 답 ①

해설 ㄱ. 에너지 효율 등급이 1등급에 가까울수록 열효율이 크다.
바른 풀이 ㄴ. 열효율이 클수록 저열원으로 방출된 열에너지의 양이 적다. 따라서 따라서 공급한 에너지가 같을 때, 일을 하고 방출된 에너지는 (가)가 (나)보다 적다.
ㄷ. 열기관의 열효율 $e = \dfrac{W}{Q_1}$ 에서 한 일의 양 W 가 같을 때, 열효율이 클수록 공급한 에너지 Q_1 이 작다. 따라서 한 일의 양이 같을 때, 열기관에 공급한 에너지는 (가)가 (나)보다 적다.

23. 답 ⑤

해설 ㄱ. $Q_2 = 0$ 인 열기관은 흡수한 열에너지를 모두 일로 전환하는 경우로, 열효율이 100% 인 열기관은 만들 수 없다.
ㄴ. 열기관에 공급한 열에너지(Q_1)는 열기관이 한 일(W)과 방출된 열에너지(Q_2)의 합과 같다.

$$Q_1 = W + Q_2 \rightarrow W = Q_1 - Q_2$$

ㄷ. 열기관의 열효율 $e = \dfrac{W}{Q_1} = \dfrac{Q_1 - Q_2}{Q_1} = 1 - \dfrac{Q_2}{Q_1}$ 이다. 따라서 Q_2 가 일정할 때, Q_1 이 커질수록 열기관의 열효율은 커진다.

24. 답 ④

해설 ㄱ. 에너지 보존 법칙에 의해 연료에서 공급한 에너지의 총 합(100%) = 마찰열(46%) + 기계 부품의 열(20%) + 운동 에너지(㉠%) + 기타(10%) 이다. 따라서 ㉠은 24% 이다.
에너지 효율은 공급한 에너지 중에서 유용하게 사용된 에너지(일)의 비율이다. 자동차에서 유용하게 사용된 에너지는 자동차가 운동하는데 쓰이는 에너지이므로 이 자동차의 에너지 효율은 24% 이다.
ㄷ. 연료의 화학 에너지는 최종적으로 열에너지로 전환된다.
바른 풀이 ㄴ. 연료가 가진 화학 에너지가 자동차의 운동 에너지 열에너지로 전환되며, 소멸되지는 않는다.(에너지 보존 법칙)

내신 기출 모의고사 2회

392 ~ 395 쪽

01. ⑤	02. ④	03. ④	04. ⑤
05. ④	06. ③	07. ④	08. ②
09. ①	10. ③	11. ③	12. ①
13. ②	14. (가) 역학적 에너지 (나) 열에너지 (다) 화학 에너지 (라) 전기 에너지		
15. ㉠ B ㉡ A ㉢ C	16. ③	17. ④	

01. 답 ⑤

해설 ㄴ. 개체군은 일정한 지역에서 같이 사는 같은 종의 개체들의 무리이므로 개체군 A, B, C는 각각 같은 종의 개체로 구성되어 있다.
ㄷ. 지의류에 의해서 바위의 토양화가 촉진되었으므로 생물적 요인(지의류)이 비생물적 요인(토양)에 영향을 주는 '반작용'(㉡)에 해당한다.
ㄹ. 강수량이 감소하면 물이 부족하여 옥수수가 잘 생장하지 못하는 것은 비생물적 요인(물)이 생물적 요인(옥수수)에 영향을 주는 '작용'(㉠)에 해당한다.
바른 풀이 ㄱ. 개체군은 일정한 지역에서 같이 사는 같은 종의 개체들의 무리이므로 개체들끼리 먹이와 배우자를 두고 서로 경쟁한다.

02. 답 ④

해설 ㄴ, ㄷ. 식물 X는 밤의 길이가 12시간 이상이 되어야(낮의 길이가 밤의 길이보다 짧아야) 100% 개화되므로 일조 시간이 짧은 가을에 개화하는 단일 식물이다.
바른 풀이 ㄱ. 수선화는 밤의 길이가 짧고 낮의 길이가 길 때 꽃이 피는 장일 식물이다. 일조 시간이 길어지는 봄과 초여름에 꽃이 피는 장일 식물에는 수선화, 유채, 붓꽃, 보리, 상추 등이 있고, 단일 식물에는 코스모스, 나팔꽃, 국화 등이 있다.

03. 답 ④

해설 ㄴ. 저위도 갈라파고스 군도에서 고위도 남극 대륙으로 갈수록 온도가 낮아지며, 고위도 지역에 사는 펭귄은 저위도 지역에 사는 펭귄에 비해 부피에 대한 표면적의 비가 작으므로 체외로 열이 방출되는 것을 막을 수 있어 추위에 유리하다. 이와 같은 현상은 온도에 적응한 결과이다.
ㄷ. 온도가 낮아지면 초록색의 엽록소가 파괴되어 황색 또는 붉은색을 띠는 색소가 드러나 단풍이 들어 잎어 떨어지는 것이므로 낙엽수가 '온도'라는 환경 요인에 적응한 결과이다.
바른 풀이 ㄱ. 몸집이 커질수록 부피에 대한 표면적의 비가 작으므로 체외로 열이 방출하는 것을 막을 수 있다.

04. 답 ⑤

해설 ㄱ. 사슴은 소비자이므로 A는 소비자, B는 분해자이다.
ㄴ. 생산자에서 소비자로 유기물이 이동할 때(㉠)에는 먹이 사슬을 통해 하위 영양 단계에서 상위 영양 단계로 이동한다.
ㄷ. 생산자에서 분해자로 이동할 때(㉡)에는 사체의 형태로 이동하여 무기물로 분해된다.

05. 답 ④

해설 ㄴ. (다) 1차 소비자의 에너지양은 100이며, (나) 2차 소비자의 에너지양은 20이므로 (나) 2차 소비자의 에너지양은 (다) 1차 소비자의 에너지양의 20%이다.

ㄷ. 에너지 효율(%)은 = $\frac{\text{현 영양 단계의 에너지양}}{\text{전 영양 단계의 에너지양}} \times 100$이다.

(다) 1차 소비자의 에너지 효율은 10%, (나) 2차 소비자의 에너지 효율은 20%, (가) 3차 소비자의 에너지 효율은 50%이므로 상위 영양 단계로 갈수록 에너지 효율은 증가하였다.

바른 풀이 ㄱ. 생태 피라미드는 생물의 개체 수, 생물량, 에너지양을 하위 영양 단계부터 차례대로 쌓아올린 것이므로 (라)는 생산자, (다)는 1차 소비자, (나)는 2차 소비자, (가)는 3차 소비자이다.

06. 답 ③

해설 ㄱ. 1차 소비자의 생명 활동에 사용되거나 배설물로 배출되고 남은 에너지의 일부만이 2차 에너지로 이동한다.

ㄴ. 한 영양 단계의 개체 수가 감소하거나 증가하면 이와 관련된 다른 영양 단계의 개체 수도 변화되어 생태계는 다시 평형 상태를 회복하게 된다.

바른 풀이 ㄷ. 3차 소비자는 2차 소비자를 잡아먹는 생물이지만 생태계에 따라 3차 소비자를 잡아먹는 4차 소비자가 존재하는 생태계에서는 최종 소비자에 해당하지 않는다. 따라서 같은 생태계라도 어떤 생물종으로 구성된 생태계이냐에 따라 영양 단계가 바뀔 수 있다.

07. 답 ④

해설 ㄴ. 생산자인 (자)가 멸종되면 (자)만을 먹이로 섭취하는 (타)도 멸종된다. 따라서 1차 소비자이자 2차 소비자인 (아)는 (자)가 멸종되면 함께 멸종된다.

ㄷ. 생물 X가 도입된 후 (바)의 개체 수가 감소하였으므로 (바)의 먹이인 (사)의 개체 수는 일시적으로 증가한다.

바른 풀이 ㄱ. · 생산자 : (다), (자)

· 1차 소비자 : (나), (라), (바), (사), (아), (타)

· 2차 소비자 : (가), (마), (바), (아), (카),

· 3차 소비자 : (마), (차)

08. 답 ②

해설 ㄴ. 일시적으로 한 영양 단계에 속한 생물의 개체 수가 증가 또는 감소하여 생태계 평형이 깨지더라도 먹이 사슬에 의해 생태계 평형이 회복될 수 있다. 살충제 살포로 인해 메뚜기의 개체 수가 일시적으로 감소할 경우 메뚜기를 먹이로 하는 개구리의 개체 수가 감소하고, 메뚜기의 먹이인 풀은 증가한다.(㉢) 풀이 증가함에 따라 상위 영양 단계의 메뚜기, 개구리의 개체 수도 증가하게 되고 (㉡) 이로 인해 풀의 개체 수는 감소하여 원래 상태의 생태 피라미드로 회복된다.(㉠)

바른 풀이 ㄱ. 제초제를 뿌리면 생산자인 풀의 개체 수가 감소하는 것이다. 1차 소비자인 메뚜기의 개체 수가 일시적으로 크게 감소하였으므로 환경 변화 X는 살충제의 살포가 될 수 있다.

ㄷ. 생태계 평형은 기본적으로 먹이 관계가 기초가 되어 유지된다.

09. 답 ①

해설 ㄱ. 기후 변화의 지구 내적 원인에는 대규모 화산 분출, 수륙 분포의 변화, 대기 중 이산화 탄소의 농도 변화, 지표면 변화로 인한 반사율 변화 등이 있다.

지구 외적 요인에는 자전축의 기울기, 지구 자전축의 방향, 지구 공전 궤도 모양의 주기적 변화 등이 있다.

바른 풀이 ㄴ. 지구 자전축의 기울기가 변하면 위도별로 받는 태양 복사 에너지양의 차이가 발생하지만, 지구 전체가 받는 총 에너지양은 변하지 않는다.

ㄷ. 화산 분출은 기후 변화의 지구 내적 원인이다.

10. 답 ③

해설 ㄱ. 저위도에서 고위도로 에너지의 이동은 태양 복사 에너지양과 지구 복사 에너지양이 같아지는 A, B에서 가장 활발하게 일어난다.

ㄴ. 그래프에 나타나듯이 지구가 내보내는 지구 복사 에너지의 양은 저위도에서 고위도로 갈수록 적어진다.

바른 풀이 ㄷ. 적도 지방은 지구로 입사하는 태양 복사 에너지의 양이 우주로 방출되는 지구 복사 에너지의 양보다 많은 에너지 과잉 상태이며, 극지방은 그 반대이다. 해수와 대기의 순환에 의해 에너지는 저위도에서 고위도로 이동하여 에너지 불균형이 해소된다.

11. 답 ③

해설 ㄱ. (나)는 페렐 순환으로 지상에서는 남→북으로 불면서 서쪽으로 치우치는 바람인 편서풍이 분다.

ㄷ. 지구가 자전하지 않는다면 (가)~(다) 순환은 나타나지 않는다.

바른 풀이 ㄴ. (나)는 페렐 순환, (다)는 해들리 순환이다.

12. 답 ①

해설 ㄱ. (가) 엘니뇨는 무역풍이 약해질 때 발생하며, (나) 라니냐는 무역풍이 강해질 때 발생한다.

바른 풀이 ㄴ, ㄷ. (가) 엘니뇨는 무역풍이 평상 시보다 약해질 때 발생하는데, 적도 부근 동태평양 해역에서 심해로부터 찬 해수의 용승 현상이 약해져서 적도 부근의 따뜻한 해수가 서쪽으로 이동하지 않고 동태평양으로 이동한다. 따라서 동태평양의 해수의 기온 상승으로 해수의 증발이 활발하고 기압이 낮아져 홍수와 폭우가 발생한다. 한편, 따뜻한 바닷물이 서태평양 해역으로 이동하지 못해 서태평양 해역에서는 평상 시보다 표층 수온이 낮아져서 하강 기류가 발달하고 고기압대가 형성되어 가뭄과 대규모 산불이 발생한다.

엘니뇨와 반대로 (나) 라니냐는 무역풍이 평상 시보다 강해져서 따뜻한 해수가 동태평양에서 서태평양으로 더 많이 이동하게 되는 현상이다. 동태평양 해역에서는 심해로부터 찬 해수의 용승이 활발해져서 표층 수온이 평년보다 낮은 상태가 지속 되어 고기압이 형성되어 가뭄, 산불이발생하고, 따뜻한 해수가 서쪽으로 평상 시 보다 많이 이동함으로써 서태평양 해역은 강수량이 증가하여 폭우, 홍수가 발생한다. 따라서 엘니뇨와 라니냐 모두 대기 대순환의 영향을 많이 받는다.

13. 답 ②

해설 ② 핵분열에 의한 핵에너지로 원자력 발전을 한다.

바른 풀이 ① 전하의 이동에 의해 발생하는 에너지는 전기 에너지이다.

③ 석유, 석탄, 음식물 등에는 화학 에너지가 포함된다.

④ 원자나 분자의 운동에 의한 에너지는 열에너지이다.
⑤ 다른 형태로 전환하기 쉬운 에너지는 전기 에너지이다.

14. 답 (가) 역학적 에너지 (나) 열에너지 (다) 화학 에너지 (라) 전기 에너지

해설 에너지 전환 과정과 그에 해당하는 예는 다음과 같다.

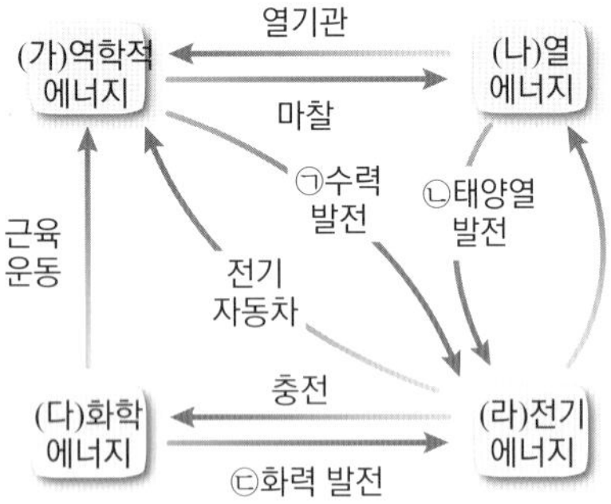

15. 답 ㉠ B ㉡ A ㉢ C

해설 A. 태양열 발전 : 열에너지 → 운동 에너지 → 전기 에너지
B. 수력 발전 : 퍼텐셜 에너지(역학적 에너지) → 운동 에너지 → 전기 에너지
C. 화력 발전 : 화학 에너지 → 열에너지 → 운동 에너지 → 전기 에너지

16. 답 ③

해설 (가) 열효율 $e_{(가)} = \frac{W_A}{Q_{1(가)}} = \frac{300-180}{300} = 0.4$,
(나) 열효율 $e_{(나)} = \frac{W_{(나)}}{Q_B} = \frac{80}{80+160} ≒ 0.3$ 이다.
ㄱ. 한 일 W = 공급받은 열에너지 − 방출한 열에너지이므로, $W_A = 300\text{ J} - 180\text{ J} = 120\text{ J}$이다.
공급받은 열에너지 = 방출한 열에너지 + 한 일이므로, $Q_B = 80\text{ J} + 160\text{ J} = 240\text{ J}$이다. 따라서 $2W_A = Q_B$ 이다.
ㄴ. (가)의 열기관에 250J 의 열을 공급하면,
$0.4 = 1 - \frac{\text{방출한 열에너지}}{\text{공급받은 열에너지}} = 1 - \frac{Q_2}{250}$ → $Q_2 = 150\text{ J}$이다.
따라서 방출하는 열(Q_2)은 160J 보다 적다.

바른 풀이 ㄷ. 같은 양의 일을 할 때 열효율이 낮은 열기관이 소모하는 연료가 더 많으므로 열기관 (나)가 (가) 다 소비하는 연료가 더 많다.

17. 답 ④

해설 ㄱ. 같은 양의 전기 에너지를 공급하면, 효율이 낮을수록 조명에 쓰이지 않는 열에너지를 더 많이 발생시키므로 (가)가 (나)보다 더 많은 열을 발생시킨다.
ㄷ. 같은 밝기일 때 같은 시간 동안 소비하는 전기 에너지는 효율이 낮을수록 더 많으므로 (가)가 (나)보다 더 많은 에너지를 소비한다.

바른 풀이 ㄴ. 같은 양의 전기 에너지를 공급하면 효율이 높을수록 더 밝으므로 (나)가 (가)보다 밝다.

2. 발전과 신재생 에너지

01. 발전과 전력 수송

개념체크

397 ~ 401 쪽

01. (1) S극 (2) A **02.** (1) O (2) X (3) O
03. ㉠ 전자기 유도 ㉡ 운동 ㉢ 전기
04. (1) ㅂ, ㄱ (2) ㅁ, ㄷ (3) ㄹ, ㄴ
05. (1) ㉢ (2) ㉡ (3) ㉠ **06.** (1) X (2) O (3) X
07. (1) O (2) O (3) X **08.** 스마트 그리드

01. 답 (1) S극 (2) A

해설 (1) S 극이 ㉠에 가까워지면 자석의 S극을 밀어내도록 코일 위쪽 ㉠ 에 S극이 유도된다.
(2) N극이 유도된 코일의 아래쪽 방향으로 오른손 엄지 손가락을 향하였을 때 네 손가락이 감아쥐는 A 방향으로 유도 전류가 흐른다(코일의 위쪽에서 보았을 때 시계 방향).

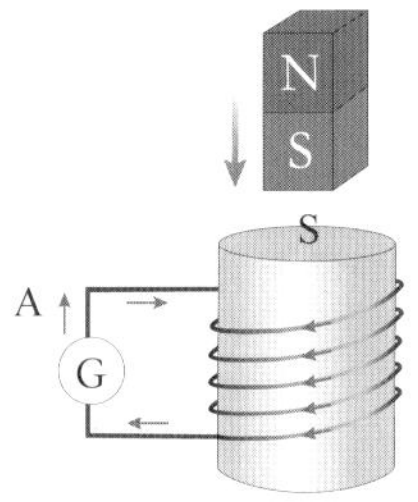

02. 답 (1) O (2) X (3) O

해설 (1) 유도 전류는 코일을 통과하는 자기장의 변화를 방해하는 방향으로 흐른다.
(3) 자석을 빨리 움직일수록(또는 코일을 빨리 움직일수록), 자석의 세기가 셀수록, 코일의 감은 수가 많을수록 유도 전류가 크다.

바른 풀이 (2) 코일에 막대자석의 N극이 가까워지면 막대자석과 가까운 코일 쪽엔 N극이 형성되고, S극이 가까워지면 S극이 형성되므로 유도 전류의 방향은 반대이다.

04. 답 (1) ㅂ, ㄱ (2) ㅁ, ㄷ (3) ㄹ, ㄴ

해설 (1) 화력 발전 : 화학 에너지 → 열에너지 → 운동 에너지 → 전기 에너지
(2) 수력 발전 : 퍼텐셜 에너지 → 운동 에너지 → 전기 에너지
(3) 핵발전 : 핵에너지 → 열에너지 → 운동 에너지 → 전기 에너지

05. 답 (1) ㉢ (2) ㉡ (3) ㉠

해설 (1) 화력 발전은 화석 연료가 연소될 때 발생하는 열에너지를 이용하여 물을 끓이고, 이때 발생하는 고온·고압의 수증기로 발전기에 연결된 터빈을 돌려 전기 에너지를 생산한다.
(2) 수력 발전은 높은 곳의 물이 아래로 내려오면서 발전기에 연결된 터빈을 돌려 전기 에너지를 생산한다.
(3) 핵발전은 핵분열 과정에서 발생하는 열에너지를 이용하여 물을 끓이고, 이때 발생하는 고온·고압의 수증기로 발전기에 연결된 터빈을 돌려 전기 에너지를 생산한다.

06. 답 (1) X (2) O (3) X

해설 (1), (2) 전력은 단위 시간 동안 생산하거나 사용한 전기 에너지로 전류와 전압의 곱과 같다.

(3) 손실 전력 = (송전 전류)^2 × 송전선의 저항 이므로 손실 전력을 줄이기 위해서는 송전선의 저항을 줄이거나 송전 전류를 줄인다.

07. 답 (1) O (2) O (3) X

해설 (1), (2) 교류를 이용하여 전압을 변화시키는 변압기에서 에너지 손실을 무시하면 에너지 보존 법칙이 성립한다. 따라서 1차 코일에 공급되는 전력과 2차 코일에 유도되는 전력은 같다.

바른 풀이 (3) 변압기에서 각 코일에 걸리는 전압은 코일의 감은 수에 비례한다. 따라서 전압을 높이기 위해서는 1차 코일에 감긴 횟수보다 2차 코일에 감긴 횟수가 더 많아야 한다.

+ 탐구

402 쪽

탐구문제 **1.** 답 유도 전류는 코일을 통과하는 자기장의 변화를 방해하는 방향으로 흐르게 된다. 자석이 코일과 가까워지는 경우 다가오는 자석의 극을 밀어내도록 코일에 같은 극이 유도된다. 따라서 N극이 가까워지면 N극, S극이 가까워지면 S극이 유도되므로 유도 전류의 방향이 반대가 된다.
마찬가지로 자석을 코일을 향하여 운동시킬 때, 자석의 운동 방향이 반대가 되면 유도 전류의 방향도 반대가 된다.

탐구문제 **2.** 답 자석을 빨리 움직일수록 유도 전류가 더 많이 흐르므로 검류계의 바늘이 더 많이 움직인다.

탐구문제 **3.** 답 막대자석이 코일 내부에 정지해 있으면 코일 내부 자기장의 변화가 없으므로 유도 전류가 흐르지 않아 검류계의 바늘이 움직이지 않는다.

+ 강의

403 쪽

Q1. 답 (1) 자전거 바퀴가 회전하면 회전축에 달린 자석도 함께 회전한다. 자석이 회전하면서 자석 주위의 코일에 전자기 유도로 유도 전류가 흐르게 되어 전조등에 불이 들어오게 된다.
(2) 운동 에너지 → 전기 에너지 → 빛에너지

꼭 짚기!

404 쪽

1. ⑤ **2.** (1) ④ (2) ③

1. 답 ⑤

해설 자석의 N극이 코일에서 멀어지면, 코일 내부에서 아래 방향으로 지나가는 자기장이 감소하므로, 코일의 윗부분에 S극이 유도된다. 따라서 자석의 운동을 방해하는 방향으로 코일에 유도 전류가 흐르게 된다.

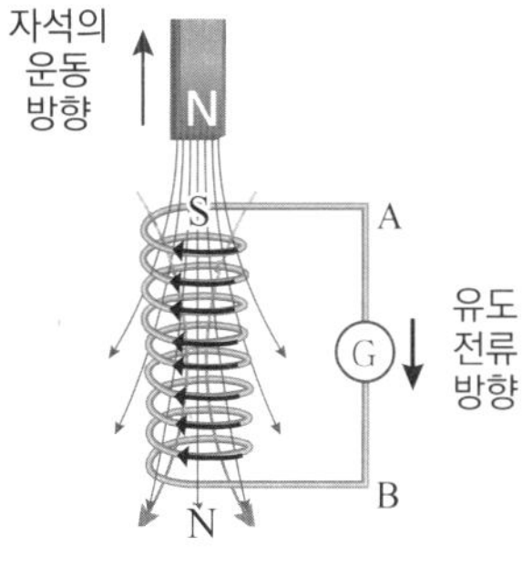

2. 답 (1) ④ (2) ③

(1) 해설 ㄱ. 송전 과정에서 송전선의 저항 때문에 열이 발생하여 전기 에너지가 손실된다. 이와 같이 송전 과정에서 열로 손실되는 전기 에너지를 손실 전력이라고 한다.
ㄴ. 생산 전력 P_0 는 일정하므로, 송전 전압 V_0 를 n 배 높이면, 송전 전류 I_0 가 $\frac{1}{n}$ 배가 되므로 송전선에서 손실되는 전력 $P_{손실}$ 은 $\frac{1}{n^2}$ 배가 된다($P_{손실} = I_0^2R$).

바른 풀이 ㄷ. 손실 전력($P_{손실} = I_0^2R$)을 줄이기 위해서는 송전선의 저항 R 을 작게 하거나 송전선에 흐르는 전류의 세기 I_0 를 작게 한다.
송전선의 길이를 줄이거나 굵기를 굵게 하면 송전선의 저항이 작아지므로 손실되는 전력이 감소한다.

(2) 해설 변압기에서 1차 코일(입력 코일)과 2차 코일(출력 코일)에 있어 전압, 전류, 코일의 감은 수의 관계는 다음과 같다.

$$\therefore \frac{V_1}{V_2} = \frac{N_1}{N_2} = \frac{I_2}{I_1}$$

ㄱ. 코일의 감은 수의 비 $N_1 : N_2 = 1 : 2$ 이므로, 각각의 코일에 걸리는 전압의 비도 $V_1 : V_2 = 1 : 2$ 이다. 따라서 저항에 걸리는 전압 $V_2 =$ 220 V 이다.
ㄴ. 변압기에서 에너지 손실이 없으므로 1차 코일에 공급되는 전력과 2차 코일에 유도되는 전력은 같다.

바른 풀이 ㄷ. 1차 코일과 2차 코일의 전력은 같다. 따라서 전압이 2배가 되면 전류는 절반이 되므로, 2차 코일에 흐르는 전류 $I_2 = 3$ A 이다.

〈또 다른 풀이〉
변압기의 코일에 흐르는 전류의 세기는 코일의 감은 수에 반비례한다.

$N_1 : N_2 = I_2 : I_1 = 1 : 2 \rightarrow I_2 : 6 = 1 : 2, \therefore I_2 = 3$ A

스스로 실력 높이기

405 ~ 409 쪽

01. (1) O (2) O (3) X (4) O **02.** ③
03. (1) ⓐ : N극, ⓑ : S극 (2) ⓐ : S극, ⓑ : N극
04. (1) ㄴ, ㄷ (2) ㄱ, ㄴ **05.** ③ **06.** ③
07. ⑤ **08.** ④ **09.** ④ **10.** ③ **11.** ⑤
12. ㄱ, ㄹ, ㄴ, ㄷ **13.** ③ **14.** ④ **15.** ⑤
16. ④ **17.** 300 **18.** ③ **19.** 2 : 3 **20.** ①
21. ② **22. ~ 24.** 해설 참조

01. 답 (1) O (2) O (3) X (4) O

해설 (1), (2), (4) 코일 주위에서 자석을 움직이거나 자석 주위에서 코일을 움직이면 코일을 통과하는 자기장의 변화가 생기므로 코일에 유도 전류가 흐른다.
(3) 코일 속에 자석을 넣고 가만히 있는 경우 코일을 통과하는 자기장의 변화가 없으므로 유도 전류가 흐르지 않는다.

02. 답 ③

바른 풀이 발광 다이오드는 전류가 흐를 때 빛을 방출하는 성질이 있는 p-n 반도체를 이용한 장치이다.

03. 답 (1) ⓐ: N극, ⓑ: S극 (2) ⓐ: S극, ⓑ: N극

해설 코일에 전류가 흐르면 전자석이 되는데, 코일을 전류가 흐르는 방향으로 오른손으로 감싸 쥐었을 때 엄지 손가락이 가리키는 방향이 N극이 되고 반대쪽이 S 극이 된다. (아래 그림)

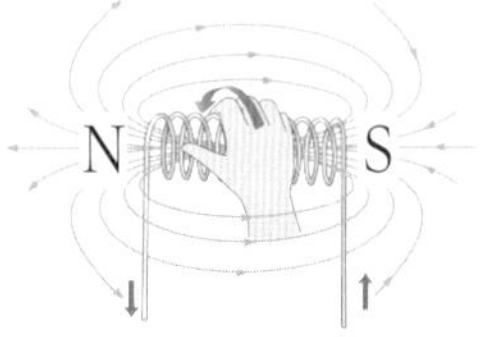

(1) ⓐ는 N극 ⓑ는 S극이다.
(2) ⓐ는 S극 ⓑ는 N극이다.

04. 답 (1) ㄴ, ㄷ (2) ㄱ, ㄴ

해설 자석의 움직임에 따라 자석의 운동을 방해하는 방향으로 코일에 자극이 유도된다. 코일의 N극이 유도되는 방향으로 오른손 엄지 손가락을 향하고 네 손가락을 감아쥘 때, 네 손가락이 감긴 방향이 유도 전류의 방향이다. 따라서 각 코일에 유도되는 자기장의 방향과 유도 전류의 방향은 다음 그림과 같다.

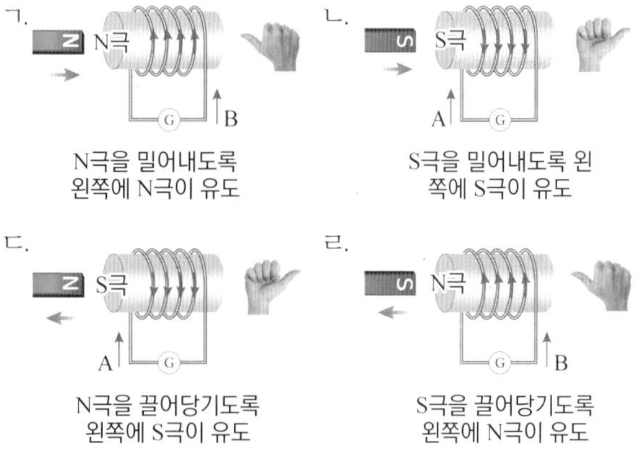

(1) A 방향으로 유도 전류가 흐르는 경우는 ㄴ, ㄷ 이다.
(2) 코일에 유도되는 자기장은 자석의 운동을 방해하므로 자석이 코일에 가까이 접근하면 밀어내는 척력이 작용한다. 따라서 코일과 자석 사이에 서로 밀어내는 자기력(척력)이 작용하는 경우는 ㄱ, ㄴ 이다.

05. 답 ③

해설 ㄱ. 유도 전류의 세기는 자석의 세기, 자석을 움직이는 빠르기에 비례한다. 따라서 자석을 빠르게 움직일수록 코일에 유도되는 전류의 세기가 더 세므로 검류계 바늘이 더 크게 움직인다.
ㄴ. 코일에 N극과 S극을 각각 가까이할 때 자기장의 방향의 변화가 반대이므로 유도 전류의 방향도 반대가 된다. 따라서 검류계 바늘이 움직이는 방향이 반대이므로 S극을 코일 속으로 가까이 하면 검류계 바늘은 A쪽으로 움직인다.

바른 풀이 ㄷ. 유도 전류의 세기는 코일의 감은 수에 비례한다. 따라서 감은 수가 더 많은 코일을 사용하면 N극이 접근할 때 검류계 바늘이 B 쪽으로 더 크게 움직인다.

06. 답 ③

해설 자석의 운동을 방해하도록 다가오는 쪽에 S극이 유도된다. 엄지손가락이 코일의 N극을 향하도록 코일을 감싸쥐는 방향이 유도 전류의 방향이다.

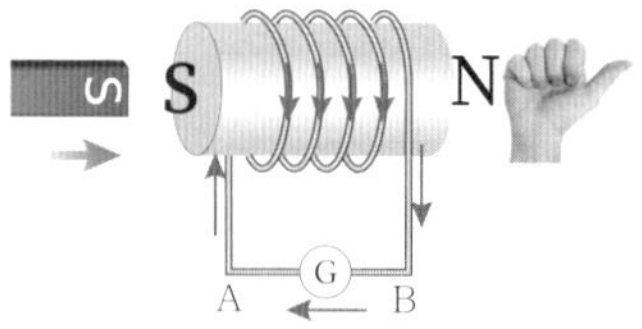

ㄱ. 코일과 자석 사이에는 척력이 작용하여 자석의 운동을 방해한다.
ㄴ. 자석이 코일에 점점 가까워지므로 코일을 통과하는 자석의 자기장 세기는 증가한다.

바른 풀이 ㄷ. 그림과 같이 유도 전류의 방향은 B → Ⓖ → A 방향이다.

07. 답 ⑤

해설 자전거 바퀴가 회전하면서 코일을 감은 철심이 바퀴의 축에 고정된 영구 자석 주위를 회전하면, 코일을 통과하는 자기장에 변화가 생겨 유도 전류가 흐른다. 이 유도 전류에 의해 발광 다이오드에 빛이 난다.
ㄷ. 바퀴의 회전이 빠를수록 유도 전류가 세져서 발광 바퀴의 불이 더 밝게 빛난다.

08. 답 ④

해설 ㄱ. 자석 사이에서 코일을 회전시키면 코일의 단면을 통과하는 자기장의 세기가 변하므로 전자기 유도에 의해 유도 전류가 흐른다.
ㄷ. 자석에 의해 자기장은 일정하게 유지된다. 코일이 일정한 자기장 속에서 회전을 하면 코일의 단면을 통과하는 자기장의 세기가 시간에 따라 변하므로 코일에 유도 전류가 흐르게 된다.

바른 풀이 ㄴ. 발전기에서는 코일의 운동에 의해 유도 전류가 흐르므로 코일의 운동 에너지가 전기 에너지로 전환된다.

09. 답 ④

해설 핵발전과 화력 발전은 발전기에 연결된 터빈을 회전시키는 에너지원에 따라 구분된다.
ㄴ. 화력 발전에서는 화석 연료의 화학 에너지 → 열에너지 → 운동 에너지 → 전기 에너지로 전환된다.
ㄷ. 화력 발전과 핵발전은 모두 수증기로 터빈을 회전시켜 터빈과 연결된 발전기에서 전자기 유도에 의해 운동 에너지를 전기 에너지로 전환한다.

바른 풀이 ㄱ. 핵발전은 핵융합이 아닌 우라늄과 같은 핵연료의 핵분열 반응시 발생하는 열에너지로 증기를 발생시킨다.

10. 답 ③

해설 ㄱ, ㄷ. 수력 발전은 물의 낙차를 이용하여 퍼텐셜 에너지가 터빈의 운동 에너지(회전)로 전환되고, 터빈에 연결된 발전기에서의 전자기 유도 현상을 이용하여 전기 에너지를 생산한다.

바른 풀이 ㄴ. 고온·고압의 수증기로 터빈을 회전시키는 발전 방식은 화력 발전과 핵발전이다.

11. 답 ⑤

해설 ㄱ. 핵발전은 원자로에서 ㉠ 우라늄과 같은 핵연료의 핵에너지가 열에너지로 전환된다.

ㄴ. 화석 연료를 태우는 ㉡ 보일러(수증기 발생 장치)에서는 연료의 화학 에너지가 열에너지로 전환된다.

ㄷ. 수력 발전에서는 수증기를 발생하는 과정을 거치지 않고 바로 물의 낙차를 이용하여 터빈을 회전시켜 전기 에너지를 얻는다.

12. 답 ㄱ, ㄹ, ㄴ, ㄷ

해설 전력이란 단위 시간당 공급한 또는 사용한 전기 에너지로 각각의 경우에 다음과 같이 전력(W)을 구한다.

$$\text{전력} = \frac{\text{전기 에너지}}{\text{시간}} = \text{전압} \times \text{전류} = \frac{(\text{전압})^2}{\text{저항}} = (\text{전류})^2 \times \text{저항}$$

ㄱ. $220 \times 3 = 660$ W　　ㄴ. $\frac{50}{2} = 25$ W

ㄷ. $\frac{40^2}{80} = 20$ W　　ㄹ. $5^2 \times 4 = 100$ W

13. 답 ③

해설 ③ 변압기란 송전 과정에서 전압을 변화시키는 장치로, 1차 코일(입력 코일)과 2차 코일(출력 코일) 사이의 전자기 유도 현상에 의해 전압을 변화시킬 수 있다.

바른 풀이 ① 저항은 도선의 길이가 짧을수록, 도선의 두께가 두꺼울수록 작아진다. 송전선의 저항을 작게 하면 손실 전력이 줄어든다. 따라서 송전선의 길이를 줄이거나 굵게 한다.

② 송전 전압을 2배로 높여 송전하면 전류가 0.5배가 되므로 손실 전력은 0.25배가 된다.

④ 송전선의 저항은 송전선의 재질이나, 굵기, 길이에 따라서만 변하므로 송전 전압의 변화와는 관계가 없다.

⑤ 대규모 공장은 일반 가정보다 전력 소모가 더 크므로 되도록 더 높은 전압으로 송전하여 전력 손실을 줄인다.

14. 답 ④

해설 발전소의 송전 전압이 V, 송전 전류가 I 일 때, 발전소에서 생산한 전력 = VI 이다. 이때 저항이 r 인 송전선에서 열로 손실되는 전력 = I^2r 이므로, 가정에 공급되는 전력 = $VI - I^2r$ 이다.

15. 답 ⑤

해설 ㄱ. 220 V - 44 W 의 LED 전구는 정격 전압이 220 V 이며 220 V 전압에서 올바르게 작동한다는 것이다.

ㄴ. $220 \times I = 44$ 이므로, $I = 0.2$ (A) 이다.

ㄷ. 220 V - 44 W 이므로, 220 V의 전압을 걸었을 때 초당 44 J 의 에너지를 소비한다.

16. 답 ④

해설 ㄱ. 초고압 변전소에서는 전력 손실을 줄이기 위해 발전소에서 생산된 전압을 최대한 높여 송전한다.

ㄴ. 1차 변전소의 변압기는 전압을 낮추어 대규모 공장이나 철도에 공급한다. 변압기에서 코일의 감은 수와 전압은 비례하므로, 1차 코일의 감은 수가 2차 코일의 감은 수보다 많다.

바른 풀이 ㄷ. 2차 변전소에서는 1차 변전소에서 공급받은 전력의 전압(154 kV)을 22.9 kV, 11.4 kV, 6.6 kV 로 낮추어 주상 변압기나 철도, 대형 건물 등으로 보낸다.

주상 변압기에서 전압을 220 V 로 낮추어 가정에 공급한다.

17. 답 300

해설 송전 전압을 n 배 높이면, 송전 전류가 $\frac{1}{n}$ 배로 감소하고 손실 전력은 $\frac{1}{n^2}$ 배로 감소한다. 송전 전력이 일정할 때, 송전 전압을 3배로 높이면 손실 전력 $= 2{,}700 \times \frac{1}{3^2} = 300$ W 가 된다.

18. 답 ③

해설 송전 전력이 P_0, 송전 전압 V_0, 송전 전류 I_0 일 때,

$P_0 = V_0 I_0 \rightarrow I_0 = \frac{P_0}{V_0}$ 이고, 송전선의 저항이 R 일 때 손실되는 전력 $P_{\text{손실}} = (I_0)^2 R$ 이다.

두 발전소에서 발전하는 전력은 각각 P 로 같으므로

발전소 A : 송전 전류 $I_{0A} = \frac{P}{3V}$, 송전선 저항 R,

손실되는 전력 $P_A = (I_{0A})^2 R = \left(\frac{P}{3V}\right)^2 R = \frac{P^2 R}{9V^2}$

발전소 B : 송전 전류 $I_{0B} = \frac{P}{V}$, 송전선 저항 $2R$,

손실되는 전력 $P_B = (I_{0B})^2 R = \left(\frac{P}{V}\right)^2 \cdot 2R = \frac{2P^2 R}{V^2}$

$$\therefore P_A : P_B = \frac{1}{9} : 2 = 1 : 18$$

19. 답 2 : 3

해설 발전소 A, B에서 소비지까지 송전 과정에서 손실되는 전력 P_A, P_B 는

$$P_A = \left(\frac{P}{V_A}\right)^2 \cdot 4R = \frac{4P^2 R}{V_A{}^2},\ P_B = \left(\frac{3P}{V_B}\right)^2 \cdot R = \frac{9P^2 R}{V_B{}^2},$$

이고, $P_A = P_B$ 이므로 $\frac{4}{V_A{}^2} = \frac{9}{V_B{}^2} \rightarrow V_A : V_B = 2 : 3$ 이다.

20. 답 ①

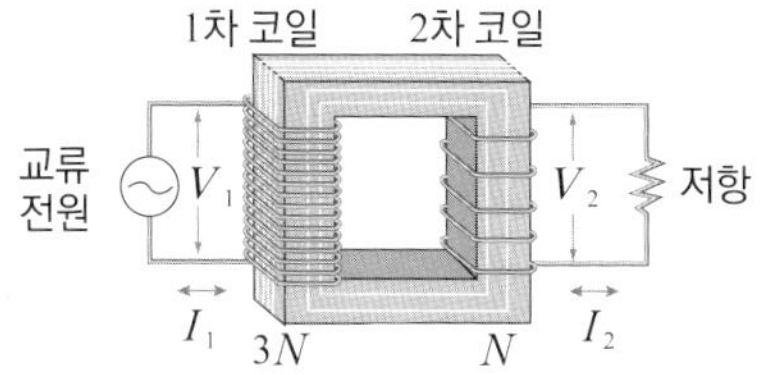

전압과 코일의 감은수 관계 : 전압의 비는 코일의 감은 수의 비와 같다. → $V_1 : V_2 = N_1 : N_2$

전압과 전류의 관계 : 1차 코일과 2차 코일의 전력은 같으므로 전압과 전류는 반비례한다. → $V_1 I_1 = V_2 I_2$

해설 ㄱ. $V_1 : V_2 = 3N : N = 3 : 1$이다.

ㄴ $I_1 : I_2 = V_2 : V_1 = 1 : 3$이다.

바른 풀이 ㄷ. 변압기는 교류 전원에 의한 전자기 유도 현상으로 인해 2차 코일에 크기가 주기적으로 변하는 교류 전류가 발생한다.

ㄹ. 변압기에서 에너지 손실을 무시할 때 1차 코일의 공급 전력과 2차 코일의 유도 전력은 같다.

21. 답 ②

바른 풀이 ② 송전 전력망을 거미줄과 같이 복잡하게 구축해 놓으면 한가지 송전 과정에 문제가 생겼을 때 우회하여 송전할 수 있다.

해설 ① 높은 전압으로 송전할수록 송전선의 저항에 의해 열에너지로 전환되어 손실되는 전력이 적어지므로 효율적이다.
③ 송전 전력이 클수록 송전탑 주변의 자기장도 세지므로 생명체에 영향을 끼칠 수 있으므로 송전탑을 인적이 드문 곳에 높게 설치한다.
④ 송전선을 지하에 묻게 되면 도시 미관이 개선되고, 자연 재해나 사고의 위험으로부터 안전할 수 있다.
⑤ 송전선 주변은 감전 사고의 위험이 높으므로 로봇을 이용하여 송전 선로를 점검하고 수리한다.

22. 답 손전등을 흔들어 자석이 코일을 통과하면 코일 내부의 자기장이 변하게 되어 자석의 운동을 방해하는 방향으로 유도 전류가 흐르게 된다. 이 유도 전류에 의해 손전등에 불이 들어오게 된다.

23. 답 ① 터빈과 발전기를 사용한다. ② 전자기 유도를 이용한다. ③ 운동 에너지를 전기 에너지로 전환한다.

해설 발전기에 연결된 터빈을 회전시키는 에너지원에 따라 화력 발전, 수력 발전, 핵발전을 구분한다. 세 가지 발전 방식은 모두 터빈을 돌려 터빈과 연결된 발전기에서 전자기 유도를 이용하여 전기 에너지를 생산한다.

24. 답 ① 스마트 그리드는 기존의 전력망에 정보 통신 기술을 융합한 시스템으로서 실시간으로 전력의 수요량과 공급량에 대한 정보를 주고받을수 있기 때문에 에너지 효율을 높일 수 있다.
② 전력 소비량이 초과되어 대규모 정전 사태가 일어나는 것을 막을 수 있다.
③ 전력 수요량이 적은 시간에 전력을 사용할 수 있기 때문에 전기 요금을 아낄 수 있다.

해설 스마트 그리드(지능형 전력망)란 전력을 공급하는 시설과 소비자 사이에서 정보를 실시간으로 주고 받아 장소와 시간에 따라 필요한 전력만 공급하고, 남는 전력을 저장하였다가 필요할 때 다시 공급하는 기술이다.

02. 태양 에너지와 대체 에너지

개념체크

410 ~ 413 쪽

01. ㉠, 핵
02. (1) 화학 (2) 퍼텐셜, 운동 (3) 열
03. (1) ㄱ (2) ㄷ (3) ㄴ **04.** 태양 전지
05. 풍력 발전, 핵발전
06. ㉠ 중성자 ㉡ 핵분열

01. 답 ㉠, 핵

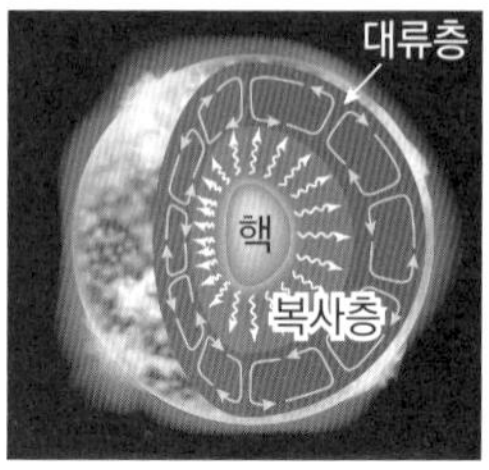

해설 태양의 중심부인 핵은 초고온 상태로, 수소 핵융합 반응에 의해 헬륨이 만들어지면서 태양 에너지를 방출한다.

02. 답 (1) 화학 (2) 퍼텐셜, 운동 (3) 열

해설 (1) 식물은 광합성을 통해 태양의 빛에너지를 화학 에너지인 유기 양분으로 바꾸어 뿌리나 열매 등에 저장한다. 이 과정에서 태양 에너지 → 화학 에너지로 전환된다.
(2), (3) 지구에 도달한 태양 에너지는 열에너지 형태로 기권과 수권에 흡수되어 물을 증발시키고, 증발한 수증기는 상공에서 응결하여 구름이 되었다가 비와 눈의 형태로 지표로 이동한다. 이 과정에서 태양 에너지 → 구름의 퍼텐셜 에너지 → 비나 눈의 운동 에너지로 전환된다.

03. 답 (1) ㄱ (2) ㄷ (3) ㄴ

해설 (1) 태양광 발전은 반도체로 만든 태양 전지를 이용하여 태양의 빛에너지를 직접 전기 에너지로 전환하는 발전 방식이다.
(2) 풍력 발전은 발전기에 연결된 날개를 이용하여 바람의 운동 에너지를 전기 에너지로 전환하는 방식이다.
(3) 핵발전은 무거운 원자핵이 2개 이상의 가벼운 원자핵으로 쪼개질 때 발생하는 열에너지를 전기 에너지로 전환하는 방식이다.

05. 답 풍력 발전, 핵발전

해설 태양광 발전은 태양 전지를 이용하여 빛에너지를 직접 전기 에너지로 전환시킨다. 풍력 발전과 핵발전은 터빈을 돌리는 에너지원만 다를 뿐 터빈을 회전시켜 전자기 유도를 이용하여 전기 에너지를 생산하는 것은 서로 같다.

06. 답 ㉠ 중성자 ㉡ 핵분열

해설 원자로에서 무거운 원자핵이 분열할 때(핵분열 반응) 방출하는 에너지를 이용하여 전기 에너지로 전환하는 발전 방식을 핵발전이라고 한다.

+ 강의

414 쪽

Q1. 답 $[(2m_1 + 2m_2) - m_3]\,c^2$

해설 질량과 에너지는 서로 변환될 수 있고, 핵반응에 의한 질량 결손이 Δm 이면 방출하는 에너지 $E = \Delta mc^2$ 이다.
질량이 각각 m_1, m_2 인 양성자 2개와 중성자 2개가 핵융합 반응을 하여 질량이 m_3 인 헬륨 원자핵이 만들어졌을 경우, 질량 결손 $\Delta m = (2m_1 + 2m_2) - m_3$ 이므로, 방출된 에너지는
$E = [(2m_1 + 2m_2) - m_3]\,c^2$ 이다.

꼭 짚기!

415 쪽

1. ② **2.** ㄴ, ㄹ **3.** ④

1. 답 ②

해설 태양 에너지는 태양 중심부인 핵에서 일어나는 수소 핵융합 반응에 의해 생성된다.
ㄴ. 4개의 수소 원자핵이 1개의 헬륨 원자핵을 만드는 수소 핵융합 반응이다.

바른 풀이 ㄱ. 태양의 중심부인 핵에서 일어나는 반응이다.
ㄷ. 핵반응이 일어나는 과정에서 반응 전 질량의 합(수소 원자핵 4개의 질량)에 비해 반응 후 질량의 합(헬륨 원자핵 1개의 질량)이 작다. 핵반응 과정에서 감소한 질량(질량 결손)에 해당하는 만큼의 에너지가 발생한다.

2. 답 ㄴ, ㄹ

해설 ㉠ 빛에너지, ㉡ 열에너지, ㉢ 화학 에너지, ㉣ 운동 에너지, ㉤ 퍼텐셜 에너지, ㉥ 전기 에너지이다.
ㄴ. 태양의 ㉠ 빛에너지는 식물의 광합성을 통해 포도당 속 ㉢ 화학 에너지 형태로 저장된다.
ㄹ. A 수력 발전은 ㉤ 퍼텐셜 에너지 → 운동 에너지 → ㉥ 전기 에너지의 전환 과정을 거친다.

바른 풀이 ㄷ. 핵발전의 에너지원은 핵에너지이다.

3. 답 ④

해설 (가) 풍력 발전은 바람을 이용하여 터빈을 돌려 터빈과 연결된 발전기에서 운동 에너지를 전기 에너지로 전환한다.
(나) 태양광 발전은 태양 전지를 이용하여 태양의 빛에너지를 전기 에너지로 직접 전환한다.
ㄴ. 태양광 발전과 풍력 발전은 발전 과정에서 환경 오염 물질을 거의 배출하지 않는다.
ㄷ. 태양광 발전에 이용되는 태양 빛은 날씨와 계절의 영향을 많이 받고, 풍력 발전은 바람을 이용하기 때문에 발전량이 안정적이지 못하다.

바른 풀이 ㄱ. 풍력 발전은 발전 효율이 높은 편(20~40%)이나 태양광 발전(8~15%)은 다른 발전 방식에 비해 발전 효율이 낮다.

스스로 실력 높이기

416 ~ 419 쪽

01. ①
02. (1) A 수소 원자핵, B 헬륨 원자핵 (2) ㉡, ㉠
03. (1) O (2) X (3) O **04.** ④
05. ③, ⑤ **06.** 해설 참조
07. (1) 퍼텐셜 에너지 → 운동 에너지
(2) 태양 에너지 → 열에너지 → 퍼텐셜 에너지
(3) 태양 에너지
08. ⑤ **09.** ④ **10.** ② **11.** ④ **12.** ③
13. ③ **14.** ④ **15.** ②, ③, ④ **16.** ①
17, 18. 해설 참조

01. 답 ①

해설 태양의 내부 구조는 다음과 같다.

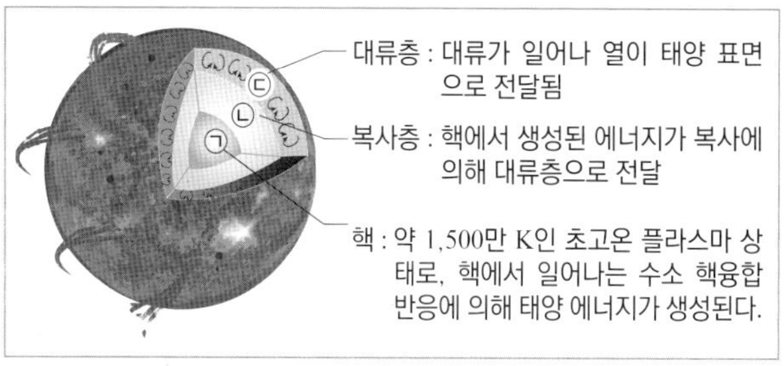

ㄱ. 태양 에너지는 태양의 ㉠ 핵에서 일어나는 수소 핵융합 반응에 의해 생성된다.

바른 풀이 ㄴ. ㉡ 복사층에서는 핵에서 생성된 에너지가 복사에 의해 대류층으로 전달된다.
ㄷ. 태양의 중심부인 ㉠ 핵에서는 수소와 헬륨이 원자핵과 전자가 분리된 플라스마 상태로 존재한다.

02. 답 (1) A 수소 원자핵, B 헬륨 원자핵 (2) ㉡, ㉠

해설 태양의 중심부인 핵에서 수소 핵융합 반응에 의해 헬륨이 만들어지면서 막대한 양의 에너지를 방출한다. 핵융합 반응이 일어날 때 핵반응 전 질량의 합에 비해 반응 후 질량의 합이 작다. 이때 감소한 질량을 질량 결손이라고 하며, 이에 해당하는 에너지가 방출되는 것이다.

03. 답 (1) O (2) X (3) O

해설 (1) 지구에서 사용하는 에너지의 대부분은 태양에서 시작하므로 태양 에너지는 지구에 있는 거의 모든 에너지와 생명의 원천이다.
(2) 태양이 우주 공간으로 방출하는 에너지 중 약 20억 분의 1 정도만 지구에 도달한다.
(3) 태양 에너지는 수소 핵융합 반응이 일어나면서 감소한 질량이 에너지로 전환된 것이다.

04. 답 ④

해설 ㄱ. 질량과 에너지는 서로 변환될 수 있는 양이다.

ㄴ. 핵반응 전의 반응 물질의 총 질량보다 핵반응 후의 생성 물질의 총 질량이더 작을 때 줄어든 만큼의 질량을 질량 결손이라고 한다. 질량 결손이 Δm 일 때 발생하는 에너지는 Δmc^2 이다.

바른 풀이 ㄷ. 질량 m 인 물체가 가지는 에너지(정지 에너지)는 mc^2 이다.

05. 답 ③, ⑤

해설 ③ 태풍은 태양 에너지에 의해 가열된 따뜻한 공기가 바다로부터 많은 양의 수증기를 공급받아 강한 바람과 비를 동반하며 이동하는 현상이다.

⑤ 식물은 광합성을 통해 태양 빛에너지를 화학 에너지로 전환시키고, 동물은 이들을 먹이로 생명 활동을 유지한다. 이러한 동물과 식물의 유해가 땅 속에 묻혀 오랜 시간 동안 열과 압력을 받아 생성된 것이 화석 연료이다.

바른 풀이 ① 밀물과 썰물은 달과 지구 사이의 인력에 의해 발생하는 조력 에너지에 의한 현상이다.

②, ④ 지진이나 화산 활동은 지구 내부 에너지에 의해 일어나는 현상이다.

06. 답 바람이 불 때 태양 에너지가 지표, 해수면, 공기를 가열하여 열에너지로 전환되고, 공기가 상승하고, 운동하며 퍼텐셜 에너지와 운동 에너지(역학적 에너지)로 전환되는 과정에서 바람이 분다.

해설 태양 에너지에 의해 지표나 해수면, 그 위의 대기가 가열되면(열에너지) 공기가 상승한다(퍼텐셜 에너지). 이때 비열의 차이에 따라 가열되는 정도가 달라지므로 온도 차이가 발생하고, 이로 인해 지표면에 기압 차이가 생겨 기압이 높은 곳에서 낮은 곳으로 바람이 분다(운동 에너지).

07. 답 (1) 퍼텐셜 에너지 → 운동 에너지 (2) 태양 에너지 → 열에너지 → 퍼텐셜 에너지 (3) 태양 에너지

해설 (1) 구름이 비나 눈이 되어 떨어질 때 구름의 퍼텐셜 에너지가 비나 눈의 운동 에너지로 전환된다.

(2) 물이 증발하여 구름이 될 때 태양 에너지가 수증기의 열에너지로 전환되고 그것은 다시 구름의 퍼텐셜 에너지로 전환된다.

(3) 태양 에너지는 지구상에서 물의 순환이 일어나게 하는 에너지의 근원이 된다.

08. 답 ⑤

바른 풀이 ⑤ 고위도에서는 태양 복사 에너지 흡수량 < 지구 복사 에너지 방출량, 저위도에서는 태양 복사 에너지 흡수량 > 지구 복사 에너지 방출량 이다.

해설 ①, ② 태양 에너지가 근원이 되어 일어나는 현상으로 저위도의 남는 에너지가 고위도로 이동하며 대기와 해수가 순환한다.

③, ④ 대기와 해수의 순환으로 지구는 에너지 평형을 유지하므로 생명체 생존에 적당한 기온이 일정하게 유지된다.

09. 답 ④

해설 그림은 탄소 순환을 나타낸 것으로 태양 에너지는 탄소를 매개로 하는 순환 과정을 거친다.

ㄴ. 식물의 광합성으로 포도당이 만들어지는 과정에서 태양의 빛에너지가 화학 에너지로 전환되며, 이때 탄소도 함께 저장된다.

ㄷ. 생명체의 호흡을 통해 배출된 이산화 탄소와 화석 연료의 연소로 배출된 이산화 탄소는 기권으로 이동한다.

바른 풀이 ㄱ. 화석 연료는 태양 에너지의 작용으로 성장한 생명체의 유해가 오랫동안 압력과 열을 받는 과정에서 형성되는 것으로 태양 에너지가 화학 에너지로 전환된 것이다.

10. 답 ②

해설 원자로에서는 속도가 느린 중성자(저속 중성자)가 우라늄과 충돌하여 핵분열 반응이 일어나고, 그 과정에서 또다른 중성자가 발생하여 연쇄 반응이 일어난다.

ㄴ. 원자로에서는 감속재와 제어봉을 사용하여 연쇄 반응 속도를 조절한다. 감속재는 중성자의 속력을 느리게 하여 연쇄 반응이 잘 일어나도록 돕는 물질로 보통의 물이나 중수를 사용한다.

바른 풀이 ㄱ. 우라늄 원자핵이 핵분열할 때 발생하는 에너지를 이용하여 물을 끓이고, 고온, 고압의 수증기를 발생시켜 터빈을 돌려 전기 에너지를 생산하는 발전 방식이 핵발전이다.

ㄷ. 핵발전은 우라늄 원자핵의 핵에너지를 전기 에너지로 전환시키는 발전 방식이다.

11. 답 ④

해설 ㄱ, ㄴ. ㉡ 우라늄 원자핵에 ㉠ 느린 중성자가 충돌하면, 2개의 원자핵으로 분열되면서 2, 3개의 중성자와 에너지를 방출한다. 이 중성자들이 다른 우라늄 원자핵에 충돌하여 핵분열이 연쇄적으로 일어나면서 막대한 에너지가 방출되고, 이 에너지로 물을 끓여 만든 수증기가 터빈을 돌려 발전기에서 전기 에너지를 생산한다.

바른 풀이 ㄷ. 핵분열 후 질량의 총합은 핵분열 전에 비해 감소한다. 이때 감소한 질량의 일부가 에너지로 전환되어 방출된다.

12. 답 ③

바른 풀이 그림은 태양 전지 모듈 여러 개를 조합한 어레이이다. ③ 태양 전지의 수명은 약 20년으로 길고, 유지 보수가 쉽다. 따라서 유지·보수 비용이 적고, 간편하다.

해설 태양광 발전은 태양 전지를 이용하여 빛에너지를 직접 전기 에너지로 전환하는 발전 방식으로 발전 효율이 낮다.

① 계절과 일조량의 영향을 받기 때문에 발전 시간이 제한적이다.

② 태양 에너지를 이용하므로 자원 고갈의 염려가 없다.

④, ⑤ 태양 전지 1개가 생산할 수 있는 전력이 매우 작기 때문에 태양 전지 여러 개를 조합하여 태양 전지판을 구성한다. 따라서 대용량 발전을 하기 위해서는 넓은 면적이 필요하다.

13. 답 ③

해설 태양 전지가 빛을 흡수하면 태양 전지 내부의 전자가 한쪽으로 이동하면서 전압(기전력)이 생겨 전류가 흐른다.

ㄷ. 태양 전지는 빛에너지를 전기 에너지로 직접 전환한다.

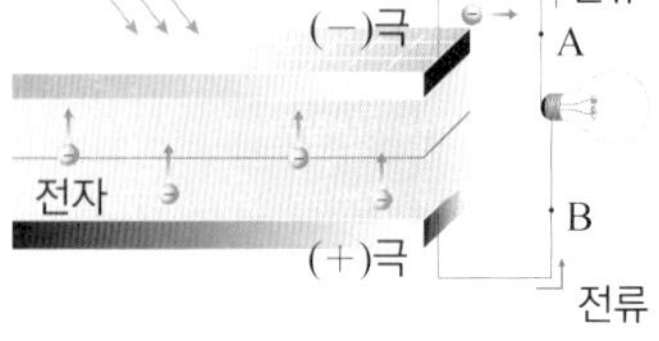

바른 풀이 ㄱ. 전자는 태양 전지의 (-)극 쪽으로 이동하며, 전류는 태양 전지의 전극 (+)극에서 (−)극으로 흐르므로 B → 전구 → A 방향으로 흐른다.

ㄴ. 태양 전지 1개가 생산할 수 있는 전력은 매우 작기 때문에 태양 전지 여러 개로 모듈을 만들고 여러 개의 모듈로 레이어 형태인 태양 전지판을 구성한다.

14. 답 ④

해설 ㄱ, ㄴ. 풍력 발전은 바람의 운동 에너지를 이용하여 회전 날개의 운동에너지로 전기 에너지를 생산하는 발전 방식이다. 바람의 운동 에너지가 회전 날개의 운동 에너지가 되므로 회전 날개의 길이가 길수록, 바람의 세기가 셀수록 전력 생산량이 증가한다.

바른 풀이 ㄷ. 풍력 발전기는 바람이 지속적으로 부는 높은 산이나 바닷가에 설치해야 한다. 따라서 우리나라에는 강원도나 제주도를 비롯한 해안 지역 위주로 제한적으로 풍력 발전소가 있다.

15. 답 ②, ③, ④

해설 ② (가) 태양광 발전과 (나) 풍력 발전의 근원 에너지는 모두 태양 에너지이다.

③ (다) 핵발전은 단 한 번의 사고로도 피해가 막대하다.

④ (나) 풍력 발전과 (다) 핵발전은 전자기 유도를 이용한 발전기(터빈)을 돌려 전기 에너지를 생산한다.

바른 풀이 ① (가)와 (나)는 모두 계절이나 날씨에 영향을 받기 때문에 발전량을 예측하기 어렵다.

⑤ (다) 핵발전에 사용하는 원료인 우라늄은 매장량이 한정되어 있으므로 언젠가는 고갈될 수 있다.

16. 답 ①

해설 ㄱ. 광합성은 빛에너지가 포도당의 화학 에너지로 전환되는 과정이다.

바른 풀이 ㄴ. (나)에서는 연료의 화학 에너지가 열에너지로 전환된다.

ㄷ. (가)광합성은 이산화 탄소와 물, 태양의 빛에너지로 포도당과 산소를 만드는 과정으로 이때의 탄소 이동은 기권에서 생물권이다. (나) 천연 가스(화석 연료 : 지권) 내의 탄소 성분은 연소 과정에서 이산화 탄소가 되어 대기 중으로 방출되므로 이때의 탄소 이동은 지권에서 기권이다. 그러므로 서로 반대 권역의 이동이 아니다.

17. 답 우라늄 원자핵이 저속 중성자와 충돌하면, 2개의 다른 원자핵과 2 ~ 3개의 중성자로 분열한다. 이때 방출된 중성자 중 저속 중성자들이 다른 우라늄 원자핵과 충돌하며 핵분열이 연쇄적으로 일어난다.

18. 답 · 발선 과정에서 이산화 탄소를 거의 배출하지 않는다.

· 화력 발전보다 적은 연료로 더 많은 에너지를 안정적으로 생산할 수 있다.

· 화력 발전에 비해 저렴한 연료 비용으로 전력을 생산한다.

· 원료가 전 세계에 골고루 분포하고 있어 안정적으로 공급이 가능하다.

03. 미래를 위한 에너지 기술

개념체크 421 ~ 423 쪽

01. 화석 연료

02. (1) 파력 발전 (2) 조력 발전

03. ㉠ 수소 ㉡ 산소 ㉢ 물

04. (1) O (2) O

05. (1) 적정 기술 (2) 에너지 수확 기술

02. 답 (1) 파력 발전 (2) 조력 발전

해설 (1) 파력 발전은 바람에 의해 생기는 파도의 운동 에너지를 이용하여 발전기를 돌려 전기 에너지를 생산하는 방식이다.

(2) 조력 발전은 밀물과 썰물에 의한 바닷물의 높이 차(조석 간만의 차)를 이용하여 발전기를 돌려 전기 에너지를 생산하는 방식이다.

03. 답 ㉠ 수소 ㉡ 산소 ㉢ 물

해설 수소 연료 전지에서 일어나는 반응은 다음과 같다.

수소 + 산소 ⟶ 물 + 전기 에너지 + 열에너지

$$2H_2 + O_2 \longrightarrow 2H_2O$$

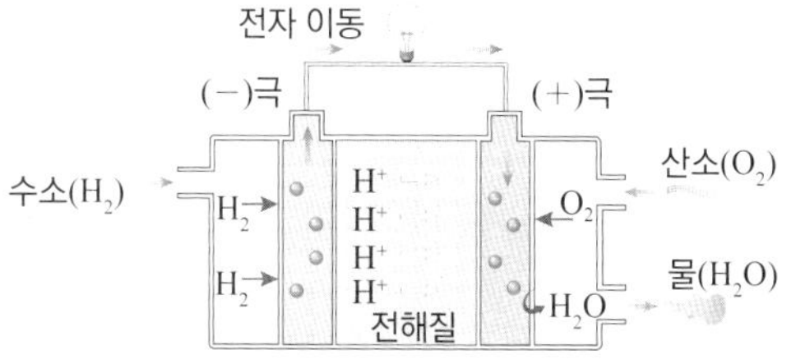

04. 답 (1) O (2) O

해설 (1), (2) 친환경 에너지 도시는 환경 오염과 에너지 문제를 동시에 해결하기 위해 지역에 맞게 신재생 에너지를 활용해 전기를 생산·판매할 수 있는 에너지 자립과 환경을 생각하는 도시를 말한다.

+ 탐구 424 쪽

탐구문제 **1.** 답 (1) H_2 (2) O_2 (3) H_2O

해설 수소 연료 전지의 화학 반응식은 다음과 같다.

(1) (−)극 : $2H_2 \longrightarrow 4H^+ + 4e^-$

(2) (+)극 : $4H^+ + 4e^- + O_2 \longrightarrow 2H_2O$

전체 반응 : $2H_2 + O_2 \longrightarrow 2H_2O$

탐구문제 **2.** 답 (1) X (2) X (3) O

해설 (1) 수소 연료 전지에서 수소와 산소를 반응시키면 물과 전기가 생성된다. 즉, 연료의 화학 에너지가 전기 에너지로 전환된다.

(2), (3) 수소가 공급되어 이온화된 전극은 (-)극이다. 이온화된 수소 이온은 전해질을 통해 이동하고, 전자는 외부 회로로 이동하여 전류를 흐르게 한다.

꼭 짚기!

425 쪽

1. ④ 2. ①

1. 답 ④

해설 ㄱ. 화석 연료의 사용으로 인한 온실 가스의 배출로 인해 지구 온난화와 기후 변화와 같은 환경 문제가 일어나고 있고, 화석 연료는 고갈의 위험이 있다. 따라서 화석 연료를 대체하기 위한 새로운 에너지 자원의 개발과 활용이 필요하다.

바른 풀이 ㄴ. 현재 전세계적으로 화석 연료를 주 에너지원으로 사용하고 있다.

ㄷ. 현재 처럼 화석 연료를 사용할 경우 2085년 이후 화석 연료가 고갈될 수 있다.

2. 답 ①

해설 ㄷ. (가) 연료 전지는 신에너지, (나) 조력 발전에 사용되는 해양 에너지는 재생 에너지이다. 신재생 에너지는 화석 연료의 고갈에 대비하여 화석 연료를 대체할 친환경적 에너지이며, 고갈되지 않는 에너지이다.

바른 풀이 ㄱ. ㉠ (-)극에서는 수소가 산화되어 전자가 발생하며, ㉡ (+)극에서는 산소가 환원되어 물이 발생한다.

ㄴ. 파도의 운동 에너지를 이용하여 전기 에너지를 생산하는 발전 방식은 파력 발전이다. 조력 발전은 밀물과 썰물 때 생기는 해수면의 높이차를 이용하여 전기 에너지를 생산하는 발전 방식이다.

스스로 실력 높이기

426 ~ 429 쪽

01. ④ 02. ③ 03. ②, ③, ④ 04. ⑤
05. ② 06. ④ 07. ③ 08. ① 09. ⑤
10. ② 11. ③ 12. 해설 참조
13. (가) 화력 발전 (나) 파력 발전 (다) 조력 발전
14. 해설 참조 15. ⑤ 16. 해설 참조
17. ③ 18. ㄱ, ㄷ

01. 답 ④

해설 ㄱ. (다) 천연가스는 (가) 석유와 함께 생성되므로 대부분 함께 매장되어 있다.

ㄴ. (나) 석탄은 식물의 유해가 가라앉아 그 위에 점토 등이 섞여 퇴적되고, 오랜 시간에 걸쳐 열과 압력을 받아 만들어진다.

바른 풀이 ㄷ. 재생하여 다시 사용 가능한 에너지는 재생 에너지이며, 화석 연료는 재생 에너지가 아니다.

02. 답 ③

바른 풀이 ③ 신재생 에너지는 화석 연료에 비해 에너지 효율이 낮은편이다. 따라서 이를 개선하기 위하여 꾸준한 연구가 필요하다.

해설 ①, ④ 화석 연료의 사용이 증가하면 이산화 탄소 등 온실 기체가 대기 중으로 다량 방출된다. 온실 기체가 대기 중에 누적되면 지구 온난화를 일으키고, 지구 온난화로 인해 기후가 변한다. 이러한 기후 변화로 인해 해수면이 상승하고, 토지의 사막화, 식량난 등의 피해가 생긴다.

② 화석 연료는 매장 지역이 편중되어 있어 공급이 불안정하고, 국가 간 갈등의 원인이 된다.

⑤ 화석 연료는 매장량이 한정되어 있기 때문에 언젠가는 고갈된다.

03. 답 ②, ③, ④

해설 신재생 에너지는 기존의 화석 연료를 변환하여 이용하거나 재생 가능한 에너지를 변환하여 이용하는 에너지이다.

② 수소 에너지는 신에너지, ② 태양 에너지, ④ 해양 에너지는 재생 에너지이다.

바른 풀이 천연 가스, 석유, 석탄과 같은 화석 연료와 우라늄의 핵에너지는 신재생 에너지에 해당하지 않는다.

04. 답 ⑤

바른 풀이 ⑤ 신재생 에너지는 기존 에너지원에 비해 초기 투자 비용이 많이 든다.

해설 신재생 에너지는 기존에 사용하지 않았던 새로운 에너지와 고갈의 위험이 없고 계속해서 재생하여 사용할 수 있는 에너지를 합친 것이다.

④ 신에너지는 석탄의 액화 가스화 처럼 기존의 화석 연료를 변환하는 방식도 포함된다.

05. 답 ②

해설 시화호 조력 발전소는 조수 간만의 차를 이용한 발전 방식이다.

ㄴ. 밀물 때 해수면의 높이가 상승하면 바다 쪽에서 호수 쪽으로 바닷물이 이동하면서 터빈을 돌리고, 터빈과 연결된 발전기에서 전자기 유도 현상을 이용하여 전기 에너지를 생산한다.

바른 풀이 ㄱ, ㄷ. 조력 발전은 밀물과 썰물 때의 해수면의 높이 차이를 이용하여 전기 에너지를 생산한다. 따라서 조수 간만의 차이가 큰 바다에서만 발전이 가능하다.

06. 답 ④

해설 ㄱ, ㄷ. 파력 발전은 파도와 함께 해수면이 움직여 발전기 안의 공기가 압축될 때 공기의 흐름이 터빈을 돌려 전기 에너지를 생산한다. 소규모로 설치할 수 있으므로 건설비가 적게 드는 장점이 있다.

바른 풀이 ㄴ. 기후에 따라 파도가 약해지면 발전량이 적다. 즉, 기후 및 조류 조건에 따라 발전량에 차이가 있어 관리에 어려움이 있다.

07. 답 ③

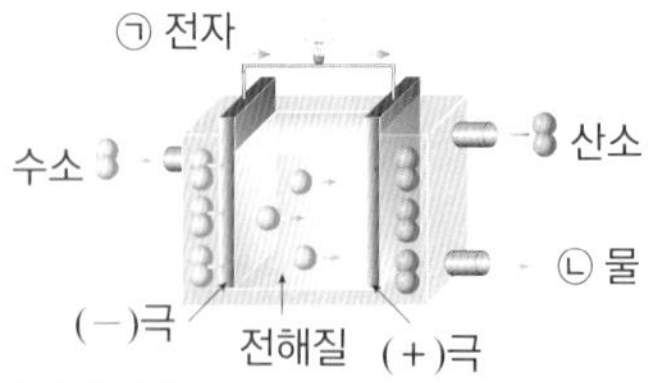

연료 전지에서의 반응식

- (−)극 : $2H_2 \longrightarrow 4H^+ + 4e^-$
- (+)극 : $4H^+ + 4e^- + O_2 \longrightarrow 2H_2O$
- 전체 반응식 : $2H_2 + O_2 \longrightarrow 2H_2O$

해설 ㄷ. (-)극에서는 수소가 수소 이온과 전자로 분리되는 산화 반응이 일어난다.

바른 풀이 ㄱ, ㄴ. 전해질을 통해 (+)극으로 이동한 수소 이온과 외부 회로 ㉠을 통해 이동한 전자가 (+)극에 공급된 산소와 반응하여 물을 생성한다. 이때 연소 장치가 없으므로 이산화 탄소는 발생하지 않는다.

08. 답 ①

해설 ㄱ. 화학 에너지가 직접 전기 에너지로 전환되므로 에너지 효율이 높다.

바른 풀이 ㄴ. 소규모 기기부터 대형 발전소까지 다양한 영역에 적용할 수 있다.

ㄷ. 현재 과학 기술로는 수소를 생산하는 데 비용이 많이 드므로 발전 비용이 경제적이지는 않다. 따라서 앞으로 꾸준한 연구 개발이 필요하다.

09. 답 ⑤

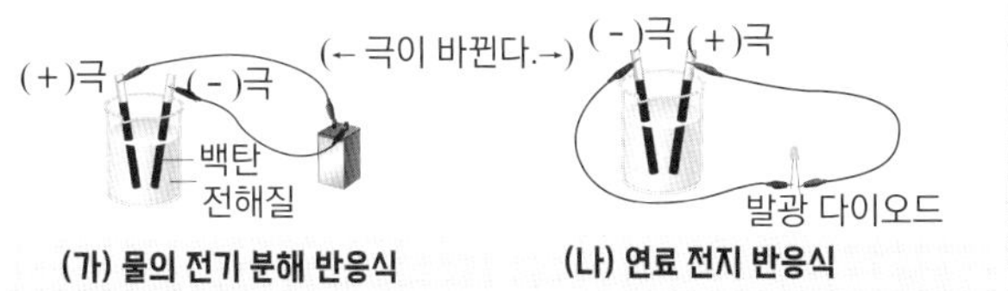

(가) 물의 전기 분해 반응식 $2H_2O \longrightarrow 2H_2 + O_2$

(나) 연료 전지 반응식 $2H_2 + O_2 \longrightarrow 2H_2O$

해설 ㄱ. (가) 물을 전기 분해하면 (-)극에서 수소 이온은 전자를 얻어 수소 기체가 되고, (+)에서 산소 이온은 전자를 내놓아 산소 기체가 된다.

ㄴ. (나) 백탄을 이용한 연료 전지의 원리를 알아보는 실험에서 (-)극에서 수소의 산화가 일어나 전자를 내어놓고, 이 전자가 외부 회로를 통해 (+)극으로 이동하여 산소를 환원시키면서 수소 이온과 반응하여 물이 생성된다. 이 과정에서 발생한 전기 에너지로 발광 다이오드에 불이 들어온다.

ㄷ. (가)에서는 전지의 화학 에너지가 전기 에너지로 전환되어 물을 전기분해시키고 다시 수소와 산소의 화학 에너지로 전환된다. (나)에서는 수소와 산소의 화학 에너지가 전기 에너지로 전환되어 다이오드에 불이 들어오면서 빛에너지로 전환된다.

10. 답 ②

해설 (가) 태양열 발전은 태양의 열에너지를 집열판으로 모아 물을 끓여 전기 에너지를 생산한다.

(나) 지열 발전은 지구 내부의 열에너지에 의해 가열된 뜨거운 지하수나 수증기로 터빈을 돌려 전기 에너지를 생산한다.

ㄱ. 태양열 발전은 많은 양의 열에너지를 모아야 하므로 설치 면적이 넓어야 한다.

ㄹ. 태양열과 지열은 고갈의 위험이 없고 계속해서 재생하여 사용할 수 있는 재생 에너지 이다.

바른 풀이 ㄴ. 지열 발전은 화산 지역에만 설치가 가능하므로 우리나라에 적합한 발전 방식은 아니다.

ㄷ. (나)의 근원 에너지는 지구 내부 에너지이다.

11. 답 ③

해설 ㄱ. 폐기물 발전은 지속 가능 에너지원에 의한 것으로 재생 에너지 방식이다.

ㄴ. 폐기물 발전은 폐기물 발생 가스와 폐기물 소각 시 발생하는 열로 고온, 고압의 수증기를 발생시켜 터빈을 돌려 발전한다.

바른 풀이 ㄷ. 폐기물 처리 문제를 해소하고, 발전과 난방 효과를 동시에 얻을 수 있지만 폐기물 처리장 설치로 인한 악취와 오염 물질 문제로 아무 곳이나 설치할 수는 없다.

12. 답 (가) 태양광 발전소의 태양 에너지, (나) 조력 발전소, (다) 파력 발전소의 해양 에너지는 모두 재생 에너지에 속한다.

재생 에너지의 특징은 다음과 같다.

· 화석 연료와 같은 자원 고갈의 위험이 없다.
· 발전 과정에서 환경 오염 물질을 거의 배출하지 않는 친환경적인 에너지이다.
· 재생 가능하고, 지속 가능한 에너지이다.

13. 답 (가) 화력 발전 (나) 파력 발전 (다) 조력 발전

해설 (가) 화석 연료를 사용하는 화력 발전은 자원 고갈의 염려가 있다.

(나) 바람에 의해 발생하는 파도를 이용하는 파력 발전은 태양 에너지를 이용한 것이다.

(다) 조력 발전은 조석 간만의 차를 이용하여 발전하는 것으로 태양, 달과 지구의 인력(조력)에 의한 에너지이다.

14. 답 밀물 때 해수면의 높이가 상승하면 바다 쪽에서 호수 쪽으로 바닷물이 이동하면서 터빈을 돌리고 터빈과 연결된 발전기에서 전기 에너지가 생산된다. 즉, 밀물과 썰물의 역학적 에너지가 전기 에너지로 전환된다.

15. 답 ⑤

해설 친환경 에너지 도시는 도시 차원에서 화석 연료를 대체하여 신재생 에너지를 사용하는 도시이다. 기피시설이나 혐오 시설을 친환경 에너지 생산 기지로 바꾸어 필요한 에너지를 생산하고, 그 에너지를 판매도 할 수 있게 하여 지역 주민들에게 혜택이 돌아가도록 한다.

ㄱ. 화석 연료를 사용하지 않고, 차량 운행을 줄이는 등의 방법으로 이산화 탄소 발생을 최소화한 한다.

ㄴ, ㄷ. 그 지역의 특성을 고려하여 가장 효율적으로 에너지를 생산할 수 있도록 설계한다.

16. 답

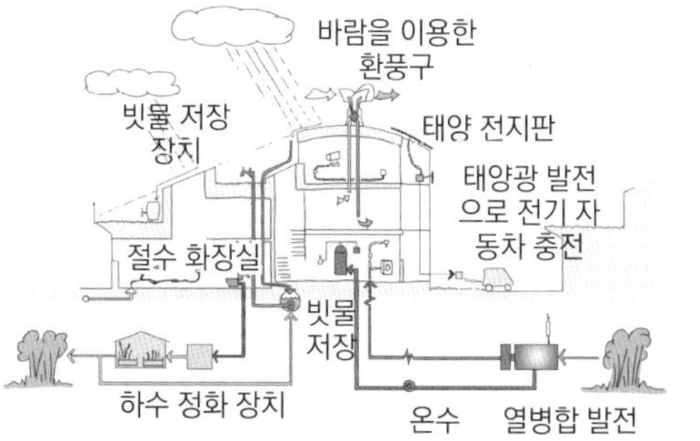

영국의 베드제드는 화석 연료를 사용하지 않도록 개발된 도시로 도시에 적용된 기술은 다음과 같다.

· 건물의 환기구를 통해 실내외의 공기를 순환시키면서 난방 기구

없이 실내 온도를 조절한다.
· 빗물이 쉽게 지하에 스며들게 하는 배수 시스템을 구축하여 빗물을 저장한 후, 재활용한다.
· 태양 전지를 이용하여 필요한 전기 에너지를 얻는다.
· 열병합 발전소에서 폐기물을 태워 에너지를 생산한다.

17. 답 ③

해설 ㄷ. 적정 기술은 해당 지역에서 지속적인 생산과 소비가 가능해야 하며, 삶의 질을 향상시킬 수 있어야 한다.

바른 풀이 ㄱ. 적정 기술은 과학 기술의 혜택에서 소외된 사람들을 위해 만들어진 가장 단순한 수준의 기술이다. 따라서 누구나 설치 가능하고, 누구나 사용할 수 있어야 한다.
ㄴ. 주로 최빈국, 개발 도상국에서 사용하는 기술이므로 대규모 사회 기반 시설이나 별다른 에너지원을 필요로 하지 않는다.

18. 답 ㄱ, ㄷ

해설 (가) 생명 빨대 - 수인성 전염병을 예방할 수 있는 기구이고, (나) 항아리 냉장고 - 음식물이나 곡식을 신선하게 보관하는데 사용하며, (다) Q 드럼 - 물을 쉽게 운반할 수 있도록 돕는다.
ㄱ. 적정 기술을 이용하여 만든 장치들이다.
ㄷ. (가)와 (다)는 물의 공급을 원활하게 해주므로 식수난 해결에 도움을 준다.

바른 풀이 ㄴ. 전기 에너지가 아닌 지속 가능한 에너지원을 이용해야 한다.
ㄹ. (나)는 물이 증발할 때 열을 흡수하는 성질을 이용한 냉장 장치이다.

단원마무리

430 ~ 433 쪽

01. ④	**02.** ①, ④		**03.** 해설 참조	
04. ⑤	**05.** ①	**06.** ③	**07.** 해설 참조	
08. ④	**09.** ③	**10.** ④	**11.** ②	**12.** ⑤
13. 해설 참조		**14.** ⑤	**15.** ②	**16.** ②
17. 해설 참조		**18.** ④	**19.** ④	**20.** ③
21. 해설 참조		**22.** ④	**23.** ⑤	
24. 해설 참조				

01. 답 ④

해설 막대 자석의 S극을 코일에 가까이 가져가면 자석과 가까운 코일의 극에는 자석의 운동을 방해하는 S극이 유도되므로 자석과 코일 사이에는 척력이 작용한다.

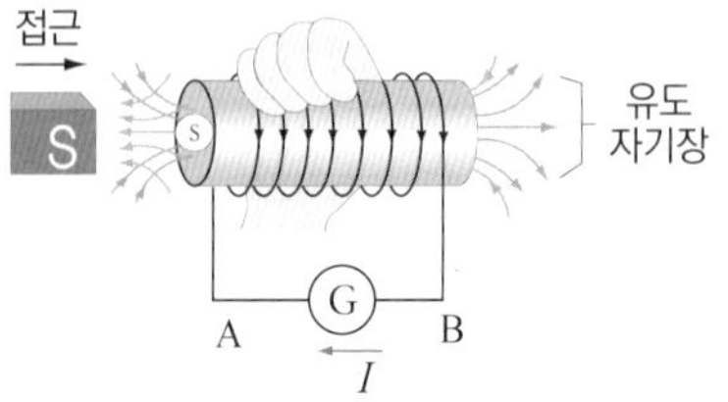

그림과 같이 N극이 유도되는 오른쪽 방향으로 오른손 엄지 손가락을 향하면, 나머지 네 손가락으로 감아쥔 방향이 코일에 흐르는 유도 전류의 방향이므로 유도 전류는 B → Ⓖ → A 로 흐른다.

02. 답 ①, ④

해설 유도 전류의 크기는 자석의 세기가 셀수록, 자석을 빠르게 움직일수록, 코일의 감은수가 많을수록 큰 전류가 흐른다.

03. 답 각 방식은 터빈을 돌리는 방식에 따라 에너지 전환 과정이 서로 다르다. 터빈의 운동 에너지→ 전기 에너지는 공통이다.
· 화력 발전소 : 화학 에너지 → 열에너지 → 운동 에너지
→ 전기 에너지
· 수력 발전소 : 퍼텐셜 에너지 → 운동 에너지 → 전기 에너지
· 핵발전소 : 핵에너지 → 열에너지 → 운동 에너지 → 전기 에너지

04. 답 ⑤

해설 ⑤ 전기 에너지(J)란 전류가 흐를 때 공급되거나 발생하는 에너지로 전기 에너지 = 전압 × 전류 × 시간 이다. 따라서 전기 에너지는 전류가 흐르는 시간에 비례한다.
이때 전력(W)은 전기 에너지를 시간으로 나눈 값으로 전압 × 전류이다.

바른 풀이 ①, ② 전력은 단위 시간 동안 공급 또는 사용한 전기 에너지의 양으로 단위는 W(와트)를 사용한다.
③ 전력 = 전압 × 전류이다. 따라서 전력이 일정할 때 전류는 전압에 반비례한다.
④ 전기 에너지의 단위로 J(줄)을 사용한다.

05. 답 ①

해설 ㄱ. 변압기에서 코일의 감은 수와 전압은 비례하며, 초고압 변전소에서는 송전선에 의한 전력 소모가 최소가 되도록 발전소 전압을 최대한 높인다. 따라서 변압기의 1차 코일의 감은 수는 2차 코일의 감은 수보다 적다.

바른 풀이 ㄴ. 1차, 2차 변전소는 전압을 낮추어 송전한다.
ㄷ. 변압기는 교류의 전압을 변환시키는 장치이지 교류를 직류로 전환하는 장치(정류계)가 아니다.

06. 답 ③

해설 송전 전력(발전 전력)은 일정하므로 송전 전압을 n 배 높이면 송전 전류가 $\frac{1}{n}$ 배로 감소하므로 손실 전력은 $\frac{1}{n^2}$ 배로 감소한다.

따라서 송전 전압을 $\frac{1}{2}$ 배로 낮추면 송전 전류가 2배로 증가하므로 손실 전력은 4 배로 증가한다.

07. 답 송전 과정에서 송전선에 전류가 흐를 때 송전선의 저항에 의해 열이 발생하여 전기 에너지의 일부가 열에너지로 전환되므로 전력이 일부 손실된다. 송전선의 전체 저항을 r 이라 할 때 손실 전력[$P_{손실} = (I_0)^2r$]은 송전선에 흐르는 전류 I_0 가 셀수록, 송전선의 저항 r 이 클수록 크다. 따라서 손실 전력을 줄이기 위한 방법은 다음과 같다.
① 저항이 작은 물질로 된 송전선을 사용하거나, 송전선을 굵게 만들어 사용하여 송전선의 저항을 줄이는 방법이 있다.
② 발전소에서 생산한 전력을 송전할 때 전압을 높여 송전하면

송전선에 흐르는 전류를 줄일 수 있으므로 손실 전력을 줄일 수 있다.

08. 답 ④

해설 ㄴ, ㄷ. 스마트 그리드(지능형 전력망)는 전력 공급자의 공급량과 소비자의 수요량에 대한 정보를 실시간으로 주고받으며, 장소와 시간에 따라 필요한 전력만 공급하고 남는 전력은 저장하였다가 필요할 때 다시 공급할 수 있다. 따라서 전력 소비량이 초과하여 대규모 정전 사태가 일어나는 것을 막을 수 있다.

바른 풀이 ㄱ. 손실 전력이 거의 없이 전력을 송전하기 위해서는 초전도 케이블을 송전선으로 사용해야 한다.

09. 답 ③

해설 태양의 중심부에서는 수소 원자핵이 융합하여 헬륨 원자핵이 생성되는 수소 핵융합 반응이 일어난다. 이 과정에서 생성된 헬륨 원자핵의 질량은 반응 전 수소 원자핵의 질량의 합보다 작다. 이와 같이 감소한 질량(질량 결손)은 에너지로 전환되며, 이 에너지가 태양 에너지이다.

바른 풀이 상상 : 핵융합 과정에 의해 수소 원자핵의 양은 점점 감소한다.

10. 답 ④

바른 풀이 ④ 지구에 도달하는 태양 에너지는 태양에서 방출하는 에너지의 약 $\frac{1}{20억}$ 이다.

해설 ① 지구 내부 에너지는 지구 탄생 초기에 미행성의 충돌과 초기 행성들의 충돌로 생긴 열, 용융된 지구가 맨틀과 핵으로 분화하면서 생긴 열, 방사성 원소의 붕괴열 등 여러 가지가 원인이 된 열에너지이다.
② 태양은 빛에너지와 열에너지 형태로 전달된다.
③ 태양 에너지는 태양 전지를 이용하여 직접 전기 에너지로 전환될 수 있다.
⑤ 단위 면적당 지표면이 받는 태양 에너지의 양은 고위도에서 저위도로 갈수록 증가한다. 따라서 저위도의 남는 에너지가 고위도로 이동하며 이 과정에서 대기와 해수가 순환한다.

11. 답 ②

바른 풀이 ② 태양 에너지가 근원이 아닌 에너지로는 지구 내부 에너지, 핵에너지 등이 있다. 우라늄은 식물이나 동물의 유해가 땅속에 묻힌 후 높은 열과 압력을 받아 만들어진 화석 연료가 아니다. 우라늄은 중성자 별의 충돌로 생성되어 지구의 지각에 포함되었다.

해설 태양 에너지는 여러 가지 다른 형태의 에너지로 전환되며, 생명체의 생명 활동 을 유지시키고, 지표면에서 일어나는 자연 현상의 대부분을 일으킨다.

12. 답 ⑤

해설 ㄱ. ㉠은 광합성, ㉡은 호흡 과정이다. 식물의 광합성으로 포도당이 만들어지는 과정에서 태양의 빛에너지가 화학 에너지로 전환된다.
ㄴ. 화석 연료가 연소할 때 발생하는 이산화 탄소가 지구 온난화를 가속화시켜 기후를 변화시키는 등 다양한 환경 오염 문제를 일으킨다.
ㄷ. 태양 에너지는 탄소를 매개로 하는 순환 과정을 거쳐 다양한 에너지로 전환된다.

13. 답 태양 열에너지 → 구름의 퍼텐셜 에너지 → 비나 눈의 운동 에너지

태양 에너지에 의해 물이 가열되면서 발생한 수증기가 상승하여 냉각되면 구름이 되고 구름이 무거워지면 비나 눈으로 내리면서 물이 순환된다.

14. 답 ⑤

해설 ㄱ. (가)는 가벼운 원자핵이 융합하여 무거운 원자핵이 되는 수소 핵융합 반응, (나)는 무거운 원자핵이 분열하여 가벼운 원자핵이 되는 핵분열 반응이다.
ㄴ. 느린 중성자가 연쇄 핵반응을 일으킬 수 있다. 연쇄 반응이 일어나게 하려면 방출되는 중성자의 속력을 느리게 해야 한다.
ㄷ. 핵분열이나 핵융합과 같은 핵반응이 일어날 때 질량의 일부가 에너지로 전환되어 감소한다.

15. 답 ②

해설 ㄴ. 온실 기체란 지구의 기온을 상승시키는 기체로 이산화 탄소, 메테인 등이 있다. 풍력 발전은 발전 과정에서 이러한 환경 오염 물질이 발생하지 않는다.

바른 풀이 ㄱ. 강한 바람에는 고장과 안전 문제로 회전을 멈춰야 한다.
ㄷ. 설비가 비교적 간단하고, 전기 에너지를 생산하는 비용도 비교적 저렴하므로 발전 효율이 높다.

16. 답 ②

해설 ㄴ. 핵발전은 온실 기체인 이산화 탄소와 산성비의 원인 물질인 이산화황을 거의 배출하지 않는다.

바른 풀이 ㄱ. 핵발전의 원료는 우라늄 원자핵으로 핵에너지를 이용하여 전기 에너지로 전환하는 발전 방식이다.
ㄷ. 핵발전은 화석 연료를 사용하는 화력 발전보다 연료비가 적게 들고, 에너지 효율이 높다.

17. 답 장점 : ① 자원 고갈의 염려가 없다. ②에너지원인 태양 에너지는 자연에서 쉽게 얻을 수 있다. ③오염 물질을 거의 배출하지 않는다. ④ 유지와 보수가 간편하다.

단점 : ① 계절이나 날씨, 시간의 영향을 받아 발전 시간이 제한적이다. ② 다른 발전 방식에 비해 발전 효율이 낮다. ③ 대용량 발전을 위해서는 넓은 면적이 필요하다. ④ 태양 전지에서 반사되는 빛이 인가나 축사를 비춰 피해를 발생시키기도 한다.

18. 답 ④

바른 풀이 ④ 매장 지역이 편중되어 있어 공급이 불안정하고, 국가 간 갈등의 원인이 되기도 한다.

해설 ①, ② 화석 연료란 땅속에 묻힌 동·식물의 유해가 오랜 시간 동안 높은 열과 압력을 받아 생성된 물질로 석탄, 석유, 천연가스 등이 있다.

③ 화석 연료가 연소할 때 발생하는 이산화 탄소는 지구 온난화를 가속화시켜 기후를 변화시키는 등의 다양한 환경 오염 문제를 일으킨다.
⑤ 화석 연료가 만들어지기 위해서는 수백만 년이 소요되므로 새로운 화석 연료가 생성되는 것보다 훨씬 빠른 속도로 화석 연료가 소비되고, 화석 연료의 매장량이 한정되어 있으므로 언젠가는 고갈될 에너지이다.

19. **답** ④
해설 ㄱ. 신재생 에너지는 사용 과정에서 환경 오염 물질의 배출이 적어 친환경적이다.
ㄴ. 지속적인 발전이 가능하여 화석 연료를 대체할 수 있는 에너지이다.
바른 풀이 ㄷ. 대부분의 신재생 에너지는 에너지 효율이 낮은 편이므로 지속적인 개발이 필요하다.

20. **답** ③
해설 ㄱ. (가) 파력 발전은 파도가 풍부한 연안 지역에 설치하며, (나) 조력 발전은 조수 간만의 차이가 큰 지역에 설치한다.
ㄴ. (가) 파력 발전은 파도의 운동 에너지를 이용하고, (나)는 밀물과 썰물에 의한 해수면의 높이차(퍼텐셜 에너지)를 이용하므로 (가)와 (나) 모두 역학적 에너지가 전기 에너지로 전환된다.
바른 풀이 ㄷ. (가) 파력 발전은 소규모로 건설할 수 있어 건설비가 적게 들 수 있다.
(나) 조력 발전은 방조제를 쌓아야 하므로 대규모 개발이 필요하여 건설 비용이 많이 든다.

21. **답** (−)극에서는 수소가 전자를 잃는 산화 반응이 일어나서 수소가 수소 이온과 전자로 분리되고, (+)극에서는 산소가 전자를 얻는 환원 반응이 일어나고, 전해질을 통해 온 수소 이온과 결합하여 물이 생성된다.
해설 수소 연료 전지에서 일어나는 반응은 다음과 같다.

$$\text{수소} + \text{산소} \longrightarrow \text{물} + \text{전기 에너지} + \text{열에너지}$$

$$2H_2 + O_2 \longrightarrow 2H_2O$$

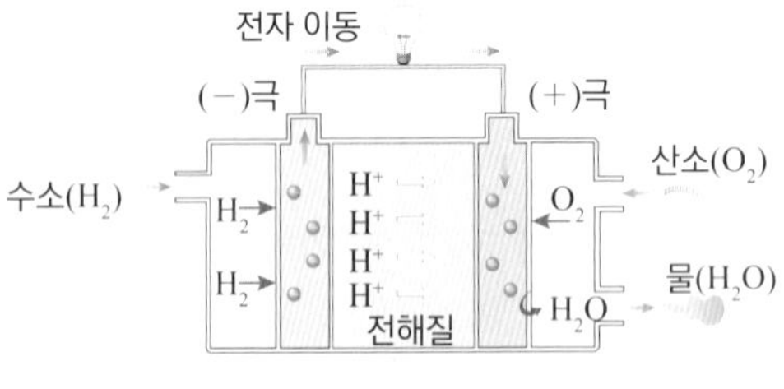

- (−)극 : $2H_2 \longrightarrow 4H^+ + 4e^-$
- (+)극 : $4H^+ + 4e^- + O_2 \longrightarrow 2H_2O$

22. **답** ④
바른 풀이 ④ 수소 연료 전지는 에너지 전환 과정이 단순하여 에너지 전환 과정에서의 열손실이 적으므로 에너지 효율이 높다. 소규모 휴대 기기, 대형 발전소에 이르기까지 넓은 영역에 적용할 수 있다.
해설 ①, ②, ⑤ 수소 연료 전지는 수소와 산소를 반응시켜 전기 에너지를 생산하는 장치로 최종 생성물이 물 뿐이므로 환경 오염 물질이 거의 배출되지 않는다.

23. **답** ⑤
해설 친환경 에너지 도시란 지역 환경에 맞는 신재생 에너지를 활용하여 에너지 문제와 환경 문제를 해결할 수 있는 도시 형태이다.
ㄴ. 빗물과 오수를 정화하여 화장실이나 옥상 정원 관리 등에 활용한다.
ㄷ. 신재생 에너지를 사용하여 에너지를 공급한다.
바른 풀이 ㄱ. 창은 채광이 잘 되기 위해 넓은 유리창을 사용하고, 열 손실을 막기 위해서는 3중 유리창을 설치한다.

24. **답** · 적은 비용과 에너지로 이용할 수 있어야 한다.
· 현지 자원을 활용하고, 현지의 문화 및 환경에 적합해야 한다.
해설 적정 기술이란 상대적으로 과학 기술의 혜택을 적게 받은 사회 공동체에서 그 지역 사회의 문화적, 정치적, 환경적 면들을 고려하여 삶의 질을 향상시키기 위해 적용된 기술이다.

핵심 요약 2. 발전과 신재생 에너지 434~435 쪽

01 발전과 전력 수송
❶ 전자기 유도 현상 ❷ 크게
❸ 전자기 유도 현상 ❹ 운동 에너지
❺ 전기 에너지 ❻ 열에너지
❼ 송전 ❽ 저항 ❾ $\frac{1}{n}$ ❿ $\frac{1}{n^2}$

02 태양 에너지 이용과 핵발전
❶ 핵 ❷ 수소 핵융합 ❸ 광합성
❹ 이산화 탄소 ❺ 태양 전지
❻ 운동 에너지

03 미래를 위한 에너지 기술
❶ 화석 연료 ❷ 신에너지
❸ 재생 에너지 ❹ 조력 발전
❺ 운동 에너지 ❻ 연료 전지
❼ H_2 ❽ H_2O ❾ 적정 기술

내신 기출 모의고사 1회

436 ~ 439 쪽

01. ② **02.** ④ **03.** ㄱ, ㄹ **04.** ③
05. ③ **06.** ⑤ **07.** ⑤ **08.** ②
09. ⑤ **10.** ④ **11.** ⑤ **12.** ⑤
13. ② **14.** ③ **15.** ⑤ **16.** ①
17. ② **18.** (1) ㄱ, ㄴ, ㄷ, ㄹ, ㅁ, ㅇ
(2) ㄱ, ㄴ, ㄷ, ㅅ, ㅇ (3) ㄴ, ㄷ, ㄹ, ㅂ, ㅅ, ㅇ
(4) ㄱ, ㄴ, ㄷ, ㄹ, ㅁ, ㅂ, ㅇ

01. 답 ②

해설 ㄴ. 자석의 N극이 가까워지면 자석의 운동을 방해하도록 코일의 위쪽에 N극이 유도된다. 따라서 코일과 자석 사이에는 밀어내는 힘인 척력이 작용한다.

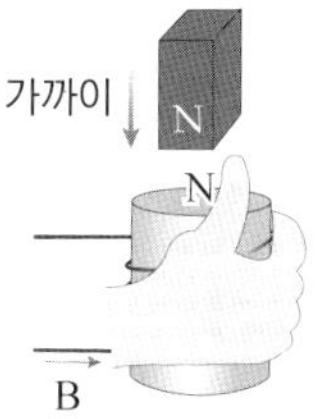

바른 풀이 ㄱ. 코일에서 오른손 엄지 손가락을 N극이 유도된 방향((가)쪽의 반대 방향)으로 향할 때, 나머지 네 손가락이 감아쥐는 방향이 유도 전류의 방향이다.
ㄷ. 유도 전류는 B 방향으로 흐른다.

02. 답 ④

해설

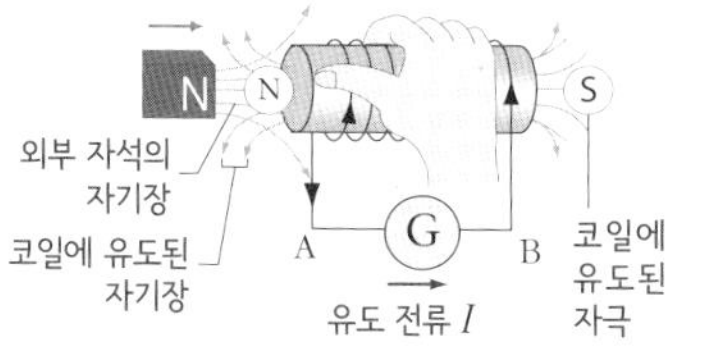

유도 전류는 코일에 자석의 운동을 방해하는 자극이 발생하도록 흐른다. 위 그림에서 N극이 접근할 때 코일의 왼쪽은 N극이 발생하여 자석의 접근을 방해하고, 그림처럼 엄지 손가락을 코일의 N극을 향하도록 코일을 감싸쥐면 나머지 네 손가락의 방향이 코일을 흐르는 유도 전류의 방향이 된다.
ㄴ. (다)는 코일의 왼쪽이 S극으로 유도되고, (라)는 코일의 왼쪽이 N극으로 유도되어 각각 인력이 작용하여 외부 자석의 운동을 방해한다.
ㄷ. (가)~(라)는 외부 자석의 운동을 방해하는 자기력(인력, 척력)이 발생하도록 코일에 유도 전류가 발생한다.

바른 풀이 ㄱ. (가)와 (라)는 위 그림처럼 코일의 왼쪽 부분에 N극이 발생하여 B 방향으로 유도 전류가 흐른다.

03. 답 ㄱ, ㄹ

해설 ㄱ. 자석 사이에서 코일이 회전하면 코일의 단면을 통과하는 자기장의 세기가 변하므로 전자기 유도에 의해 유도 전류가 흐른다.
ㄹ. 코일이 빨리 회전할수록 코일의 단면을 통과하는 자기장의 변화가 크기 때문에 유도 전류가 크게 흐른다. 따라서 전구의 밝기가 밝아진다.

바른 풀이 ㄴ. 발전기에서는 운동 에너지가 전기 에너지로 전환되고, 전구에서 전기 에너지가 빛에너지로 전환된다.
ㄷ. 코일이 회전할 때 코일의 단면을 통과하는 자기장의 변화가 일정하지 않으므로 유도 전류의 세기가 일정하지 않다.

04. 답 ③

해설 ㄷ. 물의 퍼텐셜 에너지를 이용하는 수력 발전 방식은 물 수증기를 이용해 터빈을 회전시키지 않는다.

바른 풀이 ㄱ. ㉠은 물의 낙차, 보일러의 고압의 수증기, 원자로에서의 고압의 수증기를 이용해 내부의 코일을 회전시키는 터빈이다.
ㄴ. ㉡은 원자로이며, 핵에너지를 열에너지로 변환시켜 고압의 수증기를 얻는다.

05. 답 ③

해설 ㄱ. 1차, 2차 변전소에서는 전압을 낮추어 송전한다. 따라서 1차 변전소에서는 154kV 보다 높은 전압의 전력이 초고압 변전소로부터 공급된다.
ㄴ. $V_1 : V_2 = N_1 : N_2$ 이므로 154 kV : 22 kV = 7 : 1 = $N_1 : N_2$ 이다.

바른 풀이 ㄷ. 주상 변압기의 1차 코일과 2차 코일의 감은 수를 각각 $N'_1 : N'_2$ 이라고 하면, $N'_1 : N'_2$ = 22,000V : 220V = 100 : 1 이다. $N_1 : N_2 = 7 : 1$ 이므로, 주상 변압기의 2차 코일의 감은 수 N'_2는 N_2보다 훨씬 작아야 한다($N_2 > N'_2$).

06. 답 ⑤

해설 ⑤ ㉤ 스마트 그리드의 장점이다. 전력 공급자와 소비자 사이에서 정보를 실시간으로 주고받아 수요량에 맞춰 전력을 공급받을 수 있기 때문에 전기 요금이 저렴한 시간대를 골라 전력을 효율적으로 사용할 수 있다.

바른 풀이 ① 전선 지중화 작업 - 도시 미관이 개선되고, 여러 가지 안전 사고를 줄일 수 있다.-㉣
② 초고압 직류 송전 - 대용량의 전력을 먼거리로 보내는 데 적합하다.-㉢
③ 복잡한 송전 전력망 구축 - 우회 송전이 가능하고 전선의 저항을 줄여 손실 전력을 줄일 수 있다.- ㉠
④ 초전도 케이블을 송전선으로 사용 - 손실 전력이 거의 없이 전력을 송전할 수 있다.- ㉡

07. 답 ⑤

해설 ⑤ 태양 중심부인 핵은 약 1,500만 K 인 초고온 상태로, 수소와 헬륨이 원자핵과 전자가 분리된 플라스마 상태로 존재한다.

바른 풀이 ① 태양 중심부인 핵의 온도가 가장 높다.
②, ③ 태양 에너지는 태양 중심부에서 일어나는 수소 핵융합 반응을 통해 생성된다.
④ 태양에서 방출하는 에너지의 일부만 지구에 도달한다.

08. 답 ②

해설 풍력 발전은 바람의 운동 에너지를 전기 에너지로 전환하는 발전 방식이다. 바람의 방향과 세기가 일정하지 않아 발전량을 정확하게 예측하기 어렵다. 날개가 회전할 때 소음이 발생하고, 새들이 풍력 발전기 날개에 충돌하는 문제도 발생한다. 또한 지속적으로 바람이 부는 지역에만 설치가 가능하기 때문에 산이나 바다 근처, 해양에 설치하고, 설치 과정에서 삼림이나 자연 경관을 훼손하기도 한다. 그렇지만 설비가 비교적 간단하고 발전 효율이 높은 장점이 있다.

09. 답 ⑤

해설 ㄱ, ㄴ. 태양의 중심부에서는 수소 원자핵 4개가 융합하여 헬륨 원자핵 1개가 생성되는 핵융합 반응이 일어나며, 이 과정에서 커다란 에너지가 발생한다.
ㄷ. 수소 원자핵 4개의 질량의 합은 생성되는 헬륨 원자핵 1개의 질량보다 커서 핵융합 반응 과정에서 질량 결손이 발생하고, 결손된 질량이 에너지로 발생한다.

10. 답 ④

해설 ㄴ. 물이 열에너지를 받아 증발하여 수증기가 되고, 수증기가 구름의 물방울이나 얼음 조각이 되어 높이 떠 있게 되어 퍼텐셜 에너지를 가지게 된다. 이 과정에서 열에너지가 퍼텐셜 에너지로 전환된다.
ㄷ. 태양 에너지는 지구상에서 물의 순환을 일으키는 근원이다.

바른 풀이 ㄱ. 구름의 물방울이나 얼음 조각이 떨어지는 속도에 의해 운동 에너지를 가지는데, 이것은 높이 떠 있을 때 가지고 있던 퍼텐셜 에너지가 전환된 것이다. 퍼텐셜 에너지 → 운동 에너지 이다.

11. 답 ⑤

해설 ㄱ. 원자로에서는 핵분열이 일어나 질량 결손에 의한 다량의 열에너지가 방출되는데, 느린 중성자가 핵연료와 충돌하여 핵분열 연쇄 반응이 일어나는 것이다.
ㄴ. 물과 중수는 중성자의 속력을 느리게 하여 느린 중성자를 만든다. 느린 중성자가 핵연료와 반응하여 핵분열이 일어나는 것이므로 물과 중수는 핵분열 연쇄 반응이 잘 일어나도록 돕는 것이다.
ㄷ. 핵 반응 시 핵에너지→열에너지로 변환되고 이 열에너지로 고온, 고압의 수증기를 발생시켜 터빈의 코일을 돌리는 운동 에너지로 변환시켜 전기 에너지를 발생시킨다. 핵발전의 에너지 전환은 핵에너지→열에너지→운동 에너지→전기 에너지이다.

12. 답 ⑤

해설 ⑤ 우주에 있는 인공위성은 태양 전지를 이용하여 전기 에너지를 얻는다.

바른 풀이 ① 전류의 방향과 전자의 이동 방향은 반대이므로 ㉡이 전자이다.
② 태양 전지의 수명은 약 20년 정도로 길다.
③ 태양 전지를 이용하여 빛에너지를 전기 에너지로 직접 전환하는 발전 방식을 태양광 발전이라고 한다.
태양열 발전이란 반사판을 이용하여 햇빛을 집열판에 집중시켜 1,000 ℃에 가까운 열을 얻은 다음 이 열을 이용하여 전기를 생산하는 것이다.
④ 태양광 발전은 흐린 날이나 비오는 날에는 전기 에너지를 얻기 힘들다.

13. 답 ②

해설 ㄴ. 원자로의 제어봉에서는 핵분열 과정에서 발생하는 ㉠ 느린 중성자를 흡수하여 연쇄 반응의 속도를 조절한다.

바른 풀이 ㄱ. 우라늄 원자핵에 느린 중성자를 충돌시켰을 때 원자핵이 분열되는 과정에서 에너지와 함께 중성자가 방출되고, 이 중성자가 다른 우라늄 원자핵과 충돌하여 연쇄 반응이 일어난다.
ㄷ. 연쇄 반응에서 발생하는 에너지는 핵분열 과정에서 질량 결손에 해당하는 에너지이다. 즉, 입자들의 질량 합은 반응 전이 반응 후보다 크다. 감소한 질량이 에너지로 전환된다.

14. 답 ③

해설 ㄱ. 연료 전지의 전체적인 반응식은 $2H_2 + O_2 \rightarrow 2H_2O +$ 에너지 로 최종 산물은 물(H_2O)이다.
ㄷ. 연료 전지는 소규모 기기부터 대형 발전소에 이르기까지 넓은 영역에 적용할 수 있다.

바른 풀이 ㄴ. 연료 전지의 (-)극에 수소를 공급하면 수소가 전자를 잃는 산화가 일어나 수소 이온과 전자가 생성된다.

$$H_2 \rightarrow 2H^+ + 2e^-$$

생성된 전자는 도선을 통해 (+)극으로 이동하는데 이 과정에서 전기 에너지를 얻을 수 있다.

15. 답 ⑤

해설 ㄱ, ㄴ. 미생물(플랑크톤)이나 동물의 유해가 바다나 호수에 퇴적되어 오랜 시간 열과 압력을 받아 석유와 천연 가스가 만들어진다.
ㄷ. 퇴적 지층이 포함하고 있는 석유 층의 윗부분에는 대부분 천연 가스 층이 존재한다.

16. 답 ①

바른 풀이 ① 폐기물 발전에 관한 것으로 적정 기술과 관련 없다.
해설 적정 기술은 최빈국과 개발 도상국 국민의 삶의 질을 향상시키기 위한 현지화되고, 유지 비용이 거의 들지 않으며, 대규모 사회 기반 시설이 필요없는 간단한 기술이다.
적정 기술의 예로는 ② 생명 빨대 ③ 페트병 전구 ④ 항아리 냉장고 ⑤ Q 드럼 등이 있다.

17. 답 ②

해설 ㄱ. (가) 풍력 발전은 바람의 운동 에너지를 이용하여 전기 에너지를 생산하는 발전 방식, (나) 파력 발전은 바람에 의해 생긴 파도의 운동 에너지를 이용하여 전기 에너지를 생산하는 발전 방식이다.
ㄴ. 풍력 발전과 파력 발전은 자원 고갈 우려가 없는 재생 에너지원를 이용한다.

바른 풀이 ㄷ. 풍력 발전은 바람에 의해 마모되므로 영구적이지 못하며, 파력 발전도 파도에 직접 노출되므로 내구성이 약하다.

18. 답 (1) ㄱ, ㄴ, ㄷ, ㄹ, ㅁ, ㅇ (2) ㄱ, ㄴ, ㄷ, ㅅ, ㅇ (3) ㄴ, ㄷ, ㄹ, ㅂ, ㅅ, ㅇ (4) ㄱ, ㄴ, ㄷ, ㄹ, ㅁ, ㅂ, ㅇ

분류 기준	분류
신재생 에너지원이다.	태양광, 풍력, 수력, 조력, 연료 전지, 파력
태양 에너지가 근원 에너지이다.	태양광, 풍력, 수력, 화력, 파력
전자기 유도를 이용한다.	풍력, 수력, 조력, 핵, 화력, 파력
발전 과정에서 환경 오염 물질이 거의 발생하지 않는다.	태양광, 풍력, 수력, 조력, 연료 전지, 핵, 파력

해설 (1) 핵발전과 화력 발전은 신재생 에너지원이 아니다.
(2) 조력 발전은 조수 간만의 차이를 이용하는 발전 방식이다. 밀물과 썰물은 달과 지구의 인력으로 발생하는 현상이므로 태양 에너지가 근원 에너지가 아니다.
연료 전지와 핵발전은 각각 수소와 산소, 우라늄의 화학 에너지가 전기 에너지로 전환된다.
(3) 발전기를 이용한 발전 방식은 모두 전자기 유도를 이용한다.
태양광 발전은 태양 빛에너지가 직접 전기 에너지로 전환되며, 연료 전지는 수소와 산소의 화학 에너지가 전기 에너지로 전환된다.
(4) 화력 발전을 제외한 발전 방식은 발전 과정에서 이산화 탄소가 거의 발생하지 않는다.

내신 기출 모의고사 2회

440 ~ 443쪽

01. ④ **02.** ① **03.** ① **04.** ②
05. ④ **06.** ②
07. (1) $I_1 = 6$, $P_2 = 720$ (2) $V_1 = 120$, $V_2 = 360$
08. ⑤ **09.** ③ **10.** ④ **11.** ⑤
12. 해설 참조 **13.** ① **14.** ③
15. ⑤ **16.** ④ **17.** ③ **18.** ⑤
19. ③

01. 답 ④

해설 ㄴ. 막대자석의 S극을 가까이 하면 N극을 가까이 할 때와 반대 방향으로 전류가 발생하므로 검류계 바늘은 A 방향으로 움직인다.
ㄷ. 감은 수가 더 많은 코일을 사용하면 더 큰 전류가 유도 되므로 검류계 바늘이 더 큰 진폭으로 운동한다.

바른 풀이 ㄱ. 자석의 운동이 정지되면 검류계 바늘은 0 (A~B 중간 지점)을 가리킨다.

02. 답 ①

해설 ㄱ. N극을 가까이 가져가면 원형 도선의 오른쪽에는 N극이 왼쪽에는 S극이 유도가 되어 원형 도선에 전류가 흐르게 되고 자석과는 척력이 작용하여 멀어진다.

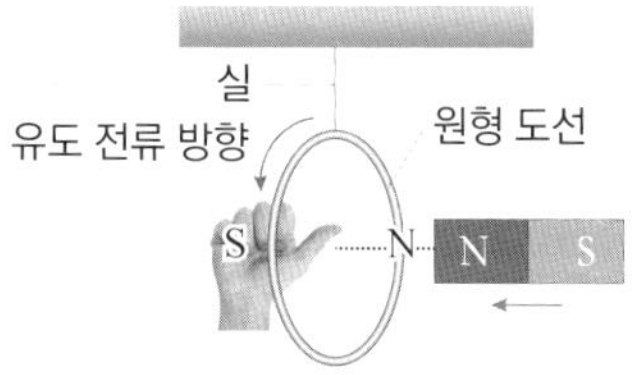

바른 풀이 ㄴ. 자석과 원형 도선 사이에는 척력이 작용한다.
ㄷ. 유도 전류의 방향은 오른손 엄지 손가락을 자기장 방향으로 향하게 했을 때 네 손가락이 감아쥐는 방향이 되므로 자석 쪽에서 보았을 때 시계 반대 방향이다.

03. 답 ①

해설

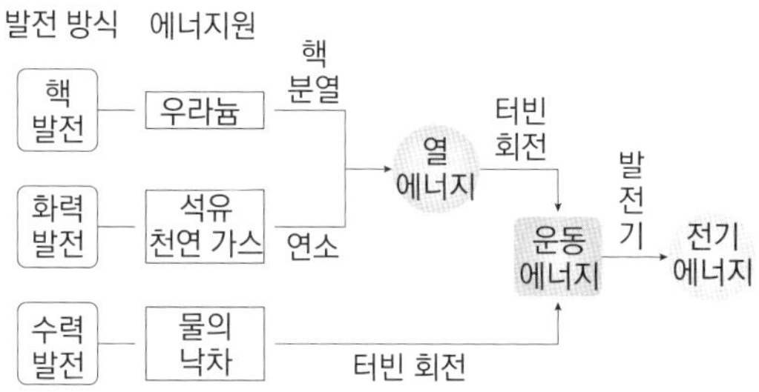

ㄱ. 핵발전은 우라늄과 같은 핵연료의 핵분열 과정에서 발생하는 열에너지를 이용하여 물을 끓이고, 이때 발생하는 고온·고압의 수증기로 발전기가 연결된 터빈을 돌려 전기 에너지를 생산한다.
화력 발전은 ㉠ 석유나 석탄, 천연 가스와 같은 화석 연료가 연소될 때 발생하는 열에너지를 이용하여 물을 끓이고, 이때 발생하는 고온·고압의 수증기로 발전기가 연결된 터빈을 돌려 전기 에너지를 생산한다.
수력 발전은 ㉡ 높은 곳의 물이 아래로 내려오면서(물의 낙차) 발전기에 연결된 터빈을 돌려 전기를 생산한다.

바른 풀이 ㄴ. 세 가지 발전 방식은 터빈을 회전시키는 에너지원에 따라 구분하며, 세 가지 모두 발전기에서 일어나는 전자기 유도를 이용하여 전기 에너지를 생산한다.
ㄷ. 수력 발전은 수증기를 이용하지 않는다.

04. 답 ②

해설 각각의 에너지 전환 과정은 다음과 같다.
· 핵발전 : 핵에너지 → 열에너지 → 운동 에너지→ 전기 에너지
· 화력 발전 : 화학 에너지 → 열에너지 → 운동 에너지 → 전기 에너지
· 수력 발전 : 퍼텐셜 에너지 → 운동 에너지 → 전기 에너지

05. 답 ④

해설 송전 전력이 P_0, 송전 전압 V_0, 송전 전류 I_0 일 때,
$P_0 = V_0 I_0 \quad \rightarrow \quad I_0 = \frac{P_0}{V_0}$ 이고, 송전선의 저항이 r 일 때
손실되는 전력 $P_{손실} = (I_0)^2 r = \left(\frac{P_0}{V_0}\right)^2 r$ 이다.
발전소 A, B의 송전선의 저항은 r로 같으므로,
발전소 A : $I_A = \frac{P}{V}$ → 손실 전력 $P_A = \left(\frac{P}{V}\right)^2 r$
발전소 B : $I_B = \frac{3P}{2V}$ → 손실 전력 $P_B = \left(\frac{3P}{2V}\right)^2 r = \frac{9P^2 r}{4V^2}$

$$\therefore P_A : P_B = 1 : \frac{9}{4} = 4 : 9$$

06. 답 ②

해설 ㄴ. 110V-22W LED는 110V가 정격 전압이며, 110V 전압을 걸었을 때 22W의 전력이다. 전력 (22W) = 전압(110V)×전류(I)이므로, $I = 0.2$ A이다.

바른 풀이 ㄱ. LED는 p-n 접합 다이오드(반도체)에서 전자와 양공이 합쳐질 때 발생하는 빛을 이용한다.
ㄷ. 22W의 LED는 초당 22 J의 전기 에너지를 소비한다.

07. 답 (1) $I_1 = 6$, $P_2 = 720$ (2) $V_1 = 120$, $V_2 = 360$

해설 변압기에서 에너지 손실이 없으므로 1차 코일의 전력과 2차 코일의 전력은 같으며($V_1 I_1 = V_2 I_2$), $V_1 : V_2 = N_1 : N_2$ 이다.
(1) $P_1 = P_2$ 이므로, 2차 코일의 전력 P_2는 720W 이고, 전류의 세기는 코일의 감은 수에 반비례한다($I_1 : I_2 = N_2 : N_1$).

$$I_1 : 2 = N_2 : N_1 = 3 : 1 \quad \rightarrow \quad I_1 = 6\text{A}$$

(2) $P_1 = V_1 I_1 = 720 \quad \rightarrow \quad V_1 = 120\text{V}$
$P_2 = V_2 I_2 = 720 \quad \rightarrow \quad V_2 = 360\text{V}$

08. 답 ⑤

해설 ㄱ. 태양 에너지는 탄소, 물 등의 물질 순환을 일으키며 다양한 에너지로 전환된다.
ㄴ. 식물은 광합성을 통해 태양 에너지를 화학 에너지인 유기 양분으로 전환하여 뿌리나 열매 등에 저장하고, 먹이 사슬에 따라 동물은 식물이 만든 양분을 섭취함으로써 유기 양분을 얻는다. 따라서 생명체 대부분은 태양 에너지를 흡수하여 만든 유기 양분을 기반으로 살아간다.
ㄷ. 화력 발전에 사용되는 에너지 원은 석유, 석탄과 같은 화석 연료이다. 동식물의 유해가 땅속에 묻혀 오랜 시간이 지나 만들어지는 화석 연료는 태양 에너지가 화학 에너지로 전환된 형태이다.

09. 답 ③

해설 ㄷ. 풍력 발전은 바람의 운동 에너지 → 날개의 운동 에너

지 → 전기 에너지로, 핵발전은 열에너지 → (터빈의)운동 에너지 → 전기 에너지로 전환되는 과정을 거친다. 풍력 발전과 핵발전은 터빈을 돌리는 에너지원만 다르고, 발전기에서 전기를 생산하는 방식은 같다.

바른 풀이 ㄱ. 풍력 발전은 설비가 비교적 간단하고, 에너지 효율이 높다.

ㄴ. 핵발전은 우라늄의 핵분열(핵융합이 아님) 과정에서 방출된 에너지로 물을 끓여 만든 수증기가 터빈을 돌려 발전기에서 전기 에너지를 생산한다.

10. 답 ④

해설 ㄴ. 태양 전지는 p-n 접합 다이오드(반도체)를 이용한다.

ㄷ. 태양 전지에 빛을 쬐면 전자가 이동하여 전기를 생산하므로 빛 에너지를 직접 전기 에너지로 전환한다.

바른 풀이 ㄱ. 전자가 A쪽으로 이동하고 있으므로 전자는 A→전구→B 로 이동하며, 전류의 방향은 반대 방향인 B→전구→A 로 흐르므로, A는 (-)극, B는 (+)극이다.

11. 답 ⑤

바른 풀이 ⑤ (가) 태양광 발전과 (나) 풍력 발전은 재생 에너지로 원료가 고갈될 염려가 없으나, (다)는 원료인 우라늄의 매장량이 한정되어 있어 고갈될 우려가 있다.

해설 ① (가)~(다)는 이산화 탄소를 거의 배출하지 않는다.

② (가) 태양광 발전은 유지 보수 비용이 적고, 간편하다.

③ (나) 풍력 발전은 설비가 간단하고 발전 효율이 높은 장점이 있다.

④ (다) 핵발전은 원료가 전 세계에 골고루 분포하므로 원료의 안정적인 공급이 가능하다.

12. 답 태양 중심부에서 4개의 수소 원자핵이 융합하여 1개의 헬륨 원자핵이 생성되는 과정에서 질량이 감소하는데, 이때 질량 차이를 질량 결손이라고 하며, 감소한 질량에 해당하는 에너지가 방출되는데, 이것이 태양 에너지이다.

해설 태양 에너지는 태양 중심부에서 일어나는 수소 핵융합 반응에 의해 생성된다.

13. 답 ①

해설 ㄴ. 식물의 광합성은 대기 중 이산화 탄소와 물을 식물 내의 유기물로 만드는 과정이다. 그러므로 탄소는 기권에서 생물권으로 이동한다.

바른 풀이 ㄱ. 생명체의 호흡과 화석 연료의 연소로 탄소는 기권(지권이 아님)으로 이동한다.

ㄷ. 화석 연료는 태양 에너지가 화학 에너지로 전환된 생물의 유기물이 화석화되어 만들어지므로 태양 에너지가 화학 에너지로 전환되어 저장된 것이다.

14. 답 ③

해설 ㄱ. 원자로에서 일어나는 핵분열은 느린 중성자(저속 중성자)가 우라늄 원자핵과 충돌하여 일어난다. 이때 물, 중수 등 감속재는 중성자의 속력을 느리게 하여 연쇄 반응이 잘 일어나도록 돕는 역할을 한다.

ㄴ. 붕소, 카드뮴 등의 제어봉은 중성자를 흡수하여 연쇄 반응 속도를 조절한다.

바른 풀이 ㄷ. 원자로에서 일어나는 핵반응은 핵융합 반응이 아니라 연쇄 핵분열 반응이다.

15. 답 ⑤

바른 풀이 ⑤ 신재생 에너지는 기존 에너지원에 비해 초기 투자 비용이 많이 든다.

해설 ①, ②, ③, ④ 신재생 에너지는 이산화 탄소를 배출하지 않아 친환경적이고, 자원 고갈의 위험이 없어 지속적인 발전이 가능한 에너지를 뜻한다. 신에너지에는 석탄의 액화 가스화 등 기존의 화석 연료를 변환하는 방식도 포함된다.

16. 답 ④

해설 ㄱ. 조력 발전은 밀물과 썰물 때의 해수면의 높이 차(조석 간만의 차)를 이용하는 발전 방식이다.

ㄴ. 조력 발전은 재생 에너지로 자원의 고갈이 없고 지속 가능한 에너지이다.

바른 풀이 ㄷ. 조력 발전은 바닷물의 흐름을 이용해 터빈을 돌려 전자기 유도 방식으로 전기 에너지를 얻는다.

17. 답 ③

해설 ③ 수소 연료 전지는 수소와 산소의 산화 환원 반응을 이용하여 연료의 화학 에너지를 전기 에너지로 전환하는 장치이다.

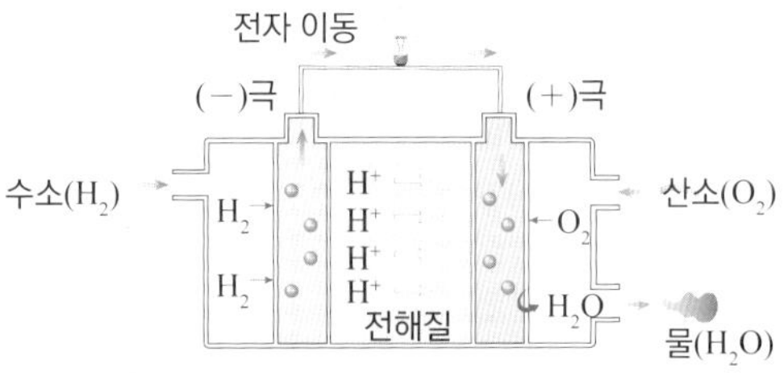

- (−)극 : $2H_2 \longrightarrow 4H^+ + 4e^-$ (수소의 산화)
- (+)극 : $4H^+ + 4e^- + O_2 \longrightarrow 2H_2O$ (산소의 환원)

바른 풀이 ① (−)극에서는 수소가 산화되어 수소 이온과 전자로 분리된다(산화 반응).

② (+)극에서는 산소의 환원 반응이 일어난다.

④ 연료 전지에서는 화학 에너지가 직접 전기 에너지로 전환되므로 에너지 효율이 높다.

⑤ 수소 이온은 전해질을 통해 (−)극에서 (+)극으로 이동한다.

18. 답 ⑤

해설 ㄱ, ㄴ, ㄷ. 친환경 에너지 도시는 이산화 탄소를 배출하지 않고, 신재생 에너지를 사용하여 에너지 문제와 환경 문제를 동시에 해결하려는 것이 목표이다. 빗물을 정수하여 사용하고, 실내 온도가 적정 온도를 유지하도록 통풍이 잘 되도록 설계하고, 채광이 잘 되도록 창문은 크게 하되, 고효율 단열재와 3중 유리창을 설치한다.

19. 답 ③

바른 풀이 적정 기술은 경제적으로 열악한 사회 공동체에서 그 지역의 문화적, 환경적인 특징을 고려하여 삶의 질을 향상시키기 위해 적용되는 기술이다.

ㄱ, ㄷ. 적정 기술은 누구나 쉽게 사용할 수 있고, 단순하면서 효용이 큰 기술이다.

해설 ㄴ. 적정 기술은 대규모 사회 기반 시설이 필요하지 않아야 한다.